KB155001

Introduction to Computers

컴퓨터 개론

서 론

컴퓨터와 통신기술은 급속히 발전하고 있다. 앞으로는 임베디드 센서, 이미지 인식 기술, NFC 지불, 입는 컴퓨터 등의 다양한 기술들이 개발될 것이다. 셀룰러 기술이 의약품 용기나 자동차를 포함한 여러 가지 기기에 내장되게 되고, 스마트폰과 다양한 유형의 지능형 기기들이 블루투스, 와이파이 등을 통하여 연결되며, 손목시계형 디스플레이 장치, 헬스케어 센서, 스마트 포스터, 홈 엔터테이먼트 시스템과 같은 주변장치와의 연결도 본격화될 것으로 여겨진다.

이런 급변하는 정보 서비스들에 대하여 수록하였으며, 또한, 기초에도 충실하게 컴퓨터 및 정보통신 기술의 기본적 개요와 이론을 기술한 컴퓨터개론서이다. 대학에서 컴퓨터개론의 교재로도 적합하며, 컴퓨터를 처음 접하는 사람들에게도 흥미를 느낄 수 있도록 쉬우면서도 컴퓨터의 발전부터 체계적으로 기술하였다.

각 장의 주요 내용들을 살펴보면

제1장 **정보화 사회** : 컴퓨터의 일반적인 개요와 컴퓨터는 세대별로 어떻게 발전되었는지 컴퓨터의 역사와 사람에게는 어떠한 영향을 주었고 실생활에 어떻게 활용 되는지 이해하기 쉽게 설명하였다.

제2장 **컴퓨터의 자료 표현** : 자료를 표현하는 단위와 진법 변환 및 문자의 표현 그리고 데이터 압축, 소리와 동영상의 표현 형식 등에 대하여 체계적으로 설명하였다.

제3장 **논리회로 :** 부울 대수의 기본 법칙과 카르노맵, 기본 논리 게이트와 범용 게이트의 종류와 원리를 공부하고, 조합 논리 회로와 순서 논리 회로의 기본 원리에 대하여 자세히 설명하였다.

제4장 **하드웨어 :** 중앙처리장치, 기억장치, 입·출력 장치, 기타 장치의 종류와 구조, 동작원리에 대하여 공부할 수 있도록 하였다.

제5장 **소프트웨어 :** 소프트웨어의 개념 그리고 운영체제의 종류와 구성, 응용 소프트웨어의 특징과 종류에 대하여 공부하고, 프로그래밍 언어의 종류와 소프트웨어 개발에 필요한 구성 단계에 대하여 설명하였다.

제6장 **데이터베이스 :** 데이터베이스의 개요와 특징 사용 방법과 데이터베이스 관리시스템의 구성 요소와 장단점 등에 대하여 기술하였다.

제7장 **컴퓨터 통신 :** 정보 통신의 역사와 통신망의 종류 및 전송매체의 종류와 설명 OSI 7 계층과 프로토콜에 대하여 공부하고, 인터넷의 특징과 무선 인터넷의 특징 및 주요 속성에 대하여 설명하였다.

제8장 **유비쿼터스 컴퓨팅 :** 유비쿼터스의 개요 설명과 최신의 유비쿼터스 기술에 대하여 설명하였고, 응용 분야와 적용 사례에 대하여 기술하였다.

제9장 **빅 데이터 :** 빅 데이터의 개요 및 특징과 빅 데이터의 분석 기법에 대하여 설명하였다. 빅 데이터란 무엇인지에 대한 설명과 특징, 종류에 대하여 알 수 있도록 설명하였고, 빅 데이터의 분석기법과 활용기술에 대하여 알기 쉽도록 설명하였다.

제10장 RFID & NFC : RFID의 개요와 기술에 대하여 설명하였고, 현재까지의 RFID의 표준 현황에 대하여 알기 쉽도록 설명하였다. 또한 NFC란 무엇인지 알 수 있도록 하였으며, NFC의 서비스 기술과 표준안을 살펴보고, 현재의 서비스 현황에 대하여 설명하였다.

제11장 **컴퓨터 보안** : 정보 보안의 개념 설명과 보안을 위협하는 요소에는 어떠한 것들이 있는지 살펴보고, 이를 방어하기 위한 암호학의 역사와 알고리즘을 설명하였다. 기타 응용프로그램의 보안, 통신 및 네트워크 보안, 시스템 보안, 개인정보 보안에 대하여도 설명하였다.

제12장 **컴퓨터 미래** : 컴퓨터 미래에 대한 6T의 개념과 인공지능의 특징 및 기법 그리고 다양한 응용 분야와 미래에 대하여 설명하였고, 가상현실의 정의와 시스템의 구성 및 활용 분야 그리고 앞으로 다가올 미래에 대하여 살펴보았다.

이 책이 독자 여러분들이 컴퓨터 분야에 입문하는데 도움 되기를 간절히 바라면서...

저자 일동

차 례

제6장 데이터 베이스

제7장 컴퓨터 통신

제9장 빅 데이터

제10장 RFID & NFC

제11장 컴퓨터 보안

CHAPTER

01 정보화 사회

1. 컴퓨터란 무엇인가?
2. 인간과 컴퓨터
3. 컴퓨터의 역사

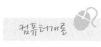

CHAPTER

01_ 정보화 사회

1. 컴퓨터란 무엇인가?

초기의 컴퓨터는 인간보다 계산을 빠르고 정확하게 처리하기 위해 개발되었다. 그러나 기술이 발전함에 따라 오늘날의 컴퓨터는 수치 계산 뿐 아니라, 문자, 소리, 그림, 동영상 등과 같은 데이터를 정해진 과정에 따라 처리하여 사용자가 원하는 결과를 제공하는 전자장치이다.

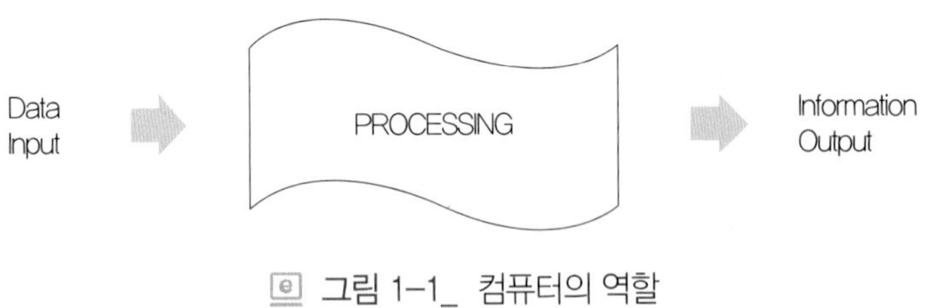

그림 1-1_ 컴퓨터의 역할

즉, 컴퓨터(Computer)란? 주어진 데이터를 입력 받아 저장 및 처리 결과를 생성하여 제공하는 시스템이다.

컴퓨터는 데이터를 처리하기 위해 입력, 기억, 연산, 제어, 출력 기능을 갖춰야 한다.

표 1-1_ 컴퓨터의 기능

기 능	설 명
입력(Input) 기능	- 처리할 외부의 데이터를 컴퓨터로 입력하는 기능 - 키보드, 마우스, 마이크, 조이스틱, 태블릿 등을 이용
기억(Memory) 기능	- 외부로부터 입력 받은 데이터나, 처리한 결과, 프로그램 등을 보관하는 기능 - 하드디스크, CD, 플로피디스크, USB 메모리, 광디스크 등에 저장
연산(arithmetic) 기능	- 산술과 논리 연산 등을 담당하는 기능 - 사칙연산(+, -, ×, ÷), 논리연산(AND, OR, NOT등)
제어(Control) 기능	- 기록, 처리, 전송 등의 명령을 해독하고, 장치들을 통제하는 기능
출력(Output) 기능	- 처리된 결과를 출력하는 기능 - 모니터, 프린터, 스피커 등을 이용

또한, 데이터(Data)를 입력하고 처리하여 출력하기 위해 기본적으로 기계적 장치인 하드웨어(Hardware)와 이러한 장치를 동작시키기 위한 소프트웨어(Software)가 필요하다.

표 1-2_ 컴퓨터 시스템의 구성

기 능	설 명
데이터	- 컴퓨터에 입력되는 기호, 숫자, 문자 등을 의미 - 데이터는 단순 사실에 불과하지만, 컴퓨터에 의해 처리되어 특정한 목적에 소용되는 정보를 만듬
하드웨어	- 컴퓨터를 구성하고 있는 물리적 전자 · 기계 장치 - 중앙처리장치, 기억장치, 입 · 출력 장치 등이 존재
소프트웨어	- 컴퓨터 하드웨어의 동작을 지시하고 제어하며, 어떤 일을 처리할 순서와 방법을 지시하는 명령어들의 집합인 프로그램과, 프로그램의 수행에 필요한 데이터, 절차, 규칙, 관련 문서 등을 총칭 - 시스템 소프트웨어(O.S)와 응용 소프트웨어(작업에 필요한 프로그램들)로 분류

2. 인간과 컴퓨터

컴퓨터의 자동성, 신속성, 정확성, 대용량성, 범용성의 특징을 바탕으로 사회 전반에 유용한 도구로 사용되고 있다. 인간이 하던 지적 생산 활동과 육체적 노동을 대신하여 복잡하고 어려운 문제를 해결할 뿐 아니라, 대량의 데이터를 저장하고, 기억된 데이터를 프로그램에 의해 신속하게 검색할 수 있다. 또한 통신망에 의해 다수의 사용자가 정보를 교환할 수 있으며, 시간적 공간적 제약을 극복할 수 있게 되었다.

표 1-3_ 컴퓨터의 특징

특 징	설 명
고속성 (신속성)	- 보통 1초당 수십 억 번 이상의 명령을 실행할 수 있듯이 처리 속도가 매우 빠르다.
신뢰성 (정확성)	- 입력한 자료가 정확하면 정확한 출력 자료가 나온다. - GIGO(Garbage In Garbage Out) : 입력 데이터가 좋지 않으면 출력 데이터도 좋지 않다.
자동성	- 프로그램에 의해 자동으로 데이터를 처리
대용량성	- 사람이 기억 가능한 기억량 보다 수십만 배의 데이터나 정보를 기억할 수 있다.
범용성	- 숫자 뿐 아니라, 문자, 음성, 영상 등 다양한 데이터를 처리할 수 있다.

이와 같이 오늘날 컴퓨터는 인간의 기본 환경에서부터 사회·경제·정치·문화·교육 등 사회 전반에 활용되어 일의 처리 방법을 변화 시켰다. 컴퓨터를 이용한 자동화를 살펴보면 다음과 같다.

사무자동화(OA : Office Automation)

사무자동화란? 사무실에서 처리하는 업무를 컴퓨터를 이용하여 업무 생산성 향상과 정보관리가 가능하도록 하는 것으로, 현재 사무실에 개인용 컴퓨터를 설치하여 여러 종류의 서류나 문서 등을 워드프로세서나 엑셀 등을 이용하여 보다 쉽게 작성할 수 있게 된 것이 대표적인 예이다.

가정자동화(HA, Home Automation)

가정자동화란? 가정을 더욱 편리하고 편안한 곳을 만들기 위한 기술로 집안에 있는 모든 정보가전들을 자동으로 조정할 수 있게 해준다. 대표적인 예로 집 밖에서 전화를 통해 창문을 닫거나, 불을 켜는 등의 일을 할 수 있다.

공장자동화(FA, Factory Automation)

공장자동화는 기업에서 제품의 생산성과 품질을 높이기 위해 컴퓨터 시스템을 도입하여 공장의 제품 설계부터 제조, 출하에 이르기 까지 모든 공정을 자동으로 처리하게 하는 기술을 의미한다.

3. 컴퓨터의 역사

1) 전자계산기 이전 시대

주판(abacus)

컴퓨터의 기원은 기원전 3000년 경 고대 메소포타미아인들이 사용한 것으로 알려진 수동식 계산 장치인 주판(abacus)으로 알려져 있다.

그림 1-2_ 주 판

네피어봉 계산기(Napier' bone)

1617년 귀족이며, 정치가이고 자연대수(logarithm)의 창시자인 스코틀랜드의 네피어(John Napier, 1550~1617)가 대수척도가 새겨진 표를 이용하여 곱셈과 나눗셈을 쉽게 할 수 있도록 한 네피어봉 계산기가 만들어졌다.

가산기(파스칼의 계산기)

1642년 프랑스의 수학자이며 철학자인 파스칼(Blaise Pascal, 1623~1662)이 톱니바퀴가 기어와 레버를 조작하여 동작하는 계산기를 만들었는데 이것이 최초의 계산기이다. 각각의 톱니바퀴는 0부터 9까지의 숫자가 붙여있고, 제일 낮은 자리 숫자의 톱니가 한 바퀴를 돌면 다음 자릿수의 톱니가 1 증가하는 방식이다.

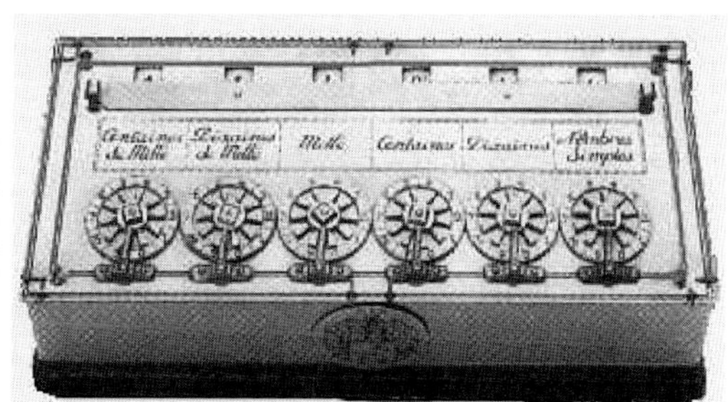

그림 1-3_ 파스칼과 계산기

라이프니츠의 승 · 제산기

1694년 독일의 수학자인 라이프니츠(Gottfried Wilhelm von Leibniz, 1646~1716)가 파스칼의 계산기를 개량하여 4칙 연산(즉, 덧셈, 뺄셈, 곱셈, 나눗셈)도 가능한 계산기를 만들었다.

그림 1-4_ 라이프니츠와 승 · 제산기

배비지(Charles Babbage)의 차분기관과 해석기관

영국의 수학자이며, 현대 컴퓨터의 개념을 최초로 제시한 찰스 배비지(Charles Babbage, 1792~1871)가 1822년 영국 정부로부터 연구비를 지원 받아 증기로 작동하는 차분기관(difference engine)을 설계하였다. 그 후 1833년 해석기관(analytical engine)을 고안하였다. 해석기관에는 연산장치, 기억장치, 제어장치, 입출력 장치 등 현재 컴퓨터와 동일한 개념을 포함하고 있는 기계였으나, 제작에 실패하였다.

천공카드시스템(PCS, Punch Card System)

종이 카드가 사용된 것은 18세기 프랑스 리용의 작은 직물공장 종업원인 재퀴드(J.M.Jackquard, 1752~1834)가 직조물의 무늬를 제어하기 위해 사용된 것이 시초이지만, 종이 카드를 계산기에 연결시켜 사용을 시작한 것은 미국의 허만 홀러리스이다.

1889년 미국 인구 통계 국에 근무하던 허만 홀러리스(Herman Hollerith, 1860~1929)가 인구조사통계처리기간을 단축시키기 위해 데이터를 종이 카드에 구멍을 뚫어 표현하는 천공카드시스템을 개발하였다.

Mark-I

최초의 자동 계산기는 미국 하버드 대학의 에이킨(Howard Aiken, 1900~1973) 교수가 IBM(International Business Machine) 사의 후원으로 만든 MARK-I 이다. 이것은 1944년 완성되었으며, 23자리 숫자를 계산하는데 가감산은 매초 3회, 곱셈은 3초에 1회씩 걸렸다.

그림 1-5_ MARK-I

2) 전자계산기 시대

아타나소프-베리 컴퓨터(ABC, Atanasoff-Berry Computer)

세계 최초의 전자식 컴퓨터로, 아이오와 주립 대학에서 1937년부터 1942년까지 존 빈센트 아타나소프(John Vincent Atanasoff, 1903~1995) 교수와 그의 제자 클리포드.E.베리(Clifford Berry, 1918~1963)가 2진 구조를 가진 진공관 컴퓨터 개발하였다. 이 컴퓨터는 기계적 구성 품들을 사용하지 않고 모든 계산을 하였으며, 계산을 하는 부분과 메모리 부분을 분리하였다.

그림 1-6_ 아타나소프-베리 컴퓨터의 모형

콜로서스(Colossus)

콜로서스는 튜링머신(Turing Machine) 이론을 바탕으로 프라워즈(T. H. Flowes, 1905~1998)가 팀장으로 튜링과 그의 동료들이 1943년 12월에 제작 완료한 컴퓨터이다. 튜링머신은 영국 캠브리지 대학의 수학자이자, 현대 컴퓨터의 아버지로 알려진 튜링(Alan. M. Turing, 1912~1954)이 1936년 발표한 컴퓨터 이론이다.

표 1-4_ 컴퓨터의 세대별 특징

세대별	연 대	소 자	특 징
제1세대	1946~1958	진공관	- 주기억장치는 자기드럼을 사용 - 프로그램은 기계어로 작성 - 대표적인 예:유니박, IBM701
제2세대	1959~1963	트랜지스터	- 1세대보다 크기는 작고 속도는 빨라짐 - 주기억장치는 자기코어, 자기드럼 사용 - FORTRAN, COBOL, ALGOL과 같은 고급언어 등장
제3세대	1964~1970	직접회로 (IC, Integrated Circuit)	- 운영체제(OS, Operating System) 등장 - 다중 프로그래밍(Multi-Programming)과 시분할(Time Sharing) 실현 - 자기 디스크가 널리 사용 - 미니컴퓨터(minicomputer)등장
제4세대	1970~?	고밀도 직접회로 (LSI, Large Scale IC)	- 중앙처리장치인 마이크로프로세서가 개발 - 개인용 컴퓨터를 대량으로 생산(범용화) - 입출력 장치의 다양화 - 저장장치의 대용량화 - 데이터 통신의 출현 - 정보산업 및 컴퓨터 범죄 출현
제5세대	?~?	초고밀도 직접회로 (VLSI, Very LSIC)	- 인공지능(AI, Artificial Intelligence)을 갖춘 컴퓨터, 바이오(bio) 컴퓨터, 양자(quantum) 컴퓨터 등의 세대를 예견

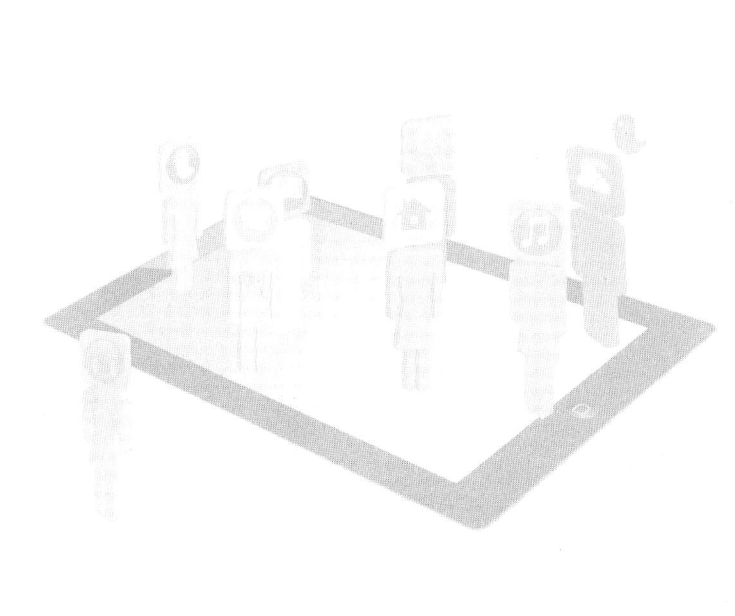

CHAPTER

02 컴퓨터의 자료표현

CHAPTER

02_ 컴퓨터의 자료표현

 1. 자료 표현의 단위

컴퓨터 시스템에 전자신호나 자기 신호가 있을 때(ON)에는 1로, 신호가 없을 때에는 0으로 하여, 단 두 가지 상태만을 이용하여 숫자, 문자, 기호, 그림 등 모든 데이터를 표시한다.

컴퓨터 시스템에서 자료를 표현하는 단위는 다음과 같다.

- 비트(Bit) : 정보의 최소 단위로 2진수의 정보인 0 또는 1을 표현 한다.
- 니블(Nibble) : 4개의 비트의 모임
- 바이트(byte) : 8개의 비트의 모임으로 문자를 표시하는 단위
- 워드(Word) : 한번에 처리되는 정보의 양, Half Word(16비트, 2바이트), Full Word(32비트, 4바이트), Double Word(64비트, 8바이트)가 있다.
- 필드(Field) : 여러 개의 바이트나 워드가 모여 이루어진 정보의 단위로 예를 들어 이름, 생년월일, 전화번호가 있을 때 각각의 항목들이 필드가 된다.
- 레코드(Record) : 서로 관련 있는 필드들의 집합으로, 예를 들어 홍길동의 이름과 나이, 전화번호 등 홍길동에 관한 필드들이 모여 하나의 레코드를 이룬다.

- 파일(File) : 레코드의 모임으로 급여 자료만을 모은 급여 파일, 재고 자료만을 모아둔 재고 파일 등 어떤 작업을 하기 위해 필요한 자료의 집합을 말한다.
- 데이터베이스(DB, Data Base) : 파일들의 집합으로 모든 자료의 중복성을 배제하고, 자료의 연관성을 유지할 수 있도록 묶은 모든 자료의 집합

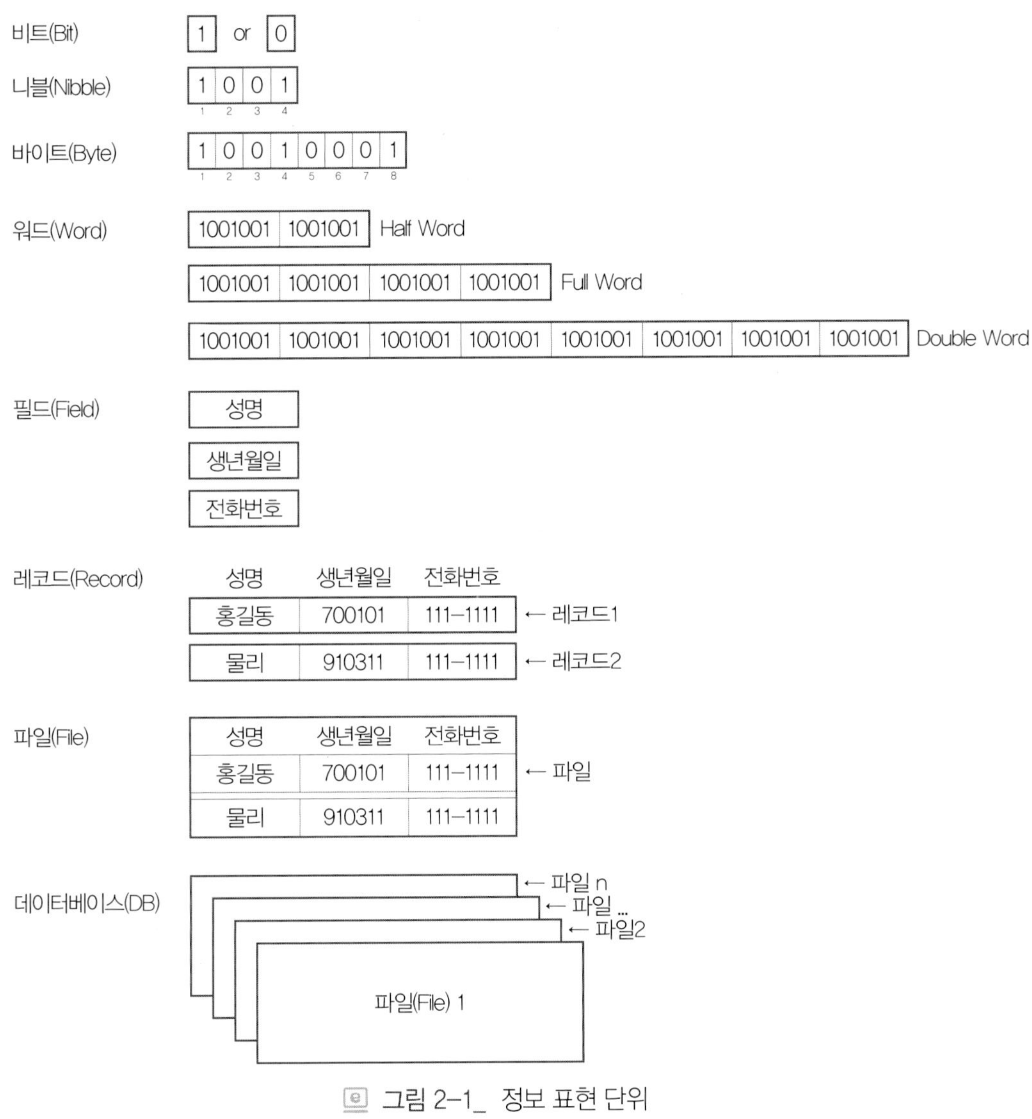

그림 2-1_ 정보 표현 단위

2. 수의 표현

1) 진 법

일반적으로 인간이 사용하는 숫자는 0,1,2,3,4,5,6,7,8,9로 10개의 수로 구성되어 있으며, 이를 10진법이라고 한다. 일상생활에서 10진법 이외에도 몇 가지 자주 사용하는 진법이 있다. 컴퓨터 시스템에서는 0과 1로만 표현할 수 있는데, 이는 2개의 수로 구성되어 있기 때문에 2진법을 사용한다고 한다. 이렇듯, 4진법은 0,1,2,3인 4개의 수로 구성되어 있고 8진법은 0부터 7까지, 16진법은 0~9까지 10개의 숫자와 A(10), B(11), C(12), D(13), E(14), F(15)로 구성되어 있다.

컴퓨터 시스템은 2진법을 사용하지만, 인간은 2진법이 익숙하기 못하기 때문에 2진법을 3개의 비트로 묶은 8진법이나 4개의 비트로 묶은 16진법으로 표현한다.

표 2-1_ 진법 대비표

10진법	2진법	8진법	16진법
0	0	0	0
1	1	1	1
2	10	2	2
3	11	3	3
4	100	4	4
5	101	5	5
6	110	6	6
7	111	7	7
8	1000	10	8
9	1001	11	9
10	1010	12	A
11	1011	13	B
12	1100	14	C
13	1101	15	D
14	1110	16	E
15	1111	17	F

그런데 숫자 11만을 보았을 때, 몇 진법이냐에 따라 10진법에서는 11로, 2진법에서는 3으로, 8진법에서는 10의 값을 가질 수 있다. 따라서 진법을 표기 할 때에는 값 옆에 (   )를 두어 기수를 첨가로 붙여서 진법을 나타낸다.

2) 진법 변환

컴퓨터는 인간이 사용하는 10진수를 2진법으로 변환하여 처리하고, 그에 대한 결과 값을 다시 10진수로 변환하여 인간에게 출력해 준다.

10진수의 정수를 다른 진수의 변환

먼저 10진수 $28_{(10)}$을 다른 진수로 변환해 보자. 오른쪽에 변환할 진수를 표시하고 28을 나눈 몫을 아래에, 나머지는 오른쪽에 표시한다. 몫이 더 이상 나누어 질수 없을 때 까지 이 과정을 반복한 후, 몫을 맨 윗자리로 하여 나머지를 거슬러 올라가면 변환 한 수가 된다.

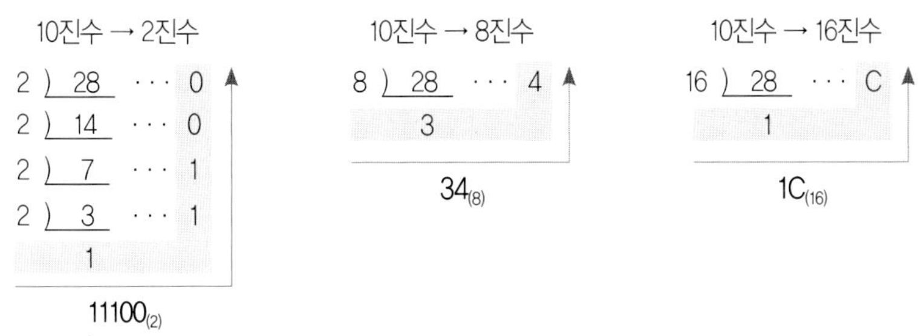

그림 2-2_ 10진수의 정수를 다른 진법으로 변환하기

정수 28을 2진수로 변환하면 $11100_{(2)}$ 이고, 8진수로 변환하면 $34_{(8)}$, 16진수는 $1C_{(16)}$ 이 되는 것을 알 수 있다.

10진수의 소수를 다른 진수의 변환

소수 0.625의 경우에는 다음과 같이 변환한다. 처음에는 소수를 각 지수로 곱하고, 나온 값에 정수 부분을 제외한 소수를 다시 곱한다. 소수 부분이 0이 되어 없어지거나, 원하는 자리수가 될 때까지 이 과정을 반복한 후, 위에부터 아래로 정수 부분을 차례로 취하면 변환된 소수가 된다.

10진수 → 2진수

0.625 × 2 = 1.25 → 1
0.25 × 2 = 0.5 → 0
0.5 × 2 = 1.0 → 1

$0.101_{(2)}$

10진수 → 8진수

0.625 × 8 = 5.0 → 5

$0.5_{(8)}$

10진수 → 16진수

0.625 × 16 = 10.0 → 10

$0.A_{(16)}$

그림 2-3_ 10진수의 소수를 다른 진법으로 변환하기

0.625를 2진수로 변환하면 $0.101_{(2)}$ 이고, 8진수로 변환하면 $0.5_{(8)}$, 16진수는 $0.A_{(16)}$ 가 되는 것을 알 수 있다.

2진수에서 10진수로 변환

2진수에서 10진수로 변경할 때, 정수의 경우 맨 아랫자리에서부터 기수를 2^0, 2^1, 2^2, … 2^n 으로 하고 그의 계수인 0 또는 1을 곱한 다음 이들을 모두 더 해준다. 한편, 소수 부분은 소수점을 기준으로 오른쪽부터 2^{-1}, 2^{-2}, … 2^{-n} 으로 하고 각 자리의 계수와 곱하여 모두 더해 주면 된다.

$110101.1101_{(2)}$을 10 진수로 변환하면 $53.8125_{(10)}$와 같다.

2진수 → 10진수

	2^5	2^4	2^3	2^2	2^1	2^0		2^{-1}	2^{-2}	2^{-3}	2^{-4}
2진수	1	1	0	1	0	1	.	1	1	0	1
10진수	$= 1\times2^5+1\times2^4+0\times2^3+1\times2^2+0\times2^1+1\times2^0$ $= 1\times32+1\times16+0\times8+1\times4+0\times2+1\times1$ $= 32+16+0+4+0+1$ $= 53$						.	$= 1\times2^{-1}+1\times2^{-2}+1\times2^{-3}$ $= 1\times0.5+1\times0.25+0\times0.125+1\times0.0625$ $= 0.5+0.25+0+0.0625$ $= 0.8125$			

$53.8125_{(10)}$

그림 2-4_ 2진수를 10진수로 변환

2진수에서 다른 진수로 변환

2진수에서 다른 진수로 변환할 때에는 다른 진수가 2의 몇 지수승 인지 확인 후 계산할 때 지수승의 자리 수 만큼 묶어서 계산하면 된다. 4진수의 경우 4가 2^2이므로 2자리씩 묶으면 되고, 8진수의 경우 2^3으로 3자리씩, 16진수의 경우 2^4으로 4자리씩 묶어서 계산하면 된다.

2진수에서 8진수로 변경하기 위해서, 정수의 경우 묶음 마다 각각 오른쪽부터 2^0, 2^1, 2^2 으로 하여 각 자리의 계수와 곱한 후 더해준다. 소수의 경우 소수점부터 왼쪽부터 2^2, 2^1, 2^0 로 하여 계산한다.

$110101.1101_{(2)}$을 8진수로 변환하면 $65.64_{(8)}$와 같다.

2진수 → 8진수

	2^2	2^1	2^0	2^2	2^1	2^0		2^2	2^1	2^0	2^2
2진수	1	1	0	1	0	1	·	1	1	0	1
8진수	$=1\times2^2+1\times2^1+0\times2^0$ $=1\times4+1\times2+0\times1$ $=4+2+0$ $=6$			$=1\times2^2+0\times2^1+1\times2^0$ $=1\times4+0\times2+1\times1$ $=4+0+1$ $=5$				$=1\times2^2+1\times2^1+0\times2^0$ $=1\times4+1\times2+0\times1$ $=4+2+0$ $=6$			$=1\times2^2$ $=1\times$ $=4$ $=4$

$65.64_{(8)}$

그림 2-5_ 2진수를 8진수로 변환

2진수에서 16진수로 변경하기 위해서, 정수의 경우 묶음 마다 오른쪽부터 2^0, 2^1, 2^2, 2^3 으로 하여 각 자리의 계수와 곱한 후 더하고, 소수의 경우 소수점부터 왼쪽부터 2^3, 2^2, 2^1, 2^0 으로 하여 계산한다.

$110101.1101_{(2)}$을 16진수로 변환하면 $35.D_{(16)}$와 같다.

2진수 → 16진수

	2^1	2^0	2^3	2^2	2^1	2^0		2^3	2^2	2^1	2^0
2진수	1	1	0	1	0	1	·	1	1	0	1
16진수	$=1\times2^1+1\times2^0$ $=1\times2+1\times1$ $=2+1$ $=3$		$=0\times2^3+1\times2^2+0\times2^1+1\times2^0$ $=0\times8+1\times4+0\times2+1\times1$ $=0+4+0+1$ $=5$					$=1\times2^3+1\times2^2+0\times2^1+1\times2^0$ $=1\times8+1\times4+0\times2+1\times1$ $=8+4+0+1$ $=13(D)$			

$35.D_{(16)}$

그림 2-6_ 2진수를 16진수로 변환

다른 진수에서 2진수로 변환

이 방법은 앞에서 설명한 2진수에서 8진수나 16진수로 변환한 방법을 거꾸로 진행하면 된다. 8진수의 경우 각 숫자마다 2진수로 3자리씩 변경하면 되고, 16진수의 경우 각 숫자마다 4자리의 2진수로 변경하면 된다. 그리고 제일 왼쪽의 0은 의미가 없는 수로 무시해도 된다.

8진수 → 2진수

8진수	7			3			5		
2진수	1	1	1	0	1	1	1	0	1

$111011101_{(2)}$

16진수 → 8진수

16진수	5				C			
8진수	0	1	0	1	1	1	0	0

$01011100_{(2)}$

그림 2-7_ 다른 진수에서 2진수로 변환

기타 다른 진수끼리의 변환

8진수이나, 16진수에서 10진법으로 변경하거나, 8진수에서 16진법, 16진수에서 8진법으로 변경하기 위해서는 우선 2진법으로 변경한 후, 다른 진법으로 변경하도록 한다.

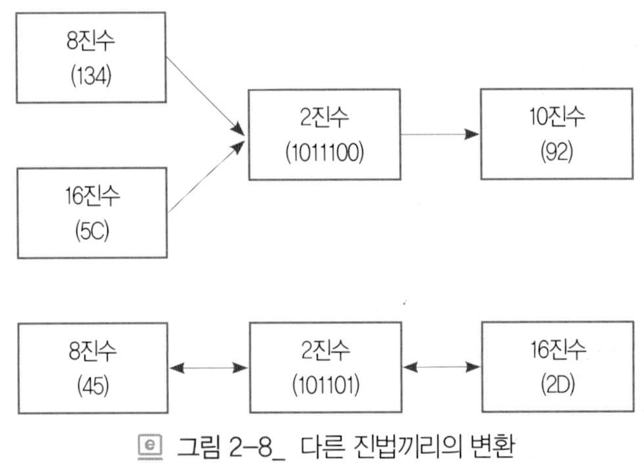

그림 2-8_ 다른 진법끼리의 변환

3) 2진수의 연산

덧 셈

2진수의 연산은 0과 1로 이루어져 10진수에 비해 그 계산 조작이 간단하다. 덧셈을 하는 방법은 일반 덧셈과 동일하며, 덧셈의 값은 0과 1뿐으로, 값이 2 이상이 되면 자리올림을 한다. 2진수의 덧셈 규칙으로 다음과 같이 이루어져 있다.

0 + 0 = 0
0 + 1 = 1
1 + 1 = 1
1 + 1 = 0 (자리올림1)

2진수의 덧셈 규칙

예를 들어, 18 + 15는 다음과 같다.

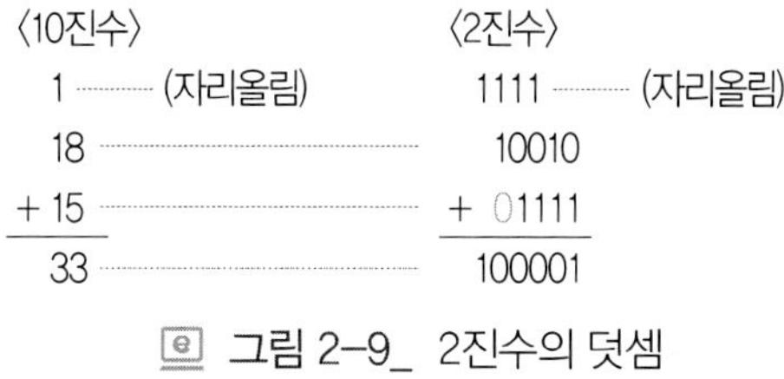

그림 2-9_ 2진수의 덧셈

왼쪽은 10진수의 덧셈이고, 오른쪽을 2진수로 변경한 덧셈이다. 2진수로 변경하였을 때, 두 수의 자릿수가 틀려 자릿수가 작은 수의 왼쪽에 0을 추가하여 자리 수를 맞추고 계산한다. 자리 올림수는 이전 자리에서 올라간 숫자를 의미한다.

뺄 셈

초등학생은 숫자들의 덧셈을 배운 뒤에 뺄셈을 배운다. 2진수의 뺄셈은 덧셈에 비해 그 규칙이 복잡한 편이다.

〈자리내림을 안해주었을 때〉
0 – 0 = 0
0 – 1 = 1 (자리내림)
1 – 0= 1
1 – 1 = 0

〈자리내림을 이미 해주었을 때〉
0 – 0 = 1 (자리내림)
0 – 1 = 0 (자리내림)
1 – 0 = 0
1 – 1 = 1 (자리내림)

2진수의 뺄셈 규칙

자리내림(Borrow)은 빼지는 수가 빼는 수 보다 작을 때, 상위 자리에서 숫자를 내려서 빼는 것이다. 0에서 1을 빼기 위해서, 0은 상위에서 자리내림을 받아 1을 빼면 된다. 0에서 자리내림을 받으면 2가 되고, 2에서 1을 빼기 때문에 결과 값은 1이 된다. 그러나 0이 이전에 자리내림을 해 주었다면, 0은 -1 과 같은 상태로 자리내림 2를 받았다 하더라도 1에서 1을 빼는 것과 같은 결과가 생긴다.

예를 들어, 21-15는 다음과 같다.

```
〈10진수〉                    〈2진수〉
 10 ······ (자리내림)          222 ······ (자리내림)
 21 ························  10101
 1                            0-10
- 15 ·······················  - 01111
 06 ························  00110
```

그림 2-10_ 2진수의 뺄셈

왼쪽은 10진수의 뺄셈이고, 오른쪽을 2진수로 변경한 뺄셈이다. 덧셈과 마찬가지로 뺄셈을 할 두 수의 자릿수를 맞추고 계산한다. 10진수는 자리내림 할 때 10을 가져오고, 2진수는 2를 가져온다고 보고 계산하면 된다.

보 수

2진수의 뺄셈은 자리내림이라는 연산 때문에 하나의 뺄셈을 하기 위해 많은 연산을 수행하여야 하고, 작은 수에서 큰 수를 뺄 경우 문제가 발생할 수 있기 때문에 컴퓨터에서는 뺄셈 연산을 위해 보수(Complement)를 사용한다. 보수를 이용하면, 뺄셈 대신 덧셈 연산을 수행하여 뺄셈 연산과 같은 결과를 얻을 수 있다.

보수는 어떤 기준이 되는 수로부터 뺀 나머지 수를 나타내며, 보통 같은 자리 수 중 제일 큰 수에 대해 보수를 취하는 보수와 한자리 높은 수중 제일 작은 수에 대한 보수가 존재한다.

2진수에서 같은 자리 수 중 제일 큰 수에 대한 보수를 1의 보수(1's Complement)라고 하고, 한자리 높은 수 중 제일 작은 수에 대한 보수를 2의 보수(2's Complement)라고 한다. 1의 보수는 다른 두 수를 더 했을 때 결과의 모든 값이 1이 되도록 하는 숫자, 2의 보수는 결과의 모든 값이 0이 되도록 하는 숫자를 말한다.

〈10진수〉	〈2진수 –1의 보수〉
99	1111
– 18	– 1101
81	0010

그림 2-11_ 같은 자리 수 중 제일 큰 수에 대해 보수

〈10진수〉	〈2진수 –2의 보수〉
100	10000
– 18	– 1101
82	0011

그림 2-12_ 한자리 높은 수 중 제일 작은 수에 대한 보수

2진수에서 보수를 쉽게 하는 방법은 1의 보수의 경우 0은 1로, 1은 0으로 변경하면 되며, 2의 보수의 경우 1의 보수를 취한 후 1을 더하면 된다.

1101 —(0→1, 1→0)→ 〈1의 보수〉 0010 —(결과값에 +1)→ 〈2의 보수〉 0011

그림 2-13_ 쉽게 보수 값 구하기

1의 보수에 의한 뺄셈

먼저 계산을 하기 위해 왼쪽 자리에 0을 두어 두 숫자의 자리 수를 맞춘다. 그 후, 뺄 수를 1의 보수를 취하고 빼지는 수와 1의 보수 값과 덧셈을 수행한다. 덧셈 결과 맨 마지막에 자리 올림이 발생하면 자리올림 수는 버리고, 결과 값에 다시 1을 더한다.

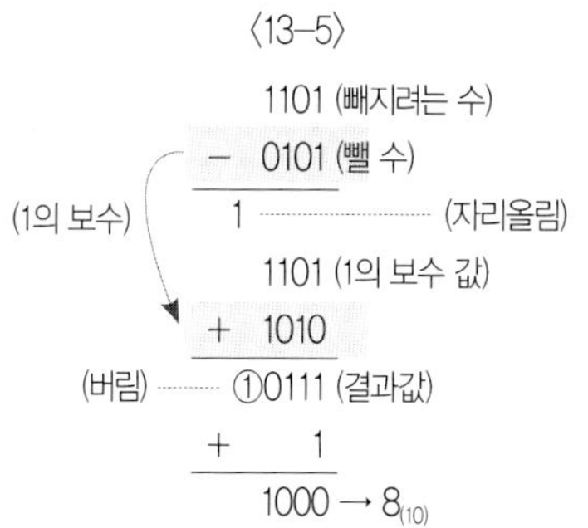

그림 2-14_ 1의 보수에 의한 뺄셈–1

만약, 자리 올림이 발생하지 않으면 결과 값을 다시 1의 보수로 만들고 그 앞에 - 부호를 붙인다.

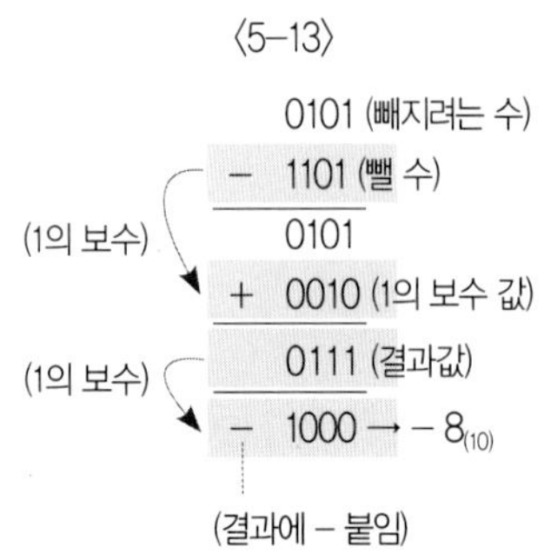

그림 2-15_ 1의 보수에 의한 뺄셈-2

2의 보수에 의한 뺄셈

2의 보수에 의한 뺄셈도 1과 마찬가지로 두 숫자의 자릿수를 맞추고 뺄 수를 2의 보수를 취하여 빼지려는 수와 2의 보수 값을 더한다. 그 결과 맨 마지막 자리에 올림이 있으면 이것을 무시한다.

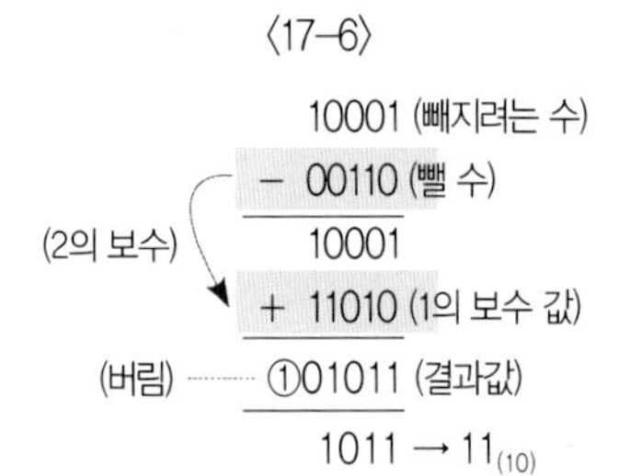

그림 2-16_ 2의 보수에 의한 뺄셈-1

만약 자리 올림 수가 없으면 얻은 결과 값을 다시 2의 보수로 취하고 거기에 - 부호를 붙인다.

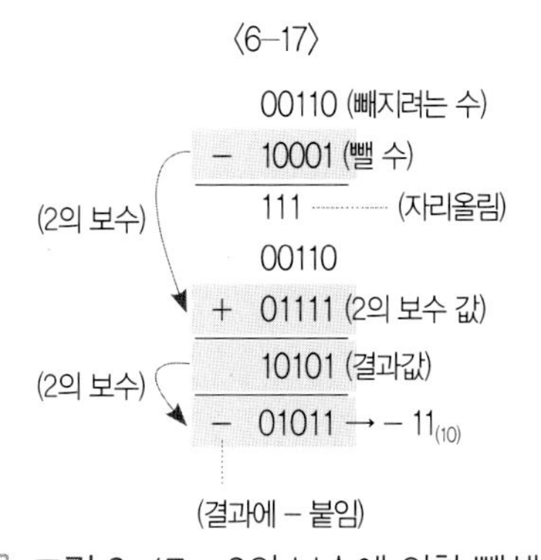

그림 2-17_ 2의 보수에 의한 뺄셈-2

3. 문자의 표현

컴퓨터 시스템에서 인간이 사용하고 있는 모든 정보는 2진수 즉, 비트로 표현 되어야 하기 때문에 인간이 사용하는 정보를 컴퓨터 내부에서 표현할 때 미리 약속된 비트 정보로 부호화(Coded)하여 사용해야 한다.

문자는 영문 대·소문자, 한글, 한자 등의 문자와 +, *, @ 등 특수문자, 0,1,2 등 숫자 등으로 구성되어 있으며, 컴퓨터에서는 각각 구별할 수 있도록 약속된 비트 정보를 통해 문자를 표현할 수 있도록 하고 있으며, 한 문자를 표현하기 위해 여러 개의 비트를 사용한다.

BCDIC

BCDIC(Binary Coded Decimal Interchange Code)는 6개의 비트로 구성되어 있다. 왼쪽 2비트는 존 비트(Zone bit)로서 그룹을 구분하기 위해 사용 되며, 오른쪽 4비트는 디지트 비트(Digit bit)라고 하여 데이터를 표현한다.

6개의 비트로 표현할 수 있는 문자는 영어 대문자 26개, 특수문자 20개, 숫자 10개 등을 부호화 할 수 있으나, 문자가 다양화 되면서 1960년대 이후 쓰이지 않게 되었다.

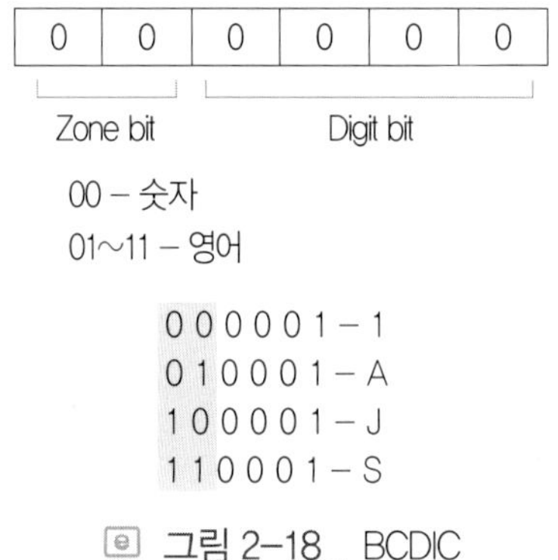

그림 2-18_ BCDIC

ASCII

다양한 문자를 표현하기 위해 1968년 미국 ANSI에서 ASCII(American Standard Code for Information Interchange)라는 미국 표준 코드 체계를 제시하였다. ASCII는 7개의 비트로 구성되어 128개의 문자를 표현할 수 있나. 왼쪽 3개의 비트는 존 비트로 영문자, 숫자, 특수 문자를 구분할 수 있으며, 나머지 4개의 비트는 디지트 비트로 데이터를 표현한다.

제어문자 공백문자 구두점 숫자 알파벳

10진	16진	문자	10진	16진	문자	10진	16진	문자	10진	16진	문자
0	0x00	NUL	32	0x20	SP	64	0x40	@	96	0x60	`
1	0x01	SOH	33	0x21	!	65	0x41	A	97	0x61	a
2	0x02	STX	34	0x22	"	66	0x42	B	98	0x62	b
3	0x03	ETX	35	0x23	#	67	0x43	C	99	0x63	c
4	0x04	EOT	36	0x24	$	68	0x44	D	100	0x64	d
5	0x05	ENQ	37	0x25	%	69	0x45	E	101	0x65	e
6	0x06	ACK	38	0x26	&	70	0x46	F	102	0x66	f
7	0x07	BEL	39	0x27	'	71	0x47	G	103	0x67	g
8	0x08	BS	40	0x28	(	72	0x48	H	104	0x68	h
9	0x09	HT	41	0x29	)	73	0x49	I	105	0x69	i
10	0x0A	LF	42	0x2A	*	74	0x4A	J	106	0x6A	j
11	0x0B	VT	43	0x2B	+	75	0x4B	K	107	0x6B	k
12	0x0C	FF	44	0x2C	,	76	0x4C	L	108	0x6C	l
13	0x0D	CR	45	0x2D	-	77	0x4D	M	109	0x6D	m
14	0x0E	SO	46	0x2E	.	78	0x4E	N	110	0x6E	n
15	0x0F	SI	47	0x2F	/	79	0x4F	O	111	0x6F	o
16	0x10	DLE	48	0x30	0	80	0x50	P	112	0x70	p
17	0x11	DC1	49	0x31	1	81	0x51	Q	113	0x71	q
18	0x12	DC2	50	0x32	2	82	0x52	R	114	0x72	r
19	0x13	DC3	51	0x33	3	83	0x53	S	115	0x73	s
20	0x14	DC4	52	0x34	4	84	0x54	T	116	0x74	t
21	0x15	NAK	53	0x35	5	85	0x55	U	117	0x75	u
22	0x16	SYN	54	0x36	6	86	0x56	V	118	0x76	v
23	0x17	ETB	55	0x37	7	87	0x57	W	119	0x77	w
24	0x18	CAN	56	0x38	8	88	0x58	X	120	0x78	x
25	0x19	EM	57	0x39	9	89	0x59	Y	121	0x79	y
26	0x1A	SUB	58	0x3A	:	90	0x5A	Z	122	0x7A	z
27	0x1B	ESC	59	0x3B	;	91	0x5B	[	123	0x7B	{
28	0x1C	FS	60	0x3C	<	92	0x5C	₩	124	0x7C	|
29	0x1D	GS	61	0x3D	=	93	0x5D	]	125	0x7D	}
30	0x1E	RS	62	0x3E	>	94	0x5E	^	126	0x7E	~
31	0x1F	US	63	0x3F	?	95	0x5F	_	127	0x7F	DEL

그림 2-19_ ASCII 코드표

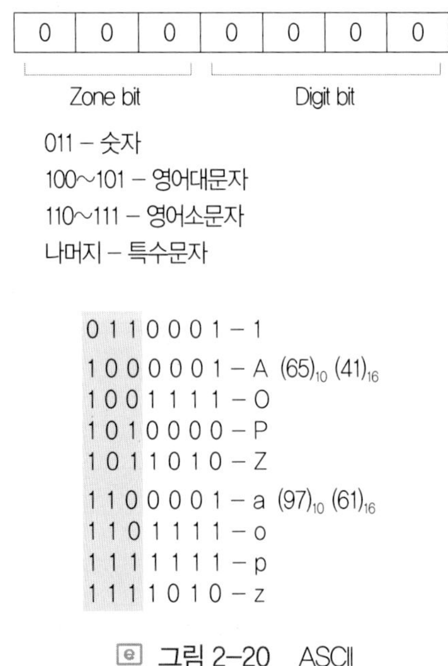

그림 2-20_ ASCII

EBCDIC

EBCDIC(American Standard Code for Information Interchange)는 IBM에서 BCDIC 대신에 제시한 8개의 비트로 구성된 코드이다. 기존 7비트의 ASCII 코드에서 왼쪽에 0을 추가하였고, 총 256개의 코드를 부여할 수 있다. 주로 IBM의 대형 컴퓨터에서 기본 코드로 사용되고 있다.

유니코드(UNICODE)

컴퓨터가 영어권 뿐 아니라, 전 세계적으로 사용하게 됨에 따라 영어뿐 아니라 한글, 한자, 일어 등 각 나라별 언어를 표현해야 할 필요가 생겼다. 그리하여 미국의 컴퓨터 운영체제 업체와 데이터베이스 관련 기업들이 중심이 되어 다국어 지원 코드인 유니코드(UNICODE)를 만들었다. 이 코드는 16개의 비트(2바이트)로 이루어져 최대 65,536개를 표현할 수 있다.

유니코드에 94개의 한글 조합형과 총 11,172개(초성 19개, 중성 21개, 종성 28개를 모두 곱한 값)의 한글 완성형을 표현할 수 있도록 1995년에 코드를 할당 받았다.

한글 코드

① 완성형 한글 코드

완성형 한글 코드란 한글 1음절에 하나의 코드 값을 부여하는 방식으로 한글의 특성상 2바이트 이상을 사용한다. 1987년 ISO 2022에 맞추어 한국 표준으로 제정되었다. 여기에는 사용 빈도가 높은 한글 2,350자와 한자 4,888자, 특수 문자 986자로 구성되어 있다.

완성형 한글 코드는 ㄱ, ㄴ, ㄷ 등에 해당하는 코드는 없고, 완성된 문자인 가, 나, 해, 달, 물 등에 해당하는 코드만 있어, 자음을 표현할 수 없으며 표현할 수 있는 글자 수에 제한이 있다는 단점이 있다.

② 조합형 한글 코드

조합형 한글 코드란 한글 1음절을 초성, 중성, 종성으로 구분하여 각각 5비트로 정하고 여기에 한글을 구분하는 1비트를 포함하여 총 16비트의 코드에 값이 부여된 방식이다.

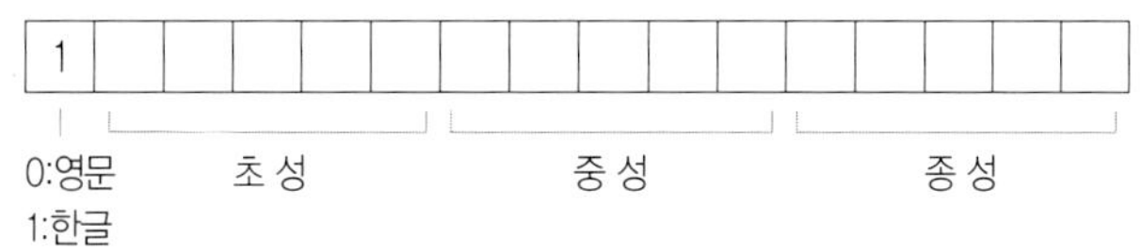

그림 2-21_ 조합형 한글 코드 방식

모든 한글을 지원하지 못하는 완성형 한글의 단점을 해결하였으며, 1992년에 완성형 코드와 함께 KS C5601-1992 표준으로 제정되었다.

③ 통합형 한글 코드

조합형 코드는 현대 한글의 처리에는 별 문제가 없지만, "ㅎ、ㄴ"과 같은 옛날 한글과 한자를 처리하는데 문제가 발생하여, 이를 해결하기 위해 통합형 한글 코드를 제안하였다. 통합형 한글 코드는 유니코드(UNICODE)에 한글의 특수성을 반영하여 만들어진 체계로 조합형과 완성형을 포괄하는 것이다. 이 체계에서 한글 음절 11,172자는 완성형으로 처리되고, 한글 옛글자를 포함한 자소는 조합형으로 처리되어 거의 모든 한글을 표현할 수 있다.

4. 멀티미디어의 표현

초기의 컴퓨터는 문자만 처리할 수 있었으나, 정보 입력 및 표현, 출력 등 컴퓨터 기술이 발전함에 따라, 문자 이외에 음성, 그림, 영상 등으로 이루어진 매체를 처리할 수 있게 되었다. 이러한 매체를 멀티미디어(Multimedia)라고 말한다. 오늘날 멀티미디어는 컴퓨터 뿐 아니라, 방송, 교육, 오락, 의료 등 매우 다양하게 활용되고 있다.

1) 데이터의 압축

멀티미디어는 이미지, 영상, 소리 등으로 이루어져 있기 때문에 정보의 양이 방대하다. 예를 들어 100×100 사이즈를 가지는 이미지를 처리하기 위해서 24bit(3byte)의 정보를 가진 점이 10,000개가 필요하다. 즉, 30,000byte(약 30KB)가 용량이 필요하다.

이렇듯 고용량 멀티미디어의 등장은 데이터를 효율적으로 저장하고 전송, 처리하기 위해서 압축 기술이 필요하게 되었다. 압축이란 데이터의 저장 공간을 줄이는 기술로서, 텍스트 뿐 이니라, 그래픽, 동영상, 음성 파일 등에 구별 없이 활용된다. 압축 방법에는 손실 압축과 무손실 압축이 있다.

손실압축(lossy)

더 높은 압축률을 위해 원본 데이터의 정보를 일부 희생시키는 방법

무손실압축(lossless)

원본 데이터를 손실 없이 그대로 압축하는 방법

2) 그래픽 표현 형식

그래픽(Graphic)은 우리가 쉽게 접할 수 있는 그림, 사진, 도면, 다이어그램, 그래프 등 시각적 효과를 나타내는 것이다. 컴퓨터 환경에서 그래픽을 표현하는 방법은 비트맵(Bitmap) 방식과 벡터(Vector) 방식이 있다.

비트맵 방식은 픽셀(Pixel)이라는 불리는 사각형 모양의 작은 점을 모아서 표현하는 방식이다. 하나의 픽셀은 색상 정보를 가지고 있기 때문에 픽셀들로 이루어진 비트맵 방식의 그

래픽은 다양한 색상을 활용할 수 있다. 따라서 사진 같은 이미지를 잘 표현하고 색상 변경이나 편집 작업이 쉽지만, 섬세한 선이나 모양을 표현하기 어렵고 이미지를 과하게 확대하거나 축소하면 이미지의 질이 떨어진다.

벡터 방식은 선의 양 끝점의 X, Y 좌표 값, 곡률 값, 선의 두께 값 등을 수학적인 계산 방법을 이용하여 표현하는 방식으로, 이미지를 아무리 크게 키워도 좌표 값은 변함이 없기 때문에 이미지 손상이 없다는 장점이 있다. 섬세한 선이나 모양을 표현하기 좋지만 표현하는 색상에 한계가 있어 사진 같은 이미지를 표현하기 힘들며, 처리 속도가 느리다.

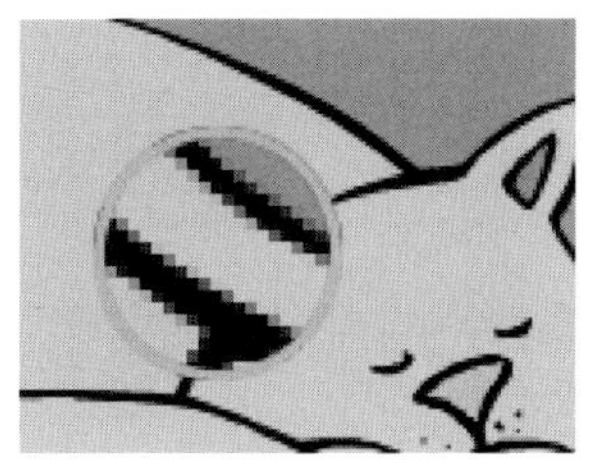

비트맵이미지 확대모양

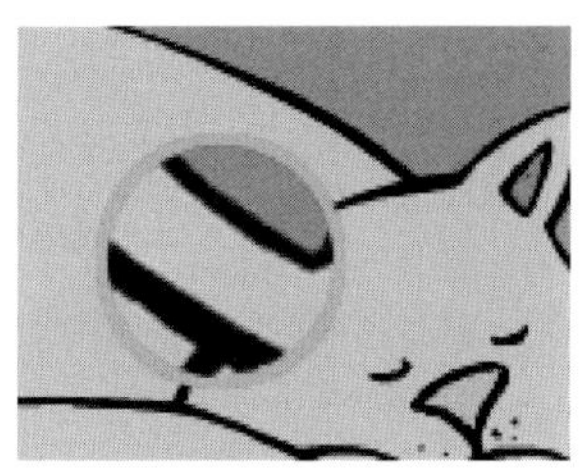

벡터이미지 확대모양

그림 2-22_ 비트맵과 벡터 이미지

디지털화(Digitalize)

아날로그 데이터를 디지털 데이터로 변환하는 작업을 디지털화(Digitalize)라고 한다. 디지털화하는 방법에는 표본화(Sampling) 방법과 양자화(Quantization) 방법이 있다.

- 표본화 방법 : 아날로그 데이터를 일정한 간격으로 샘플을 추출하는 것을 의미하며, 특정 픽셀 수로 샘플링하기 때문에 해상도가 높을수록 선명한 이미지를 얻는다.
- 양자화 방법 : 샘플링된 지점의 아날로그 데이터 값을 이산적(Discrete)인 값으로 변환하는 작업을 의미하며, 하나의 픽셀 값을 표현하기 위해 몇 비트의 색상을 사용하는가에 따라 정밀도가 좌우된다.

색상표현

하나의 픽셀은 색상을 표현할 수 있다. 색상을 표현하는 방법은 RGB, CMYK, HSI, YUV, YIQ 등 다양하다.

- RGB : 컴퓨터에서 수 많은 컬러를 표현하기 위한 단위로 빨강(Red), 초록(Green), 파랑(Blue) 3가지 색을 혼합하여 사용하는 방식이다. 빛을 기반으로 한 색상 표현 모델로

빛의 3원색 이라고도 한다. R, G, B는 각각 8비트의 값으로 총 24비트의 값을 가지고 표현 된다. RGB(0,0,0)이면 검은색(Black)을 RGB(255,255,255)이면 하얀색(White)을 나타낸다.

- CMYK : 빛을 기반으로 표현한 RGB와 달리 종이에 프린트되는 잉크에 기초한 색상 표현 방법이다. 청록색(Cyan), 심홍색(Magenta), 노란색(Yellow), 검은색(Black)의 4가지 색상을 기본으로 한다.

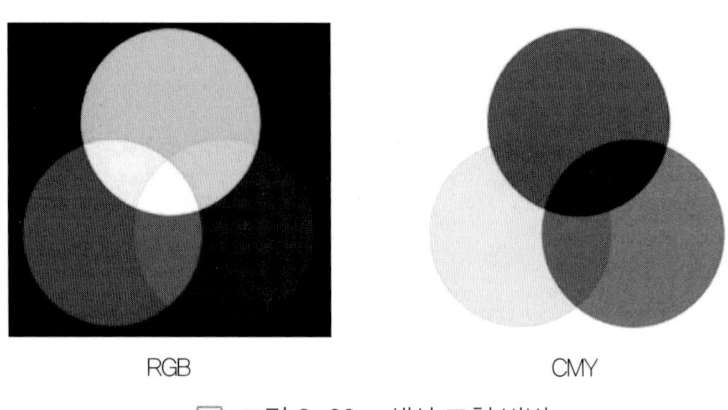

그림 2-23_ 색상 표현 방법

그래픽 파일 포멧

그래픽을 표현하기 위해 많은 데이터 용량이 필요하기 때문에 이를 해결하기 위해 다양한 이미지 압축 방법이 사용된다. 압축 방법에 따라 이미지 파일의 확장자가 BMP, GIF, JPEG 등으로 변경 된다.

비트맵 방식의 파일 포맷은 BMP, GIF, JPEG, PNG가 대표적이다.

- BMP : 가장 단순한 파일 포맷으로 24비트를 이용한 색 표현을 지원한다.
- GIF : 대표적인 손실 압축 방법으로 256개의 색상 표현이 가능하다. 정지영상과 간단한 애니메이션을 표현할 수 있다.
- JPEG : 정지 영상이나 연속적인 톤의 이미지를 표현하기 위한 표준으로 손실압축과 무손실 압축을 모두 지원한다.
- PNG : 비손실 압축 기법으로 GIF의 문제점을 해결하기 위해 개선되었다. GIF 보다 압축률이 높으나, 애니메이션은 지원되지 않는다. 또한 투명한 배경을 지원한다.

벡터 방식의 파일 포맷은 AI, SVG가 대표적이다.

- AI : Adobe Illustrator사에서 사용한 포맷이다.
- SVG : XML을 기반으로 한 이미지 표준이다. XML 텍스트 파일로 정의되어 있어, 스크립트로 구현이 가능하다.

3) 소리(음성)의 표현 형식

소리는 공기의 진동으로 전달되는 데이터로, 주파수, 진폭, 음색 등의 정보를 가지고 있다.

- 주파수(Frequency) : 1초당 반복 횟수, 주파수가 높으면 고음 낮으면 저음

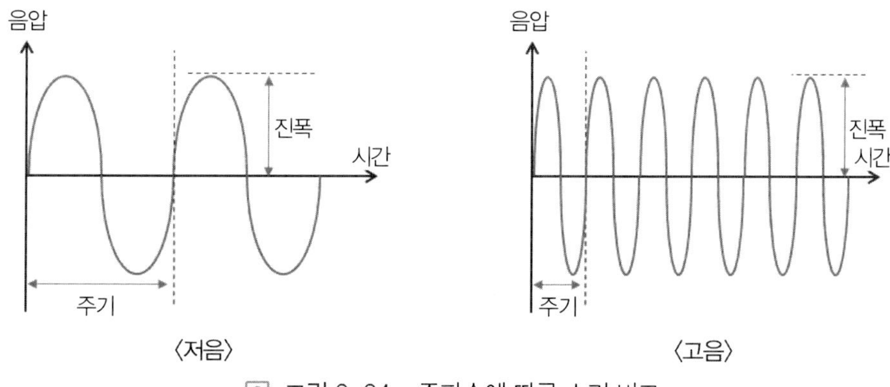

그림 2-24_ 주파수에 따른 소리 비교

- 진폭(Amplitude) : 소리의 크기. 진폭이 높거나 클수록 큰 소리이다.

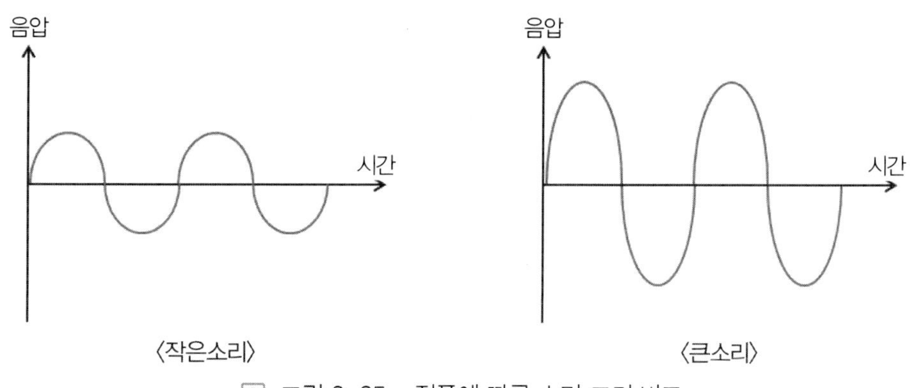

그림 2-25_ 진폭에 따른 소리 크기 비교

- 음색(Tone Color) : 음이 가지는 고유의 특징으로 같은 주파수와 진폭을 가진 소리를 구분하게 한다.

보통 소리는 연속적으로 변하는 아날로그(Analog) 신호로, 시간의 흐름에 따라 연속적인 높낮이를 가진다. 이러한 아날로그 정보를 디지털 신호로 변환해야 컴퓨터에서 처리할 수 있는 음성정보가 된다. 또한 디지털로 변경된 음성 정보는 사람이 듣기 위해 다시 아날로그 신호로 변경하여 출력된다. 아날로그 신호를 디지털 정보로 변환하는 작업을 ADC(Analog to Digital Convertor)라 하고, 즉, 변조를 의미한다. 디지털 정보를 다시 아날로그 신호로 변경하는 것을 DAC(Digtal to Analog Convertor)라고 한다(즉, 복조를 의미한다).

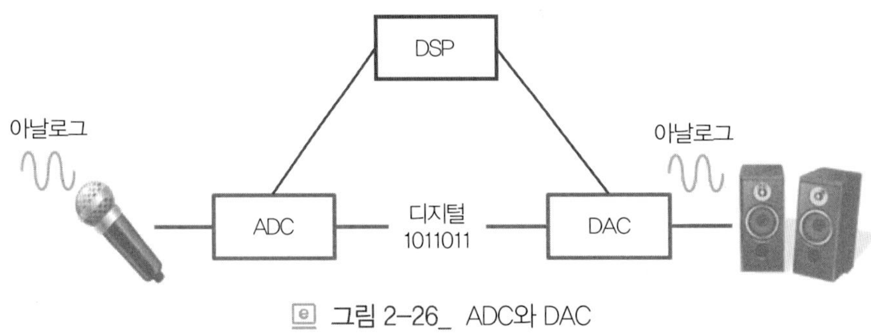

그림 2-26_ ADC와 DAC

1990년대에 들어서면서 이런 아날로그 정보를 디지털화하여 처리할 수 있게 되었다. 음성을 디지털화시키기 위해 초당 측정 개수를 나타내는 샘플링 율(Sampling rate)과 음량의 높이를 나누는 양자화 등급(Quantization Level)이 필요하다.

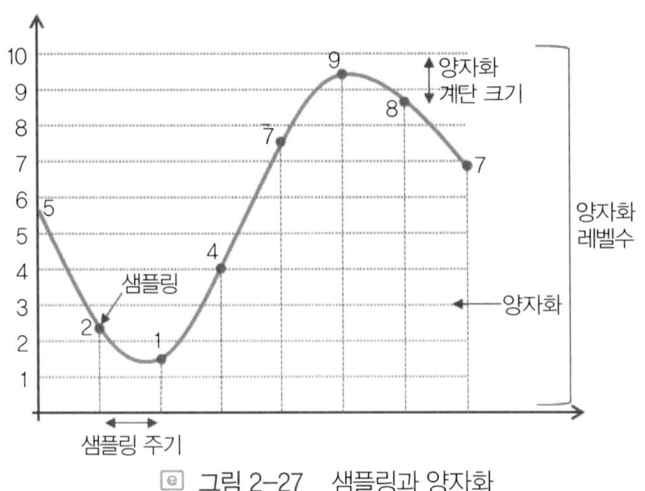

그림 2-27_ 샘플링과 양자화

샘플링 된 값은 컴퓨터의 기억 장치에 기억시킨다. 이후 출력할 때 샘플링 된 값을 아날로그 신호로 변경하여 출력한다. 원본 음성과 비교해 보았을 때 약간의 차이가 나는 것을 알 수 있다. 샘플링 율과 양자화 등급을 많이 할수록 원본과 비슷한 음성을 들을 수 있다.

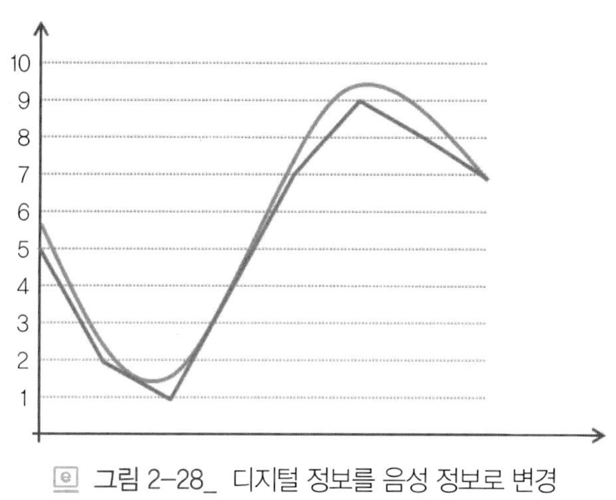

그림 2-28_ 디지털 정보를 음성 정보로 변경

소리 파일 포맷

소리도 압축 방법에 따라 파일의 확장자가 wav, ra, mp3 등으로 구분되며, 압축된 소리는 라디오 방송, 인터넷 등을 통해 전달한다.

- wav : MS사와 IBM사가 만든 파일로, 운도우 운영체제에서 사용되는 형태이다.
- ra, ram : 인터넷 상에서 스트리밍 기술을 이용하여 실시간으로 사운드를 전송받으며 재생할 수 있는 리얼 오디오 파일 형태. RA는 실제 소리를 담고 있고, RAM은 소리를 담고 있는 파일의 위치를 저장한 파일이다.
- mp3 : MP3는 기본적으로 손실 압축 포맷이지만, 무손실 압축도 사용한다. 인간이 들을 수 없는 부분을 버리고 다시 표현한 형태이다.
- ogg : 특허권, 지적재산권이 걸려있는 MP3 등의 모든 독점적, 폐쇄적인 포맷을 대체하기 위해 태어난 새로운 손실 압축 형태이다.

4) 동영상 표현 형식

동영상은 시간에 따라 변화하는 영상으로 영화처럼 연속적인 정지 이미지를 일정한 간격으로 빠르게 보여줌으로써 인간이 움직이는 것처럼 보이게 한 영상이다. 정지된 이미지를 프레임(Frame)이라 부르며, 초당 사용되는 프레임 수를 fps(frame per second)이라 한다. 자연스러운 움직임을 위해서는 일반적으로 초당 30 프레임이 필요하다.

동영상은 데이터이 굉장히 많으므로, 압축을 해야 한다. 예를 들어, 해상도가 320(width) × 240(height)인 영상을 초당 30 프레임으로 1분을 사용한다면,

320(pixel) × 240(pixel) × 24(bit) × 30(frame) × 60(sec)

= 3,317,760,000 bit

= 414,720,000 byte

= 405,000 KB

= 약 395 MB

즉, 저해상도의 1분 동영상인데 395MB가 필요하다. 만약 1시간짜리 영상이라고 하면 약 23GB가 넘는 것이다. 현재 컴퓨터의 동영상은 대부분 60분 이상이고, 영화의 경우 120분이 넘는다. 만약 동영상을 압축하지 않는다면, 어마어마한 용량의 동영상이 만들어 지기 때문에 압축이 꼭 필요하다.

동영상은 연속된 이미지가 서로 비슷하기 때문에, 이점을 이용하면 높은 압축률을 얻을 수 있다. 압축하는 기법은 시간적(temporal) 압축 기법과 공간적(spatial) 압축 기법 등이 있다.

- 시간적 압축 기법 : 시간적으로 인접한 프레임의 경우 움직임 추정(motion estimation) 기법에 의해 프레임을 비교하여 변하지 않는다면 그 중 하나만 저장하거나, 변화량이 적다면 변화된 곳만 저장하는 방식
- 공간적 압축 기법 : 정지 영상의 원리적으로 동일한 압축 방법으로, 영상 내 화소와 화소 값을 관찰하여 중복성을 제거하는 방식

영상 파일 포맷

- AVI : 마이크로소프트가 개발한 파일 형식으로 오디오와 비디오 데이터가 내부적으로 번갈아 기록되는 형태
- MPEG : 1988년에 국제 표준화 기구인 ISO와 국제 전기 위원회인 IEC가 설립한 모임으로 사운드와 비디오에 대한 효율적인 압축 알고리즘과 코드체계를 제공한다. MPEG-1, MPEG-2, MPEG-4 등이 있다.

- MOV : 애플사가 개발한 동영상 파일
- WMV : 마이크로소프트사에서 제공하는 스트리밍 동영상 파일로, 압축률이 뛰어나며, 화질이 비교적 좋고, 빠른 편이므로, 최근 인터넷 등에 많이 사용된다.

CHAPTER

03 논리 회로

1. 부울 대수
2. 기본 게이트
3. 범용 게이트
4. 조합 논리 회로
5. 순서 논리 회로

CHAPTER

03_ 논리 회로

1. 부울 대수

부울 대수(Boolean Algebra)는 영국의 수학자 조지 부울(George Boole, 1815~1864)이 1854년 창안한 "A 또는 B이다"라는 명제 논리를 바탕으로 개발한 것이다.

명제란 주어진 문장이 참(true)인지 거짓(false)인지 판단할 수 있는 문장으로, "지금은 오전 8시이다."라는 문장은 참과 거짓을 판단할 수 있기 때문에 명제이지만, "차를 끓어오라" 같은 문장은 판단할 수 없으므로 명제라고 하지 않는다.

부울 대수에서 참인 것은 "1" 거짓은 "0"으로 표현하며 논리 동작을 다룬 것으로 일반 수학과는 차이가 있다.

1) 논리합(+)

논리합(+)은 OR 연산자라고 하며, "또는"이나 "~나" 이라는 말로 연결하면 된다. 일반 수학의 덧셈 연산과는 차이가 있고, 합집합(∪) 개념과 유사하다.

"또는" 이라는 개념을 쉽게 이해하기 위해 엄마가 아들에게 단팥빵 또는 크림빵을 사오라고 심부름을 시켰다면, 아들은 단팥빵이나 크림빵만 사가도 되고, 두 개 모두 사가도 제대로 심부름을 한 것이다.

명제가 되는 문장으로 예를 들면, "그는 화가이다"라는 명제 A와 "그는 발명가이다." 라는 명제 B가 있다면 논리합(A∪B)은 "그는 화가이거나 발명가이다."라는 명제된다. 그리고 명제에 대한 결과는 그가 실제 화가일 경우는 명제 A에 참이 되므로 결과는 참이 되고, 그가 발명가일 경우는 명제 B에 참이 되므로 결과는 참이 된다. 또한 그가 화가이자 발명가일 경우에도 명제 A와 명제 B를 모두 만족하므로 결과는 참이 된다. 다만 그가 영화배우일 경우에는 두 명제에 모두 해당하지 않기 때문에 거짓이 된다. 이 합성 명제의 진리표를 정리하면 다음과 같다.

표 3-1_ 논리합 명제 진리표

값	명제 A (그는 화가이다)	명제 B (그는 발명가이다)	A∪B의 결과 (그는 화가이거나 발명가이다.)
그는 영화배우이다.	거짓(0)	거짓(0)	거짓(0)
그는 화가이다.	참(1)	거짓(0)	참(1)
그는 발명가이다.	거짓(0)	참(1)	참(1)
그는 화가이자 발명가이다.	참(1)	참(1)	참(1)

즉, 논리합은 두 개의 값 중 하나라도 1이면 결과가 1이 되고, 두 개의 값이 모두 0이면 0이 된다.

논리합은 + 기호를 사용하여 표시한다.

$$A + B$$

2) 논리곱(•)

논리곱(•)은 AND 연산자라고 하며, "그리고"라는 말로 연결하면 된다. 논리합과 마찬가지로 일반 수학의 곱셈 연산과는 차이가 있고, 교집합(∩)의 개념과 유사하다.

"그리고" 라는 개념을 쉽게 이해하기 위해 이번에는 엄마가 아들에게 양파 그리고 마늘을 사오라고 심부름을 시켰다면, 아들은 양파와 마늘을 모두 사와야 제대로 심부름을 한 것이고, 어느 한 쪽이 부족하면 심부름을 실패하게 된다.

다시 명제의 문장으로 예를 들면 "그는 화가다"라는 명제 A와 "그는 발명가이다"라는 명제 B는 "그는 화가이고 발명가이다"라는 논리곱(A∩B)의 명제로 변경된다. 따라서 그는 화가나 발명가 중 한 가지 직업만 가지고 있을 경우 조건을 만족하지 못하게 된다. 이 합성 명제의 진리표를 정리하면 다음과 같다.

표 3-2_ 논리곱 명제 진리표

값	명제 A (그는 화가이다)	명제 B (그는 발명가이다)	AUB의 결과 (그는 화가이고 발명가이다.)
그는 영화배우이다.	거짓(0)	거짓(0)	거짓(0)
그는 화가이다.	참(1)	거짓(0)	거짓(0)
그는 발명가이다.	거짓(0)	참(1)	거짓(0)
그는 화가이자 발명가이다.	참(1)	참(1)	참(1)

즉, 논리곱은 두 개의 값이 모두 1이면 결과가 1이 되고, 두 개의 값 중 하나라도 0이면 결과는 0이 된다.

논리곱은 • 이나, * 를 사용하거나, 기호를 생략하여 표시하기도 한다.

$$A \cdot B \qquad A^* B \qquad AB$$

3) 논리부정(′)

논리부정(′)은 NOT 연산자라고 하며, 하나의 명제를 "아니다"라는 말로 부정하는 것이다.

앞의 명제 A의 부정은 "그는 화가가 아니다"이다. 이것을 진리표로 나타내면 다음과 같다.

표 3-3_ 논리부정 명제 진리표

값	명제 A (그는 화가이다)	A′의 결과 (그는 화가가 아니다.)
그는 화가이다.	참(1)	거짓(0)
그는 발명가이다.	거짓(0)	참(1)

즉 0은 1이 되고, 1은 0이 된다.

논리부정을 표현하는 방법은 ′이나, ¯ 를 사용하여 표현한다.

$$A' \qquad \overline{A}$$

4) 부울 대수의 기본 법칙

일반적으로 몇 개의 명제를 논리합, 논리곱, 논리부정을 이용하여 교환법칙, 결합법칙, 분배법칙 등이 성립하는 것을 알 수 있다.

A, B, C를 0 또는 1의 값을 갖는 변수라 할 때, 부울 대수와 관련된 법칙들은 다음과 같다.

표 3–4_ 부울대수의 기본 법칙

0과 1의 관계	A + 0 = A A + 1 = 1 A • 0 = 0 A • 1 = 1
동일 법칙	A + A = A A • A = A
부정 관계	A + A′ = 1 A • A′ = 0
부정 법칙	(A)′′ = A
교환법칙	A + B = B + A A • B = B • A
결합법칙	(A + B) + C = A + (B + C) (A • B) • C = A • (B • C)
분배법칙	A + (B • C) = (A + B) • (A + C) A • (B + C) = (A • B) + (A • C)
흡수의 법칙	A + (A • B) = A A • (A + B) = A
드 모르간 법칙	(A + B)′ = A′ • B′ (A • B)′ = A′ + B′

이러한 법칙을 이용하면, 어려운 논리식을 간소화 할 수 있다.

간소화 예제로 (A + B) (A + C) + AC를 간소화 해보자.

$= \underline{(A + B)(A + C)} + AC$
분배법칙

$= AA + \underline{AC + BA + BC + AC}$
결합법칙과 동일법칙

$= \underline{AA} + AC + BA + BC$
동일법칙(AND 연산)

$= \underline{A + AC} + BA + BC$
흡수법칙

$= A + \underline{BA + BC}$
교환법칙

$= \underline{A + AB} + BC$
흡수법칙

$= A + BC$

그림 3-1_ 논리식의 간소화

5) 카르노맵

카르노맵(Karnaugh map)은 부울 대수를 표현할 수 있는 방법들 중 하나로, 2진법을 나열하여 도표로 간략화 시키는 개념이다. 즉, 입력변수와 출력을 도식화하는 것으로 같은 출력의 패턴을 찾아 묶이도록 배치하는 것이다.

카르노 맵의 방법을 정리하면 다음과 같다.

- 변수의 개수(n)를 파악한 후 2n개로 묶는다.
- 최대한 크게 묶는다.
- 묶음 수를 최소화 한다.
- 무한대 중복 가능하다.

카르노 맵에서 인접항을 묶어 논리회로를 간소화 할 수 있다. 간소화 하는 방법은 다음과 같다.

1. 논리회로를 부울 함수로 표시한다. 예를 들어 AB+A′B′
2. 진리표로 나타낸다. 즉, 입력값이 2개이면 2변수 맵으로, 3개이면 3변수 맵으로 진리표를 나타낸다.
3. 진리표의 각 값을 적합한 칸에 기입한다. 즉, 논리식 AB + A′B′ 가 있다면, AB와 A′B′ 칸에 값 1을 기입한다.

4. SOP로 최소화 할 때는 "1"로 구성되어 있는 항들을 묶고, POS로 최소화 할 때는 '0'으로 묶는다. 묶을 때, 각 항은 최소 한번 이상 묶여야 하며, 중복되어 묶일 수 있다.
5. 항의 묶음에서 남아있는 변수들로 간소화된 논리식을 구한다. 묶음 항에서 정규(A)와 반전(A')가 존재하면 그 변수는 제거하고, 남은 변수를 + 로 묶어서 식을 표현한다. 예를 들어 AB와 A'B 가 있다면, A와 A'는 제거하고 각각 B가 남는다. B+B는 B이므로 간소화된 식은 B가 된다.

2변수 맵 방법

2변수 카르노 맵은 두 개의 입력 변수인 것을 나타나는 것으로, 카르노 맵은 다음과 같다.

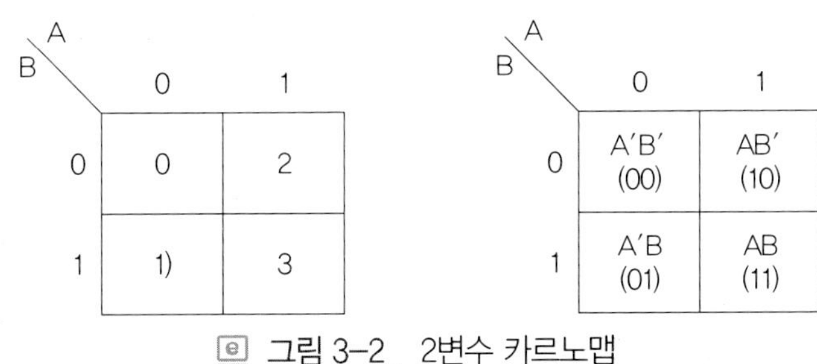

그림 3-2_ 2변수 카르노맵

입력 값에 따라 그에 해당하는 곳에 값을 넣으면 된다. 즉 A가 1, B가 0 이 들어오면 카르노 맵에서 10에 해당하는 곳에 값 1 이 들어간다.

또한, 논리식을 카르노 맵을 통해서 표현할 수도 있다. 1은 정규 값인 A나 B로 0은 반전인 A'나 B'로 본다. 논리식 A'B' + AB 를 카르노 맵으로 표현하면 다음과 같다.

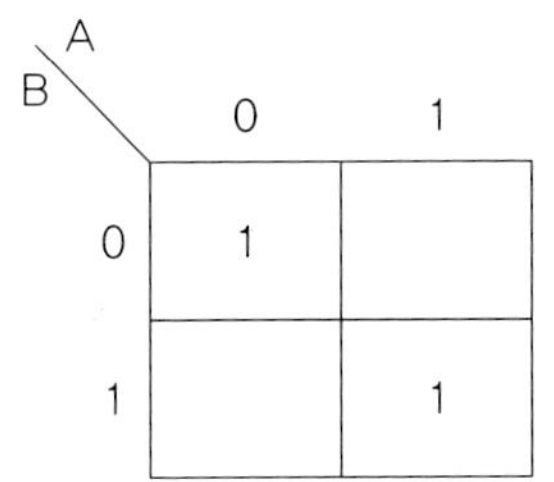

그림 3-3_ 논리식에 대한 카르노맵

2변수 맵을 묶는 방법은 다음과 같다. 맵에서 값을 묶고 각 묶음 안에서 값을 + 연산으로 표시한다.

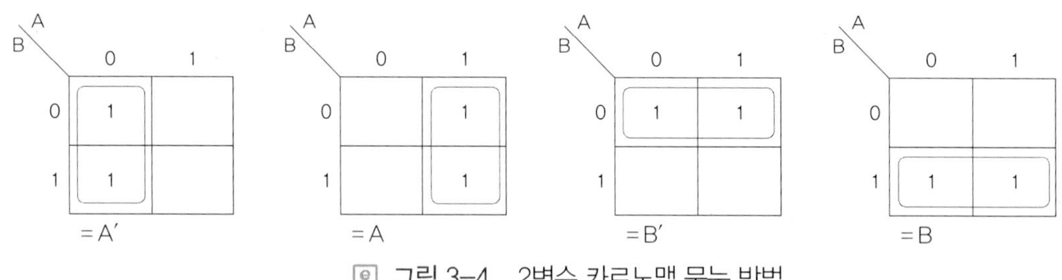

그림 3-4_ 2변수 카르노맵 묶는 방법

3변수 맵 방법

입력 변수가 3개인 것으로 카르노 맵은 다음과 같다.

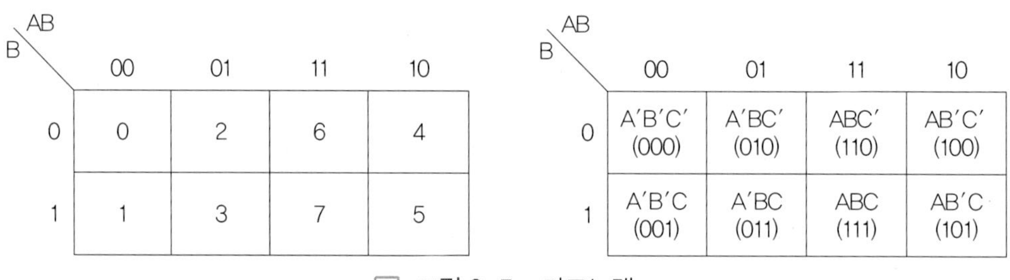

AB
B
00
01
11
10
0
0
2
6
4
1
1
3
7
5
AB
B
00
01
11
10
0
A′B′C′ (000)
A′BC′ (010)
ABC′ (110)
AB′C′ (100)
1
A′B′C (001)
A′BC (011)
ABC (111)
AB′C (101)

그림 3-5_ 카르노맵

3변수 맵을 묶는 방법은 다음과 같다. 인접한 항을 2개나 4개씩 가로나 세로로 묶을 수 있다.

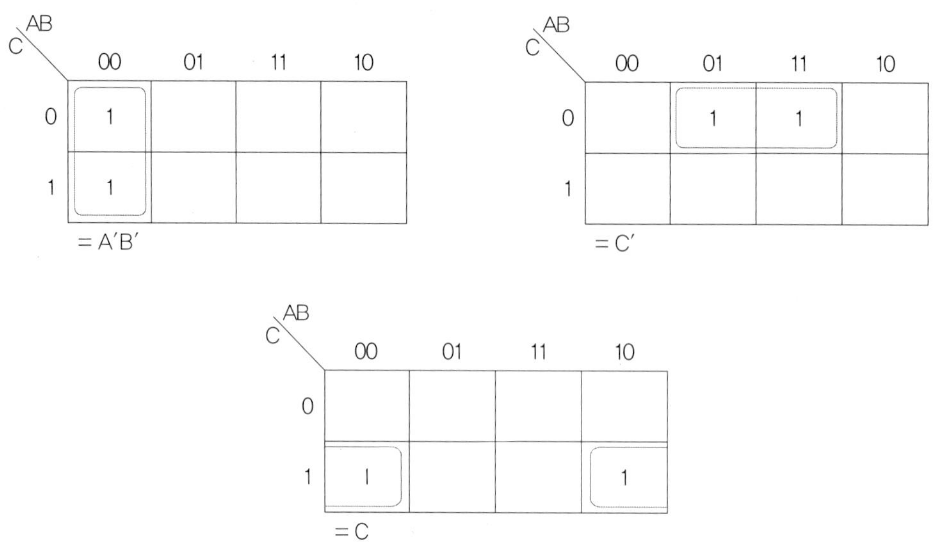

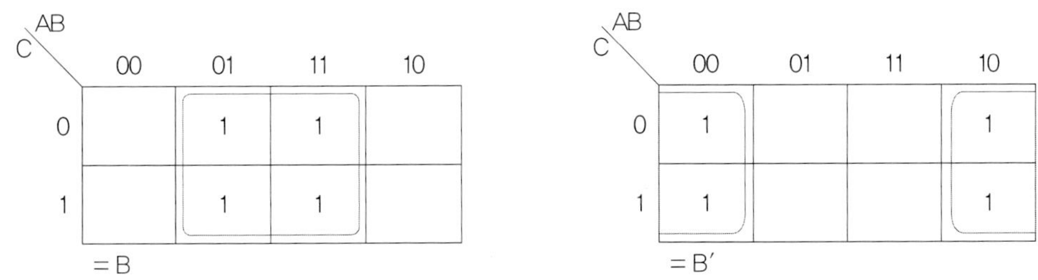

그림 3-6_ 카르노맵 묶는 방법

논리식 A′B′C+AB′C′+AB′C+ABC′+ABC 를 표현하면 다음과 같다.

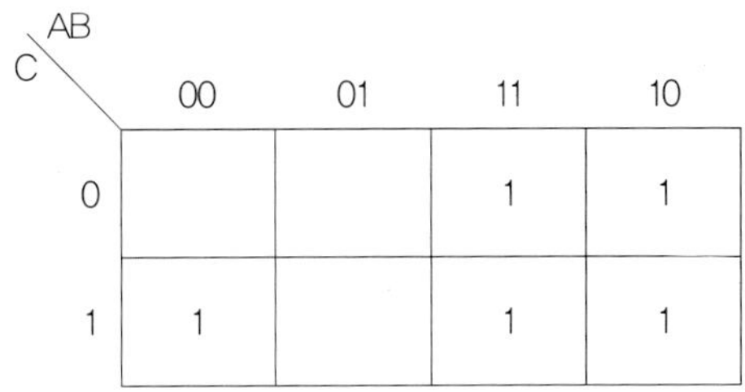

그림 3-7_ 논리식에 대한 카르노맵

이전 논리식을 카르노 맵을 이용하여 간소화 해보자.

우선, 카르노 맵의 값이 있는 항을 2n 으로 묶는다.

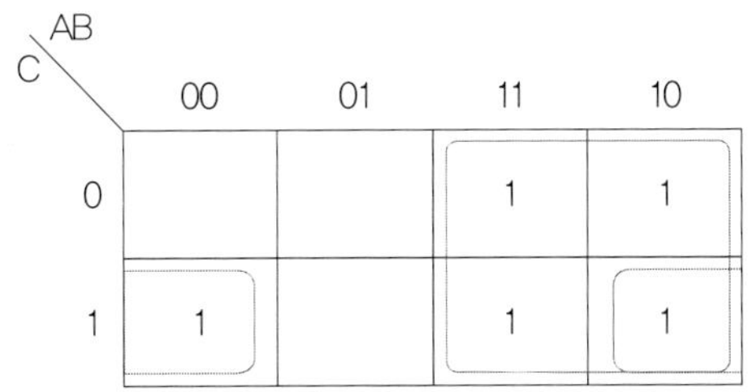

그림 3-8_ 논리식에 대한 카르노맵의 값 묶음

그 후, 묶음끼리 식으로 표현하는데, 파란색 묶음은 ABC′ + ABC + AB′C′ + AB′C 이므로, 같은 값만 표현하면 A이고, 붉은색 묶음은 A′B′C + AB′C로써 B′C가 이 두 묶음을 결합하면 A+B′C 가 된다.

논리식을 풀어서 증명해보자.

$= A'B'C+AB'C'+AB'C+ABC'+ABC$

$= A'B'C + AB'(C'+C) + AB(C'+C)$

$= A'B'C + AB' + AB$

$= A'B'C + A(B'+B)$

$= A'B'C + A$

$= (A+A')(A+B'C)$

$= A+B'C$

4변수 맵 방법

입력 변수가 4개인 것으로 카르노 맵은 다음과 같다.

CD \ AB	00	01	11	10
00	0	4	12	8
01	1	5	13	9
11	3	7	15	11
10	2	6	14	10

CD \ AB	00	01	11	10
00	A′B′C′D′ (0000)	A′BC′D′ (0100)	ABC′D′ (1100)	AB′C′D′ (1000)
01	A′B′C′D (0001)	A′BC′D (0101)	ABC′D (1101)	AB′C′D (1001)
11	A′B′CD (0011)	A′BCD (0111)	ABCD (1111)	AB′CD (1011)
10	A′B′CD′ (0010)	A′BCD′ (0110)	ABCD′ (1110)	AB′CD′ (1010)

그림 3-9_ 4변수 카르노맵

4변수 맵을 묶는 방법은 다음과 같다. 2n으로 2개, 4개, 8개씩 인접한 항을 묶을 수 있다.

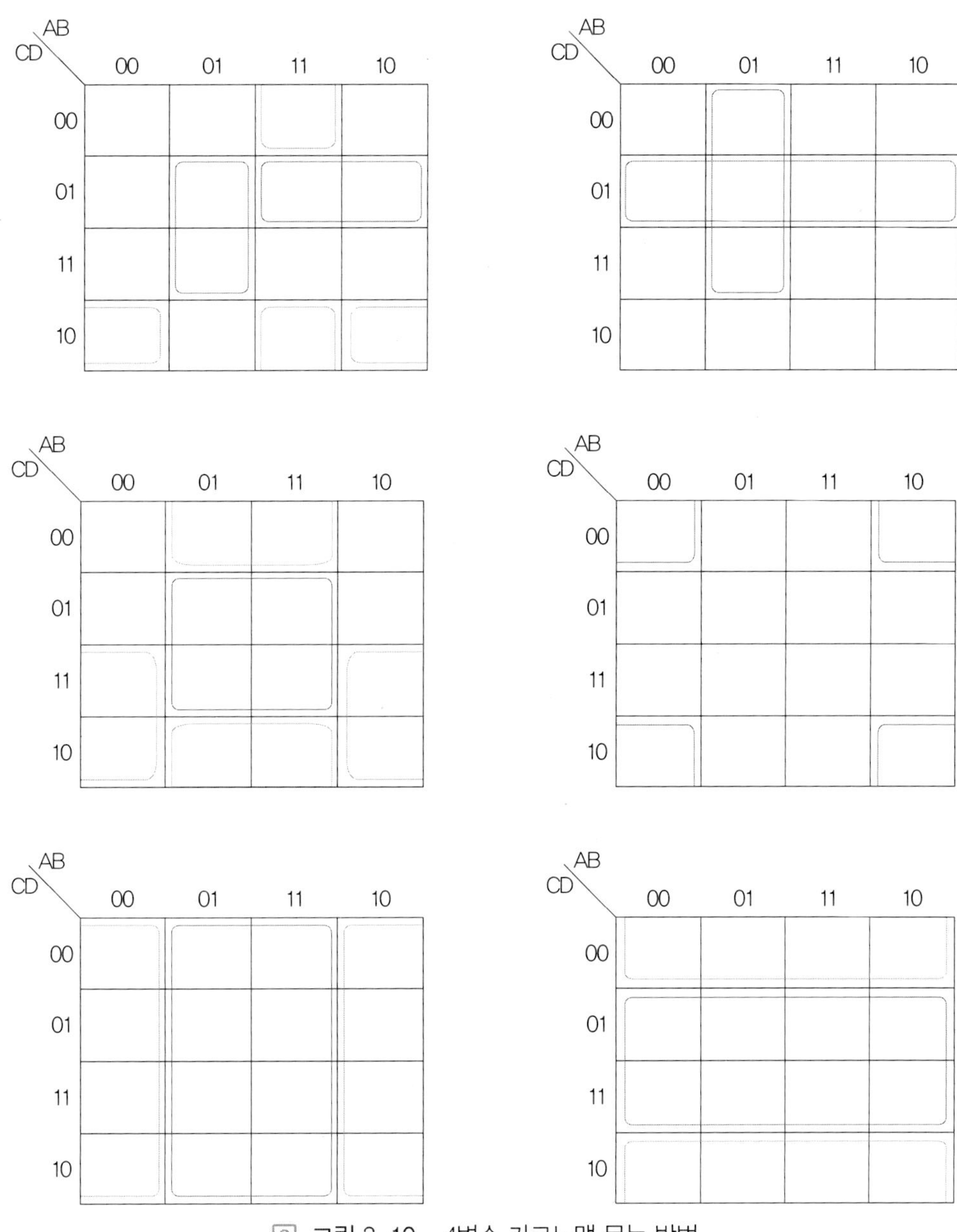

그림 3-10_ 4변수 카르노맵 묶는 방법

논리식 ABCD′ + AB′C′D′ + AB′C′D + AB′CD′ + AB′CD + ABC′D′ + ABC′D + ABCD′ 를 표현하면 다음과 같다.

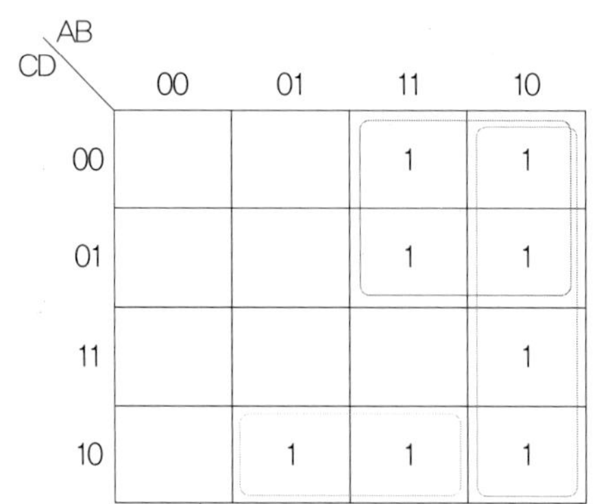

AB
CD
00
01
11
10
00
01
11
10
1
1
1
1
1
1
1
1

그림 3-11_ 논리식에 대한 카르노맵의 값 묶음

묶음을 식으로 표현하면, 파란색 묶음의 값은 AC′이고, 붉은색 묶음은 AB′, 녹색 묶음은 BCD′로써, AB′ + AC′ + BCD′가 된다.

논리식을 풀어서 검증하면, 다음과 같다.

= A′BCD′ + AB′C′D′ + AB′C′D + AB′CD′ + AB′CD + ABC′D′ + ABC′D + ABCD′

= (A′+A)BCD′ + AB′C′(D′+D) + AB′C(D′+D) + ABC′(D′+D)

= BCD′ + AB′C′ + AB′C + ABC′

= BCD′ + A(B′C′ + B′C + BC′)

= BCD′ + A(B′C′)

= BCD′ + AB′ + AC′

= AB′ + AC′ + BCD′

2. 기본 게이트

1938년 미국의 수학자 샤논(Shannon, Claude Elwood, 1916~2002)이 부울 대수를 전기회로의 스위치 상태에 응용하여 컴퓨터 회로를 설계하는 방법을 제안하였다. 그 방법은 전기 스위치가 ON 상태이면 1로, OFF 상태이면 0으로 표현하는 방법이며, 이를 적용하여 생성된 컴퓨터 회로를 논리회로(Logic circuit)라고 한다. 논리 회로는 하드웨어를 구성하는 기본 요소인 논리 게이트(Logic gate)로 구성된다.

논리 게이트는 보통 2개의 입력 단자와 1개의 출력단자를 가지고 있고, 게이트의 종류에는 AND 게이트, OR 게이트, NOT 게이트와 같은 기본 게이트와 이를 확장한 XOR 게이트, NOR게이트, NAND 게이트 등이 있다.

1) AND 게이트

AND 게이트는 논리곱의 기능을 수행하는 게이트로, 두 개의 입력 단자 A, B와 한 개의 출력단자 X를 가지고 있다. AND 게이트는 입력 값이 모두 1일 경우 결과가 1이 되고, 나머지 다른 경우에는 결과가 0이 된다. AND 게이트의 진리표는 다음과 같다.

표 3-5_ AND 게이트 진리표

A	B	A AND B
0	0	0
0	1	0
1	0	0
1	1	1

AND 게이트를 스위치로 비유하면, 직렬로 연결된 회로로 나타낼 수 있고, AND 게이트의 기호는 반타원의 모양을 가진다.

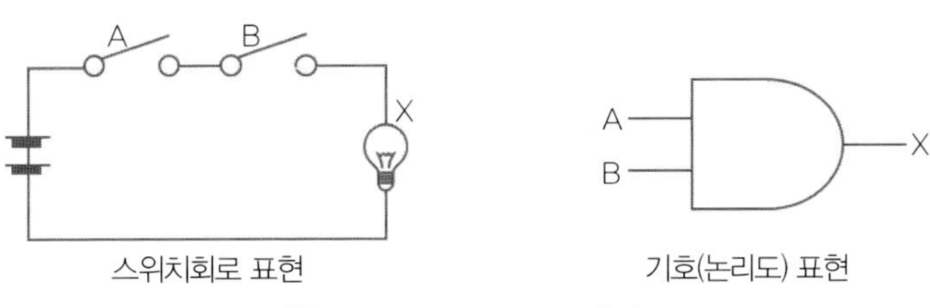

그림 3-12_ AND게이트

AND 게이트를 식으로 표현하면 부울대수의 논리곱과 동일하게 • 이나 * 기호를 사용하여 표현 가능하며, 기호를 생략할 수도 있다.

$$X = A \cdot B$$
$$X = A * B$$
$$X = AB$$

2) OR 게이트

OR 게이트는 논리합의 기능을 수행하는 게이트로, AND 게이트와 동일하게 두 개의 입력단자 A, B와 한 개의 출력단자 X를 가지고 있다. OR 게이트는 입력 값이 모두 0일 경우 결과가 0이 되고, 나머지 다른 경우에는 결과가 1이 된다.

OR 게이트의 진리표는 다음과 같다.

표 3-6_ OR 게이트 진리표

A	B	A OR B
0	0	0
0	1	1
1	0	1
1	1	1

AND 게이트를 스위치로 비유하면, 병렬로 연결된 회로로 나타낼 수 있고, AND 게이트의 기호는 초승달과 비슷한 모양을 가진다.

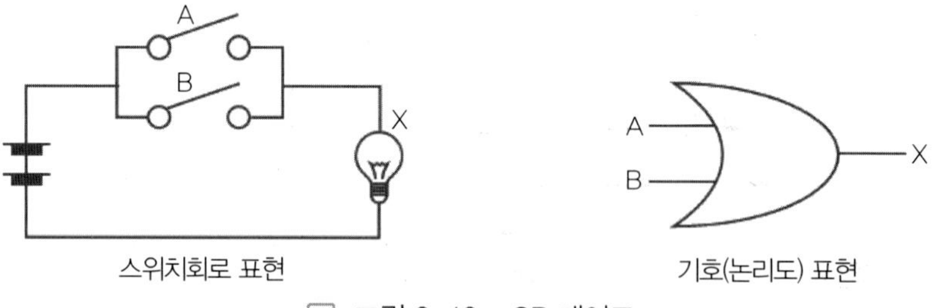

그림 3-13_ OR 게이트

OR 게이트를 식으로 표현하면 부울대수의 논리합과 동일하게 + 기호를 사용하여 표현 가능하다.

$$X = AB$$

3) NOT 게이트

NOT 게이트는 논리부정의 기능을 수행하는 게이트로, 한 개의 입력 단자 A와 한 개의 출력단자 X를 가지고 있다. NOT 게이트는 입력 값이 1이면 결과가 0이 되고, 입력이 0이면 결과가 1이 된다.

NOT 게이트의 진리표는 다음과 같다.

표 3-7_ NOT 게이트 진리표

A	NOT A
0	1
1	0

NOT 게이트의 기호는 다음과 같다.

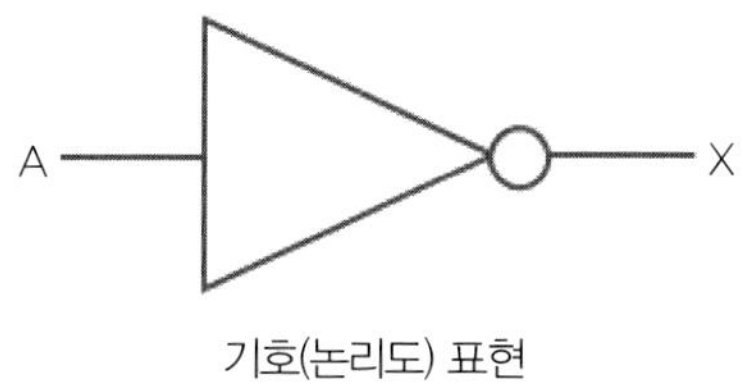

기호(논리도) 표현

그림 3-14_ NOT 게이트

NOT 게이트를 식으로 표현하면 ′ 나 ¯ 기호를 사용하여 표현 가능하다.

$$X = A'$$
$$X = \overline{A}$$

4) 버퍼(Buffer)

버퍼는 논리 이론상으로 필요 없지만, 실제로 논리회로 상 없어서는 안 되는 중요한 소자이다. 버퍼 게이트는 어떠한 논리 연산도 수행하지 않고, 단순히 전달만 하는 기능을 수행하는 게이트로, 신호 전달을 잠시 지연시키는 역할을 하기도 한다.

버퍼 게이트 1개의 입력 단자와 1개의 출력 단자를 가지며, 진리표는 다음과 같다.

표 3-8_ 버퍼 게이트 진리표

A	Buffer A
0	0
1	1

Buffer 게이트의 기호는 다음과 같다.

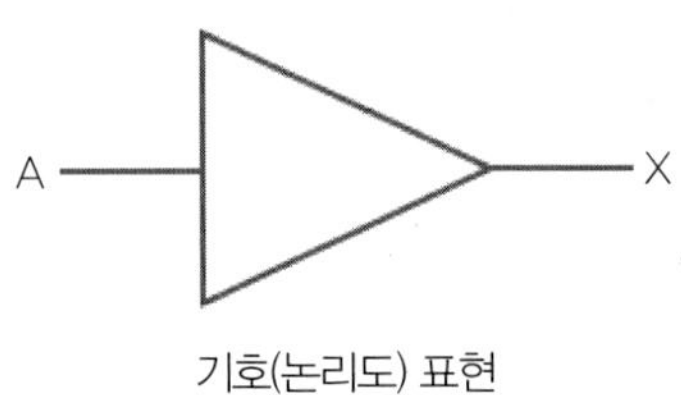

기호(논리도) 표현

그림 3-15_ Buffer 게이트

5) XOR 게이트

XOR(exclusive OR) 게이트는 2개의 입력단자와 1개의 출력단자를 가지고 있으며, 두 개의 입력이 같으면 0을 출력하고, 두 개의 입력 값이 다르면 1을 출력한다.

XOR 게이트의 진리표는 다음과 같다.

표 3-9_ XOR 게이트 진리표

A	B	A OR B
0	0	0
0	1	1
1	0	1
1	1	0

XOR 게이트의 기호는 다음과 같다.

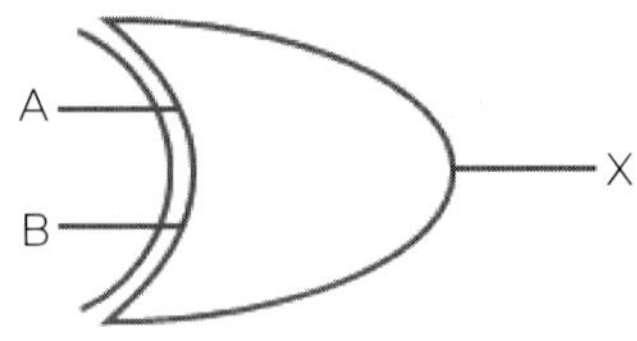

기호(논리도) 표현

그림 3-16_ XOR 게이트

XOR 게이트를 식으로 표현하면 ⊕ 기호를 사용하여 표현 가능하다.

$$X = A \oplus B$$
$$X = A'B + AB'$$

3. 범용 게이트

범용게이트(Universal gates)는 NAND와 NOR 같은 게이트로서, NOR나 NAND 만으로 AND, OR, NOT 게이트 등의 기본 회로를 만들 수 있기 때문에 붙여진 이름이다.

1) NAND 게이트

NAND 게이트는 AND 게이트와 반대로 동작하는 게이트이다. AND 게이트의 결과 값이 인버터 되기 때문에 두 개가 입력이 모두 1이면 결과가 0이고, 나머지의 경우는 결과가 1이 된다.

NAND 게이트의 진리표는 다음과 같다.

표 3-10_ NAND 게이트 진리표

A	B	A NAND B
0	0	1
0	1	1
1	0	1
1	1	0

NAND 게이트의 기호는 본래 AND 게이트에 NOT 게이트를 붙인 회로와 같으나, 이를 줄여서 다음과 같이 표시한다.

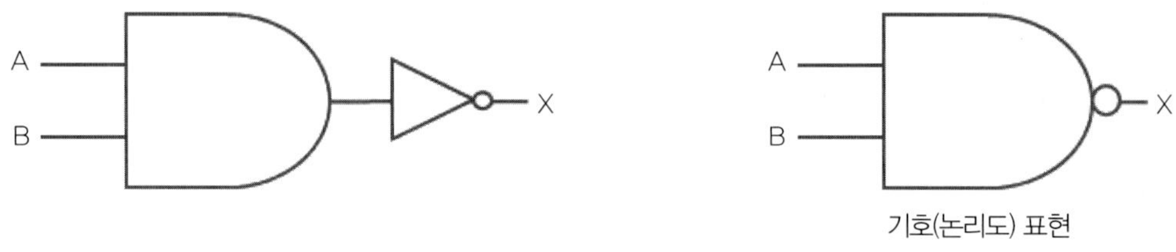

그림 3-17_ NAND 게이트

2) NOR 게이트

NOR 게이트는 OR 게이트와 반대로 동작하는 게이트이다. OR 게이트의 결과 값이 인버터 되기 때문에 두 개가 입력이 모두 0이면 결과가 1이고, 나머지의 경우는 결과가 0이 된다.

NOR 게이트의 진리표는 다음과 같다.

표 3-11_ NOR 게이트 진리표

A	B	A NAND B
0	0	1
0	1	0
1	0	0
1	1	0

NOR 게이트의 기호는 NAND 게이트와 비슷하게 OR 게이트에 NOT 게이트를 붙인 회로와 같으나, 이를 줄여서 다음과 같이 표시한다.

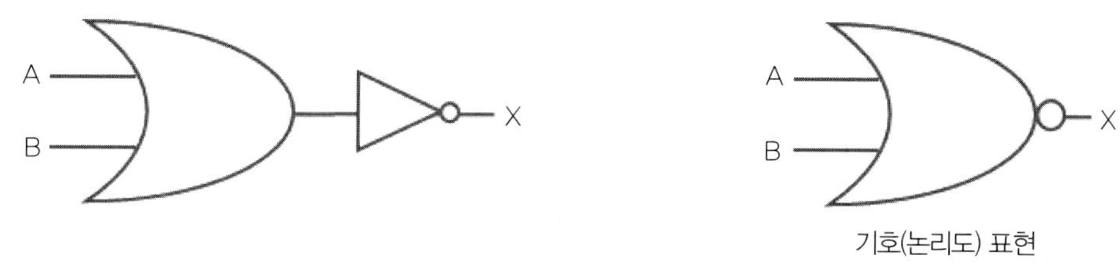

그림 3-18_ NOR 게이트

3) XNOR 게이트

XNOR(Exclusive-NOR) 게이트는 XOR 게이트와 반대로 동작하는 게이트이다. XOR 게이트의 결과값이 인버터 되기 때문에 두 개가 입력이 같으면 결과가 1이고, 입력 값이 서로 다르면 결과가 0이 된다.

XNOR 게이트의 진리표는 다음과 같다.

표 3-12_ XNOR 게이트 진리표

A	B	A NAND B
0	0	1
0	1	0
1	0	0
1	1	1

XNOR 게이트의 기호는 XOR 게이트에 NOT 게이트를 붙인 회로와 같으나, 이를 줄여서 다음과 같이 표시한다.

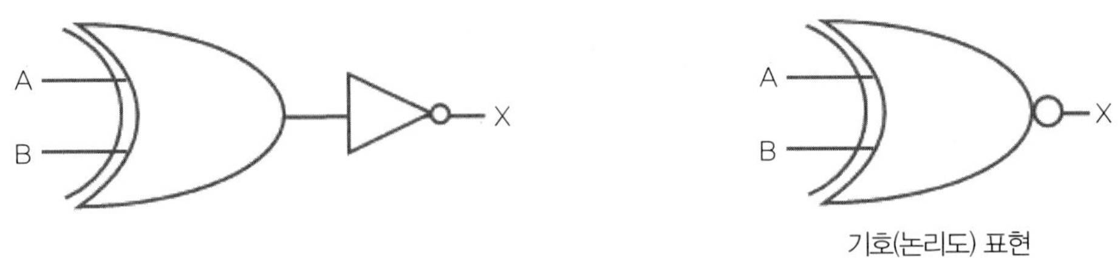

그림 3-19_ XNOR 게이트

4. 조합 논리 회로

조합 논리 회로(Combinational logic circuit) 임의 시간에서 출력이 입력 값만으로 정해지는 것을 말한다. 이 회로는 주어진 논리식, 즉 회로 상태에 따라서 출력 값이 결정되는 시퀀스 회로이다. 조합회로에는 기억 기능이 없다는 특징이 있다. 조합회로의 종류에는 가산기, 비교기, 디코더, 인코더, 해독기, 멀티플렉서, 디멀티플렉서가 있다.

1) 가산기

가산기(adder)는 반가산기(HA, half adder)와 전가산기(FA, full adder)로 구분할 수 있다.

반가산기

반가산기는 2진수로 나타낸 수 2개를 더 하는 역할을 한다. 2개의 입력 단자와 2개의 출력 단자를 가지며, 출력 값은 덧셈을 수행한 결과인 가수(added) S와 자리 올림을 계산하는 올림수(carry) C를 갖는다.

반가산기의 진리표는 다음과 같다.

표 3-13_ 반가산기의 진리표

입 력		출 력	
A	B	S(가수)	C(올림수)
0	0	0	0
0	1	1	0
1	0	1	0
1	1	0	1

반가산기를 논리 회로로 표현하면 다음과 같다.

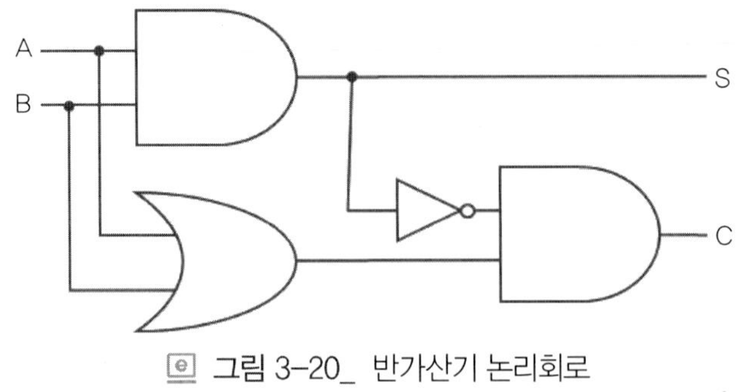

그림 3-20_ 반가산기 논리회로

반가산기의 결과를 보면 가수인 C는 AND과 같고, 올림수는 XOR와 같기 때문에 연산식도 AND연산과 XOR와 같다.

$$C = A \cdot B$$

$$\begin{aligned} S &= (A+B)(A \cdot B)' \\ &= A'B + AB' \\ &= A \oplus B \end{aligned}$$

전가산기

반가산기는 한자리의 연산은 수행할 수 있지만, 두 자리 이상인 경우 올라온 숫자가 입력되어 합산 되어야 하기 때문에 입력 단자가 3개 있어야 하는데 입력 단자가 2개 밖에 없는 반가산기는 연산이 불가능하다. 따라서 올림수 까지 포함하여 더하는 논리회로가 필요하게 되었고, 이를 전가산기라고 한다.

전가산기는 기본 입력 단자 A, B와 이전 자리에서 올라온 올림수 Z까지 총 3개의 입력 단자를 가지고 있고, 출력 단자는 덧셈한 결과인 S와 올림수 C 총 2개의 단자가 있다.

전가산기의 진리표는 다음과 같다.

표 3-14_ 전가산기의 진리표

입 력			올림수	
A	B	Z	S(가수)	C(올림수)
0	0	0	0	0
		1	1	0
0	1	0	1	0
		1	0	1
1	0	0	1	0
		1	0	1
1	1	0	0	1
		1	1	1

전가산기는 두 개의 반가산기를 합한 것으로 다음과 같이 논리 회로를 표현 한다.

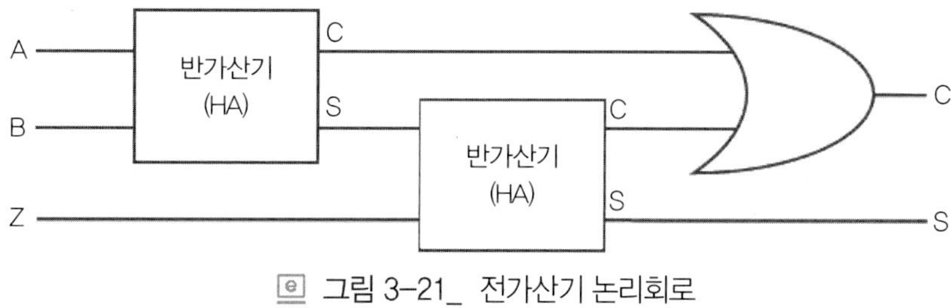

그림 3-21_ 전가산기 논리회로

2) 비교기

비교기(Comparator)는 두 개의 2진 값을 비교하여 크기, 순서, 특성 등에 차이가 있는지 없는지를 비교하거나, 정확도를 체크하여 그 결과를 출력하는 형태이다. 대표적인 예가 두 개의 2진수 A와 B의 크기를 비교하여 어느 한 수가 더 크거나(A>B), 작거나(A<B), 같은지(A=B)에 대한 결과 중 하나를 출력하는 크기 비교기(magnitude comparator)가 있다.

단순한 비교기로 두 개의 2진수가 같은지 확인하는 것을 예로 들어보자, 비교하기 위해 각 자리를 $A=A_2A_1$ 및 $B=B_2B_1$으로 표현하고, 가장 높은 자리인 A_2와 B_2부터 순서적으로 비교하여 그 결과를 출력한다. 출력 값 중 F_1이나, F_3의 결과가 1과 같으면 입력 값 중 한 쪽이 큰 수이고, F_2가 1과 같으면 A와 B가 같은 수이다.

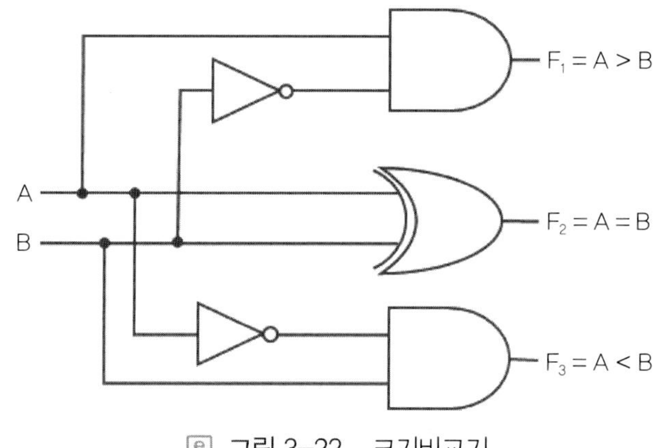

그림 3-22_ 크기비교기

표 3-15_ 크기비교기 진리표

입 력		출 력		
A	B	F1	F2	F3
0	0	0	1	0
0	1	0	0	1
1	0	1	0	0
1	1	0	1	0

3) 인코더

인코더(Encoder)는 인간의 정보를 컴퓨터의 2진 정보로 변환시켜주는 회로로 부호기라고도 부른다. 예를 들어 숫자 10진수 3을 2진수 11로 변경하거나, 한글 자음과 모음, 알파벳 등을 약속된 2진수로 바꿀 때 사용한다.

인코더는 2n개의 입력 단자와 n개의 출력 단자로 이루어져 있다. 예를 들어 4개의 입력단자가 있으면 출력단자의 수는 2개이다. 대표적인 인코더는 10진수를 2진수로 변환시켜주는 10진2진인코더나, BCD 인코더가 있다.

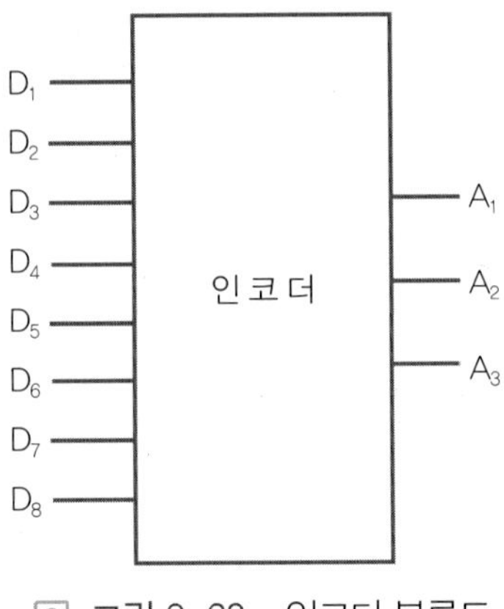

그림 3-23_ 인코더 블록도

4) 디코더

디코더(Decoder)는 인코더와 반대되는 동작을 하는 회로로, 컴퓨터 내부의 2진수로 표현된 정보를 약속된 정보인 10진수나 영어 알파벳, 한글 등으로 변환해주는 기능을 한다. 해독기라고도 불리며, n개의 입력단자와 2n개의 출력 단자로 구성되어 있다.

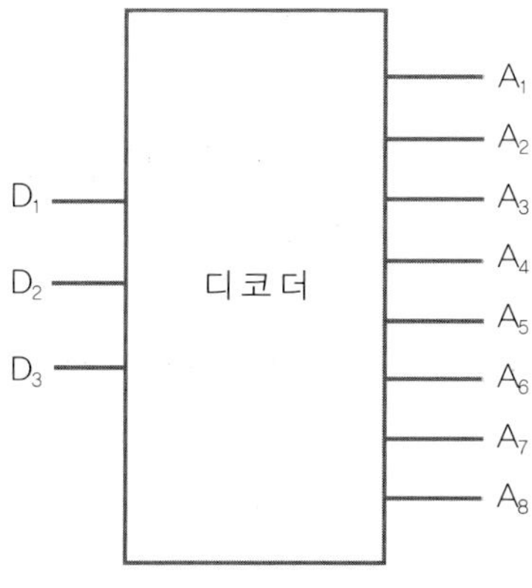

그림 3-24_ 디코더 블록도

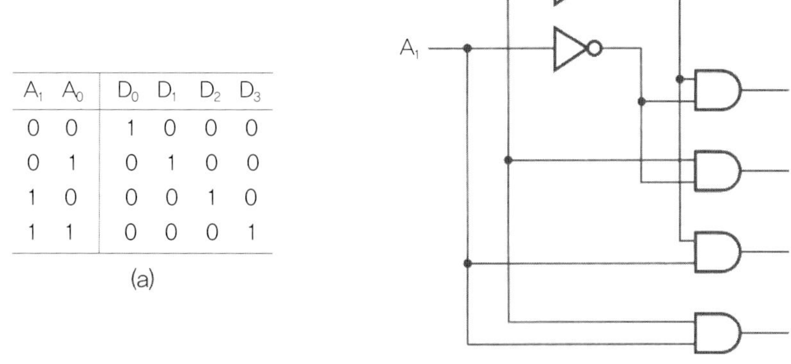

A_1	A_0	D_0	D_1	D_2	D_3
0	0	1	0	0	0
0	1	0	1	0	0
1	0	0	0	1	0
1	1	0	0	0	1

(a)

(b)

그림 3-25_ 2×4 디코더 진리표와 논리회로

5) 멀티플렉서

멀티플렉싱(multiplexing)은 하나의 물리적 채널에 여러 사용자의 정보를 동시에 전송할 수 있도록 하여 효율성을 극대화 하는 것이다. 멀티플렉서(MUX, multiplexer)는 여러 개의 입력 단자에서 들어오는 정보를 받아 하나의 채널에 순서적으로 출력해 내보내는 조합논리회로 데이터 선택기(Data selector)라고도 불린다.

예를 들어 입력 신호가 A, B 2개이고 선택신호가 S가 1개 일 때, S의 값이 0일 때는 A 값을 S의 값이 1 일 때는 B 값을 출력해 주는 기능을 한다.

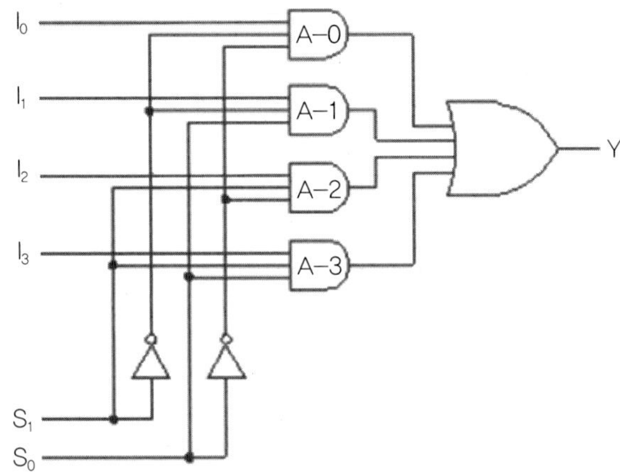

그림 3-26_ 4×1 멀티플렉서 회로도

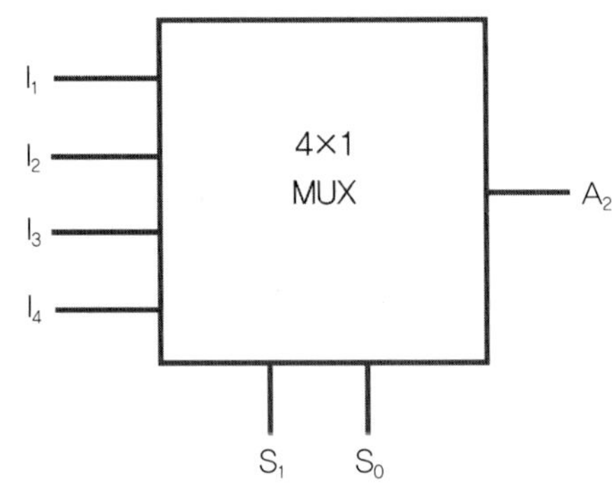

그림 3-27_ 4×1 멀티플렉서 블록도

표 3-16_ 4×1 멀티플렉서 진리표

S_1	S_0	Y
0	0	I_1
0	1	I_2
1	0	I_3
1	1	I_4

6) 디멀티플렉서

디멀티플렉서(Demultiplexer)는 멀티플렉서와 반대의 기능을 수행하는 조합논리회로로써, 데이터 분배기(Data distributor)라고도 불린다. 이것은 하나의 입력단자로부터 들어오는 정보를 받아 2n개의 출력 단자 중 하나로 정보를 전달해 준다.

디멀티플렉서도 신호 S와 같이 동작을 하며, S가 0이면 A 값을, S가 1이면 B 값을 출력한다.

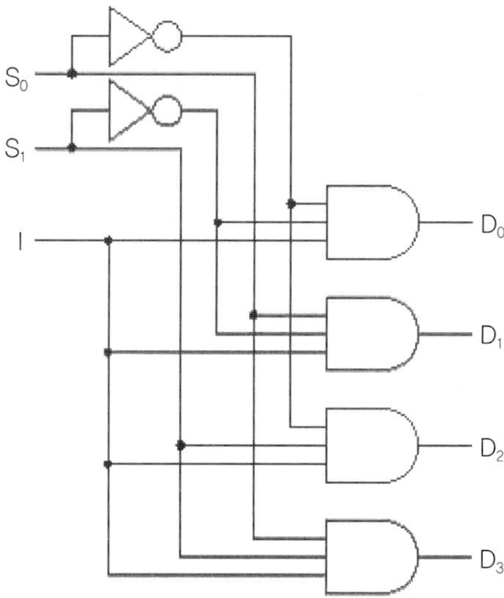

그림 3-28_ 1×4 디멀티플렉서 회로도

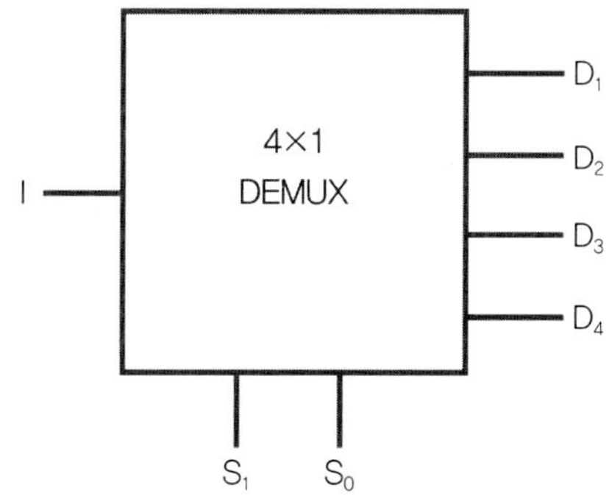

그림 3-29_ 4×1 디멀티플렉서 블록도

표 3-17_ 4×1 디멀티플렉서 진리표

입 력		출 력			
S_1	S_0	D_1	D_2	D_3	D_4
0	0	1	0	0	0
0	1	0	1	0	0
1	0	0	0	1	0
1	1	0	0	0	1
x	x	0	0	0	0

5. 순서 논리 회로

순서논리회로(sequential logic circuit)는 현재의 입력 뿐 아니라, 전 상태에 기억된 입력도 고려하여 다음 상태의 출력이 결정되는 조합 회로이다. 조합논리회로와는 다르게, 이전 상태의 입력을 기억해야 하기 때문에 기억소자가 필요하다.

순서논리회로에는 최소기억단위인 플립플롭, 프로그램 처리 단위인 레지스터와 카운터 등이 있다.

순서 논리 회로의 종류

순서 논리회로는 신호의 타이밍(timing), 즉 동기(synchronous)에 따라 동기식과 비동기식으로 구분한다.

- 동기순서회로(synchronous sequential circuit) : 신호 의 타이밍에 따라서 상태(state)가 변화하는 회로로서, 클록펄스(clock pulse)가 들어오는 시점에서 상태가 변화한다.
- 비동기순서회로(asynchronous sequential circuit) : 시간에 관계없이 단지 입력이 변화하는 순서에 따라 동작하는 논리 회로이다.

1) 플립플롭

플립플롭(FF, flip-flop)은 트리거 회로(trigger circuit)의 일종으로, 한 비트의 2진 정보를 기억할 수 있는 논리회로이다. 기억하는 방법에 따라 RS형, JK형, T형, D형 등 여러 가지의 플립플롭이 있다. 플립플롭의 결과는 Q와 Q′로 표시되며 Q는 정상 플립플롭 출력이고, Q′는 반전 플립플롭 출력이라고 부른다. 이 두 결과는 Q+Q′=1로 항상 보수 관계에 있어야 한다.

RS 플립플롭

RS 플립플롭은 두 개의 입력단자 R(Reset)과 S(Set)와 두 개의 출력단자 Q와 Q′를 가지고 있으며, NOR 게이트나 NAND 게이트만으로 구성할 수 있다. RS플립플롭은 S와 R 두 개의 입력 상태 중 하나를 안정된 상태로 유지시키는 회로이다.

- NOR 게이트형 RS 플립플롭

NOR 게이트로 구성된 플립플롭은 모든 입력 값이 1이 들어오는 것을 금지하고, 입력 값이 모두 0 일 때 현재 상태를 보존 한다.

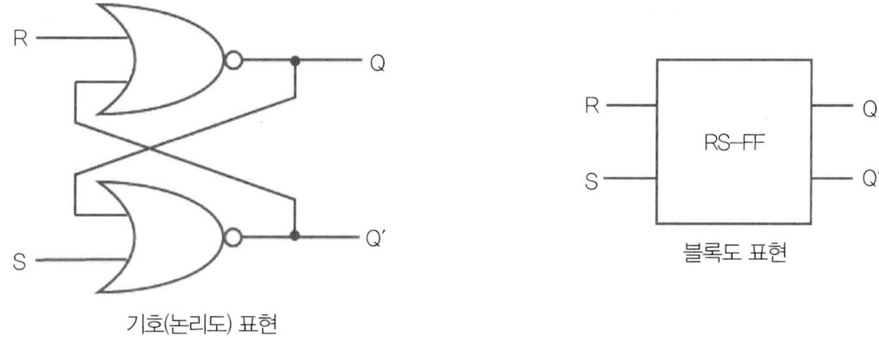

그림 3-30_ NOR 게이트형 RS 플립플롭 논리도

표 3-18_ NOR 게이트형 RS 플립플롭 진리표

입 력		출 력		
S	R	Q	Q'	
0	0	변화없음		
0	1	0	1	Reset
1	0	1	0	Set
1	1	금 지		

NAND 게이트형 RS 플립플롭

NAND 게이트로 구성된 플립플롭은 NOR 게이트로 구성된 플립플롭과 반대로 모든 입력 값이 0이 들어오는 것을 금지하고, 입력 값이 모두 1 일 때 현재 상태가 보존한다.

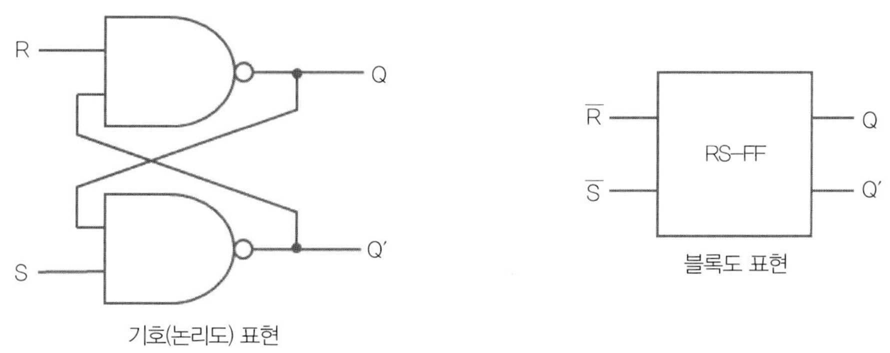

그림 3-31_ NAND 게이트형 RS 플립플롭 논리도

표 3-19_ NAND 게이트형 RS 플립플롭 진리표

입 력		출 력		
S	R	Q	Q'	
0	0	금 지		
0	1	1	0	Set
1	0	0	1	Reset
1	1	변화없음		

동기형 RS 플립플롭

동기 플립플롭을 만들기 위해 클록펄스(CP, Clock Pulse)와 함께 2개의 AND 게이트를 추가한다. 클록펄스란 규칙적인 진동에 의해 발생하는 일정한 간격을 갖는 전자적 펄스로써, 클록펄스가 생길 때 마다 컴퓨터 회로들은 동기화 된다. 클록펄스가 0이면, 어떠한 값을 넣어도 현재 상태가 변경되지 않으나, 클록펄스가 1이면 진리표와 같이 현재 상태가 변경된다.

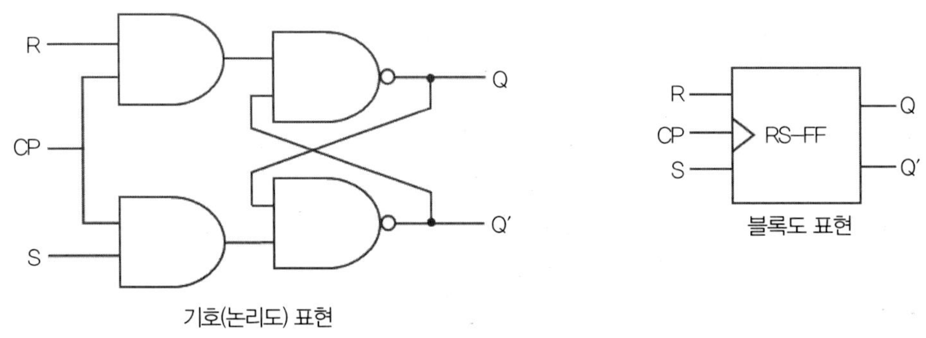

그림 3-32_ 동기형 RS 플립플롭 논리도

표 3-20_ 동기형 RS 플립플롭 진리표

입 력			출 력		
CP	S	R	Q	Q'	
0	X	X	변화없음		
1	0	0	변화없음		
1	0	1	0	1	Reset
1	1	0	1	0	Set
1	1	1	금 지		

JK 플립플롭

JK 플립플롭은 디지털 시스템에서 가장 많이 사용하고 있는 플립플롭으로 RS 플립플롭에서 금지 상태가 생기는 단점을 개량하여 금지 입력이 들어오면 현재 상태의 반전값을 출력하도록 개량한 것이다. JK 플립플롭의 입력단자는 J와 K로 RS플립플롭의 R과 S 기능을 수행한다. 즉, J는 S(Set)으로, K는 R(Rest)으로 보면 된다.

JK 플립플롭의 논리회로도를 보면, Q는 K와 CP 입력을 AND 시켜서 Q의 전 상태가 1일 때만 다음 클록펄스 기간에 플립플롭이 Reset 된다. Q'는 J와 CP를 AND 시켜서, 전 상태가 1일 때만 Set 된다.

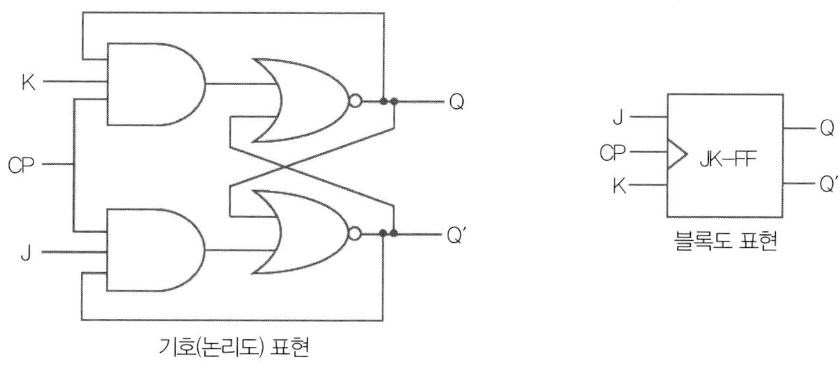

그림 3-33_ JK 플립플롭 논리도

JK 플립플롭의 진리표는 다음과 같다. 대부분의 결과가 RS 플립플롭과 거의 동일하지만, 금지 상태가 없어지고, 금지 입력이 들어오면 이전 상태를 반전하여 출력한다.

표 3-21_ 동기형 RS 플립플롭 진리표

입 력			출 력		
CP	J(S)	K(R)	Q	Q'	
0	X	X	변화없음		
1	0	0	변화없음		
1	0	1	0	1	Reset
1	1	0	1	0	Set
1	1	1	반 전		반전

JK 플립플롭의 진리표를 이용한 동작원리는 다음과 같다.

J 신호와 K 신호가 각각 들어오고 클록신호 CP가 주기적으로 들어올 때, 출력 값 Q는 다음과 같다. 각 클록신호 주기마다 계산하면 다음과 같다. 클록신호가 0일 때는 변화가 없으므로 주기 계산에서 제외하였다.

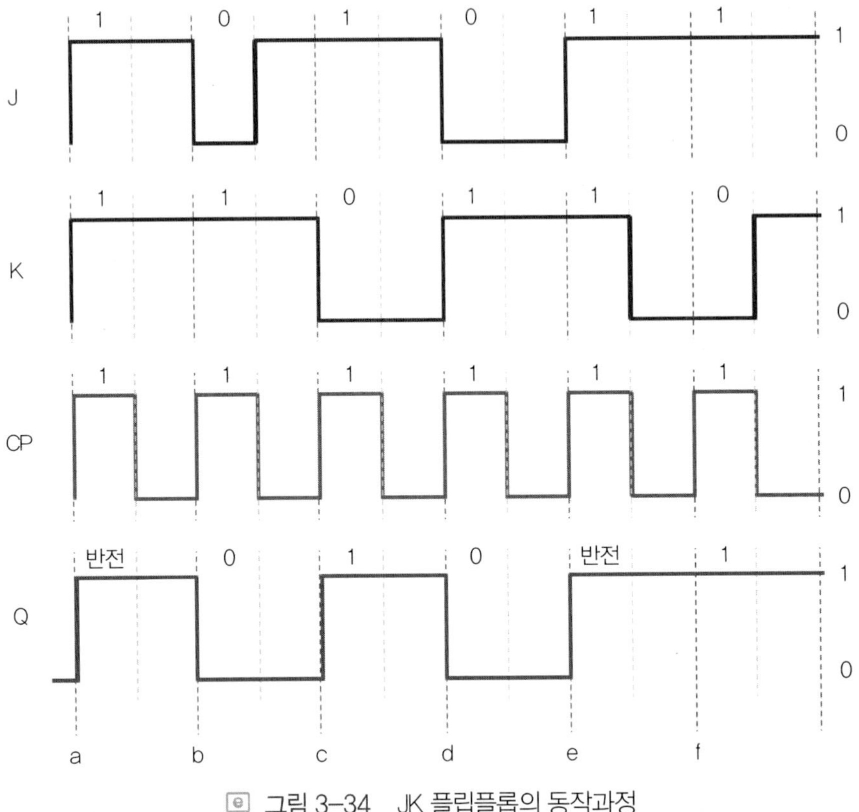

그림 3-34_ JK 플립플롭의 동작과정

a : J = 1, K = 1 → Q = 반전

b : J = 0, K = 1 → Q = 0

c : J = 1, K = 0 → Q = 1

d : J = 0, K = 1 → Q = 0

e : J = 1, K = 1 → Q = 반전

f : J = 1, K = 0 → Q = 1

T 플립플롭

T 플립플롭은 계수기회로(Counter Circuit) 등에 많이 쓰이는 기억소자로서 클록펄스가 들어올 때마다 출력의 상태가 바뀌는 즉 반전(Toggle)되는 플립플롭이다. 한 개의 입력단자 T와 두 개의 출력단자를 가지고 있으며, 회로도는 다음과 같다.

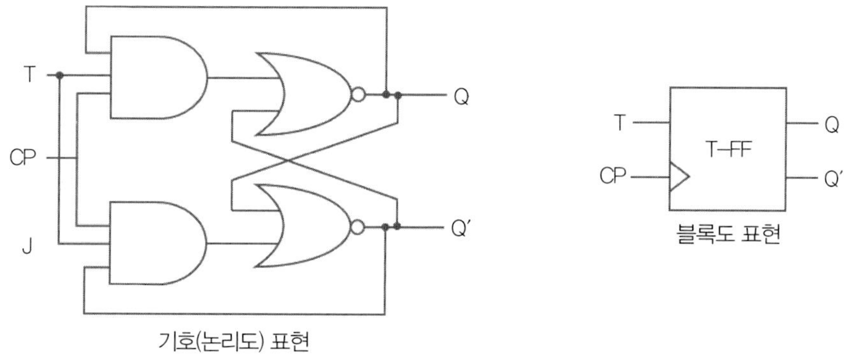

그림 3-35_ T 플립플롭 논리도

T 플립플롭은 입력 단자가 하나뿐이므로 동작원리는 두 가지 경우 밖에 없다. T 플립플롭의 진리표는 다음과 같다.

표 3-22_ 동기형 RS 플립플롭 진리표

입 력	출 력		
T	Q	Q'	
0	1	0	변화 없음
1	0	1	반전

T 플립플롭의 진리표를 이용한 동작원리는 다음과 같다. T의 입력이 없으면 Q는 변화가 없이 현재 상태를 유지하고, T 입력이 있으면 Q는 1로 반전한다.

a : T = 1 → Q = 반전

b : T = 1 → Q = 반전

c : T = 0 → Q = 변화없음

d : T = 1 → Q = 반전

e : T = 1 → Q = 반전

f : T = 0 → Q = 변화없음

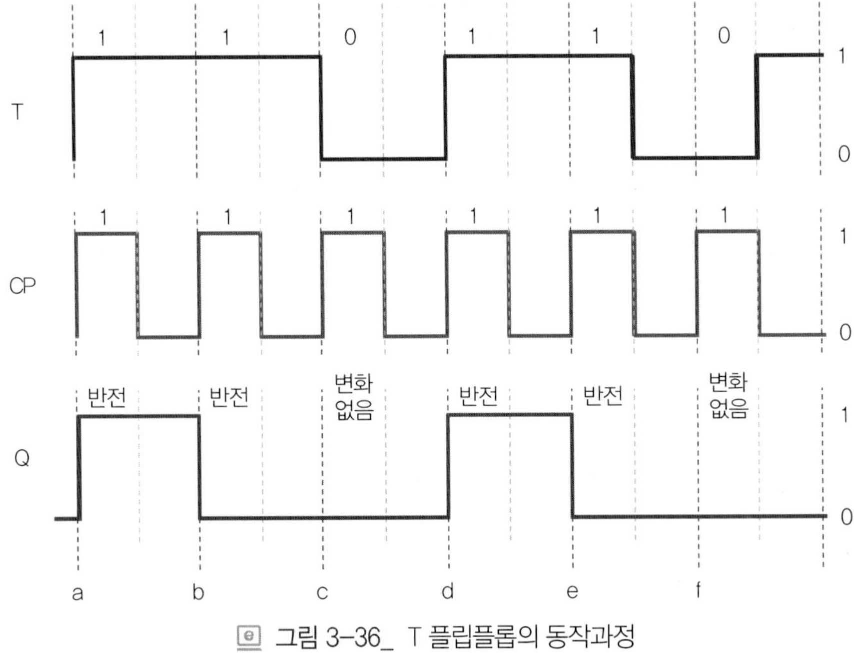

그림 3-36_ T 플립플롭의 동작과정

D 플립플롭

D 플립플롭은 입력신호가 그대로 출력되는 기능을 수행하는 것으로, 데이터 플립플롭이라고도 한다. 데이터의 일시적인 보관이나 신호가 전송되는 시간을 늦춰 지연시키는 목적에 사용한다. 입력단자 D와 두 개의 출력단자를 가지고 있으며, 회로도는 다음과 같다.

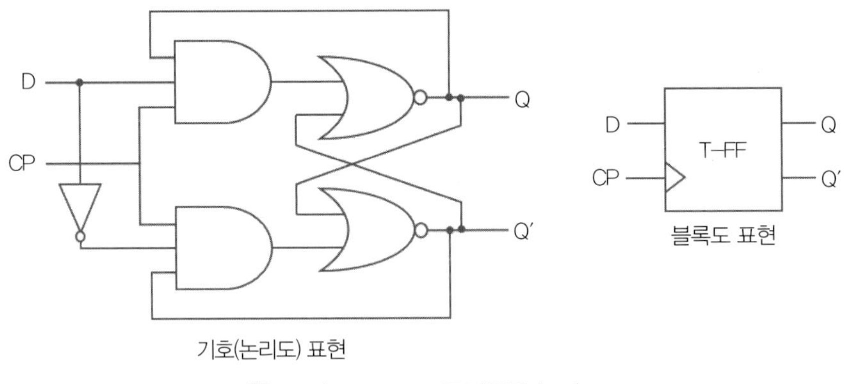

그림 3-37_ D 플립플롭 논리도

D 플립플롭도 입력 단자가 하나뿐이므로 동작원리는 두 가지 경우 밖에 없다. D 플립플롭의 진리표는 다음과 같다.

표 3-23_ 동기형 RS 플립플롭 진리표

입력	출력		
D	Q	Q'	
0	0	1	Reset
1	1	0	Set

D 플립플롭의 진리표를 이용한 동작원리는 다음과 같다.

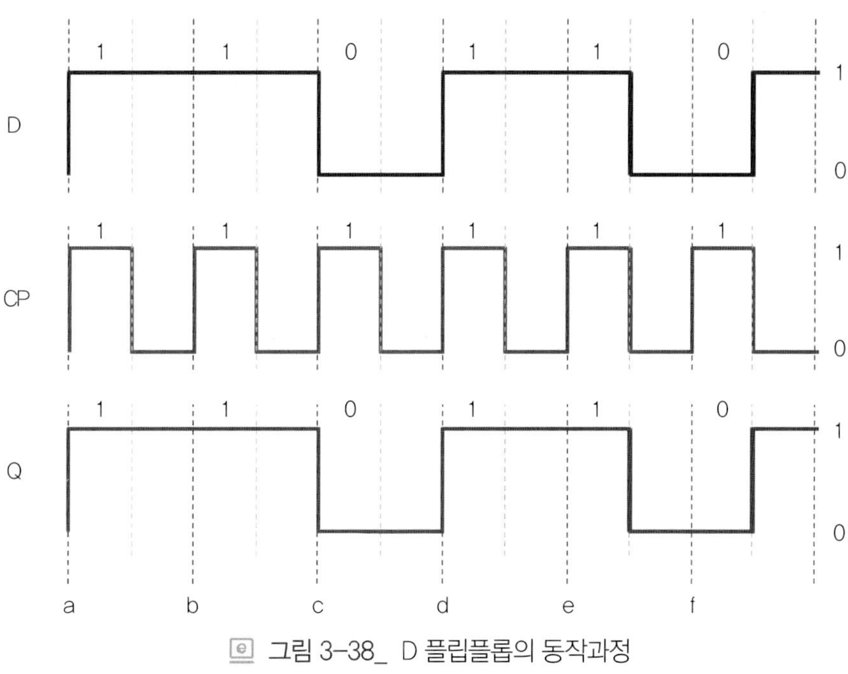

그림 3-38_ D 플립플롭의 동작과정

2) 레지스터

레지스터(Register)는 컴퓨터를 포함한 디지털 시스템의 제어장치와 기억장치 그리고 연산장치와 기억장치 사이에 정보를 보내거나 받는 등 여러 가지 연산 동작을 수행할 때, 처리 속도를 향상시키기 위하여 정보를 임시로 저장할 수 있는 고속기억매체이다. 1개 이상의 플립플롭으로 구성되어 있어, 1비트 이상의 2진 정보를 저장할 수 있다.

레지스터 종류는 데이터의 순환에 따라 시프드 레지스터와 계수기, 누산기, 명령어 레지스터 등으로 구분된다.

시프트 레지스터

시프트 레지스터(shift register)는 2진 정보를 좌측이나 우측으로 자리를 이동시키는 형태의 레지스터로 마지막 플립플롭을 빠져나간 정보는 다시 레지스터로 돌아오지 않는다.

시프트 레지스터는 조합에 따라 직렬 입력/직렬출력(SISO)와 직렬입력/병렬출력(SIPO), 병렬입력/직렬출력(PISO), 병렬출력/병렬출력(PIPO)이 있고, 레지스터의 방향을 다양하게 할 수 있는 양방향 시프트 레지스터도 있다.

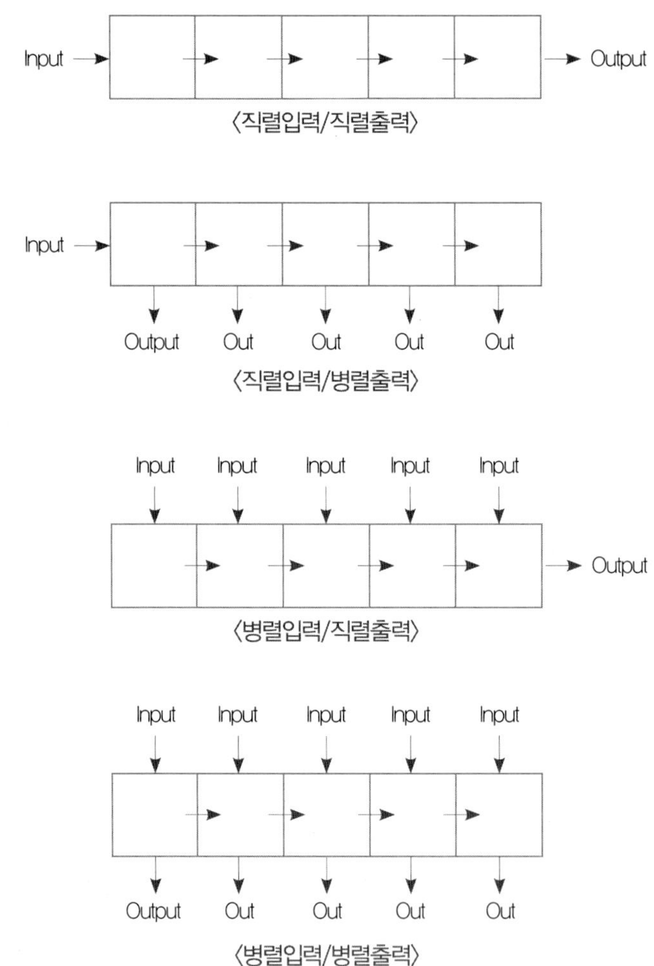

그림 3-39_ 시프트 레지스터 조합에 따른 형태

순환 레지스터

순환레지스터(circulating register) 시프트 레지스터와 비슷하게 2진 정보를 좌측이나 우측으로 이동시킨다. 다만, 마지막 플립플롭을 빠져나간 2진 정보는 첫 번째 플립플롭의 입력으로 전달된다.

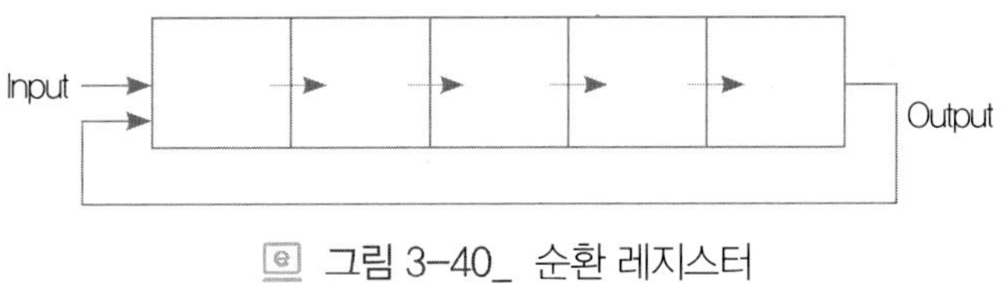

그림 3-40_ 순환 레지스터

계수기

계수기(Counter)는 클록펄스를 셀 수 있는 레지스터로써, 가중 계수기(weighting counter), 비가중 계수기(nonweighting counter), 필드코드 계수기(filled code counter), 언필드코드 계수기(unfilled code counter) 등이 있다. 보통 이벤트 발생 횟수를 나타내기 위해 사용되는 레지스터나 기억장소 등을 가리키는데 사용된다.

누산기(accumulator)

누산기(accumulator)는 산술 및 논리 연산의 결과를 임시로 기억하는 레지스터이다.

3) 기억 장치

기억장치(memory unit)는 주소해독기와 기억소자들이 행과 열을 만들어 구성된 논리회로로, 데이터를 직접 저장하고, 읽어올 수 있는 기능을 가진 장치이다.

- 중앙처리장치의 기억장치 : 처리장치와 속도가 비슷한 플립플롭으로 구성되어 있으며, 명령이나 자료들을 일시적으로 저장하는 역할을 한다. 버퍼(buffer), 캐시 메모리(cache memory) 등이 있다.
- 주기억장치 : 컴퓨터가 동작하는 동안 처리장치가 필요로 하는 프로그램 명령어와 자료를 저장하고 있는 기억장치로, 중앙처리장치에 의하여 기억된 장소에 직접 접근하여 읽고 쓸 수 있다. 중앙처리장치에 비해 용량이 크고, 보조기억장치에 비해 속도가 빠르다.
- 보조기억장치 : 계속적으로 필요로 하는 각종 프로그램들과 입력되는 자료, 자료의 처리 결과 등을 보관하는 장치로, 기억 용량은 크지만 속도가 상당히 느리다.

CHAPTER 04 하드웨어

CHAPTER 04_ 하드웨어

우리는 컴퓨터를 알아가는 동안 "과연 컴퓨터는 어떻게 사람을 대신하여 계산하고 다른 여러 작업들을 수행할 수 있을까?"라는 의문이 생길 것이다. 다시 말해 "컴퓨터라는 기계는 사람처럼 주어진 데이터들을 처리할 수 있을까?"라는 의문이다.

흔히 우리가 사용하는 용어로 하드웨어라는 용어는 우리가 실제로 보고 만질 수 있는 물체들을 말하는 것이고, 소프트웨어란 하드웨어를 사용하는데 필요한 지식이나 방법 등을 말한다. 어떤 시스템이 동작하기 위해서는 하드웨어와 소프트웨어가 모두 필요하다.

컴퓨터 하드웨어는 우리가 컴퓨터 앞에 앉았을 때 볼 수 있는 모니터, 키보드, 마우스, PC 본체 등을 말한다. 컴퓨터 소프트웨어는 하드웨어 속에 내장되어 컴퓨터를 동작시키는 프로그램들을 말한다. 프로그램이란 어떤 일을 하기 위한 명령들이 순차적으로 나열된 것이다. 컴퓨터 소프트웨어는 수행하는 일에 따라 시스템 소프트웨어와 응용소프트웨어로 구분된다. 시스템 소프트웨어란 우리가 컴퓨터를 구성하여 사용하는 운영체제(O.S)와 같이 컴퓨터 하드웨어를 직접적으로 관리하는 프로그램을 말하며, 응용소프트웨어는 시스템소프트웨어의 기반 위에서 사용자가 요구하는 일들을 수행하는 프로그램으로 사용자가 필요에 따라 선택하여 운영체제 기반 위에 설치하여 사용하는 프로그램을 말한다.

그림 4-1_ 컴퓨터 구성

[그림 4-1]은 컴퓨터의 구성을 계층적으로 나타낸 것이다. 이와 같은 관점에서 컴퓨터 하드웨어는 프로그램을 수행하는 기계라고 볼 수 있다.

컴퓨터 내부에는 어떤 것들이 있으며, 어떻게 움직이는지에 대해 알아보면 컴퓨터는 전기에 의해 동작하는 전기 장치로서 수 많은 집적회로 등의 전자부품들로 구성되어 있다. 그러나 이러한 부품들을 일일이 살펴보는 것은 매우 복잡하다. 따라서, 우리는 컴퓨터 하드웨어를 구성하는 요소들을 기능별로 살펴보면서 컴퓨터 하드웨어 구조를 알아가도록 한다.

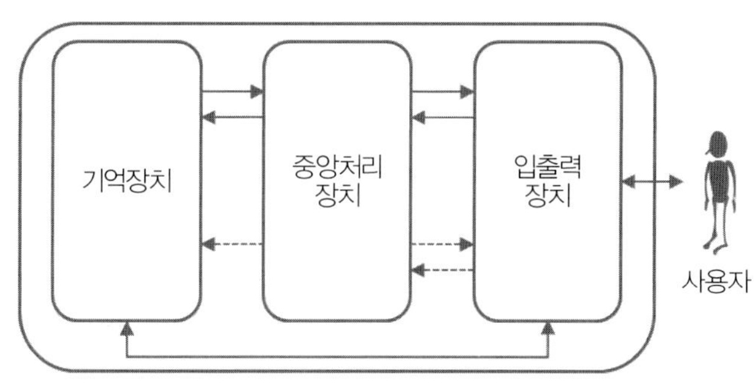

그림 4-2_ 컴퓨터 내부 구조

컴퓨터는 [그림 4-2]와 같은 구성요소를 갖추고 있다. 이러한 구성요소는 기능에 다른 분류로 나타낸 것이다. [그림 4-2]에서 프로세서라고도 하는 중앙처리장치는 사람의 두뇌에 해당하는 것으로 실제 계산을 수행하는 것은 물론 컴퓨터 전체의 동작을 제어한다. 기억장치는 처리되어야 할 데이터나 중간 결과 등을 저장하는 역할을 한다.

중앙처리장치와 기억장치만 있으면 컴퓨터는 계산 등의 작업을 할 수 있다. 하지만 컴퓨터의 최종 목적은 사람을 대신하여 주어진 데이터를 처리하고, 그 결과를 다시 사람에게 알리는 것이다. 따라서 컴퓨터는 사용자, 즉 사람이 사용하는 형태의 데이터를 사용자로부터 입력받고, 처리된 결과를 사람이 인식할 수 있는 형태로 출력하여야 한다. 입출력장치는 컴퓨터와 사용자 간의 데이터 교환 기능을 담당한다.

컴퓨터 구조에 있어 한가지 중요한 사항은 기억장치에는 데이터뿐만 아니라 프로그램도 저장된다는 사실이다. 앞에서 설명한 바와 같이, 프로그램이란 컴퓨터가 주어진 임무를 수행하도록 순차적으로 나열된 명령들이다. 이러한 명령들은 기억장치에 저장되어 있으면서 중앙처리장치에 의해 해석되어 컴퓨터 전체를 동작시키게 된다. [그림 4-2]에서 실선의 화살표로 나타낸 것은 구성 요소들 사이의 데이터 이동을 나타낸 것이며, 점선의 화살표는 동작을 명령하는 제어 신호의 이동 관계를 나타낸 것이다. 구체적 데이터 및 제어 관계는 4.1절에서 중앙처리 장치를 설명할 때 다시 언급될 것이다.

현재 사용되고 있는 컴퓨터들은 모두 위에서 언급한 세 가지 구성요소들로 이루어져 있다. 제작사 및 모델에 따라 각 구성 요소들이 다른 특징을 갖거나, 구성 요소들이 다른 방식으로 연결되기도 하지만 위의 구조를 크게 벗어나지는 않는다. 이들 구성요소들은 아래와 같다.

1. 중앙처리장치

중앙처리장치는 컴퓨터의 핵심 구성 요소로서 사람의 두뇌에 해당하는 기능을 담당하고, 프로세서라고 불린다.

그림 4-3_ 중앙처리장치

그림 4-4_ 중앙처리장치의 구성

중앙처리장치는 [그림 4-4]와 같은 구성으로 나타낼 수 있다. 앞에서 설명한 바와 같이 중앙처리장치는 기억장치에 있는 데이터들을 처리하고 각 구성 요소들의 동작을 제어한다. 이때, 어떤 데이터를 어떻게 처리하고 어떤 제어신호를 다른 구성 요소들에게 전송할 것인가는 기억장치에 적재되어 있는 프로그램에 따라 결정된다. 따라서 위와 같은 동작을 수행하기 위해 중앙처리장치가 갖추어야 할 세부 요소는 실제 데이터를 처리하는 연산장치와 프로그램에서 정의된 명령들을 해석하여 그에 다라 컴퓨터가 동작하도록 제어하는 제어장치이다. 또 중앙처리장치에는 연산의 결과나 컴퓨터의 상태 등을 임시적으로 담아 두고 있는 레지스터(register)들이 필요하다. 본 절에서는 중앙처리장치의 내부 구조 및 동작 원리들을 살펴본다.

1) 연산장치

중앙 처리장치(CPU : Central Processing Unit)는 컴퓨터 시스템 전체의 제어와 관리 및 데이터에 대한 논리연산을 담당하고 있는 장치로서 사람에 비유하면 두뇌와 같은 기능을 하는 것이다. 중앙 처리 장치를 기능의 측면에서 볼 때 제어 기능과 산술 및 논리연산기능 두 가지로 구분할 수가 있다. 여기에서 제어 기능이란 입출력 장치의 제어, 기억장치에 정보의 입력과 출력 및 이동, 기억장치와 연산 논리 기능 사이에서 정보의 순차적인 명령 등을 포함한 컴퓨터 시스템 전체를 자동적으로 통합된 조작을 가능하도록 조정하는 기능을 담당한다. 제어 기능의 예를 들면 연산과정을 감독하거나, 입출력장치의 작동 및 정지 등을 들수 있다.

산술 논리 연산 기능은 연산이나 논리적인 조작을 수행하기 위한 회로를 가지고 있다. 이 중에서 연산 부분은 연산이나 논리적인 조작을 수행하기 위한 회로를 가지고 있다. 이 중에서 연산 부분은 연산을 하고, 수의 이동, 연산 결과에 대한 부호 부여 및 비교 등을 담당하고 있다. 결국 중앙 연산 처리 장치는 산술 및 논리연산을 담당하는 산술논리 연산기구와 주기억장치로부터 명령을 꺼내어 해독하는 기구인 제어장치로 구성되어 있는 것이다.

(1) 연산의 원리

우리가 일반적으로 취급하는 것은 대부분의 10진수와 문자인데 이들이 컴퓨터에 입력되면 그에 알맞은 형태로 변환 작업을 컴퓨터 스스로가 자동적으로 해주기 때문에 사용자들은 크게 염려하지 않아도 되는 것이다. 그러나 변환이나 연산의 원리를 정확히 파악하는 것은 컴퓨터의 특성을 이해하는 방법이 되므로 중요한 것이다.

(2) 레지스터

레지스터(register)는 어떤 데이터를 일시적으로 기억하거나, 어떤 내용을 이동할 때 사용하는 것으로 그 기능에 따라서 기억레지스터, 누산기, 어드레스 레지스터, 명령 레지스터, 인덱스 레지스터, 범용 레지스터, 부동 소수점 레지스터 등으로 구분할 수가 있는데 이들 각각의 기능을 요약하여 나타내면 [표 4-1]과 같다.

표 4-1_ 레지스터의 형과 기능

레지스터의 형	기 능
누산기 (accumulator)	산술 및 논리연산의 결과를 일시적으로 기억하는 레지스터
기억레지스터 (storage register)	기억장치에서 보내 왔거나, 또는 기억 장치에 보낼 데이터를 일시적으로 보관하는 레지스터
어드레스 레지스터 (address register)	기억 위치(address location)나 장치의 어드레스를 기억하는 레지스터
인덱스 레지스터 (index register)	어드레스를 계산할 때 사용된다. 즉 명령 어드레스나 인덱스의 modify를 할 때 사용된다.
명령 레지스터 (instruction register)	실행해야 할 명령을 보관하는 레지스터이다.
범용 레지스터 (general register)	일반적으로 여러 가지의 목적으로 사용될 수 있는 레지스터. 예를 들면, 범용레지스터는 누산기, 기억 레지스터, 어드레스 레지스터, 인덱스 레지스터 등의 기능을 필요에 따라서 얼마든지 할 수 있는 레지스터이다.
부동 소수점 레지스터 (floating point register)	부동 소수점 연산에 사용되는 레지스터이다.

2) 제어 장치

제어 장치(control unit)는 사람의 두뇌 역할을 하는 것으로 [표 4-2]와 같은 구성과 각각의 기능을 하고 있다.

(1) 제어 장치의 기능

결국 제어장치는 컴퓨터 시스템 전체의 동작을 지시하고, 조정 및 감독을 하는 장치로서 컴퓨터의 성능을 좌우하는 것이다. 그러므로 컴퓨터의 발달이 전진됨에 따라서 여러 가지의 새로운 기법의 개발로 기능 자체는 점점 복잡해지고 있는데 대체로 다음과 같은 기능을 하고 있다.

- ㅇ 주기억장치에 데이터를 기억 또는 읽어낸다.
- ㅇ 산술 논리 연산의 실행을 지시한다.
- ㅇ 주기억장치와 산술 논리 연산기구 사이에 통로를 결정한다.
- ㅇ 입출력 장치의 제어를 수행한다.

표 4-2_ 제어 장치의 구성 및 기능

장치명	기 능
명령 계수기 (instruction counter)	컴퓨터가 어떤 업무를 수행하는 과정에서 현재 실행하고 있는 명령을 끝낸 후 다음에 실행 할 명령의 어드레스를 기억하고 있는 레지스터
명령 레지스터 (instruction register)	실행 중에 있는 명령이 기억되어 있는 어드레스를 보관하는 레지스터이다. 명령 레지스터는 명령부(instruction part)와 어드레스 부(address part)로 되어 있다. 명령부에는 실행할 명령 코드(instruction code)가 있으며, 이 명령 코드는 명령 해독기로 보내져 해독된다. 한편, 어드레스 부에는 데이터가 기억되어 있는 어드레스가 있어서 이 어드레스가 어드레스 해독기에 보내져 해독된다.
부호기 (encorder)	명령 해독기에서 전송되어 온 명령을 실행하기 위한 적합한 신호로 변환되어 각 장치로 전송하는 역할을 한다.
명령 해독기 (instruction decoder)	명령을 해독하여 부호기로 그 해독된 내용을 전송하는 역할을 한다.
번지 해독기 (address decoder)	명령 레지스터의 번지부에 기억되어 있던 어드레스를 해독하여 그 해독된 번지에 기억된 내용을 데이터 레지스터로 호출하는데 필요한 신호를 보내는 장치이다.

(2) 머신 사이클

컴퓨터의 작동은 일정한 시간 간격(interval)으로 발생한다. 이와 같은 간격은 극히 정밀한 전자 시계로 규칙적인 펄스에 의해서 측정되는데, 펄스의 수는 각각의 기본적인 머신 사이클의 시간을 결정하는 것이다. 컴퓨터에서 사용되는 시간의 단위는 ms, μs, ns, ps 등으로 나타내는데 이들 시간의 단위는 보통 우리가 생각하는 개념으로 이해하기 어려울 정도로 매우 빠른 것이다. 결국 컴퓨터가 어떤 동작을 하는 간격이 머신 사이클인데, 이 머신 사이클 동안에 컴퓨터는 특정한 기계적 조작을 할 수 있다. 이 조작은 명령어를 수행하게 되는데, 명령어는 최소한 다음과 같은 두 개의 부분으로 구성되어 있다.

첫째, 오퍼레이션 부(operation part)인데, 이 부에는 어떠한 기능, 예를 들면 입력(READ), 기록(WRITE), 덧셈(ADD), 뺄셈(SRBTRACT) 등 무엇을 할 것인가를 지시하는 부분이다.

둘째, 오퍼랜드 부(operand part)로서, 이 부에는 주기억장치 내에서 데이터나 명령어의 어드레스, 보조기억 장치 내에서 데이터나 프로그램의 어드레스, 또는 입출력 장치의 어드레스 등을 기억하고 있다. 한편 명령어를 받아들이고 번역하며, 실행하기 위하여 중앙 처리장치는 특정한 명령어에 의해서 결정·지시된 순서대로 수행되어야 한다.

일반적으로 많이 사용되는 머신 사이클에는 명령 사이클과 실행사이클의 개념이 있는데 이들에 대해서 살펴보기로 한다.

명령 사이클

명령(instruction)이 해독되는 사이클을 명령 사이클(instruction cycle : I-cycle)이라고 부르며, 이 사이클이 수행되는데 필요한 시간은 명령 수행 시간(I-time)이 된다. 명령어의 수행 시간 동안에 다음과 같은 사이클로 이루어진다.

표 4-3_ 명령 사이클 수행

① 명령어는 주기억장치에서 불리워져서 중앙 처리장치로 옮겨진다.
② 명령어의 오퍼레이션 부는 명령 레지스터에서 코드화 되어 컴퓨터에게 어떠한 조작을 할 것인가를 지시한다.
③ 명령어의 오퍼랜드 부는 어드레스 레지스터에 위치하여 컴퓨터에게 조작에 사용될 요소를 알려준다.
④ 현재 수행된 다음 명령어의 위치가 결정된다.

프로그램의 수행이 시작될 때 명령 계수기는 첫 번째 명령어의 어드레스로 세트된다. 이 명령어는 주기억장치로 옮겨지며, 이 첫 번째 명령어가 수행되는 동안에 명령 계수기는 다음 명령어가 기억되어 있는 어드레스로 바뀌게 된다. 이때 각각의 명령어가 하나의 기억장소를 차지하면 명령 계수기는 1이 증가되고, 3개의 기억 장소를 차지하면 명령 계수기는 3이 증가된다. 하나의 명령어가 수행되는 동안에 명령 계수기는 프로그램의 순서에 따라서 나타나는 다음 명령어의 어드레스를 기억하게 되는데, 이 명령 계수기가 다음 수행할 명령어의 번지를 기억하는 것은 자동적으로 이루어진다.

[그림 4-5]와 같이 누산기(acumulator)의 내용이 어드레스 12의 가산하라는 명령이 주어졌다고 가정하자. 이 때 I-Time은 명령 계수기가 명령어 어드레스를 어드레스 레지스터에 옮겨줄때부터 시작된다. 이 명령어는 주기억장치에서 선택되어 일단 기억레지스터에 옮겨진다. 기억 레지스터에서 오퍼레이션 부는 명령 레지스터로, 오퍼랜드 부는 어드레스 레지스터로 전송된다. 그리고 오퍼레이션 해독기는 명령어를 수행하기 위하여 필요하고 특정한 회로의 통로를 정하는 역할을 한다.

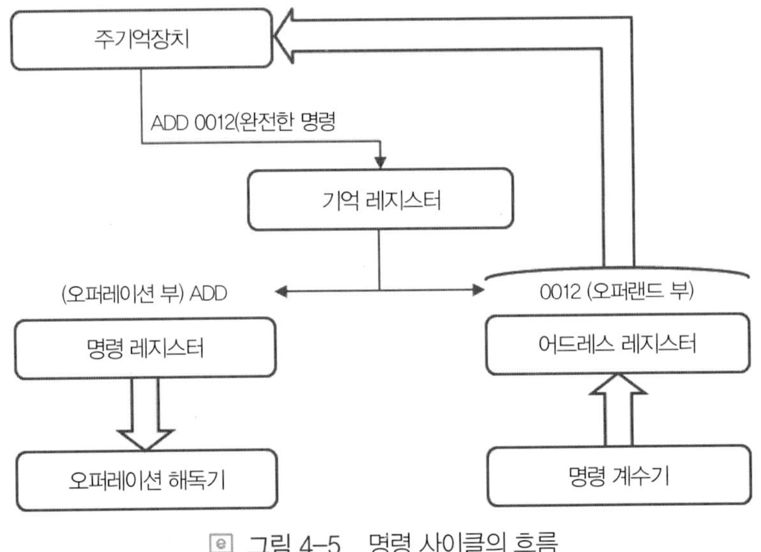

그림 4-5_ 명령 사이클의 흐름

한편 명령어의 수행에서 반드시 차례로 수행해야 할 필요는 없으며, 때에 따라서 명령어는 순차적인 수행과는 거리가 먼 수행 과정을 지시한다. 이 경우에 기억 장치로부터 옮겨지는 명령어는 다음 순차적인 명령어가 처리되지 않고, 다른 위치에 있는 명령어가 옮겨져서 처리된다. 이와 같은 명령 계수기는 순차적인 처리를 할 수 있게 어드레스를 지정할 수 있고, 조건에 따라서 순차적이 아닌 부분으로 옮겨가는 분기(branching)도 가능한 것이다. 이러한 분기를 한다고하여 주기억장치 내에서 명령어의 배열 순서 자체를 바꾸는 것은 아니다.

실행 사이클

명령이 실행되는 사이클은 실행 사이클(execution)이라 하며, 실행 사이클은 어드레스 레지스터에 의해서 지정된 어드레스에 위치한 정보가 주기억장치에서 산출되어 기억레지스터에 자리 잡는다. 이때 가산될 요소 중에 하나는 누산기에서 전송된 수와 함께 가산기 속에 자리잡는다. 기억 레지스터와 누산기의 내용은 가산기에서 가산이 행해져서 그 결과는 누산기로 되돌아가게 된다.

어드레스 레지스터는 데이터의 기억 장소와 다른 정보를 가지고 있다. 즉, 어드레스 레지스터는 입출력 장치의 어드레스와 수행할 제어 기능을 지정하고 있다. 명령어의 오퍼레이션 부는 이 정보를 번역하는가를 컴퓨터에 지시하며, 일반적으로 실행 사이클이 몇 번 연속적으로 수행되어 하나의 명령이 실행 되는 것이다. 연속적으로 발생하는 실행사이클의 횟수는 명령의 종류에 따라서 다르게 된다.

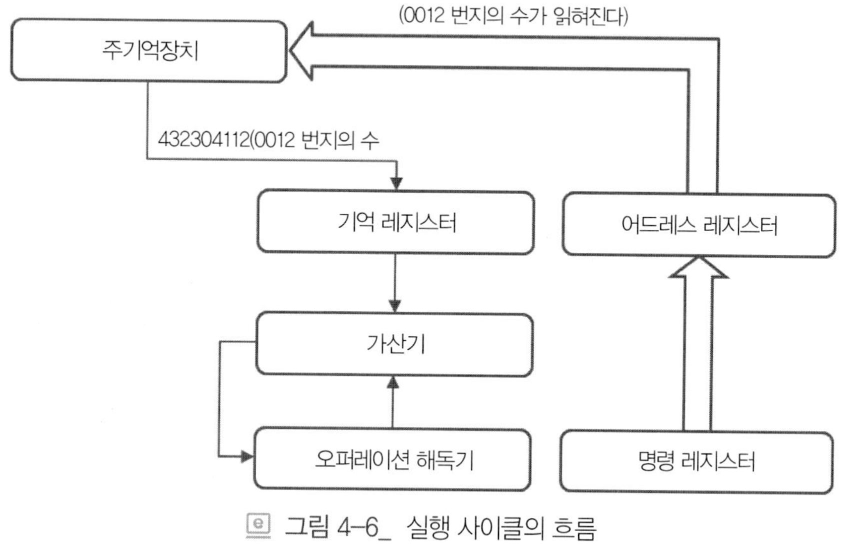

그림 4-6_ 실행 사이클의 흐름

한편, 명령 사이클과 실행 사이클이 반복해서 프로그램이 수행되어 컴퓨터에 의한 처리가 행해지며 [그림 4-5]는 [그림 4-6]에서 언급한 I-Time에 따르는 데이터의 흐름을 실행 사이클과 함께 나타내고 있다.

직렬 및 병렬 연산

컴퓨터에서 연산하는 방법은 직렬 연산과 병렬 연산으로 구분할 수가 있으며, 실제 모든 연산은 가산의 방법으로 행해진다. 직렬연산을 하는 컴퓨터에서 가산되는 수는 종이 위에 연필로 사람이 계산하는 것처럼 하나 하나의 자리단위로 연산을 하는 원리로서 자리올림이 발생할 때마다 이 자리올림은 일시적으로 기억되었다가 그 다음 윗자리의 합에 더해지는 것이다.

직렬 연산의 원리는 [표 4-4]에서 보여주고 있다. 그리고 이 연산에 소요되는 시간은 더해질 각 항의 자릿수에 따라 결정된다.

병렬 연산을 하는 컴퓨터에서는 가산은 완전한 데이터 워드로 수행된다. 워드는 자리올림을 포함하는 하나의 연산으로 이루어진다. 워드에 포함된 수의 자릿수에 관계없이 두 개의 데이터 워드는 동시에 가산될 수가 있다는 장점을 가지고 있다.

표 4-4_ 직렬 연산의 원리

스텝 / 구 분	1 스텝	2 스텝	3 스텝	4 스텝
가 수 피가산수 자리올림	4259 2434 1	4259 2434 1	4259 2434	4259 2434
합	3	93	693	6693

고정 길이 및 가변 길이 워드

컴퓨터에서 취급되는 워드는 고정 길이와 가변 길이 워드 등 두 가지 방법으로 데이터의 어드레스를 지정하거나 처리한다.

고정 길이 워드를 사용하는 연산에서는 정보는 미리 정해진 자릿수를 가진 단위나 워드로서 취급되거나 또는 어드레스가 정해진다. 이때 워드의 길이는 컴퓨터 내부에서 정해진 길이에 따르게 되는데, 이 길이는 중앙 처리장치에서 처리할 수 있도록 어드레스를 지정할 수 있는 정보의 최소 단위와 알치하게 된다. 레지스터, 계수기, 누산기, 주기억장치 등은 표준 워드에 적용하도록 설계되어 있다. 그리고 레코드, 필드, 문자, 요소 등은 병렬에서 워드로 취급할 수가 있다.

가변길이 워드를 사용하는 연산에서 데이터 취급 회로는 하나의 문자로서 정보를 연속적으로 처리할 수 있도록 설계되어 있다. 레코드, 필드, 요소는 기억장치의 용량 내에서 실질적인 길이이다. 이때의 정보는 워드보다 문자가 더욱 바람직한 것이 된다. 결국 컴퓨터 내에서 처리되는 모든 연산은 가변 길이 및 고정 길이, 또는 양자의 결합된 형태 중에 어느 한가지 방법으로 수행하게 되는 것이다.

3) 인터럽션

오퍼팅 시스템은 컴퓨터 시스템의 생산성을 제고시킬 수 있도록 하는데 그 목적이 있는 것이다. 따라서 만일 컴퓨터에 예기치 않은 일이 발생했다고 하더라도 컴퓨터의 작동은 중단되지 않고 계속 업무 처리를 할 수 있도록 해야하는데, 이와 같이 어떤 경우에도 계속적으로 업무를 처리하도록 해 주는 기능이 인터럽트이다. 즉, 어떤 처리 프로그램의 실행 중에 제어 프로그램의 서비스를 요구하는 예기치 못한 일이 발생하였을 경우에 이러한 상태를 하드웨어로 포착해서 감시 프로그램에게 제어권을 인도하기 위한 기능이 인터럽트이다. 인터럽트가 발생하여 제어권이 제어 프로그램에 주어지면 제어 프로그램 중에 준비된 인터럽트 처리 루팅이 처리된다. 이와 같은 시스템 상태의 변화 즉, 시시각각으로 변하는 시스템의 상태를 하드웨어가 자동적으로 확인하는데, 이 시스템이 변화하는 내용을 기록하는 특별한 워드를 프로그램 상황워드라고 한다. 그리고 인터럽트의 종류에는 다음과 같은 것들이 있다.

(1) 기계 착오 인터럽트

기계 착오 인터럽트는 어떤 프로그램 실행 중에 장치 착오로 인하여 발생하는 것이다. 기계에 착오가 발생하였을 경우에 인터럽트가 일어나 제어 프로그램에게 제어권이 이양된다. 이때 제어 프로그램 내의 인터럽트 루틴이 중앙 처리 장치의 제어권을 인도 받아서 필요한 진단이나 착수 수정의 처리를 수행한 후에 제어권을 다시 처리 프로그램에 되돌려 주는 것이다. 이와 같이 기계의 기능상에 착오로 발생하는 인터럽트를 기계 착오 인터럽트라고 한다.

(2) 외부 인터럽트

외부 인터럽트는 오퍼레이터가 필요로 의해서 콘솔 위에 있는 인터럽트 키를 누르는 경우가 있다. 이러한 동작은 오퍼레이터가 시스템에 어떤 요구나 응답할 때 필요한 것이다. 이와 같이 인터럽트 키를 누름으로써 인터럽트가 발생하여 오퍼레이터가 필요한 내용의 명령을 손으로 조작을 할 수 있다. 이처럼 외부로부터의 신호에 의하여 발생하는 인터럽트를 외부 인터럽트라고 한다.

(3) 프로그램 인터럽트

프로그램 인터럽트는 프로그램 실행 중에 프로그램상의 착오나 예외 상태가 발생하였을 경우에 일어나는 인터럽트이다. 예를 들면 계산에서 0으로 나눈다고 한다던지, 연산의 결과 Overflow가 발생하였을 경우이다. 이러한 경우에도 인터럽트에 의하여 제어 프로그램 내의 인터럽트 처리 루틴에 의해서 실행한다. 즉, 프로그램 인터럽트는 프로그램상의 착오나 예외 상황이 발생하였을 경우에 일어난다.

(4) 입출력 인터럽트

중앙 처리장치(CPU)는 입출력 조작의 개시를 명령하는 것뿐이며, 실제로 입출력 조작을 지시하는 것은 채널이다. 그러므로 채널이 입출력 조작을 함과 동시에 병행해서 중앙 처리장치는 다른 처리를 한다. 이때 입출력 조작이 끝나거나, 입출력 착오가 발생되면 중앙 처리장치의 서비스가 필요해지므로 채널이 인터럽트 신호를 한다. 다시 말해 인터럽트라는 수단에 의하여 현재 실행 있는 처리 프로그램으로부터 제어 프로그램으로 CPU의 제어권이 인도되는 것이다. 이로 인하여 제어 프로그램 중의 입출력 인터럽트 처리 루틴이 실행된다. 이와 같이 입출력 조작의 종료나 입출력 착오에 의해서 발생하는 인터럽트를 입출력 인터럽트라고 한다.

(5) 제어(감시)프로그램 호출 인터럽트

제어(감시) 프로그램 호출 인터럽트는 시스템에 의해여 자동적으로 발생하는 인터럽트와는 달리 프로그램 내에서 특정한 서비스를 요구하는 명령으로 인터럽트를 일으키는 경우가 있는데 이를 말한다. 이는 "제어(감시) 프로그램 호출 명령(SVC : Supervisor CALL)"을 실행했을 때 발생한다.

SVC 명령은 제어 프로그램의 기능을 이용하려고 할 대 사용하는 명령이다. 예를 들면 어떤 명령이 끝나서 다른 일로 옮기려고 한다든지, 입출력 조작을 요구할 필요가 있을 경우 등이다.

2. 기억장치

컴퓨터로 정보 처리를 하려고 할 때, 모든 정보는 기억 장치에 기억되거나 기억 장치로부터 옮겨져야 한다. 여기서 정보라 함은 다음 중 어느 한가지 유형에 속한다.

- ○ 중앙 처리장치(CPU)를 지휘하는 명령어
- ○ 입력, 처리, 출력에 사용 될 명령어
- ○ 정보 처리 작업에 관계 있는 각종 참고 자료

위와 같은 정보를 기억하는 것을 기억장치(memory unit, storage unit)라고 한다. 기억 장치는 그 내용에 따라서 컴퓨터를 대형, 중형, 소형으로 구분하는 기준이 되기도 한다. 또한 기억장치에 정보를 수록하고 읽는데 소요되는 시간은 컴퓨터의 처리 속도를 규정하는 기본 요소가 되기 때문에 최초 컴퓨터의 개발 이래로 기억 장치에 기억 용량의 증대와 처리 속도 향상에 부단한 노력을 해왔다. 따라서 기억 장치의 종류가 다양하게 많이 있는데 대체로 그 사용 목적이나 기억장치에 사용되는 기억 소자가 무엇이냐에 초점을 맞출 때 여러 가지로 구분되는 것이다.

사용 목적의 입장에서 볼 때, 기억 장치는 주기억장치와 보조기억장치로 구분할 수 있다. 주기억장치(main storage, internal storage, primary storage)는 컴퓨터의 중앙처리장치 내에 존재하는 기억장치로서 처리할 모든 프로그램이나 데이터가 기억되는 장치이다. 물론 기억된 모든 내용은 필요에 따라 읽혀져서 적절한 처리가 수행된다. 그러므로 주기억장치는 데이터를 읽고 쓰는데 소요되는 엑세스 타임이 가능한 적게 소요되고 기억 장치의 부피가 작아야 된다는 사실이다. 그래서 초기에는 주기억장치의 기억 소자로서 자기 코어가 많이 사용되었다.

보조기억장치(auxiliay storage, external storage, secondary storage)는 컴퓨터의 중앙처리장치가 아닌 외부에 존재하여 주기억장치의 한정된 기억 용량을 보조하기 위하여 사용되는 것으로서 외부기억장치라고도 한다. 일반적으로 보조기억장치는 많은 용량의 정보를 기억할 수 있으며, 또한 입출력 장치의 기능도 겸하고 있다. 그런데 보조기억장치는 각각의 성질로 분류할 때 다음 [표 4-5]와 같이 두가지 유형으로 구분된다.

표 4-5_ 보조기억자치의 성질

① 필요한 정보를 읽거나 수록하는데 릴 또는 볼륨(reel or volume)의 처음부터 차례로 조사하여 처리 하는 순차 처리(sequential access)를 하는 장치가 있다. 예를 들면, 자기 테이프 장치(magnetic tape unit)와 같은 장치들이다.
② 필요한 정보를 읽고 수록하는데 파일의 처음부터 차례로 조사하여 읽고 쓸 수도 있지만 그렇게 하면 처리 시간이 많이 소요되기 때문에 어느 위치에서 읽고 쓰던지, 그 필요한 위치에서 직접 처리할 수 있는 보조지억장치가 있는데 이렇게 처리하는 것을 직접 처리(direct access)라고 하며, 이와 같은 처리가 가능한 보조기억장치를 직접처리장치(direct access storage device : DASD)라고 한다. 예를 들면 자기 드럼, 자기 디스크, 자기 데이터셀 등이다.

기억 장치를 분류할 때, 일단 기억된 정보를 읽어내면 그 장치에서 정보가 소멸되는 것과 그렇지 않은 것으로 분류할 수도 있고, 기억장치에 기억된 내용이 시간이 흐름에 따라서 휘발되는 것 즉, 휘발성 기억장치와 비휘발성 기억장치로 구분할 수도 있다. 그러나 오늘날 사용되는 대부분의 기억장치들을 한번 기억된 내용을 읽어 낸다고 하더라도 그 내용을 지우지 않는 한 그대로 남아있으며, 또한 일단 기억된 내용은 영구적으로 기억되는 비휘발성 기억장치라고 할 수 있다. 한편, 기억장치에 사용되는 기억 소자가 무엇인가에 따라서 분류할 때, 여러 가지로 나뉠 수 있다.

컴퓨터의 기억장치에서 표현되는 정보의 단위를 살펴보면 다음 [표 4-6]과 같다.

표 4-6_ 정보의 단위

① 2진수의 한 자리인 0이나 1을 기억하는 단위인 Bit(binary digit)는 데이터 표현의 최소 단위이다. 일반적으로 여러 개의 비트가 일 열로 배열되어 어떤 구체적인 데이터를 나타내는 기본 단위를 구성한다. 한 개의 비트란 예를 들면, 주기억장치에서 자기 코어 한 개를 의미하게 된다.
② 몇 개의 비트(보통 8개의 bit)가 모여서 구체적으로 하나의 문자, 숫자, 기호를 나타내는 단위를 Byte(바이트)라고 한다.
③ 일반적으로 몇 개의 바이트를 한 개의 기억 단위로 사용하는 것을 Word(워드)라고 하는데, 워드에는 대체로 다음과 같은 것들이 있다.
○ Half Word ○ Full Word ○ Double Precision Word

컴퓨터에 어떤 업무 처리를 하기 위하여 입력장치를 통하여 프로그램이 읽혀지면 그 프로그램은 주기억장치의 일정한 부분에 차례대로 기억되고, 프로그램에 필요한 데이터가 이어서 입력되면 프로그램의 명령에 따라서 필요한 처리가 차례대로 이루어진다. 이 경우 프로그램 및 데이터가 주기억장치에 질서 정연하게 기억시킬 수 있도록 하기 위하여 기억장치에는 일정한 어드레스(address : 번지)가 부여되는데, 이 어드레스는 Word Byte의 단위로 부여된다. 컴퓨터의 어드레스가 워드 단위로 부여된 컴퓨터를 Word Machine이라고 부르며, 어드레스가 바이트 단위로 부여된 컴퓨터를 Byte Machine이라고 한다.

앞에서 약간 언급했듯이 컴퓨터에서 1회 읽고 수록하는데 소요되는 시간을 엑세스 타임이라고 하는데, 엑세스 속도는 시스템 전체의 능률과 직접적인 관계를 가지고 있기 때문에 기억장치는 가능한 엑세스 타임이 빠른 것이 좋은 것이다.

현재의 많은 주기억장치의 엑세스 타임을 규정하는 단위로서 μs(micro second) 또는 ns(nano second)의 속도로 측정되고 있다.

모든 기억장치들은 각각 가격이나 기능, 용량, 처리 속도 등에 따라서 특성을 가지고 있다. 예를 들면, 자기코어는 그 가격 면에서 결코 염가는 아니지만 엑세스 타임이 빠르다는 특징을 가지고 있고, 자기 드럼은 자기 코어에 비하여 처리 속도가 늦지만 그러한 단점을 상쇄할 수 있는 저렴한 가격이라는 장점을 가지고 있다.

또한 자기 디스크는 일반적으로 자기 드럼보다 느리지만 여러 개의 디스크를 하나의 볼륨(volume)으로 취급하므로 기억 용량이 방대하다는 장점을 가지고 있다. 한편 자기 셀도 단독 기억장치로는 기억 용량이 방대하다는 장점을 가지고 있다.

대부분 컴퓨터의 주기억장치의 기억 용량을 표현할 때, KB(K Byte) 또는 KW(K Word)로 표현하는데 여기에서 1K란 1,024를 의미한다. 그러므로 기억 용량 24KB라면 그 컴퓨터는 24,576(∴ 24 × 1,024) Byte를 기억할 수 있는 것을 말하여, 24KW라면 24,576word를 기억할 수 있는 주기억장치의 용량을 가진 컴퓨터를 말하는 것이다. 따라서 Word 단위로 한정되어 있기 때문에 고정 길이(fixed length) 컴퓨터라고 할 수 있다. 또한 바이트 단위로 데이터를 나타내는 경우에는 데이터의 길이를 임의로 정하여 처리할 수 있으므로 가변 길이(variable length) 컴퓨터라고 부르기도 한다.

1) 주기억장치

주기억장치는 중앙처리장치내에 있으며, 입력장치를 통하여 입력된 프로그램, 데이터, 그리고 컴퓨터 내에서 처리된 결과 등을 기억하는데, 이때 기억소자로서 자기 코어나 자기 박막, 반도체 메모리 등이 사용된다. 자기 코어의 경우 자화 여부에 따라 1또는 0으로 표현하여, 2진수 한 자리를 나타냄으로써 몇 개의 자기 코어를 이용해서 숫자나 문자 등을 기억시킬 수 있는 것이다.

프로그램이나 데이터를 주기억장치에 기억시킬 때, 그 기억되는 위치와 내용을 명확하게 나타내야 착오 없이 업무처리를 수행할 수 있는 것이다. 그래서, 주기억장치에는 Word 또는 Byte 단위로 어드레스가 부여되어 있는데, 그 어드레스에 따라서 주기억장치 상에 위치가 결정된다. 이때 어드레스를 나타내는 방법은 다음과 같은 것들이 있다. 주기억장치 상에 Word 또는 Byte 단위마다 부여된 고유의 어드레스를 절대 번지(absolute address)라고 부르고, 이 절대 번지에 대응하는 개념으로 상대 번지(relative address)가 있다.

상대 번지는 기준이 되는 번지 즉, 기준 번지(base address)를 정하여 그 번지로부터 몇 째인가를 정해서 주기억장치의 절대 번지를 지정하는 방법이다. 여기에서 기준번지로부터 몇 번째인가를 지정하는 것을 Displacement라고 한다. 그러므로 상대 번지는 다음과 같은 관계가 성립되는 것이다.

기준번지(base address) + Dosplacement = 상대 번지

일반적으로 어드레스를 지정할 때에 유연성을 높이기 위한 방법으로서 기준 번지를 직접적으로 부여하는 대신에 특정한 레지스터(register)를 지정해 놓고 그 레지스터에 기준 번지를 기억시키는 방법이 있다. 이때 사용되는 레지스터를 기준 레지스터(base register)라고 하고, 이 방법에서 번지 지정을 할 때는 레지스터의 번호와 Displacement를 지정하면 된다. 예를 들면, 기준 레지스터로 지정된 레지스터 6에 103이라는 값이 기억되어 있고, Displacement 35로 데이터 KBS의 번지를 지정했다면, 데이터 KBS의 절대 번지는 138(103+35)이다. 그러므로 기준 레지스터의 값만을 변화시켜 주면 언제든지 필요한 경우에는 기준 번지를 바꿀 수 있으므로 프로그램이나 데이터를 주기억장치 내에 필요한 위치로 바꿀 수 있다는 장점이 있다. 이와 같이 기준번지의 위치를 바꿀 수 있는 것을 재배치 기능(relocatable)이라고 한다.

그러면 이절에서는 주기억장치에 대하여 살펴보기로 한다.

(1) 자기코어

자기 코어(magnetic core)는 초기에 주기억장치의 기억 소자로서 많이 사용되었던 것으로 직경이 0.3~0.5mm 정도의 도넛(doghnut) 형의 작은 링(ring) 형태이다.

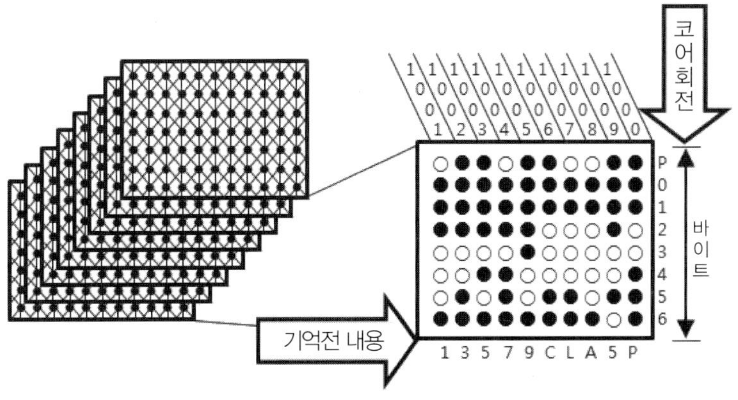

그림 4-7_ 자기 코어의 데이터 기록

이 자기 코어는 일반적으로 여러 개(보통 4096개)를 평면으로 모아서 만든 코어 플랜(core plane)과 코어 플랜을 입체적으로 쌓아서 만들어진 코어 시택(core stack)의 형태로 만들어 사용되고 있다. 이 개념을 익히기 위해서는 자기 코어의 데이터 기록의 [그림 4-7]을 참고하면 된다.

그러면 이 코어가 주기억장치에 채용되기 시작한 주요 원인이 어떤 것이 있는지 요점을 정리하면 다음과 같다.

- ○ 자기 코어는 값이 싸다.
- ○ 소형이기 때문에 대 기억용량의 주기억장치를 소형화가 가능했다는 점이다.
- ○ 입출력 동작은 고속(μs)으로 이루어진다.
- ○ 일종의 영구자석이므로 입출력 시에 순간적인 전류만을 필요로 한다.
- ○ 시간의 변화에 관계없이 안정적인 기억으로 신뢰성이 높다.

(2) 기억 소자

기억 소자가 정보를 기억하는 소자라는 사실은 분명하다 기억 소자는 기억하는 정보의 양에 대응하여 1비트의 기억 소자로부터 몇 개의 비트 정보를 기억하는 레지스터, 그리고 다수의 정보를 기억하는 메모리(memory) 등의 서로 다른 이름을 가진다.

레지스터는 1비트 기억 소자들의 집합이며, 메모리는 레지스터의 집합이라고 생각할 수 있으나, 메모리는 기억하는 정보의 양이 대단히 많다는 점 때문에 다른 두 가지와는 독립적으로 취급된다. 즉, 1비트의 기억 소자나 레지스터가 기억 소자이면서 논리 소자의 일부로서 취급되며 메모리만을 기억 소자로서 취급하고 있다.

1 비트의 기억 소자는 주로 논리 회로 중에서 논리 소자와 함께 사용되며, 정보의 일시적인 기억에 이용된다. 이것으로 플립플롭 회로가 있다.

플립플롭(Flip-Flop)은 기본적으로 그것을 구성하는 트랜지스터 두 개의 어느 곳에 전류가 흐르는가에 따라 정보 "1" 또는 "0"을 나타내고 전원 전압이 가해지고 있는 한 정보를 잃어버리지 않는다.

(3) 기억 장치 시스템

○ 기억장치 접근 방식

순차접근(SAM), 직접 접근(DAM), 임의 접근(RAM), 그리고 연상 또는 내용 접근(CAM) 기억장치로 구분된다.

메모리 시스템 속도 문제

컴퓨터 시스템의 핵심적인 구성요소는 MPU와 기억장치이다. PC와 워크스테이션 같은 소형 컴퓨텅는 32/64비트 MPU가 개발되면서 기능이 계속 향상되어 MPU의 동작 속도는 빨라지고 있으나, 대용량 메모리인 디램(DRAM)의 속도는 MPU에 미치지 못하기 때문에 PC에 대형 컴퓨터에서의 캐시 방식을 기능만 축소하여 적용하고 있다.

램(RAM)의 동작원리

PC가 어떤 작업을 할 수 있으려면 먼저 데이터나 프로그램을 디스크에서 램으로 이동시켜야 한다. 문서작성, 표계산, 그래픽, 데이터베이스 등 파일에 저장되어 있는 데이터는 소프트웨어가 프로세서를 사용하여 그 데이터를 조작할 수 있기 전에 잠시 동안 램에 저장하여야 한다. 컴퓨터의 기계어는 이진수를 사용하여 간단한 수식에서부터 수백만의 수, 어떤 언어의 워드, 그리고 수 많은 색과 모양의 표현을 만들어 낼 수 있다.

메모리 저장 상태

처음 컴퓨터를 켰을 때 메모리는 백지상태이다. 메모리는 디스크에서 읽어 들여지든지 또는 작업 처리에 의해 만들어졌든 지간에 메모리는 이진수 0과 1로 채워진다. PC의 전원을 끄면 램의 데이터는 모두 사라진다.

RAM의 종류

데이터나 프로그램의 명령과 같은 정보를 기억하는 장치로서 만든 소자에 따라 반도체메모리, 카세트테이프, CD, LD 등이 있다.

램(RAM)

Random Access Memory의 약자로 기억된 정보를 읽어내기도 하고 다른 정보를 기억시킬 수 있는 메모리로서, 전원이 꺼지면 기억된 내용은 지워져 버려 휘발성 메모리(Volatile Memory)라고 한다. 따라서 램은 컴퓨터의 주기억장치, 응용 프로그램의 일시적 로딩(loading), 데이터의 일시적 저장 등에 사용된다.

D램(DRAM)

Dynamic RAM의 약자로 정보를 읽고 쓰는 것이 가능하나 전원이 공급되고 있는 동안이라도 일정 기간 내에 주기적으로 정보를 다시 써넣지 않으면 기억된 내용이 없어지므로 DRAM은 refresh를 계속해 주어야 한다. 그러나 Memory cell(기억소자)당 가격이 싸고 집적도를 높일 수 있기 때문에 대용량 메모리로서 널리 이용되고 있다. 하나의 기억소자는 1개의 TR과 1개의 캐패시터로 구성되어 있다. 예를 들어 18M DRAM은 칩속에 TR과 캐패시터가 각각 1600만개씩 내장된 고집적 첨단메모리제품으로 신문지 128페이지 분량의 정보를 저장할 수 있다.

S램(SRAM)

Static RAM의 약자로 전원이 공급되는 동안은 항상 기억된 내용이 그대로 남아 있는 메모리로서 하나의 기억소자는 4개의 트랜지스터와 2개의 저항, 또는 6개의 TR로 구성되어 있다. DRAM에 비해 집적도가 1/4 정도이지만 소비전력이 적고 처리속도가 빠르기 때문에 컴퓨터의 캐쉬(Cache), 전자오락기 등에 많이 사용된다.

그림 4-8_ RAM

⏻ VRAM 비디오램

Video RAM의 약자. 특수메모리, 화상정보를 기억시켜 두는 전용메모리로서 VRAM으로 읽혀진 화상정보는 영상 신호로 변환되어 브라운관에 디스플레이 된다.

⏻ 고속 DRAM

High Speed DRAM은 메모리 제품의 기술성향은 고집적화, 고속화, 저전압화로 요약할 수 있다. 이중 고속화 제품은 Syncronous DRAM은 싱크로너스기술을 사용하여, 고속정보 처리 시스템의 요구속도에 부응토록 한 고부가가치제품이다. 일반 DRAM에 비해 4배 이상의 정보 처리속도로 급성장하고 있다.

⏻ 롬(ROM)

Read Only Memory의 약자로 기억된 정보를 단지 읽어낼 수만 있는 메모리로서, 전원이 꺼져도 기억된 정보는 지워지지 않는다. 정보가 날아가 버리지 않기 때문에 비휘발성 메모리(Non-Volatile Memory)라고 한다. 컴퓨터의 OS(운영체제), 각종 전자기기의 고정된 프로그램 등을 저장하는데 사용된다.

⏻ MASKROM(마스크롬)

제조 공정 시에 고객이 원하는 정보를 저장함으로써 모니터 등 OA기기의 문자정보 저장용과 전자게임기의 S/W 저장용, 전자악기, 전자사전 등으로 널리 이용되고 있으며 특히 한글 및 한자를 많이 사용하는 동양문화권의 사무자동화기기에 폭넓게 사용되고 있다.

⏻ EEPROM(E스퀘어P롬)

Electrically Erasable & Programmable ROM으로 전기적인 신호로 정보를 지우거나 기억시킬 수 있는 메모리로서 전원이 꺼져도 정보를 유지할 수 있는 ROM의 특징과 단일 5V전원으로 입출력할 수 있는 RAM의 특징을 다 가지고 있다.

⏻ FLASH MEMORY(플래쉬메모리)

EEPROM의 집적도 한계를 극복하기 위해서 일괄소거 방식의 1TR-1CELL구조를 채용한 최신제품, 전원을 꺼도 기억된 정보가 없어지지 않는 비휘발성 메모리의 일종으로 전기적인 방법으로 정보를 자유롭게 입출력할 수 있으며, 전력소모가 적고 고속프로그래밍이 가능하다. 향후 컴퓨터의 하드디스크드라이버(HDD)를 대체할 수 있는 제품으로 기대된다.

CCD(Charge Coupled Device)

고체촬상소자 또는 광전변환소자렌즈를 통해 들어온 화성 즉, 빛(광)에너지를 전기적인 신호 즉, 전기에너지로 전환하여 저장하는 반도체소자, 캠코더(무비카메라), CCTV 등의 화상저장소자로 널리 사용되고 있다.

2) 반도체 메모리

RAM 기술

전원 공급의 중지와 함께 그 내용을 잃어버리는 소멸성 메모리로 DRAM(Dynamic RAM)은 반도체 메모리 기술을 주도하고, 고도의 미세 가공 기술의 적용 제품으로 연구와 투자가 집중되는 디램 개발 기술은 SRAM(Static RAM)에 적용되고, 나아가서 ROM, VLSI(Very Large Semiconductor Integration) 등에 적용되므로 경쟁이 치열한 분야다. 디램은 미세 가공 기술과 더불어 디램 셀(DRAM Cell)에서의 3차원 구조가 중요하기 때문에 트렌치(Trench), 스텍 셀(Stack Cell) 등이 적용되고, 새로운 디램 셀 기술이 연구될 것으로 보인다. SRAM은 디램에 비하여 배선과 콘텍트(Contact)가 많으므로 기술 개발에 노력이 집중되고 있다.

ROM 기술

전원 공급이 끊어져도 기억된 내용을 유지하는 비소멸성 메모리로 마스크 롬(Mask ROM)은 디램 및 SRAM에 비하여 단순하고 미세 가공 기술만으로도 집적도를 크게 할 수 있다. EPROM, EEPROM, 그리고 플래쉬 메모리 등은 고전압을 사용하므로 신뢰성 확보가 과제이다. VRAM(Video RAM)은 같은 특수 메모리도 집적도가 개선되고, 다양한 종류의 메모리 개발이 이루어질 것으로 전망된다.

(1) 소멸성 메모리(volatile memory)

RAM(Random Access Memory)

임의의 영역에 정보를 쓰고 읽을 수 있는 메모리로써, 컴퓨터가 일을 수행하기 위한 프로그램이나 데이터가 저장되어 있는 기억장치이다. RAM은 소멸성 메모리이기 때문에 공급이 중단되면 기억 셀에 저장되어 있던 정보를 모두 잃어버리게 된다. RAM은 일시적으로 정보를 보관하기 위한 고속의 임시 기억장소로 널리 이용되고 있다.

1차 메모리인 주기억 장치로 3세대 이후부터 고속의 액세스 타임 때문에 소멸성 반도체 메모리 중에서 저가의 DRAM를 사용한다. DRAM 전원을 OFF하기 전에 내용을 보조기억장치로 백업하여야 한다. 램은 제작기술에 따라 DRAM과 SRAM으로 구분한다.

주메모리(Main memory)에는 저속으로 저렴한 DRAM을 대용량으로 사용하고 캐시 메모리(Cache memory)에는 고속으로 고가인 SRAM을 소용량으로 사용한다.

DRAM과 SRAM의 차이점

CMOS(Complementary Metal Oxide Semiconductor)로 구성한 DRAM과 SRAM의 비트 라인의 구조적 차이를 [그림 4-9]에서 보여주고 있다. DRAM은 셀의 정보량이 미약하여 증폭 시간이 소요되고, 동작 전에 비트 라인을 일정 수준의 전압까지 충전해야 하므로 동작 속도가 느리다. 메모리 내부는 축전기(Capacitor)로 전하의 존재 여부에 따라 이진수 “1”과 “0”을 구분하는 DRAM은 셀의 기억 내용이 누설 전류로 소실 방지하기 위하여 반드시 일정 주기로 재출전(refresh)을 해야만 한다.

SRAM과 비교

SRAM의 셀은 안정된 FF의 래치 구조로 [그림 4-9] (b)처럼 되어 있으며, 재충전 주기(Refresh Cycle)가 필요 없다. 동작 전에 비트 라인에 충전 전압이 DRAM보다 낮으므로 동작 속도가 빠르다. 이것은 곧 메모리에서의 데이터 접근시에 속도 차이가 발생하는 이유이다. DRAM의 재충전 주기 동안에는 데이터에 접근할 수 없는 만큼의 대기 시간이 생기게 되나 SRAM은 대기 시간이 필요 없다.

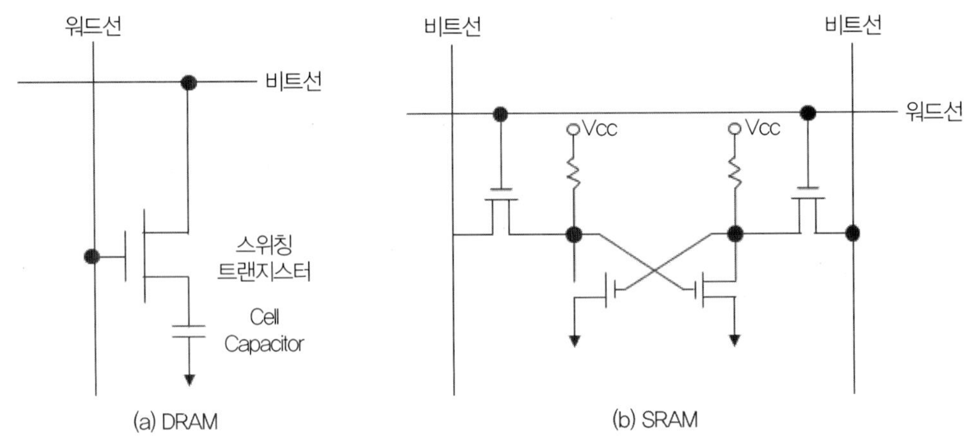

그림 4-9_ DRAM과 SRAM의 구조 차이

⏻ DRAM과의 비교

DRAM이 TR 1개, SRAM은 4~6개의 TR로 구성되기 때문에 상대적으로 용량이 DRAM의 1/4로 작고 가격이 비싸다. 반면에 DRAM에 비해 주변 회로가 간단하며, 속도는 60~70ns의 DRAM에 비해 SRAM은 약 12~15ns 정도로 매우 빠르다.

(2) **비소멸성 메모리**(Non-Volatile memory)

ROM 종류

전원이 공급이 차단되더라도 저장되어 있는 정보를 보존하는 비소멸성 메모리에는 ROM, PROM, EPROM, EEPROM, 그리고 플래쉬 메모리 등이 있다.

⏻ ROM(Read Only Memory)

읽기 전용의 메모리로써 전원이 차단되더라도 기억된 내용을 유지하거나, 새로운 정보를 기록하거나 또는 수정하는 것이 불가능하다.

⏻ PROM(Programmable ROM)

ROM에 기록이 가능하도록 개선한 것이 PROM이다. 그러나 PROM은 한번 기록이 이루어지고 나면 이를 변경하는 것은 불가능하다.

⏻ EPROM(Erasable PROM)

PROM을 보완한 EPROM은 자외선에 일정 시간 노출되면 저장되어 있는 정보를 지울 수 있다. 자외선 소거법을 이용하여 기억된 정보를 지우면, 초기 상태로 돌아가기 때문에 기록하는 것이 가능하다.

⏻ EPROM(Electrically Erasable PROM)

자외선 대신에 전기 신호를 이용한 전자적 소거법으로 기억된 정보를 지우거나 기록하는 것이 가능하다. 그러나 동작 속도가 느리며, 상대적으로 가격이 높고, 집적도가 낮은 단점을 갖고 있다.

⏻ 플래쉬 메모리(Flash Memory)

EEPROM의 단점을 보완한 플래쉬 메모리는 전기적으로 기억된 내용을 지우거나, 기록하는 것이 가능할 뿐만 아니라, DRAM과 같은 동작 속도를 유지한다. 또한 집적도가 높으므로 대용량화 할 수 있다.

표 4-7_ 반도체 메모리의 유형

메모리 종류	구 분	삭제방법	쓰기방법	전원제거 후 소멸 여부
ROM	읽기전용	불가능	마스크	보 존
PROM	읽기전용	불가능	전기적	보 존
EPROM	읽기전용	자외선 삭제	전기적	보 존
EEPROM	읽기/쓰기	전기적 삭제	전기적	보 존
플래쉬메모리	읽기/쓰기	전기적 삭제	전기적	보 존
DRAM	읽기/쓰기	전기적 삭제	전기적	소 멸
SRAM	읽기/쓰기	전기적 삭제	전기적	소 멸

(3) 디램(DRAM : Dynamic Random Access Memory)

고집적도 메모리 요구

시스템의 주 메모리로 사용되는 디램의 구조는 컴퓨터 시스템의 운영체제(OS) 및 응용 프로그램들의 대용량화, MPU의 성능 향상, 그리고 GUI(Graphic User Interface) 환경 하에서 그래픽스(Graphics) 응용이 더욱 복잡해짐에 따라 고속 동작으로, 가격이 저렴하며, 구조가 간단하면서 효율이 높은 고집적도의 메모리가 요구된다.

디램의 3가지 발전 형태

일반 디램에서 EDO(Extented Data-Out) DRAM같이 주기 시간(Cycle Time)을 단축하여 메모리의 동작 속도가 빨라지도록 한다.

CDRAM(Cache DRAM)과 EDRAM(Enahnced DRAM) 같이 메모리 내부에 소량의 캐시 메모리를 내장하여 성능을 향상시키거나, SDRAM(Synchronous DRAM)처럼 MPU의 클럭에 동기되어 동작하도록 하여 메모리의 대역폭이 크게 향상시킨다. 기존의 디램과 호환성이 없으므로 부가적인 인터페이스와 제어 회로가 필요하다.

- RDRAM(Rambus DRAM) : 전혀 다르게 설계되어진 메모리로서 전용 제어기와 인터페이스가 요구된다.

(1) 디램의 구조

기억셀

디램은 소멸성 기억 셀의 집합으로 구성되어 있다. 기억 셀은 기억 소자를 구성하는 기본 요소로 1비트 정보를 보관할 수 있다.

○ 셀 정보 기록 : 임의의 기억 셀에 정보를 기록하기 위해서는 선택 단자를 통해 선택 신호를 받은 상태에서 데이터 입력 단자를 통해 기록될 데이터가 유효한 상황에서 기록 신호가 제어 단자를 통해서 가해지면 된다.

셀 정보 읽기

기억 셀로부터 정보를 읽기 위해서는 선택 신호를 받은 상태에서 제어 단자를 통해 읽기 신호를 가해주면, 이 때 감지 단자에는 저장된 정보에 대한 상태가 나타나게 되므로 기억 셀의 정보를 알 수 있게 된다. 디램은 수많은 기억 셀들이 일정한 구성 원칙에 따라서 하나로 배열된 칩의 형태로 사용된다.

디렘의 기본 구조를 [그림 4-10]은 나타낸 것으로 5가지 기능으로 구성된다.

기억장치 배열은 기억 셀의 X(행) × Y(열) 집합으로 구성되고, 행 선택 디코더는 인가된 메모리 주소를 해독하여 기억장치 배열의 행주소로 만들어 준다. 열 선택 디코더는 인가된 메모리 주소를 해독하여 기억 장치 배열의 열주소를 만들어준다. 입/출력 버퍼는 외부에 메모리 데이터의 입출력 기능을 수행하고, 제어 회로는 인가된 읽기-쓰기 신호와 행 주소 스트로브(RAS : Row Address Strobe) 및 열 주소 스트로브(CAS : column Address Strobe) 신호에 따라서 메모리 내부를 제어한다.

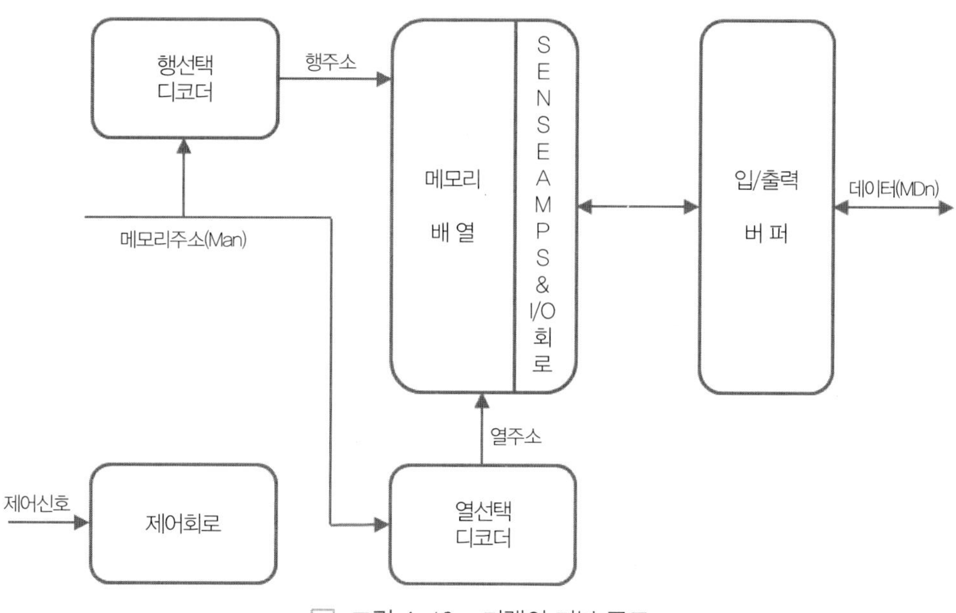

그림 4-10_ 디램의 기본 구조

○ DRAM의 2차원 배열의 구성 : 워드와 비트를 각각 행과 열로 하는 이차원 배열 형태로 구성되어 있다. 한 워드를 이루고 있는 모든 비트는 워드라인에 연결되어 있다. 이차원 배열 구조에서 워드들 간의 주소 구별을 위해서는 동일한 워드를 이루는 기억 셀들의 선택 단자가 동일한 주소로 연결되어 있다. 하나의 워드에 연결되어 있는 각 비트는 동일한 데이터 입력 단자와 감지 단자에 연결되어야 한다. 이차원 배열 구조 방법에서 기억 장치에 대한 접근은 비트 단위로는 불가능하고 워드 단위로만 이루어진다.

디램 리프레시

디램은 셀의 기억 내용의 소실 방지를 위해 일정 주기로 리프래시(REFRESH)를 해야 한다. 리프레시에 필요한 주소는 디램의 워드라인 구조로 되어 있기 때문에 행 주소만 필요하다. 행주소에 의해서 선택된 워드라인을 페이지라고 하며, 메모리 용량은 집적도에 따라 달라지므로 메모리 용량이 클수록 페이지의 크기도 커진다.

DRAM 접근시간

주기억 장치로의 DRAM 데이터를 위해 소용되는 시간을 살펴보면, 소용시간은 기억장치로부터 데이터를 참조할 수 있는 속도를 결정하는 중요한 요소이기 때문에 이 시간이 짧을수록 데이터의 전송률은 증가하게 된다. RAM에서의 소요시간은 접근시간과 주기시간으로 정의된다.

접근시간(Memory Access Time)은 MPU나 주 장치가 단위 워드를 메모리로부터 읽기-쓰기 동작을 실행하는데 소요되는 시간을 말한다. MPU로부터 기억장치 접근 명령이 주어진 후 주기억장치의 주소 디코더에 의해 해석된 주소 값을 이용해서 해당 번지의 내용이 시스템의 데이터 버스에 의해서 이용가능해질 때까지 시간에 해당한다.

읽기 주기를 나타낸 [그림 4-11]에서 MPU로부터 주기억장치에 접근하기 위한 행의 주소가 인가된 시점으로부터 데이터 버스에 데이터가 나타날 때까지 경과되는 t_{AC}가 접근시간에 해당된다. 주기시간은 디램에 연속적으로 접근하기 위해 필요한 최소한의 시간을 말하며 한번 기억장치에 대한 접근 명령이 처리된 다음 이어서 기억장치 접근 명령을 처리하기 위해 소요되는 부가적인 시간의 합을 말한다. 이 시간 짧을수록 단위 시간당 많은 정보가 전달될 수 있다.

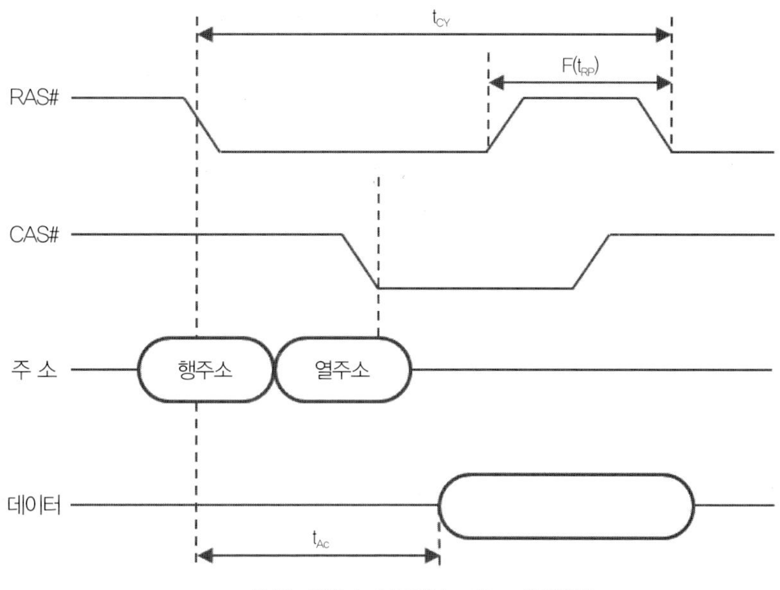

그림 4-11_ 디램의 읽기 구조

3) 캐시 메모리

(1) 캐시 개념

캐시 기억 장치 개념

PC에서 MPU의 동작 속도는 주기억장치의 동작속도에 비해서는 매우 빠르기 때문에 MPU와 주기억장치 사이에 병목현상이 발생할 수 있다. 병목현상의 해결방법으로 MPU와 주기억장치에 빠른 접근 속도를 갖는 소용량 고속의 캐시기억장치를 배치하여 MPU가 기억장치로부터 데이터를 인출하거나 또는 기억장치에 데이터를 저장하기 위해서 먼저 캐시기억장치에 접근하고 만약 해당 데이터가 캐시기억장치에 없을 경우에만 주기억장치에 접근하게 함으로써 기억장치에 대한 평균접근시간을 줄일 수 있다.

캐시 기억장치의 계층화

MPU와 물리적으로 가까운 곳에 처리속도가 빠른 고속의 캐시 기억 장치를 배치하고 다음에 캐시 기억장치보다 용량은 크지만 접근속도가 늦은 주기억장치를 위치하도록 기억장치의 구성을 계층화하는 방법이다. 주기억장치는 대용량의 속도가 느린 메모리(DRAM)로 구성되고, 프로그램 내장형의 컴퓨터에서 MPU가 모든 명령어들을 처리할 수 있도록 이를 저장하고 있다. 캐시기억장치는 SRAM으로 구성되며, MPU로부터 주기억장치에 대한 접근 시간을 감소시키기 위해서 자주 사용하는 데이터를 일시적으로 기억한다.

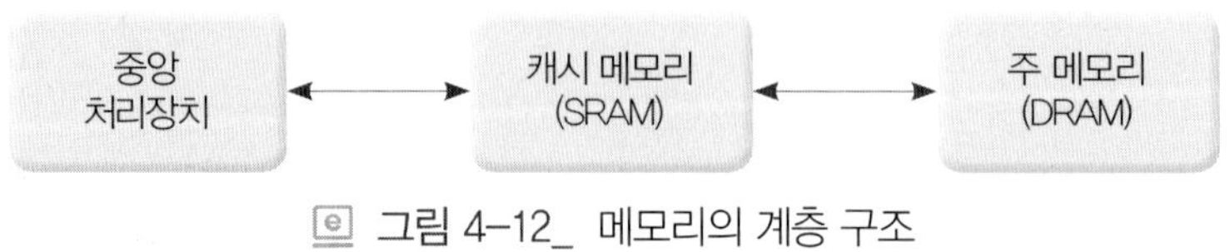

그림 4-12_ 메모리의 계층 구조

캐시 기억 장치 동기

캐시기억장치는 프로세서와 함께 단일 칩 형태로 MPU의 내부캐시(L1 cache)로 포함되어 MPU의 동작 속도에 가까운 접근속도를 제공할 수 있다. 캐시기억장치는 동작형태에 따라 크게 비동기식 SRAM과 동기식 SRAM으로 구분할 수 있다.

비동기식(asynchronous) SRAM

i80486계열의 시스템과 초기의 펜티엄 시스템에서 사용되었고, [그림 4-13]은 비동기 SRAM의 기본 구조를 나타낸다. 비동기식 SRAM은 네가지 기능으로 구성된다.

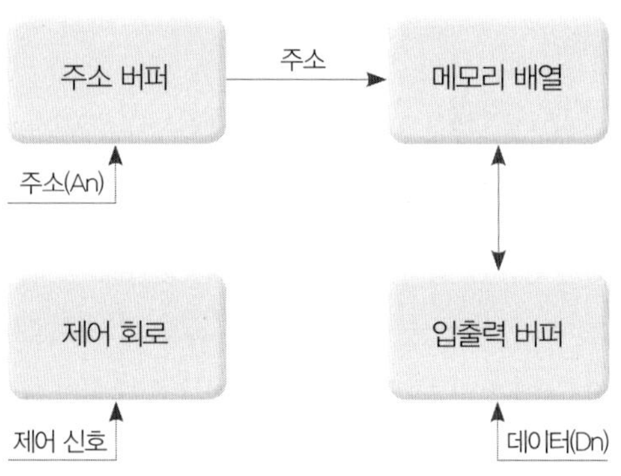

그림 4-13_ 비동기식 SRAM의 구조

- 메모리의 배열 : 기억 셀들의 일정한 구성 원칙에 의하여 배열된 X(행) × Y(열) 집합으로 구성된다.
- 주소 버퍼 : 인가된 메모리의 주소를 해독하여 메모리 배열에 대한 접근 주소를 만들어 준다.
- 입출력 버퍼 : 외부의 데이터 버스에 메모리 데이터의 입출력 기능을 수행한다.

○ 제어회로 : 인가된 칩 선택 신호, 접근 주소, 그리고 읽기 또는 쓰기 신호에 따라서 메모리 내부의 동작을 제어한다.

임의의 기억 셀에 데이터를 기록하기 위해 메모리의 선택 신호와 접근 주소가 활성화되고 데이터 입력 단자를 통해 기록될 데이터가 유효한 상태에서 쓰기 신호가 인가되면 메모리의 쓰기 동작에 의해 메모리의 배열에 데이터가 기록되게 된다. 그리고 데이터를 읽기 위해 메모리의 선택 신호와 접근 주소가 활성화 된 후, 읽기 신호와 출력 활성화 신호가 인가되면 메모리의 읽기 동작에 의해 메모리의 배열에 기록되어 있는 데이터가 읽혀지게 된다.

동기식(synchronous) SRAM

현재의 펜티엄 시스템에서의 동기식 SRAM이 사용되고 있다. MPU로부터 메모리 접근 명령에 주어지면 캐시 제어기는 접근 주소와 칩 선택 신호를 캐시 메모리에 전송한다. 캐시 메모리는 칩 선택 신호에 의해 활성화되고 메모리에 인가된 주소는 주소 해독기에 의해서 해석된 후 해당하는 주소의 메모리 배열을 지정한다. 이때 읽기 신호화 출력 활성화 신호가 인가되면 메모리의 읽기 동작에 의해 메모리의 배열에 기록되어 있는 데이터가 읽혀지게 된다.

(2) 캐시 시스템의 구조

컴퓨터의 캐시 시스템은 MPU와 대용량의 주 메모리 사이에 처리 속도가 빠른 소규모의 캐시 메모리로 구성된다. [그림 4-14]는 MPU가 기억장치로부터 데이터를 인출하거나 또는 기억장치에 데이터를 저장하기 위해 우선 속도가 빠른 SRAM으로 구성된 캐시 기억장치에 접근한다. 그리고 대용량의 속도가 느린 DRAM으로 구성된 주기억장치에 대한 접근은 해당 데이터가 캐시 메모리에 없을 경우에만 접근하므로 MPU로부터 기억장치에 대한 평균 접근시간을 줄일 수 있다.

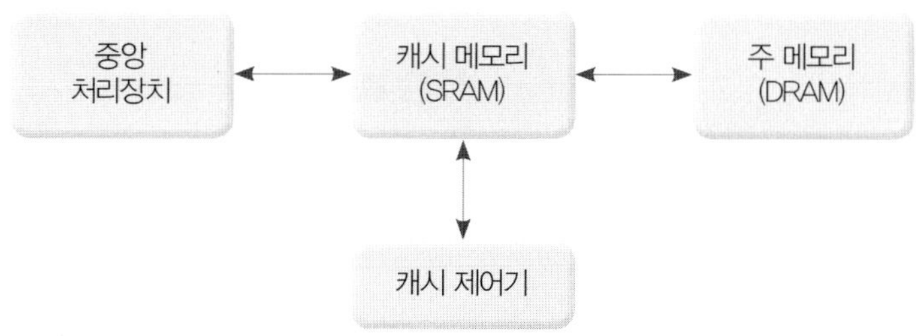

그림 4-14_ 캐시 시스템의 구조

캐시방식

대용량의 DRAM과 속도가 빠른 소용량의 SRAM을 계층구조로 사용하여 이들의 장점을 얻는 방식을 캐시 방식이라 한다. 캐시 방식은 직접 사상 구성의 계층 구조 메모리와 명령어 스택을 구현한 방식으로부터 발전하였다.

캐시 메모리 구성

데이터 캐시와 태그 캐시의 두 부분으로 구성된다.

- 데이터 캐시(data cache) : 라인으로 구성되며 자주 사용되는 데이터를 일시적으로 기억한다.
- 태그 캐시(tag cache) : 태그 주소를 저장하고 있는 태그 캐시는 찾으려고 하는 주 메모리의 주소가 데이터 캐시에 적재되어 있는지를 판단하기 위한 주소 비교에 이용된다.

고속 태그 SRAM 사용

데이터 캐시와 태그 캐시는 캐시 메모리의 SRAM보다 각각 빠른 SRAM으로 구성하고 데이터 SRAM에 있는 데이터를 접근하기 전에 태그 SRAM의 정보를 먼저 참조하기 때문에 데이터 SRAM의 처리 속도보다 빠른 고속의 SRAM이 사용된다.

4) 보조기억장치

보조기억 장치는 컴퓨터에서 생성되는 대량의 자료를 반영구적으로 저장할 목적으로 자기 디스크 또는 CD-ROM 등과 같은 저장매체를 사용하는 기억장치로서 고속으로 동작하는 MPU나 주기억장치에 비해 동작 속도가 느리고, 낮은 전송률을 갖고 있기 때문에 시스템 버스를 통하여 MPU와 간접적으로 연결되어 있다. 보조기억장치는 기억장치의 계층적 구조에서 하위에 위치한다.

플로피 디스크(FDD)

하드 디스크(HDD)

CD-ROM

그림 4-15_ 보조기억장치

데이터 저장매체로 구분

자기기록매체

플로피 디스크(Floppy Disk), 자기 드럼, 자기 디스크(Magnetic Disk), 자기 테이프(Magnetic Tape) 등

광 기록 매체

컴팩트 디스크(CD : Compact Disc), WORM(Write Once-Read Many), 재기록할 수 있는 광자기 디스크(Magneto-Optical Disc) 등

자기 테이프 장치(Magnetic Tape Drive)

최초로 개발되어 범용 컴퓨터에서 보조기억장치로써 이용되었고, 일렬로 구성된 자기 테이프를 기억 매체로 사용한다. 자기 테이프는 얇은 플라스틱 테이프에 강한 자장에 노출되었을 때 외부 자장의 방향에 따라 자화되는 자화물질이 입혀져 있다. 자화된 상태는 이것을 변화시키기 위한 또 다른 외부 자장이 있을 때까지 그대로 보존된다. 데이터는 테이프 위의 매우 작은 영역을 선택적으로 자화시킬 수 있는 테이프 헤드(Tape Head)가 테이프 위를 지나면서 기록된다. 이 헤드는 테이프의 자화된 테이프를 감지할 수 있고, 또한 자화된 데이터를 변환시킬 수도 있다.

데이터가 테이프에 기록되는 방법은 한번에 한 문자씩 기록되며, 각 문자마다 7비트 또는 9비트 코드 중에서 한 비트가 패리티 비트로 사용된다. 이러한 패리티 비트는 한 문자에 대한 1인 비트의 전체 개수가 홀수가 되도록 1또는 0으로 세트된다. 이 비트는 데이터를 다시 읽어올 때 오류 유무를 검사하기 위해 사용되며, 새로로 패리티 검사를 할 수 있도록 추가된다.

자기디스크 장치

보조기억장치로써 플라스틱이나 또는 금속으로 구성된 동그란 원판 위에 자성 물질을 얇게 자막으로 입히고, 자막 위에 자장을 형성하여 데이터를 기록하고 판독할 수 있도록 구성된 자기 디스크를 기록 매체로 사용하고 있다. 직접 접근이 가능하다는 장점을 가지고 있다.

자기 디스크 종류에는 플로피 디스크, 카트리지 디스크, 하드 디스크 등이 있다.

○ 플로피 디스크

플라스틱 원판에 자성 물질을 얇게 입힌 것으로 속도가 느리고 기록 용량이 작지만, 가격이 싸고 소형이며 휴대와 이동이 가능하므로 널리 이용되는 기록 매체로써 플로피 디스크 드라이브(FDD : Floppy Disk Drive)에 사용되고 있다. PC에서 플로피 디스크에는 1.2MB 용량의 5.25인치 디스크, 1.44MB 용량을 갖고 있는 3.5인치 크기의 디스크가 있다. 3.5인치 디스크가 5.25인치에 비해 속도가 조금 느리지만 용량과 내구성에 우수하기 때문에 널리 사용되었다.

○ 카트리지 디스크

디스크 장치에 디스크 원판을 분리할 수 있다. 분리형 하드디스크 장치에서는 마치 플로피 디스크를 바꾸는 것과 같이 휴대와 이동이 가능하므로 카트리지 디스크를 임의로 바꿔서 사용할 수 있다.

○ 하드 디스크

견고한 원판 모양의 금속 체에 자성 물질을 표면에 입힌 것으로 자기 헤드를 통해 데이터가 읽혀지고 쓰여진다. 원판은 전원이 인가되면 일정한 속도로 회전하며, 자기 헤드는 원판 위를 이동하면서 디스크의 자장을 이용하여 데이터를 읽거나 쓴다. 고정 디스크라고도 하며, 컴퓨터 시스템에서 보조기억 장치로 가장 널리 이용되고 있는 하드 디스크 드라이브에 사용되고 있다.

○ 광디스크 장치

자기적 성질로 데이터를 기록하거나 읽는 자기 디스크와 달리, 레이저 광선을 사용하여 광 디스크에 데이터를 저장하거나 또는 광 디스크로부터 데이터를 읽는다. 광 디스크 저장매체는 크게 CD-ROM, WORM, 재기록 가능한 광자기 디스크, DVD 등의 형태로 분류할 수 있다.

○ CD

저비용 대용량 데이터를 저장하는 광 디스크 기술은 컴퓨터에 대량의 기억장소를 제공하므로 보조기억 장치에 널리 사용하고 있다. 광 디스크는 대용량으로 자기 디스크보다 저비용으로 대량 복제가 가능하며, 이동이 간편하고 조작이 용이하나 자기 디스크보다 접근시간이 오래 걸리며, 데이터 전송률이 낮다. 컴퓨터 산업에서 기억 공간의 증가는 새로운 응용분야로의 길이 열리게 되었다. 즉, 문자와 정지 화상 같은 정적인 세계에 오디오, 비디오, 그림 전체가 움직이는 동영상을 추가함으로써 컴퓨터에 동적인 환경을 제공하는데 주로 멀티미디어와 가상 현실과 같은 그래픽 분야로 응용되었다.

○ CD-ROM(Compact Disc-Read Only Memory)

컴퓨터에서 CD를 오디오 분야가 아닌 데이터를 저장하기 위한 목적으로 사용하는 광 디스크이다. CD-ROM은 오디오 CD보다 정밀한 오류 정정 기능이 추가되었다. CD-ROM 디스크는 680MB의 데이터 용량으로 1.44인치 FD의 470개의 기억 용량을 갖는다. 기록이 불가능한 특성 때문에 영상 데이터와 같이 비 가변적인 데이터에 쓰인다.

○ WORM(Write Once-Read Many)

적당한 강도의 레이저 광선에 의해 단지 한번만 데이터를 기록할 수 있는 광 디스크로 기록 이후에는 다시 데이터를 기록할 수 없으나 쓰여진 데이터를 지울 수 없기 때문에 데이터에 대한 안정된 자료를 제공하므로 널리 사용되어져 왔다. 특히, 웜 디스크는 프로그램 백업이나 또는 변경되지 않을 데이터를 기록하는 데 쓰이므로 디스크에 대한 접근시간이 CD-ROM보다 빠르다.

○ 광자기 디스크(MOD : Magneto-Optical Disc)

하드 디스크처럼 재기록이 가능한 디스크로써 데이터를 읽고 쓸 수 있다. 광자기 디스크를 사용하는 광자기 기억 장치에서는 레이저빔이 자기장과 함께 사용되어 정보를 기록하고 지우는 것은 자성을 가진 물질로 덮어진 디스크의 작은 부분의 자기적 극성을 바꾸어 놓음으로써 2가지 형태를 유지할 수 있다. 레이저빔은 자기성 부분에 나타나는 변화를 수용할 수 있을 정도로만 디스크 위의 특정한 위치에 열을 가하여 온도가 올라가는 동안 자기장은 방향을 바꿀 수 있다.

디스크의 구성

디스크 장치는 견고한 케이스로 포장되어 있으며, 이 장치는 데이터를 기록/보관하는 자기 디스크, 데이터를 기록/재생하는 자기 헤드, 자기 디스크와 헤드를 구동하는 구동기구, 이들을 제어하고 구동시키는 전자 회로, 그리고 디스크 장치를 호스트 컴퓨터와 연결시켜 주는 인터페이스 등으로 구성되어 있다.

3. 입 · 출력 장치

1) I/O 장치(입출력 주변 장치)

컴퓨터를 이용하여 프로그램을 수행하려면 프로그램과 데이터를 외부의 키보드와 같은 입력 장치를 통하여 입력하고, 입력된 데이터는 MPU가 처리할 수 있도록 주기억장치에 기억된다. MPU에 의해 처리된 결과들은 모니터나 프린터와 같은 출력 장치를 통하여 다양한 형태로 출력된다.

따라서 컴퓨터 시스템에서 입력 장치가 입력 매체에 나타낸 입력 데이터를 판독하는 방법과 출력 장치가 데이터를 출력 매체에 나타내는 방법은 I/O의 종류에 따라 다양하며, 입력과 출력 장치를 입출력 주변 장치라고 한다.

2) I/O 접속 방법

I/O들은 고속으로 동작하는 MPU나 주기억 장치에 비해 동작 속도가 매우 느리고 낮은 전송률을 갖고 있기 때문에 시스템 버스나 입출력 인터페이스를 통하여 MPU와 간접적으로 연결되며, 이들 동작은 I/O 전용 제어기에 의해 제어를 받는다.

- 입력장치 : 컴퓨터 외부에 존재하는 정보를 컴퓨터가 이해할 수 있는 코드 형태로 변환하는 장치를 의미한다.
- 출력장치 : 컴퓨터 내부에 존재하는 정보를 사람이 사용하는 언어나 또는 컴퓨터에 연결되어 있는 다른 기계가 사용하는 신호로 변환하는 장치이다.

3) 입력 장치

컴퓨터는 사용자로부터 프로그램과 자료를 입력하여 프로그램에 따라 자료를 처리하는 기계이므로 사용자가 입력하는 프로그램과 자료를 입력하기 위해서 컴퓨터가 인식할 수 있는 형태로 변환하는 장치를 입력장치라 하고 사용자에 의해 컴퓨터에 입력하기 위하여 사용하는 장치들을 통칭한다.

초창기의 컴퓨터에서는 천공카드나 천공 테이프를 이용하여 입력 장치들은 카드나 종이 테이프에 구멍이 몇 개나 어느 위치에 뚫려 있는가를 해독하고 이를 전기 신호를 바꾸어 컴퓨터에 자료를 입력 전달하였다.

(1) 기본 입력장치

키보드는 자판 위에 알파벳이나 한글 자모음 등의 문자 각각에 해당되는 키를 누르면 이에 대응되는 전기 신호가 컴퓨터로 전달된다.

마우스는 손으로 잡고 테이블 위에서 움직임으로서 화면상에서 커서가 움직이고 물체를 선택할 수 있게 해주는 입력 장치이다.

(2) 입력 장치의 유형

컴퓨터에 입력되는 유형에 따라 크게 직접 입력 장치, 인식 입력 장치, 그리고 자기 테이프, 자기 디스크, 플로피 디스크 등의 기록 매체를 이용하여 입력되는 장치 등으로 구분할 수 있다.

- 직접 입력 장치 : 사용자의 수작업에 의해 입력하는 키보드, 마우스, 스캐너, 디지타이징 태블릿, 계수기, 라이트-펜, 조이스틱, 트랙-볼 등이 있다.
- 인식 입력 장치 : 카드 상의 수서, 또는 인쇄된 문자나 마크를 직접 해독하여 데이터를 입력하는 장치이다.
- 기록매체 입력 : 디스크, CD, USB 메모리 등의 기업입력 장치이다.
- 멀티미디어 입력장치
  - 화상 입력 장치 : 스캐너, 디지털 카메라
  - 음성 입력 장치 : 마이크
  - 동영상 입력 장치 : 캠코더
  - 위치 입력 장치 : 디지타이저, 터치스크린 등

(3) 입력 장치의 종류

키보드

문자 환경 입력 장치로 모니터와 사용자와 사이에서 가장 대화적인 컴퓨터 환경을 형성하는 키보드는 컴퓨터에서 사용자가 명령어나 데이터를 입력할 수 있도록 타자기 모양의 타자 입력 장치이다. 키보드는 손가락 압력을 감지 센서들로 이루어져 있고 입력 원리는 영문 알파벳, 숫자, 한글자모 등의 문자에 해당하는 자판위의 키를 손가락으로 누르면 문자에 대응되는 전기 신호가 발생하여 컴퓨터로 전달된다.

그림 4-16_ 키보드

⏻ 키보드 구성키

응용 프로그램에서 특별한 기능을 위해 사용하는 기능키, 명령어나 데이터를 입력하기 위한 일반적인 키, 커서나 숫자를 위한 뉴메릭 키등으로 구성되어 있다. 키 수는 노트북용은 85키, 데스크탑용 106키 전후에서 사용하고 있다. 키보드는 타이프라이터와 같은 형태와 기능을 갖고 있다. 다른 점은 타이프 라이터의 입력은 곧바로 종이 위에 인쇄되지만 키보드의 입력은 그 입력에 해당하는 이진 형태로 변화되어 입출력 포트를 통해서 컴퓨터에 전송된다는 점과 여러 개의 기능키를 추가적으로 내장하고 있다는 것이다. 기능키들은 응용프로그램에서는 특정한 기능을 수행하기 위해 정의하여 사용할 수 있다.

⏻ 키보드의 종류

키패트의 촉감이 중요하며, 사용자의 취향에 따라 하드 클릭 형태의 메카니컬 키보드나 소프트 터치 키보드는 캐패시터 키보드를 선택할 수 있다.

마우스

키보드와 함께 널리 사용되는 GUI 환경에서 입력 장치로 사용되며 쥐(Mouse)와 같이 생긴 입력장치를 손으로 잡고 움직이면 화면상 커서가 움직이고 버튼을 누름으로써 아이콘이나 메뉴를 선택할 수 있는 입력장치로 사용자가 마우스를 이동시키면 이동한 방향과 거리가 마우스 구동기에 의해서 계산되어 프로그램의 커서나 화살표가 대응하여 이동한다.

마우스는 윈도우 운용체제의 GUI 환경의 인터페이스로 값이 싸고 효율적인 대화형 입력장치로 각광받고 있다.

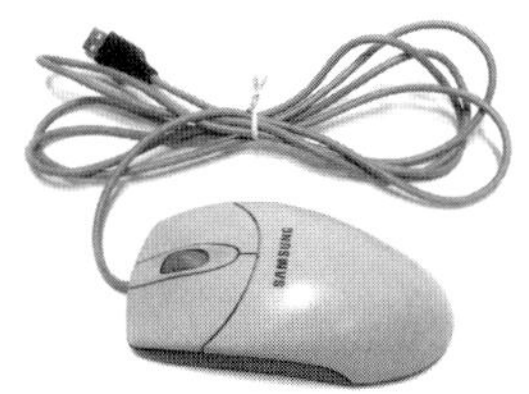

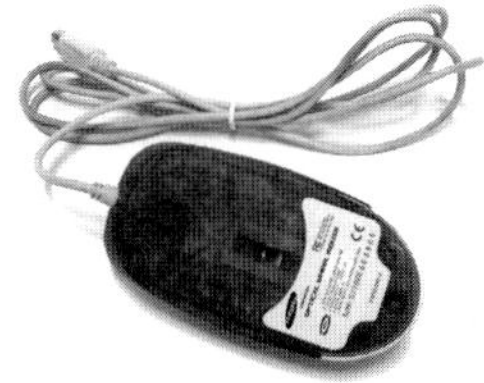

그림 4-17_ 마우스(볼마우스, 광마우스)

마우스의 종류

입력방식에 따라 볼마우스, 광마우스가 있고, 접속 포트에 따라, MS, PS/2, COM, USB가 있으며, 통신 방법에 따라 시리얼 마우스, 버튼 마우스, 무선 마우스 등이 있다. 선택을 위한 기능 버튼은 2버튼 또는 3버튼에 스크롤용 휠이나 Forward와 back용 좌우버튼을 추가한 형태로 편리하게 설계되고 있다.

- 볼바우스

작은 볼의 움직임에 기초하여 기계적으로 설계되었다. 마우스 내부의 스위치는 볼의 움직임을 감지하고 볼의 회전 방향을 컴퓨터에 전달한다. 볼은 어떤 방향으로든지 회전이 가능하지만, 단지 4방향의 움직임만을 감지할 수 있다.

- 광마우스

볼마우스와 같이 볼을 회전시키는 것이 아니라 특별한 어떤 패턴을 가진 마우스 패드 위에서 움직임을 감지하기 위하여 광선을 이용하여 움직임을 감지하기 위해 발광 다이오드와 광 감지기를 이용한다.

- 시리얼 마우스

표준 RS-232C의 시리얼포트를 통해 호스트 컴퓨터에 연결된다. 이 마우스는 자신의 움직임에 대한 코드를 호스트 컴퓨터에 전송한다. 마우스를 동작시키는 드라이버 소프트웨어는 마우스의 이동코드가 발생될 때마다 인터럽트를 걸어 마우스에게 우선순위를 넘겨주면 드라이버는 제어 상태에 있는 소프트웨어로 마우스 코드를 전송한다.

- 버스 마우스

애드온 카드(ADD-On Card)형태의 마우스용 접속기를 사용하여 호스트 컴퓨터에 접속되며 독립된 자신의 포트를 이용한다.

• 트랙볼(Track Ball)

조이스틱의 레버 대신에 틀에 고정된 구상의 볼은 손으로 돌림으로써 커서나 화살표 마크를 이동시키는 입력장치이다. 기능은 마우스와 동일하나 단점을 보완하여 작은 작업 공간에서 사용하기 위해 만들어졌다. 또한 팔의 이동이 불편한 위치에 있거나 그런 장애를 가진 사람을 위해 개발되었다. 키보드 앞부분이나 옆에 설치되어 있다.

조이스틱

라이트 펜처럼 모니터와 같이 사용하는데, 컴퓨터 게임 등에서 레버를 임의의 방향으로 기울임으로써 모니터상의 좌표 마크를 원하는 위치로 움직이게 하는 입력장치이다. 사용자는 마크를 이동시킨 후 스위치를 누름으로써 그 좌표 값의 입력이 가능하다. 조이스틱은 손잡이로 조작하므로 라이트 펜에 비하여 장시간 사용한 경우에도 피로감이 적다. 주로 컴퓨터 게임 장치로서 자동차의 변속 장치의 손잡이 모양의 스틱을 움직임으로서 화면 위에서 좌표를 이동시키고 행동을 제어할 수 있다.

그림 4-18_ 조이스틱

스캐너

그림, 사진, 서류 등과 같은 2차원 입력 장치이며 종이에 인쇄되어 있는 자료를 컴퓨터 시스템으로 입력하는 데 사용된다. 스캐너는 모든 형태의 인쇄 자료를 2진화하여 컴퓨터에 입력시킨다. 그리고 그 자료는 특정한 소프트웨어를 이용하여 편집과 출력을 할 수 있다.

그림 4-19_ 스캐너

라이트팬

펜을 이용하여 모니터 위에 그려진 그림이나 도형을 컴퓨터에 입력하는 입력장치이다. 정보의 입력 수단으로서 CRT 모니터와 조합하여 쓰여지는 펜 모양의 광 검출장치로서 빛을 전기 신호로 바꾸는 광전지나 사진 트랜지스터, 증폭기 등으로 구성되어 있다.

터치스크린

손가락을 어떤 기계 장치의 사용없이 직접 스크린에 접촉시키는 방법으로 입력을 받는 장치이다. 화면의 일부에 손을 댐으로써 화면을 마치 키보드나 제어 패널처럼 입력할 수 있게 하는 장치이다.

디지타이징 태블릿

대화형 그래픽에서 사용되는 입력 장치의 일종으로서, 탐침이나 핸드커서가 태블릿 위를 움직임에 따라 그 위치가 컴퓨터에 전달되는 입력장치이다. 이 장치는 평평한 판상의 장치 위에 실제 도형을 두고, 그 위치를 특수한 펜으로 도형 요소를 지시하고, 위치 정보를 컴퓨터에 입력하는 데 이용된다.

디지타이저

지도와 같이 상대적 위치가 중요한 자료에서 사용되는 디지타이저는 평면 위의 임의의 점을 좌표로 나타내 주는 장치이다. 디지타이징 태블릿과 원리가 같으나 위치 정보를 높여서 지도 그래프 등 복잡한 도형의 계수로 입력 가능하게 한 것이다.

4) 출력 장치

컴퓨터에서는 입력장치로부터 처리할 자료와 명령어에 의해 명령대로 자료를 처리하고 결과를 생성하고 사용자가 알아볼 수 있는 형태로 변환해 주는 장치를 출력 장치라고 한다.

자료를 화면에 표시하는 디스플레이 장치, 종이에 표시하는 프린터, 시각적 출력 외에도 음악이나 음성 등을 출력하는 청각적 출력 장치 등이 있다. 또한 출력 결과를 컴퓨터에 저장할 필요가 있을 때에는 디스크나 테이프 등의 보조기억장치가 출력 장치로도 사용된다.

(1) 디스플레이 장치

컴퓨터 환경에서 자료를 화면에 표시하는 대표적인 출력 장치로 이용된다. 이러한 디스플레이 장치에는 CRT 모니터, 액정 디스플레이(LCD), 전자 발광 디스플레이, 플라즈마 디스플레이 등이 있다.

그림 4-20_ 디스플레이 장치

CRT

CRT의 전자총에서 발사된 전자가 형광막에 충돌해서 발광하는 현상을 이용한 화면 표시 장치로써 전자의 충돌 위치는 편향 코일에 의해 주어지는 자계의 강도에 의해 결정되며, 전자의 흐름을 ON/OFF함으로써 정보를 화면에 표시한다. CRT 모니터는 크키가 커서 공간을 많이 차지하고, 무서워 이동이 어려우며 전력 소비가 많다는 단점이 있다.

액정디스플래이(LCD, Liquid Crystal Display)

두 개의 유리판 사이에 액정을 답고 이곳에 전압을 가하게 되면 액정의 분자 배열 방향이 달라져서 빛의 통과율이 변하는 성질을 이용하여 정보를 표시한다. 액정 자체에서 빛을 발생하는 게 아니라 밝은 곳에서는 잘 보인다. 액정 패널의 후면에 위치한 반사판이 빛을 반사할 때 나타나는 액정 상태에 따라 명암을 구별한다.

전자발광 디스플레이(ELD, Electroluminescent display)

유리 필름 사이에 끼워져 있는 발광 형광체에 전기장을 인가하여 발광 시켜 화면에 표시한다. 장점은 화면에 선명하게 밝고 날카로우며 대비가 뛰어나고 또한 이미지의 디스플레이가 빠르더, 단점은 LCD에 비해 가격이 비싸고 많은 전력을 소비하지만 플라즈마 디스플레이보다는 적은 전력을 소비한다.

플라즈마 디스플레이

박막의 유리판 사이에 플라즈마 혹은 네온 아르곤 가스를 채우고, 외부로부터의 전원이 인가되면 발생하는 플라즈마 현상을 이용하여 화면 장치로서 화면의 두께가 얇기 때문에 휴대용 화면 장치로 사용되고 있으나 전력 소모가 많다.

(2) 프린터

컴퓨터에서 만든 여러 가지 다양한 텍스트와 이미지를 종이나 옷감, 필름 등 기록매체에 인쇄하는 출력장치를 말한다.

프린트 인쇄 방식

충격식 프린터

종이 같은 인쇄 매체 표면을 핀 또는 자형으로 물리적인 힘을 가하여 인쇄하는 방식으로, 종이와 프린터 헤드 사이에 잉크가 묻은 리본이 있어 충격을 가한 부분에 색을 입힌다. 충격식 프린터에는 pin dot-matrix 프린터, daisy-wheel 프린터, line 프린터, 점자 프린터 등이 있다.

충격식 프린터는 복사용 카본 페이퍼(carbon paper)를 이용하여 동시에 여러 장의 종이를 인쇄할 수 있고 유지비가 가장 저렴하게 드는 장점이 있는 반면, 속도가 느리고 소음이 매우 큰 것이 단점이다. 충격식 프린터는 현재 업무용에 주로 쓰이며 일반사용자는 거의 사용하지 않는다.

비충격식 프린터

비충격식 프린터란 인쇄할 매체에 물리적인 충격을 주지 않고 인쇄하는 방식이다. 충격식 이외의 프린터를 모두 비충격식 프린터라고 할 수 있다. 비충격식 프린터의 종류에는 잉크젯(ink-jet) 프린터, 레이저(laser) 프린터, 열전사(thermal) 프린터 등이 있다.

비충격식 프린터는 충격식에 비하여 인쇄 속도가 빠르고 인쇄 품질이 우수하며 소음이 적을 뿐 아니라 천연색 인쇄도 가능하다는 장점이 있는 반면, 유지비가 많이 든다는 단점이 있다.

프린터 종류

- 레이저 프린터(Laser beam printer) : 레이저 빔에 의한 토너를 장착하여 토너 이미지를 옮겨가며 가열하여 고착시키는 방식으로 인쇄한다. 프린터 종류 중에서 인쇄 속도가 가장 빠르고 인쇄 품질이 가장 우수하며 장기간 보존하여도 변색 또는 탈색되는 일이 없지만, 다른 프린터에 비해 고가이고 크기가 큰 편이다.
- 잉크젯 프린터 : 카트리지에 잉크가 담겨 있고, 노즐을 통하여 분사하여 종이에 잉크를 부착시켜 인쇄하는 방식이다. 잉크의 종류에 따라 흑백 잉크젯 프린터, 컬러 잉크젯 프린터가 있다. 충격식 프린터보다 속도가 빠르고 조용하지만, 잉크가 종이에 흡착하는 과정에서 번질 수 있고, 인쇄물을 장기간 보존할 때 잉크가 변색할 수 있다.
- 도트매트릭스 프린터(Dot matrix printer) : 프린터 헤드에 있는 핀이 좌우로 움직이면서 용지를 때려 문자나 이미지를 찍어내어 인쇄하는 방식이다.

(3) 스피커

스피커란 전기적 진동을 물체에 진동으로 변화시켜 즉, 우리가 들을 수 있는 소리로 변환시켜주는 장치이다. 공기를 진동시켜 줌으로써 음파가 발생하고 그것을 우리 귀에 들리게 해 주는 것이다.

그림 4-21_ 스피커

4. 기타 장치

1) 메인보드

대부분 사람들은 "컴퓨터를 구성하고 있는 것 중에 중요한 것이 무엇일까?" 라고 물으면 CUP와 그래픽카드, 하드디스크 등을 언급한다. 메인보드는 그 중요성에 비해 많은 사람들이 간과하지 못하고 있다. 메인보드(mainboard)는 말 그대로 컴퓨터를 이루고 있는 주기판을 뜻한다. 즉, 컴퓨터를 구성하고 있는 모든 기본회로와 부품들을 장착하는 가장 기본적이고 물리적인 하드웨어이다. 모체라는 의미로 마더보드(Motherboard)라고 부르기도 한다.

CPU나 그래픽카드, 하드디스크 등이 PC의 성능을 좌우하는 하드웨어라고 한다면 메인보드는 이들 구성품 간의 호환성이나 차후 기능 확장의 범위를 정하며, 궁극적으로는 PC 전반의 안정적인 동작 여부를 좌우하는 요소라 할 수 있다.

그림 4-22_ 메인보드의 구조

2) 사운드카드(Sound Card)

컴퓨터가 게임, 영화, 음악 등을 즐기기 위한 종합 멀티미디어 기기로 거듭나면서, 멀티미디어의 활용도를 높이기 위해 음향 출력 기능이 필수가 되었다. PC의 음향 기능 향상을 바라는 소비자들의 요구에 따라 고음질의 소리를 출력하기 위한 개발을 시작하였고, 그 결과가 사운드카드(Sound Card)이다.

사운드 카드는 그래픽 카드나 랜카드처럼 메인보드의 확장 슬롯에 꽂아 사용하는 형태고 소리와 관련된 기능을 처리한다. 스피커를 통해 소리를 출력하고 마이크를 통하여 음성을 입력하는 역할을 사운드카드에서 담당하는 것이다.

현재는 사운드카드 기능을 내장한 메인보드가 보급 되면서 일반적인 사운드 카드는 거의 사장되었고, 일부 매니아들을 위한 고급형 사운드 카드만 명맥을 유지하고 있다.

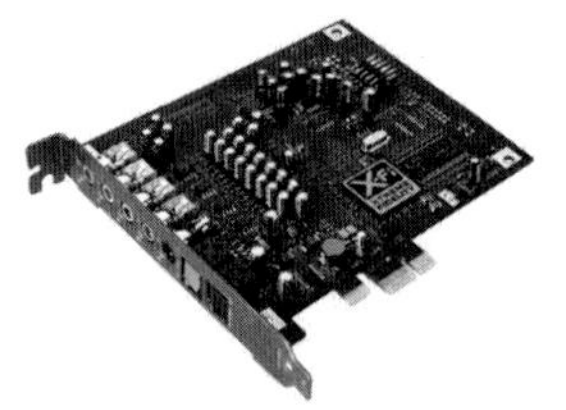

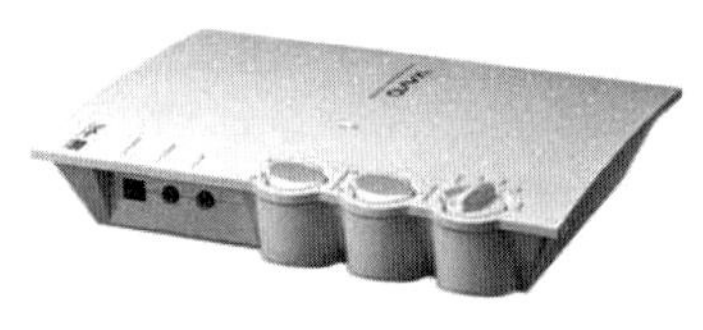

그림 4-23_ 사운드 카드(일반 컴퓨터용, 노트북용, 외장형)

3) 그래픽 카드

그래픽카드(Display Card)는 컴퓨터에서 처리한 데이터를 사용자가 인식할 수 있는 영상신호로 변환하여 디스플레이 장치를 통해 출력해주는 역할을 하는 하드웨어로 비디오 어댑터라고도 한다.

그래픽카드의 기본적인 구조는 기판 위에 GPU(Graphics Processing Unit)와 비디오 메모리(Video RAM), 그리고 메인보드에 장착하기 위한 접속 슬롯 및 모니터와 연결하는 출력부 등이 조합된 것이다. 그리고 제품에 따라서는 GPU와 비디오메모리의 열을 식히는 쿨러(cooler, 냉각팬이나 방열판이라고도 함)나 보조 전원을 공급받기 위해 케이블을 꽂는 포트가 있는 경우도 있다.

그래픽카드도 메인보드에 따라 그래픽카드 기능을 메인보드에 내장시켜 나오는 경우도 있다. 이러한 메인보드를 사용하면 그래픽카드를 따로 사용하지 않아도 출력이 가능하다. 이런 내장형 그래픽카드는 비용이 적게 든다는 장점이 있지만, 메인보드에 장착된 메인메모리(RAM)을 내장된 그래픽카드가 일부 점유하고 사용하므로, 별도의 그래픽카드를 사용하는 것보다 성능이 떨어진다.

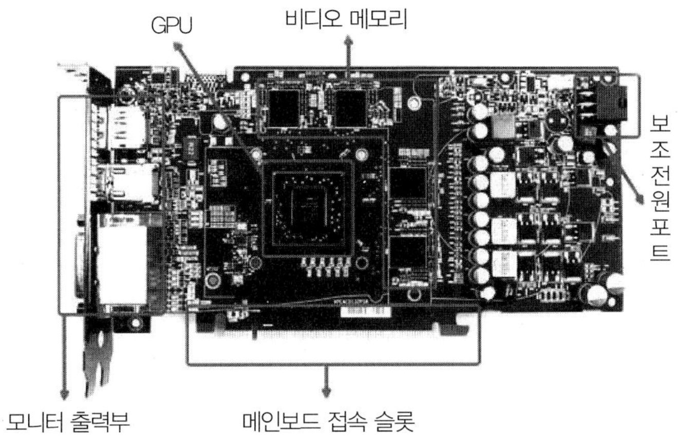

그림 4-24_ 그래픽카드 구조

CHAPTER

05 소프트웨어

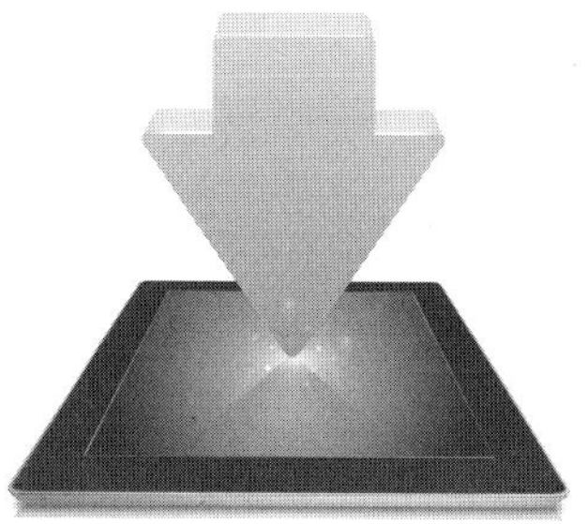

1. 소프트웨어의 개념
2. 소프트웨어의 분류
3. 시스템 소프트웨어
4. 응용 소프트웨어
5. 프로그래밍
6. 소프트웨어 개발

CHAPTER
05_ 소프트웨어

1. 소프트웨어의 개념

소프트웨어(Software)는 하드웨어(Hardware)의 반대말로, 하드웨어처럼 눈에 보이는 물리적인 형태가 없기 때문에 소프트웨어라고 불리게 되었다. 오늘날 소프트웨어는 명령어(Instruction)의 집합이고, 컴퓨터와 컴퓨터에 관련된 하드웨어 장치들을 효과적으로 제어(Control)하기 위한 프로그램들과 그 프로그램들을 사용하기 위한 문서들을 말한다.

컴퓨터 초창기에는 하드웨어를 동작시키기 위해 사람들이 기계 속을 돌아다니면서 수만개의 스위치를 끄거나 켜면서 0(Off)과 1(On)로 된 명령을 입력해야 했다. 예를 들어 "1 + 1" 이라는 계산을 하기 위해 1이 000001이고, +가 101000이라 한다면, 스위치를 이용하여 000001 101000 000001을 입력해야 했다. 소프트웨어는 000001 101000 000001 이라는 것을 저장해 두었다가 실행 시킴으로써, "1 + 1" 이라는 연산을 하게 하는 것이다. 즉, 소프트웨어는 명령어의 집합으로, 명령을 입력하는 스위치와 동일하게 볼 수 있다. 결국 소프트웨어는 0과 1의 무수한 나열인 것이다.

2. 소프트웨어의 분류

소프트웨어는 일반적으로 역할에 따라 '시스템소프트웨어'와 '응용소프트웨어'로 나뉘며, 그 외에 개발 목적에 따라, 구매 방법에 따라 나눠 질 수 있다.

1) 역할에 따른 분류

(1) 시스템소프트웨어

시스템소프트웨어(System Software)는 응용소프트웨어를 지원해주는 프로그램으로 인간의 자율 신경계와 비슷한 역할을 한다. 자세한 설명은 5.3 절에서 다루도록 하겠다.

(2) 응용 소프트웨어

응용 소프트웨어(Application Software)는 사용자의 요구에 맞추어 문제를 해결해주는 프로그램이다. 자세한 설명은 5.4절에서 다루도록 하겠다.

2) 개발 목적에 따른 분류

(1) 상용 소프트웨어

상용소프트웨어(Commercial Software)란 소프트웨어 개발자가 일반적인 목적이나 특정한 목적을 위해 개발하여, 하나의 상품으로 출시하는 소프트웨어이다. 워드프로세스, 엑셀, 메신저 등이 대표적이며, 대부분의 소프트웨어가 상용 소프트웨어에 속한다.

(2) 주문형 소프트웨어

주문형 소프트웨어(Customized Software)는 어떤 조직이나 기관에서 자신들이 필요로 하는 기능을 전문 프로그래머나 소프트웨어 회사를 통해 자체적으로 개발하는 소프트웨어이다. 회사 내에서 회계관리, 인사관리, 재무관리 등을 위한 특정 목적을 위해 고안되고 개발된 소프트웨어이다.

3) 구매 방법에 따른 분류

인터넷이 보급되면서, 소프트웨어 공급자와 수요자가 다양해졌고, 이에 소프트웨어를 취득하는 방법도 다양해졌다. 소프트웨어를 판매하는 전문 상점이나, 인터넷 쇼핑몰 등을 통해 정상적인 방법으로 구매하여 취득할 수도 있고, 공급자가 무료로 배포한 것을 다운 받아 사용할 수도 있다. 소프트웨어의 구입은 소프트웨어의 소유권을 가지는 것이 아닌 소프트웨어를 사용할 수 있는 권한을 구입하는 것이기 때문에 다른 사람에게 팔거나 빌려 줄 수 없다.

(1) 셰어웨어

셰어웨어(Shareware)는 인터넷을 통해 공급되는 소프트웨어로, 사용자들에게 소프트웨어를 얼마동안 시험으로 사용하게 한 후, 기간이 지나면 구매하도록 하는 소프트웨어이다. 소프트웨어 사용을 위한 값을 지불하면, 소프트웨어 사용자로 등록되어 지속적으로 지원받을 수 있게 된다.

(2) 라이트웨어

라이트웨어(Liteware)는 셰어웨어와 비슷한 형태이지만, 일정 기간이 모든 기능을 사용할 수 있는 것이 아닌 일정기간 동안 중요한 기능만 사용할 수 있도록 하는 시험 판 소프트웨어이다. 모든 기능을 이용하기 위해서는 값을 지불하고 Full Package 프로그램을 주문해야 한다.

(3) 프리웨어

프리웨어(Freeware)는 라이선스(license) 요금 없이 무료로 배포되는 소프트웨어이다. 사용 대금을 지불할 필요는 없지만, 영리 목적으로 배포할 수 없다. 즉 개인 사용자는 개인적인 목적으로 사용할 때에는 무료로 사용할 수 있으나, 기업이나 개인이 상업적인 목적으로 사용할 때에는 사용할 수 없다. 대표적인 소프트웨어로는 V3나, 알약 같이 개인사용자에게는 무료로 배포하지만, 기업의 경우 정당한 가격을 지불하고 사용하는 소프트웨어들이 있다.

(4) 공동 도메인 소프트웨어

공동 도메인 소프트웨어(Public Domain software)는 소프트웨어 개발자가 소프트웨어에 대한 모든 권리를 명시적으로 포기하여, 누구나 제약 조건 없이 무료로 사용하고 배포할 수 있도록 소스코드와 함께 공개한 소프트웨어이다. 이 프로그램은 상업적으로 판매하는 것은 금지되어 있으며, 소프트웨어 수행 중에 발생하는 오류에 대해 개발자에게 책임을 물을 수 없다.

(5) 공개 소스 소프트웨어

공개 소스 소프트웨어(Open Source software)는 일반인에게 프로그램 소스가 무료로 공개되어 사용자가 소스를 업데이트하여 기능과 성능을 향상 시킬 수 있다. 즉, 프로그램 개발자나 회사에서 몇몇이 만드는 것이 아니라 전 세계의 모든 프로그래머들이 공동으로 개발해 가는 프로그램으로, 모든 사람이 사용할 수 있도록 OSI(Open Source Initiative)가 주도해 가는 프로그램이다. 대표적인 프로그램으로 유닉스(UNIX)와 리눅스(Linux), 파이어폭스(Fire Fox)가 있다.

3. 시스템 소프트웨어

1) 시스템 소프트웨어 개념 및 종류

(1) 시스템 소프트웨어의 개념

시스템 소프트웨어(System Software)란 일반적으로 하드웨어나 시스템의 중심이 되어 컴퓨터 시스템을 운영하는 소프트웨어이다. 하드웨어 요소들을 직접 제어하고 통합 관리 하는 역할을 한다. 예를 들어 메모리에서 보조기억장치로 데이터를 전송한다던가, 특정 문자열을 모니터로 출력하는 등의 작업을 한다.

시스템 소프트웨어에는 운영체제, 언어처리기, 라이브러리 프로그램, 장치드라이버, 유틸리티 프로그램 등이 존재한다.

(2) 시스템 소프트웨어의 종류

운영체제(Operating System)

컴퓨터의 하드웨어와 소프트웨어의 자원을 관리하고, 효과적으로 운용하기 위한 소프트웨어로서 컴퓨터의 하드웨어와 사용자사이에 인터페이스 역할을 한다.

언어 처리기(Language Processor)

사람이 사용하는 언어로 작성된 프로그램을 기계어가 알 수 있는 언어로 변경해 주는 역할을 하는 프로그램으로, 컴파일러(Compiler)와 어셈블러(assembler), 링커(Linker), 로더(Loader) 등이 있다.

라이브러리 프로그램(Library Program)

컴퓨터 프로그래밍과 소프트웨어를 효과적으로 활용하기 위해 프로그램 일부를 향후 프로그래밍 등에 활용할 수 있도록 조직적으로 구성해 놓은 것이다.

장치드라이버(Device Driver)

컴퓨터에 부착된 장치를 제어하기 위한 소프트웨어로, 운영체제의 명령을 장치들이 이해할 수 있는 명령어로 변경하여 실행시킨다.

유틸리티 프로그램(Utility Program)

컴퓨터를 보다 효과적으로 사용하기 위해 하드웨어, 운영체제, 응용 소프트웨어 등 다양한 분야에서 활용되는 소프트웨어이다. 예를 들어 디스크 조각모음, 화면 보호기, 압축, 백신 프로그램 등이 있다.

2) 운영체제의 개요 및 기능

운영체제 시스템(operating system)은 컴퓨터 시스템(computing system)의 성능을 최대로 발휘할 수 있도록 하여 데이터 처리의 생산성을 향상시키도록 통합된 프로그램의 집단이다.

컴퓨터 시스템은 일반적으로 크게 '사용자 측면'과 '하드웨어 측면'으로 볼 수 있기 때문에, 이 절에서는 운영체제의 기능을 '사용자 측면'과 '하드웨어 측면'으로 나누어 설명한다.

(1) 사용자 측면에서 본 운영체제의 기능

컴퓨터 사용자는 일을 수행하기 위하여 컴퓨터를 사용하는 사람이나 장치를 의미하며, 하드웨어 컴포넌트는 일을 수행하기 위해 기본적으로 자원을 제공하는 중앙처리장치, 메모리, 입출력 장치 등을 의미한다.

사용자 측면에서 운영체제는 사용자와 컴퓨터 하드웨어 컴포넌트 사이에 연결을 수행하는 징검다리 역할을 담당한다.

(2) 하드웨어 측면에서 본 운영체제의 기능

조정자 역할

운영체제는 시스템을 운영하여 하드웨어, 소프트웨어, 데이터를 적절하게 사용할 수 있도록 제어한다. 물론 운영체제는 다른 프로그램들이 작업을 수행할 수 있도록 환경만 제공할 뿐 조정자처럼 스스로 어떠한 일을 유용하게 해낼 수 있는 능력은 없다. 예를 들어, 워드프로세서의 역할을 수행하는 것이 아니라 워드프로세서가 제 기능을 발휘하도록 도와주는 역할을 하는 것이다.

자원 할당자 또는 관리자로서의 역할

운영체제는 각각의 애플리케이션이 실행하는데 필요한 자원인 프로세서 시간, 메모리 공간, 파일 저장공간, 입출력 장치 등을 할당해주기 때문에 자원 할당자로서 역할을 한다.

그런데 이들 자원들에 대해 서로 충돌을 일으킬 수 있기 때문에 운영체제는 어느 요구에 대해 어떤 자원을 어떻게 할당해 줄 것인지 스케줄링하기 때문에 관리자로서의 역할을 수행한다.

입출력 장치와 사용자 프로그램 제어

운영체제는 컴퓨터의 부적절한 사용 및 오류를 방지하기 위해 사용자 프로그램의 수행을 제어하며 특히 입출력 장치를 동작하고 통제하는 보조 역할을 수행한다. 이러한 역할 때문에 운영체제를 제어 프로그램으로 분류 하게 한다.

3) 운영체제의 목적

운영체제는 하드웨어의 효율적으로 관리 하고, 제어 기능 및 연산 기능 등 시스템을 향상시키며, 사용자에게 편리한 컴퓨팅 환경을 제공하기 위한 목적으로 50년 동안 발전되어 왔다.

(1) 사용자에게 편리한 컴퓨팅 환경 제공

운영체제는 컴퓨터를 좀 더 편리하고 효율적으로 사용하게 해 준다. 대표적인 예로, GUI 환경은 사용자가 컴퓨터를 쉽게 이해하고 명령할 수 있도록 제공해 준다. 최근에는 멀티터치, 3D 인터페이스 등과 같이 더 쉽고 편리한 인터페이스가 개발 되고 있다.

(2) 시스템의 성능 향상

자원 관리 기능 향상

컴퓨터 시스템의 하드웨어나 소프트웨어처럼 제한된 컴퓨터 자원을 여러 사용자 또는 프로세스에게 효율적으로 할당, 관리, 보호하는 기능을 제공함으로써, 컴퓨터의 처리 능력을 향상 시킨다.

제어 관리 기능

운영체제 제어 프로그램으로써 하드웨어나 소프트웨어의 오류나 잘못된 사용을 감시하고, 입출력 장치 등을 제어함으로써, 신뢰도를 향상 시킨다.

응답시간 단축

응답시간은 사용자가 시스템에 작업을 의뢰한 시점부터 작업에 대한 결과를 얻을 때까지의 시간으로, 시스템을 사용자나 프로그램으로부터 받은 작업들을 언제 어떻게 CPU에 할당 할 것인지 계산하여, CPU의 유휴시간을 줄임으로써, 최대한 효율적인 응답시간을 갖도록 한다.

4) 운영체제의 유형

운영체제는 운영체제의 발전 과정과 사용용도, 응답시간, 데이터 입력 방식에 따라 다음과 같이 구분할 수 있다.

(1) 일괄 처리 시스템(1950년대)

일괄 처리 시스템(batch processing system)은 1950년대에 사용한 초기 운영체제의 형태로 여러 개의 단일작업을 일정시간 동안 모아두었다가 일괄적으로 처리하는 시스템이다. 보조기억장치의 속도가 느려 작업하는데 시간이 많이 걸리며, 작업을 한번 실행하면 그 작업이 끝날 때까지 다른 작업을 하지 못한다는 단점이 있다. 이를 보완하기 위해 모니터링(monitoring), 버퍼링(buffering), 스풀링(spooling) 등 여러 가지 방법이 개발되었으며, 이것들은 아직도 운영체제에 중요한 개념들로 자리 잡고 있다. 일괄 처리 시스템은 오늘날 거의 사용하고 있지 않은 시스템이다.

(2) 다중 프로그래밍 시스템(1960년대)

1960년에 들어서 일괄 처리 방식이 CPU를 비효율적으로 사용하고 있다는 것을 착안해 이를 개선하여 발전시켰는데 이것이 다중 프로그래밍 시스템(multi-programming system)이다. 여러 개의 프로그램을 동시에 처리할 수 있다는 의미로 이 방식은 CPU 유휴시간에 다른 프로세스를 처리하여, 입출력 장치와의 속도차이를 해소시켰다.

실제 CPU에서는 한 개의 프로그램만 실행되며, 나머지 다른 프로그램 입출력을 수행하거나 대기상태가 되는 것이다. 메모리에 여러 프로세스를 수용해야 하기 때문에 메모리 관리가 복잡하고, 대기 중인 프로세스들의 순서를 정해야 하기 때문에 스케줄링을 해야 한다는 단점이 있다.

(3) 실시간 처리 시스템(1960년대)

일괄처리 시스템과 다중 프로그래밍 시스템 모두 사용자가 시스템에 명령을 내리면, 시스템이 이를 바로 실행할 수 있는 형태가 아니었다. 즉, 운영체제에 특정한 작업을 동작시키면 끝날 때까지 다른 명령에 대해서는 아무것도 못하는 시스템이다.

실시간 처리 시스템(real-time processing system)은 전쟁을 할 때 적의 공중에서 공격하는 것을 대비하여 동시에 수천 지점을 감시하기 위해 개발되었으며, 데이터가 발생한 시점에서 필요한 계산 처리를 즉석에서 처리하여 그 결과를 데이터가 발생한 곳으로 즉시 되돌려 보내는 특징이 있다. 즉 자동 응답을 제공한다는 것이다. 실시간 처리 시스템은 즉시 계산 처리하기 위해 프로세스를 실행한 후 다음 프로세스에 대한 대기와 실행 등을 제어할 수 있다. 이 시스템은 공정 제어 기계나 의료기 시스템에 사용되고 있다.

(4) 시분할 처리 시스템(1960년대)

시분할 처리 시스템(time-sharing system)은 다중 프로그래밍 시스템을 논리적으로 확장시킨 것이다. 시분할 시스템은 시간을 작게 나누어서 프로세스들을 할당하는 것으로 다중 사용자나 여러 작업을 하나의 컴퓨터에서 할 수 있게 된 것이다. 우리가 현재 가장 일반적으로 사용하고 있는 운영체제와 비슷하다.

(5) 분산 처리 시스템(1980년대)

분산 처리 시스템(distributed data processing system)은 하나의 컴퓨터에서 수행하던 기능을 여러 개의 분산된 컴퓨터에 분담시킨 후, 네트워크를 연결하여 서로 통신하면서 동시에 일을 처리하도록 하는 방식이다.

(6) 다중 처리 시스템(1990년대)

다중 처리 시스템(multi-processing system)은 여러 개의 CPU로 구성된 하나의 컴퓨터에서 여러 개의 작업을 처리하는 방식으로 신뢰성과 처리 능력을 증대시킬 수 있다는 특징을 가지고 있다. 대표적인 시스템으로 리눅스가 있는데, 각각의 CPU가 유휴시간이 없이 항상 실행중인 프로세스를 갖도록 하여 CPU의 활용을 극대화 한 것이다. CPU보다 실행되어야할 프로세스가 많은 경우, CPU를 할당 받은 프로세스 외에 나머지 프로세스들은 대기 상태가 된다.

5) 운영체제의 종류

(1) 개인용 컴퓨터에서 사용되는 운영체제

유닉스(UNIX)

1970년대에 벨 연구소에서 개발되었으며 제품을 판매하는 대신 소스 코드를 공개하고 변경할 수 있도록 함으로 대학이나 연구소 등에서 교육용과 연구용으로 널리 사용되었다. UNIX는 슈퍼컴퓨터에서 개인용 컴퓨터까지 다양한 종류의 컴퓨터에서 작동 될 수 있으며 인터넷 서버 컴퓨터의 핵심으로 자리 잡고 있다. 유닉스와 유사한 리눅스라는 운영체제도 무료 또는 저렴한 가격으로 구입할 수 있어 많이 사용되고 있다.

윈도우(window)

국내에서 개인용 컴퓨터에서 가장 많은 사용자층을 확보하고 있는 운영체제로 DOS 운영체제에서 꾸준하게 업그레이드되면서 상당한 시스템의 안정성을 이루어져 가고 있다.

매킨토시 운영체제(Mac)

매킨토시 운영체제는 매킨토시 컴퓨터와 호환되는 하드웨어에서만 동작한다는 단점에도 불구하고 강력한 기능의 소프트웨어와 디자인, 사용법, 스마트 기기와의 연계를 통한 일관된 통합 환경 구축 등의 장점으로 인해 꾸준히 사용하고 있다.

(2) 스마트폰 등 휴대용 기기의 운영체제

구글 안드로이드

구글에서 제작한 안드로이드(Android)는 휴대용 기기(스마트폰, 태블릿 등)를 위한 운영체제와 미들웨어, 사용자 인터페이스, 표준 응용 프로그램을 포함하고 있는 소프트웨어 스택이자 모바일 운영체제이다. 표준 응용 프로그램은 기본적으로 웹 브라우저, 이메일 프로그램, 단문 메시지 서비스(SMS), 멀티미디어 메시지 서비스(MMS), 연락처 등을 포함하고 있기 때문에 휴대기기를 통해서 전화기능 뿐 아니라, 인터넷 기능을 이용할 수 있도록 지원한다. 안드로이드는 리눅스 커널 위에서 동작하며, 다양한 안드로이드 시스템 구성 요소에서 사용되는 C/C++ 라이브러리들을 포함하고 있다. 안드로이드는 기존 자바 가상 머신과는 다른 가상머신인 딜벅을 사용하며, 이를 통해 자바로 작성된 응용 프로그램을 실행할 수 있도록 되어 있다. 또한 이러한 응용 프로그램을 사고 팔수 있도록 구글 플레이 마켓을 제공하고 있다.

안드로이드는 OS의 프로젝트 명에 A,B,C,D 알파벳 순으로 디저트 이름을 붙여 놓는 것이 특징이다. 1.0 버전은 애플 파이(Apple Pie), 1.1은 바나나브레드(Bananabread), 1,5-컵케잌(Cupcake), 1.6-도넛(Donut), 2.1-에클레어(Eclair), 2.2-프로요(Froyo, Frozen), 2.3-진저브레드(Gingerbread), 3.0-허니콤(Honey Comb), 4.0-아이스크림 샌드위치(Icecream Sandwitch), 가장 최근에는 4.1-젤리빈(Jelly Bean)까지 나와 있다. 또 다른 안드로이드의 특징은 완전 개방형 플랫폼이기 때문에 리눅스나 유닉스처럼 소스코드를 모두 공개하고 있다는 것이다.

iOS

애플의 스마트폰인 아이폰과 아이팟 터치, 아이패드에 내장되어 있는 모바일 운영체제로써 Mac OS X 10.5를 기반으로 한다. IOS 운영체제는 4개의 추상화 계층을 가지고 있다. 코어 OS 계층, 코어 서비스 계층, 미디어 계층, 코코아 터치 계층, 개발 도구로는 오브젝트-C가 제공되고 있다.

모바일 윈도우

개인 컴퓨터에서 사용하던 윈도우를 스마트폰에 적용하기 위해 변경한 임베디드 모바일 운영체제 이다.

6) 운영체제의 구성

(1) 커 널

운영체제 시스템의 가장 중요한 부분으로써 부팅할 때 ROM에 로드되어 상주하며, 일반 사용자가 일반적으로 보거나 관여하지 못하는 시스템의 레벨 수준의 프로세스를 제어한다. 프로세스 생성과 종료, 메모리를 어떻게 관리할 것인지, I/O 장치를 통해 어떻게 정보를 주고 받을 것인지 등을 제어하는 운영체제 소프트웨어의 핵심 부분이다.

(2) 인터페이스

인터페이스는 서로 다른 두 시스템을 연결해준다는 의미로, 운영체제에서 인터페이스는 사용자와 프로그램 사이를 연결하여, 사용자가 직접 프로그램을 제어하고 사용할 수 있도록 하는 것을 말한다. 사용자 인터페이스는 아이콘과 바탕화면을 지닌 그래픽방식(GUI)나 명령 줄을 지닌 문자 기반 명령(CUI) 방식 등으로 나뉠 수 있다. 최근에는 체감형 또는 실감형 인터페이스의 출현으로 보다 자연스러운 인터페이스 제공이 주된 이슈가 되고 있다.

7) 컴퓨터 프로세스 관리

프로세스(Process)는 컴퓨터에서 실행중인 프로그램을 말한다. 즉, 운영체제에 의해서 운영되는 시스템 작업의 기본단위인 셈이다. 프로세스가 생성되면, 운영체제에 의해서 관리되고, 실행을 마치면 종료 된다.

멀티프로그래밍은 동시에 여러 개의 프로그램을 메모리에 가지고 있는 기법이다. 멀티프로그래밍 상황에서는 여러 개의 프로세스가 서로 충돌하지 않도록 운영체제가 메모리에 있는 프로세스들을 주의 갚게 관리해야 한다. 즉, 멀티프로그래밍 환경에서는 한순간에 여러 개의 프로세스가 동작할 수 있기 때문에 프로세스가 실행되면 준비 상태에서 대기하다가 운영체제에 의해 선택되면 실행되고, 실행을 마치면 종료하게 된다. 또한, 이들이 있는 메모리의 위치를 추적하기 위해 메모리 관리도 수행해야 한다.

(1) 프로세스의 상태

운영체제는 프로세스들을 관리하기 위해 조금 더 복잡한 프로세스 관리 작업을 수행한다. 프로세스의 상태는 운영체제에 의해서 PCB(Process Control Block)에 저장 된다. PCB에는 기본적으로 프로세스의 ID, 프로세스 상태, 프로그램 카운터, CPU 레지스터, CPU 스케줄링 정보, 메모리 관리 정보 등이 저장된다. 프로세스가 실행 상태를 벗어날 때 현재 프로세스에 대한 레지스터 등의 값을 해당 PCB에 저장되고, 새롭게 실행 상태에 들어온 프로세스에 대한 레지스터 등의 값이 CPU에 적재된다. 이러한 정보 교환을 문맥 전환이라고 한다. 프로세스가 상태는 다음과 같은 것들이 있다.

생성(New)

- 프로세스가 생성 중인 상태, 즉 프로그램이 처음 실행 될 때를 의미한다.

준비(Ready)

- 프로세스가 생성되어 실행할 수 있는 상태로서, CPU를 할당받기 위해 기다리고 있는 중이다. CPU를 할당 받으면 실행 상태로 전이한다.

실행(Running)

- CPU를 할당받아 프로세스가 실행되고 있는 상태이다.
- CPU가 모든 작업을 종료하면 종료상태로 전이한다.
- 프로세스가 할당받은 CPU 사용 시간이 종료되거나 자신보다 우선순위가 높은 프로세스가 들어오는 경우 또는 인터럽트가 발생할 경우 CPU를 반납하고 실행 중이던 프로세스는 준비 상태로 전이한다.
- 입출력 요구가 들어온 경우에는 대기상태로 전이한다.

대기(Waiting)

- 임의의 자원을 요청한 후 할당 받을때까지 기다리고 있는 상태
- 프로세스가 필요한 자원을 항당 받으면 다시 준비상태로 전이

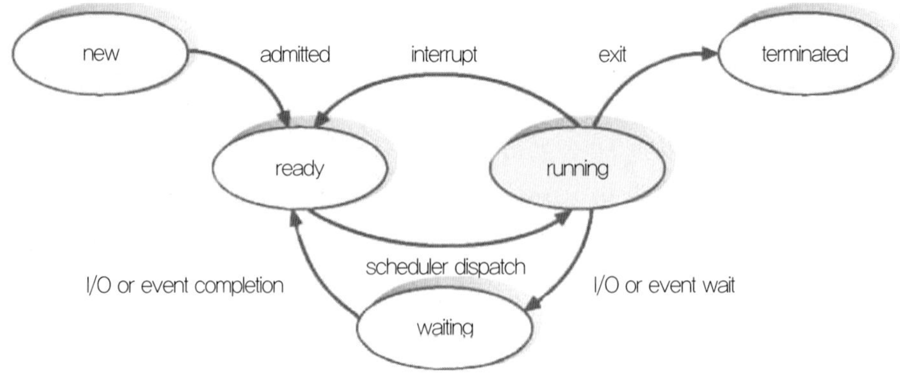

종료(terminated)

- 실행이 종료된 상태

(2) CPU 스케줄링

준비상태의 프로세스를 실행 상태로 옮겨주는 알고리즘을 CPU 스케줄링이라고 한다. 즉 CPU 스케쥴링은 준비 상태의 프로세스 중에서 어떤 것이 실행 상태로 옮겨져야 하는지를 결정하는 행위이다. 동시에 여러 개의 프로세스가 준비 상태에 있는 경우, 이 중에서 실행 상태로 옮길 하나의 프로세스를 결정하는 것이다.

스케줄링 방법은 크게 선점 방식과 비선점 방식으로 구분된다.

비선점(Non Preemptive) 스케줄링

비선점 스케줄링은 프로세스가 CPU를 한번 할당 받으면, 다른 프로세스는 CPU를 강제로 뺏을 수 없고, 실행 중인 프로세스가 끝날 때 까지 기다려야 한다. 중요한 작업이 들어오더라도 이전 작업을 기다려야 하기 때문에 비효율적이다. 대표적인 스케줄링 방법으론 FIFO, SJF, HRN이 있다.

- FCFS(First Come First Served)

FCFS 또는 FIFO (First-In First-Out)이라고도 불리며, 먼저 생성된 즉 먼저 준비상태로 들어온 프로세스가 먼저 실행되는 방법이다.

ID	들어온 순서	실행시간
A	1	20초
B	2	6초
C	3	3초
D	4	11초

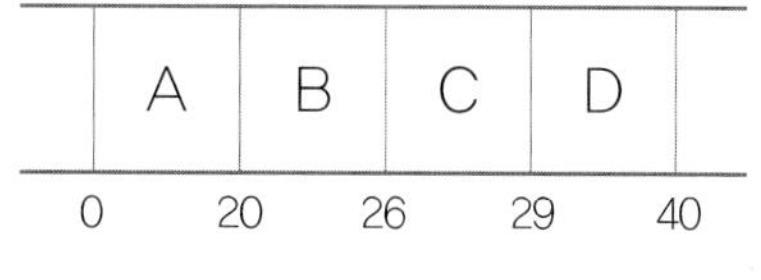

평균실행시간: (A(20초) + B(6초) + C(3초) + D(11초)) / 4 = 40/4 = 10
평균대기시간: (A(0초) + B(20초) + C(26초) + D(29초)) / 4 = 75/4 = 18.75
평균반환시간: (A(20초) + B(26초) + C(29초) + D(40초)) / 4 = 115/3 = 28.75

여기서 사용하는 반환시간(Turn-around Time)은 프로세스가 준비단계에 도착해서부터, 실행되어 종료되기까지 걸리는 시간을 의미하며, 대기시간(Waiting Time)은 CPU가 실행되기 전까지 준비단계에서 대기하고 있는 시간을 의미한다.

반환시간 = 프로세스 종료시간 - 프로세스 도착시간

대기시간 = CPU 서비스 시작시간 – 프로세스 도착시간

SJF(Shortest Job First)

준비 상태의 프로세스들 중에서 가장 짧은 CPU 사용을 가진 프로세스를 실행시키는 방법으로, FCFS보다 평균대기시간은 작지만, 작업시간이 긴 프로세스의 경우 계속 대기하는 경우가 생길 수 있다.

ID	들어온 순서	실행시간
A	1	20초
B	2	6초
C	3	3초
D	4	11초

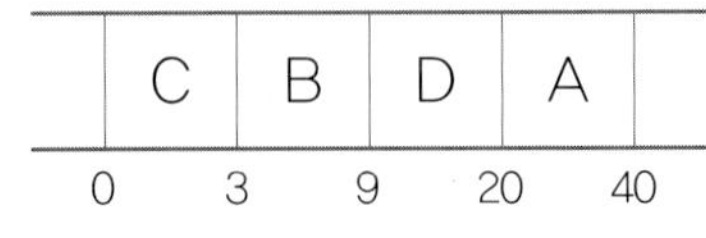

평균실행시간: (A(20초) + B(6초) + C(3초) + D(11초)) / 4 = 40/4 = 10
평균대기시간: (A(20초) + B(3초) + C(0초) + D(9초)) / 4 = 32/4 = 8
평균반환시간: (A(40초) + B(9초) + C(3초) + D(20초)) / 4 = 72/4 = 18

HRN(Highest response ratio Next)

SJF 방식에서 작업시간이 긴 프로세스는 무기한 대기할 수 있는 단점을 보완한 방법으로 대기시간과 실행시간을 계산하여 우선순위를 지정하는 방식이다. 우선순위는 다음과 같은 식을 이용하여 구해진다.

우선순위 = (대기시간 + 실행시간)/실행시간

ID	대기시간	실행시간	우선순위
A	15	20초	(15+20)/20=1.75
B	20	6초	(20+6)/6=4.33
C	12	3초	(12+3)/3=5
D	5	11초	(5+11)/11=1.45

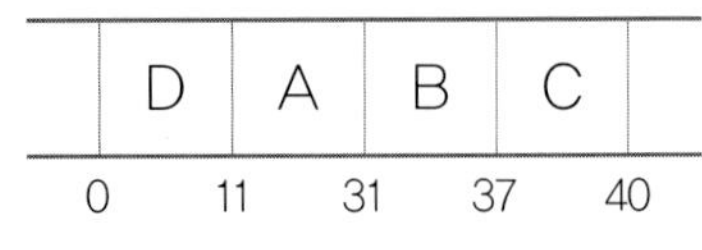

평균실행시간: (A(20초) + B(6초) + C(3초) + D(11초)) / 4 = 40/4 = 10
평균대기시간: (A(11초) + B(31초) + C(37초) + D(0초)) / 4 = 79/4 = 19.75
평균반환시간: (A(31초) + B(37초) + C(40초) + D(11초)) / 4 = 119/4 = 29.75

선점(Preemptive) 스케줄링

선점 스케줄링은 비선점과 달리 현재 CPU를 점유 중인 프로세스보다 우선순위가 높은 프로세스가 들어오면 CPU를 강제로 빼앗는 방법이다. 실시간 처리나 대화식 시분할 처리에 적합하다. 대표적인 스케줄링은 RR, SRT가 있다.

RR(Round Robin)

RR방식은 대화식 시분할 시스템(Time Sharing System)을 위해 고안된 방식으로 CPU를 사용할 수 있는 일정시간을 정한 뒤, 준비 상태에 있는 모든 프로세스를 순서대로 CPU에 할당하는 방식이다. 일정시간이 지나면 프로세스는 완료되지 않더라도 CPU 사용을 반납해야 한다. 이 방식은 할당된 시간이 클 경우에는 FCFS 기법과 같아지고, 할당된 시간이 작을 경우 문맥 교환 및 오버헤드가 자주 발생하기 때문에 적절한 시간을 할당해야 한다.

ID	실행시간
A	20초
B	6초
C	3초
D	11초

• 할당시간 5초

A	B	C	D	A	B	D	A	D	A

0 5 10 13 18 23 24 29 34 35 40

• 할당시간 20초

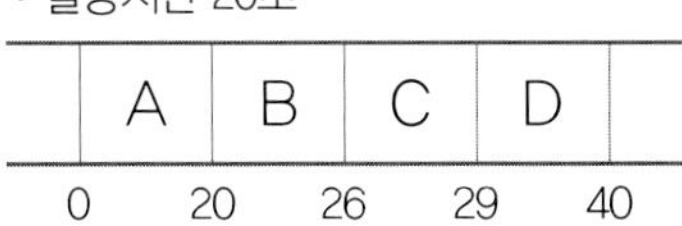

• 할당시간 1초

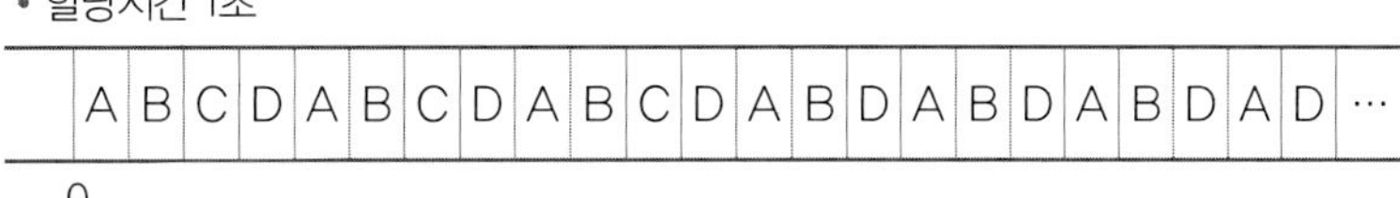

할당시간 5초

평균실행시간: (A(20초) + B(6초) + C(3초) + D(11초)) / 4 = 40/4 = 10
평균대기시간: (A(35초) + B(23초) + C(10초) + D(34초)) / 4 = 102/4 = 25.5
평균반환시간: (A(40초) + B(24초) + C(13초) + D(35초)) / 4 = 112/4 = 28

SRT(Shortest Remaining Time)

SRT 방식은 SJF 방식을 변경한 것으로, 특정 시점 즉, 새로운 프로세스가 도착하거나, 일정시간이 지났을 때, 현재 실행 중 프로세스와 준비 중인 프로세스들의 남아있는 실행시간을 비교하여 가장 짧은 실행을 요구하는 프로세스에게 CPU를 할당하는 기법이다.

ID	도착시간	실행시간
A	0	20초
B	3	6초
C	5	3초
D	10	11초

A	B	C	B	B	D	A

0 3 5 8 10 12 23 40

평균실행시간: (A(20초) + B(6초) + C(3초) + D(11초)) / 4 = 40/4 = 10
평균대기시간: (A(23초) + B(5초) + C(0초) + D(2초)) / 4 = 30/4 = 7.5
평균반환시간: (A(40초) + B(9초) + C(3초) + D(13초)) / 4 = 65/4 = 16.25

(3) 메모리 관리

컴퓨터의 초창기에는 하나의 프로그램이 컴퓨터의 모든 자원을 독점하였기 때문에 메모리 관리의 필요성이 없었다. 조금 시간이 흐른 후, 운영체제가 처음 등장하여 사용하기 시작하였을 때에는 하나의 컴퓨터에 운영체제와 하나의 프로그램만 실행되었기 때문에 운영체제 영역과 사용자 프로그램의 영역을 구분하고, 서로 침범하지 않도록 막기만 하면 되었다. 그러나 점점 기술이 발전되고, 한 순간에 여러 개의 프로그램을 수행할 수 있는 멀티 프로그래밍 환경으로 발전하면서, 운영체제는 운영체제 영역과 여러 프로그램 영역들 간에 메모리 사용을 관리해야할 필요가 생겼다. 그래서 운영체제는 메모리에 여러 개의 프로그램이 올라갈 수 있도록 메모리에 언제, 어떻게 분할하여 어디에 어떤 프로그램을 배치해야 할 것인지를 관리해주게 되었으며, 이 것을 메모리 관리 기법이라고 부른다.

다시 말해, 메모리 관리 기법에는 반입(fetch)정책, 배치(placement)정책, 대치(replacement)정책으로 구분되며, 이 세 가지 정책을 통해 운영체제는 각 프로그램에 적합한 메모리 영역에 할당해 주는 것이다.

표 5-1_ 메모리 관리기법

구 분	설 명	비 고
반입(fetch)정책	- 다음에 실행될 프로세스를 메모리에 언제(When) 적저할 것인지 시기를 결정하는 방법 - 요구 반입 전략과 예상 반입 전략이 존재	언제(When)
배치(placement) 정책	- 반입된 프로세스를 메모리의 어느 위치(Where)에 저장할 것인가를 결정하는 방법 - 최초 적합, 최적 적합, 최악 적함 등이 존재	어디에(Where)
대치(replacement) 정책	- 재패치 기법 - 메모리에 있는 어떤 프로세스를 제거할 것인가를 결정하는 방법	무엇을(What)

멀티프로그래밍 환경에서 여러 개의 프로그램을 하나의 메모리에 적재하기 위해서 우선 하나의 메모리를 여러 개의 영역으로 분리하여 여러 개의 프로그램을 적재할 수 있도록 공간을 확보해야 한다. 메모리를 분할하는 방법은 고정 분할 기법과 동적 분할 기법이 존재한다.

① 고정 분할 기법(fixed partition)은 가장 간단한 메모리 할당 방법으로 연속된 메모리 공간을 미리 고정된 크기로 분할하는 방법으로 고정된 크기의 메모리는 페이징(paging)이라고 한다. 분할된 메모리는 프로세스를 수용하여 활용될 수 있지만, 활용되지 못하는 경우가 발생할 수 있는데, 이러한 경우를 단편화(fragmentation)라고 한다. 단편화는 내부단편화와 외부 단편화가 존재하며, 고정 분할 기법에서는 내부 단편화와 외부 단편화 모두 발생할 수 있다. 즉, 사용 할 메모리 영역의 크기가 고정되어 있기 때문에 고정된 크기의 페이징보다 작은 크기의 프로세스가 들어오면 메모리 영역이 남게 되는데 이것을 내부 단편화(internal fragmentation)라 하고, 고정된 메모리 크기보다 큰 프로세스가 들어와서 메모리를 아예 사용하지 못할 경우 외부 단편화(external fragmentation)라고 한다.

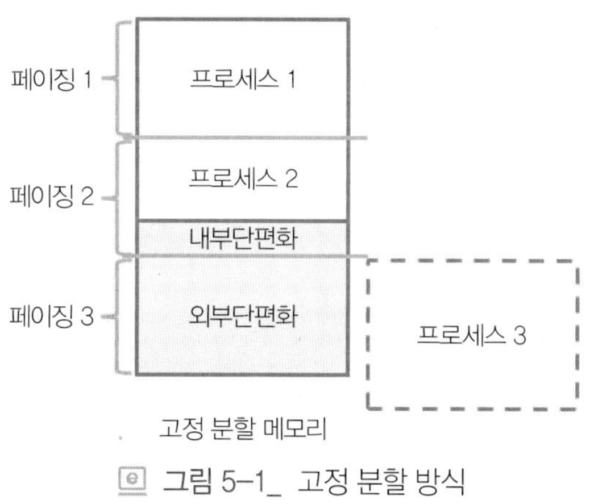

그림 5-1_ 고정 분할 방식

② 동적 분할 기법(dynamic partition)은 메모리 공간을 각 프로세스의 크기에 따라 분할하는 방식으로 크기가 다양하기 때문에 가변 분할 기법(variable partition)이라고도 불린다. 가변된 크기의 메모리 영역을 세그먼테이션(segmentation)라고 한다. 이 방식은 프로세스의 크기에 따라 분할되기 때문에 내부단편화는 발생하지 않으나, 외부 단편화는 발생 할 수 있다.

이와 같은 고정 분할 또는 동적 분할 방식에는, 배치정책을 통해 새로운 프로세스를 어느 영역에 할당할 것인지를 결정해야 한다. 배치정책에는 최초적합, 최적적합, 최악적합 방식이 있다.

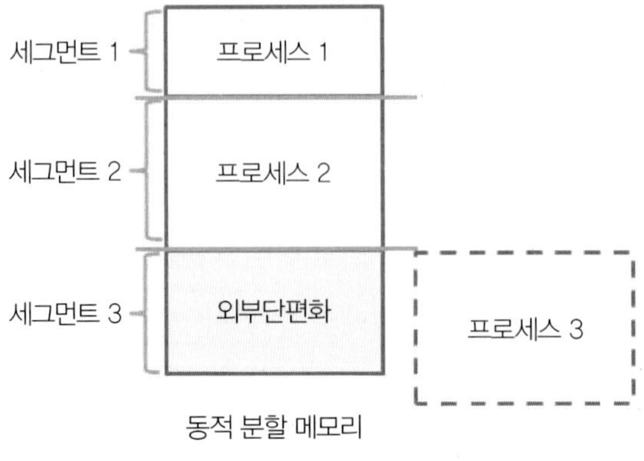

그림 5-2_ 동적 분할 방식

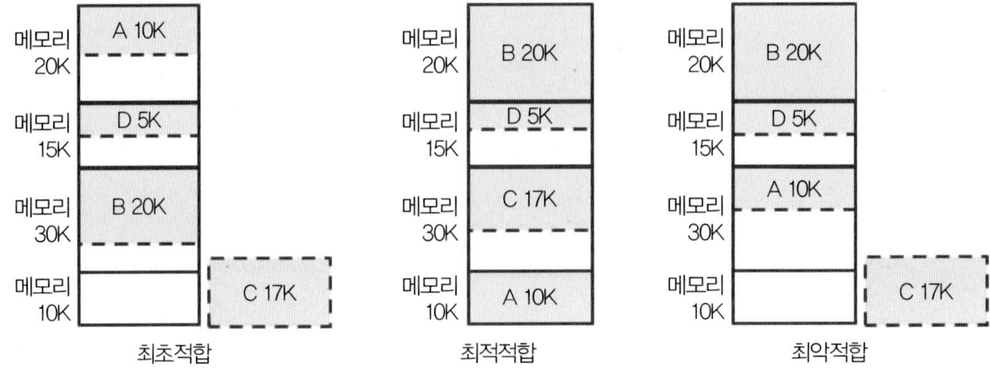

그림 5-3_ 배치정책 비교

- 최초적합(first fit) : 프로세스의 크기보다 큰 메모리 영역 중 가장 처음에 있는 메모리 영역에 할당하는 방식
- 최적적합(best fit) : 프로세스의 크기보다 큰 메모리 영역 중 프로세스의 크기와 가장 비슷한 크기를 가진 메모리 영역에 할당하는 방식

- 최악적합(worst fit) : 프로세스의 크기보다 큰 메모리 영역 중 메모리 영역의 크기가 가장 큰 영역에 할당하는 방식

(4) 병행 프로세스

병행 프로세스(concurrent process)는 2개 이상의 프로세스가 동시에 실행되는 것을 의미한다. 하나이상의 프로세스를 서로 다른 장치에서 동시에 실행 시키는 병렬 프로세스(parallel process)와는 다른 의미이다. 즉, 병행 프로세스는 소프트웨어적으로 동시에 실행시키고, 병렬 프로세스는 하드웨어 적으로 동시에 실행 시키는 방식이다.

멀티미디어가 동시에 재생되듯이, 최근 많은 응용 프로그램에서 병행 처리를 필요로 하고 있기 때문에 운영체제는 병행 처리를 위해 많은 상황을 해결하며, 프로세스들을 관리해야 한다.

병행 처리를 위해 고려해야할 대표적인 것은 교착상태 문제와 상호배제 문제가 있다.

교착상태(deadlock)는 2개 이상의 프로세스가 서로 상대방의 작업이 끝나기만을 기다리고 있는 상태를 말한다. 예를 들어 1차선 도로에서 양쪽에서 차가 왔을 때, 서로 상대방이 비켜줄 때까지 하염없이 기다리고 있는 상태이다.

그림 5-4_ 교착상태 예시

다른 대표적인 예는 유명한 '식사하는 철학자들 문제(Dining Philosophers Problem)'라는 것이 있다. 5명의 철학자가 식사를 하기 위해 원탁에 앉아 있고, 각자의 앞에는 음식이 있다. 음식을 먹기 위해서는 자신의 좌측과 우측에 있는 젓가락을 모두 가져야 하지만, 공교롭게도 모든 철학자가 자신의 오른쪽 젓가락을 들었을 때 이들은 모두 누군가가 젓가락을 내려놓아 왼쪽 젓가락 짝이 나올 때까지 식사를 하지 못하고 기다리게 된다. 이러한 상황을 교착 상태라고 한다.

그림 5-5_ 식사하는 철학자들 문제

이러한 교착상태가 실제 컴퓨팅 환경에서 발생하려면 다음 네 가지 조건을 충족시켜야 하며, 네 가지 중 한 가지라도 만족하지 않으면 교착 상태는 발생하지 않는다. 네 가지 조건은 다음과 같다.

상호배제(Mutual exclusion)

모든 프로세스들이 필요로 하는 자원에 대해 베타적인 통제권을 요구한다. 즉 한번에 하나의 프로세스만이 자원을 사용할 수 있다는 의미다. 대표적인 경우가 프린터로, 한번에 두 가지 문서를 인쇄할 수 없다.

점유대기(Hold-and-wait)

하나의 프로세스가 어떤 자원을 할당받은 상태(점유)에서, 다른 자원의 할당을 요구하여 기다린다.

비선점(Non-preemption)

프로세스가 어떤 자원을 사용 끝날 때까지 다른 프로세스는 그 자원을 뺏을 수 없으며, 소유 프로세스가 작업을 종료한 후에 선점할 수 있다.

순환대기(Circular wait)

각 프로세스는 다음 프로세스가 요구하는 자원을 가지고 있는 것으로, 원형(Cycle)또는 닫힌 체인(Chain)을 그린다고 한다. 즉 A 프로세스가 자원 A를 가지고 있고, 자원 B를 요구하는 상태이고, B 프로세스는 자원 B를 가지고 있고, 자원 A를 요구 하는 상태를 말한다.

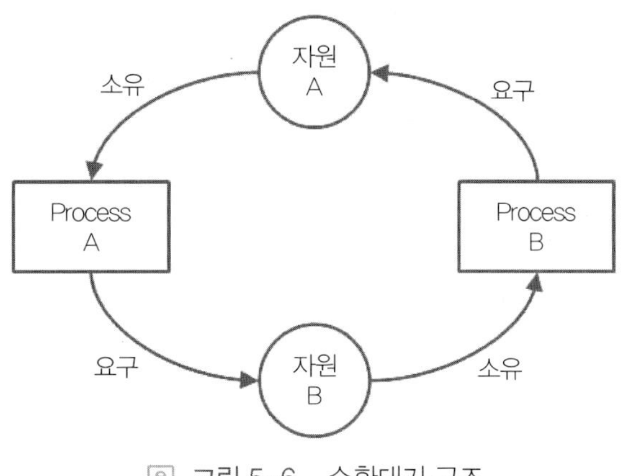

그림 5-6_ 순환대기 구조

교착상태는 좋은 상태가 아니기 때문에 발생하지 않도록 하는 것이 가장 좋으며, 만약 발생하였다면 이를 해소해 줄 방안이 필요하다. 교착상태를 관리할 수 있는 방안은 교착상태를 발생하지 않도록 하는 방지하는 방안과 교착상태를 탐지하고 해소시켜주는 방안, 교착상태 자체를 무시하는 방안 3가지가 있다.

교착 상태 예방(Deadlock prevention)

교착상태가 발생하는 네 가지 원인 중 하나 이상을 발생 4가지 원인 중 하나 이상을 허용하지 않도록 하여 원천적으로 교착상태가 발생하지 않도록 하는 것이다. 예방하는 방법에는 한 프로세스는 자신에게 필요한 자원을 한꺼번에 요구하고, 그 자원을 전부 할당해주거나, 하나라도 부족하면 아무것도 할당해주지 않도록 하는 방법과 프로세스가 추가 자원을 요구하였을 때, 그 자원을 제공하지 못하면 그 프로세스가 가지고 있던 자원을 전부 반납하여 다른 프로세스가 사용할 수 있도록 하는 방법이다.

예방하는 방법은 가장 분명한 해결책이지만 엄격한 자원 할당 정책을 사용해야 하기 때문에 당장 필요 없는 자원을 할당한다던가, 비정상적인 종료로 처음부터 다시 실행되는 경우 등 자원 사용의 비효율성이 있을 수도 있다.

교착 상태 탐지(Deadlock detection)와 회복(recovery)

탐지와 회복 방법은 교착상태를 허용하는 방법으로, 자원 할당 그래프를 사용하여 교착상태의 발생을 항상 감시하고, 그래프 상에 원형(Cycle)이 나타나면 이를 해결 하는 것이다. 교착상태를 탐지하는 것고 해결하는 것은 쉽지 않기 때문에 예방이나 회피보다 비효율적이다. 특히 교착상태를 해결하기 위해서 현재 실행 중인 프로세스 중에 어떤 프로세스의 일부 또는 전부를 중지 시킬지에 대한 문제와 나중에 다시 실행할 때 처음부터 실행해야 하는지에 대한 문제를 쉽게 결정하지 못하기 때문에 더욱 어렵다.

교착 상태 회피(Deadlock avoidance)

교착상태가 발생할 가능성이 있으면 무시하는 기법이다. 교착상태를 해결하는데 많은 비용이 들고, 교착상태 발생 확률이 낮은 상황에서 사용할 수 있는 정책으로 대부분의 운영체제에서 이 방식을 사용한다. 대표적인 방법으로 Edsger Dijkstra(1930.5~2002.8)의 은행가 알고리즘이 있는데, 이는 프로세스가 자원을 요구할 때 시스템은 자원을 할당한 후 돌려받을 수 있는지에 대한 안정 상태를 확인한 후, 돌려받지 못할 것 같은 상태(불안전상태)이면 요청을 거절하는 방식이다.

4. 응용 소프트웨어

1) 응용 소프트웨어의 개념

사용자가 하는 일을 컴퓨터를 이용하여 처리하게 하는 프로그램으로 이는 주로 소프트웨어 제조업체나 엔지니어가 개발하여 제공한다. 사용자의 사용 용도에 맞는 작업을 할 수 있도록 제작한 프로그램들이 여기에 속하며, 이들 프로그램은 사용자가 수행하기를 원하는 용도나 업무처리에 필요한 과정을 직접 지시하기 때문에 응용프로그램(Application Program)이라고도 불린다.

응용소프트웨어(Application Software)는 주어진 일을 수행하기 위해 사용자로부터 받은 입력 자료를 조작하여 의미 있는 출력정보를 제공함으로써 사용자의 요구를 만족시키는 소프트웨어이고, 시스템 소프트웨어가 통제해야 동작할 수 있다.

2) 응용 소프트웨어의 특징

패키지 소프트웨어는 다양한 사용자의 요구에 맞도록 개발한 응용 프로그램으로 일반적으로 상품화되어 컴퓨터에서 광범위하게 사용되고 있다. 패키지 소프트웨어는 개인의 생산성을 높여주므로 생산성 도구라 부르기도 한다.

이러한 소프트웨어 패키지는 몇몇 공통적인 특징을 띠고 있다. 특수키, 기능키 및 마우스를 이용하여 명령어를 내리고 옵션을 선택하게 할 수 있고, 인터페이스에 메뉴, 아이콘, 버튼 및 대화상자 등을 만들어 프로그램을 사용하기 편리하게 하기도 한다. 이러한 응용 소프트웨어의 특징에 대해서 알아보자.

(1) 키보드의 특징

- 특수 키 : 데이터의 입력, 삭제 및 편집과 명령어 실행을 위해 사용되는 키이다. 일반적으로 A~Z, 0~9 등의 키가 여기에 해당한다.
- 기능 키 : 소프트웨어에 특정 명령을 실행시키는 데 사용되는 키로, F1~F12키가 여기에 해당한다.
- 매크로(Macro) : 예정된 일련의 타자나 명령을 자동적으로 입력하는데 사용하는 것으로, 반복되는 명령을 할 때 주로 사용된다.

(2) 사용자 인터페이스

응용 소프트웨어를 실행시켜 화면에 불러올 때 가장 먼저 보게 되는 것은 사용자 인터페이스이다. 사용자 인터페이스는 소프트웨어에서 사용자 관리부분으로, 사용자는 이를 사용함으로써, 소프트웨어와 통신하거나 명령을 내릴 수 있다.

사용자 인터페이스의 종류는 보통 시스템 소프트웨어에 의해 결정된다. 대부분의 사람들이 사용하고 있는 인터페이스의 종류는 사용자가 사용하기 편한 그래픽 사용자 인터페이스(GUI, Graphical user interface)이다. 그래픽 사용자 인터페이스로 이루어져 있으면 명령 선택이나 프로그램 시작, 저장, 파일 목록과 다른 옵션을 보기 등의 명령을 내리기 위해 자판을 이용하거나, 마우스를 이용하여 그래픽 메뉴도 선택하는 것으로 명령을 내릴 수 있다. 그래픽 인터페이스의 대표적인 예는 아이콘, 버튼 및 대화상자 등이 있다.

메 뉴

화면에 나타나는 사용 가능한 명령의 목록으로, 메뉴 바, 풀다운 메뉴, 팝업 메뉴 등이 있다.

메뉴 바(Menu Bar)는 응용프로그램의 위나 아래에 위치하고 있는 명령 옵션이다. 마우스나 자판의 조합으로 명령을 입력할 수 있으며, 대표적인 예로는 파일, 편집 및 도움말 등이다.

풀다운(Pull-down) 메뉴 또는 드롭다운(Drop-down) 메뉴는 메뉴 바의 항목을 선택하였을 때 이로부터 아래로 떨어져 나오는 명령 선택 옵션들의 목록이다. 예를 들어, 마우스를 사용하여 메뉴 바의 명령을 클릭하면 메뉴 바 아래 하위 명령어를 보여주는 하위 메뉴가 나오는 데 그것을 풀 다운 메뉴이다. 대표적인 예는 파일이라는 메뉴 바 아래 새문서, 불러오기, 저장하기 등이 대표적이다. 캐스케이딩(Cascading) 메뉴는 풀다운 메뉴를 선택하였을 때 나오는 하위 메뉴이다.

팝업 메뉴는 일반적으로 마우스로 클릭하거나 매크로를 사용하여 실행되며, 응용프로그램의 창 어디에서나 갑자기 튀쳐나올 수 있다. 팝업 메뉴는 드롭다운 메뉴에서처럼 메뉴 바에 연결된 것은 아니다. 메뉴 바에서 특히 유용한 옵션은 도움말 옵션으로 이는 문서 인쇄할 때 도움이 되는 방법 등을 수록하고 있다.

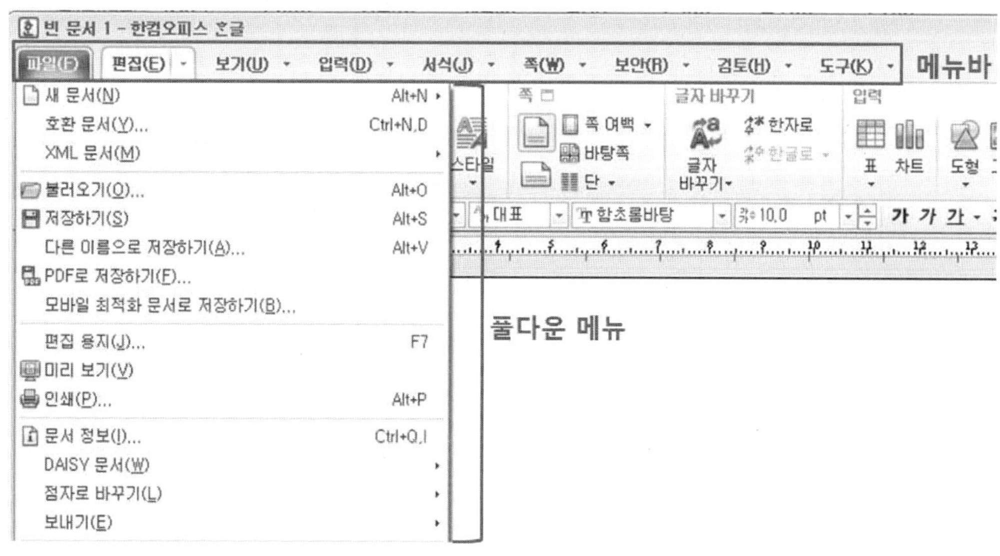

그림 5-7_ 한글 프로그램에서의 메뉴

윈도우

우리가 말하는 윈도우는 보통 운영체제를 생각할 수 있지만, 여기서 말하는 윈도우는 응용프로그램 화면이 나타내는 직사각형 모양의 구역을 의미한다. 윈도우에는 프로그램의 특정 부분으로부터 입수한 정보를 표시한다. 디스플레이 화면에는 하나 이상의 윈도우를 보여줄 수 있다.

아이콘

아이콘(Icon)은 응용 프로그램들의 식별 및 로그를 위해 GUI에서 사용되는 그림으로, 흔히 윈도우 바탕화면에서 볼 수 있다. 웹 페이지나 프로그램 안에서 다른 기능을 쉽게 인식할 수 있도록 사용한다.

버 튼

버튼은 확인이나 취소, 닫기 등과 같은 명령을 입력하기 위하여 마우스나 다른 지시장치에 의해 실행되는 아이콘의 일종이다.

대화상자

대화상자는 사용자와 응용 프로그램 간에 정보를 교환하기 위한 하나의 윈도우로서 응용프로그램 화면에 나타나며 사용자의 응답을 필요로 하는 메시지를 표시한다. 예를 들어 파일을 저장할 때 예 또는 아니오, 취소 버튼을 클릭 하거나 파일이 저장될 위치와 이름을 지정하도록 만든 상자이다.

(3) 듀토리얼과 기술문서

듀토리얼(tutorials)

듀토리얼은 프로그램의 미리 기술된 일련의 단계를 통해서 프로그램의 기능들을 사용하게 함으로써, 빠르고 쉽게 사용방법을 배우게 하는 사용법 설명서같은 프로그램이다. 대부분 온라인 게임에서 듀토리얼을 통해 사용자가 게임을 진행하는데 필요한 간단한 기능들을 숙지하도록 하고 있다.

기술문서(documentation)

기술문서는 프로그램에 대해 문자나 그래픽 형식으로 기술한 사용자 안내 또는 참고 매뉴얼이다. 듀토리얼은 사용자가 직접 기능을 쓰게 하여 배우도록 한다면, 기술 문서는 글을 통해서 배울 수 있도록 한다. 듀토리얼 보다 자세한 기능이나 내용을 담을 수 있다.

3) 응용 소프트웨어의 종류

(1) 유틸리티(Utility)

운영체제에서 풍부하게 지원하지 못하는 기능들을 보충하고, 나아가서 사용자들이 컴퓨터를 사용할 때 쉽고 편리하게 이용할 수 있도록 도와주는 프로그램들이다. 대표적인 유틸리티 프로그램에는 압축 프로그램, 디스크와 파일 관리, 백신 프로그램 등이 있다.

(2) 문서편집기(Editor/Word processor)

문서를 편집하고, 꾸미고, 출력이 가능하게 한다. 위지윅(WYSIWYG)이라는 말이 있는데, 이것은 "What You See is What You Get(화면에 보이는 것대로 출력해서 얻을 수 있다.)"의 첫 글자들을 딴 것으로, 문서편집기의 기본 방향이 되고 있다. 한글, MS-WORD, Turbo

Editor 등이 대표적인 예이다.

- 문서 생성하기 : 커서(cursor), 스크롤링(scrolling), 워드 랩(word wrap)
- 문서 편집하기 : 문서의 내용을 수정하는 행위, 삽입과 삭제, 되살리기, 찾기/바꾸기, 복사/붙여넣기/자르기 등
- 삽입과 삭제 : 삽입(inserting)은 기존의 문서에 텍스트나 이미지 등을 추가하는 작업이고, 삭제(deleting)는 작성된 텍스트나 이미지를 지우는 행위.
- 문서 포맷 : 폰트, 문서 여백과 머리말, 꼬리말, 문단 정렬, 쪽 번호 등
- 문서 인쇄하기
- 문서 저장하기

(3) 표 계산기(Spread Sheet)

장부정리 등의 업무를 편리하게 할 수 있도록 지원해주는 프로그램이나, 이 프로그램을 통해 문서를 작성할 수도 있다. LOTUS 1-2-3, MS-EXCEL 등의 프로그램들이 있다.

① Lotus 1-2-3 : 미국 로터스사가 개발한 수치 처리용 패키지 프로그램이다.

② 엑셀(Excel) : 마이크로소프트사가 개발한 다목적용 시프레드시트 프로그램이다.

(4) 데이터베이스, 데이터베이스 관리 소프트웨어

컴퓨터에서 처리되는 모든 자료들은 데이터라고 불리며, 이러한 데이터를 저장해 놓으며, 저장해 놓은 데이터들의 묶음을 데이터베이스라고 한다. 즉, 논리적으로 연관된 하나 이상의 데이터를 조직적으로 통합하여 데이터의 중복을 없애고, 구조화시킴으로써 검색과 갱신의 효율화 시킨 것이다.

데이터베이스 관리 시스템(DBMS, database management system)는 다수의 사용자들이 데이터베이스 내의 데이터를 접근할 수 있도록 하는 소프트웨어의 집합으로, 데이터에 대한 형식, 구조, 제약 조건을 명시하거나, 데이터를 입력, 수정, 삭제하는데 편리하도록 도움을 준다.

회사나 기업체 등에서는 Oracle Infobase 등의 DBMS 소프트웨어를 별도로 설치하여 데이터를 관리하며, PC용의 DBMS로서 액세스(Access)를 사용한다. 대표적인 종류에는 클라이언트 기반의 MS사의 액세스 2000, 서버기반의 SQL Server 2000, 오라클(Oracle) 등이 있다.

(5) 통계프로그램

많은 자료들의 통계처리를 지원하는 프로그램으로 대표적인 프로그램은 SAS, SPSS, MINITAB 등이 있다.

(6) CAD(Computer Aided Design)

제품이나, 건물, 토목공학의 설계 및 디자인에 이용되는 소프트웨어 프로그램이다. 초보자를 위한 CAD 프로그램은 Autosketch와 CorelCAD등이 있으며, CAD 프로그램의 변종으로 알려진 CADD(Computer Aided design AND Drafting)는 설계초안을 작성하는 데 사용된다. CAD/CAM프로그램은 CAD로 디자인된 제품을 자동제조 시스템에 입력하여 제품을 만드는데 도움을 준다.

(7) 백신프로그램

오늘날 컴퓨터를 쓰는 사람이라면 누구나 사용하고 있는 프로그램으로, 컴퓨터를 바이러스로부터 보호하고, 감염된 파일을 찾아 치료하는 역할을 한다. 국내에서는 V3, 알약이 대표적이고, 미국 McAfee에서 개발한 Scan, Clean프로그램도 있다.

(8) 통신프로그램

컴퓨터 통신에 필요한 여러 가지 장치들을 제어하고, 컴퓨터 통신할 때 편리한 기능들을 제공하는 범용프로그램이다. 통신전용 프로그램인 천리안(천리안 98), 하이텔(이지링크 1.2), 유니텔(유니원 98), 나우누리(웹프리 3.2) 등이 여기에 속한다. 현재는 이 프로그램은 대부분 사용되지 않고, 기능들은 브라우저와 웹 어플리케이션를 통해 제공되고 있다.

통신 소프트웨어는 다음의 기능을 제공한다.

- 온라인 연결
- 금융 서비스 이용
- 자동전화 서비스
- 원격 접근 접속
- 파일 전송

(9) 프리젠테이션 소프트웨어

기업 등에서 업무와 관련된 판매분석, 시장동향조사 등의 내용을 회의나 브리핑할 때 사용하는 프로그램이다. 대표적인 프리젠테이션 프로그램에는 마이크로소프트사의 파워포인트와 로터스사의 프리랜스 등이 있다.

(10) 전자우편 소프트웨어

전자우편(E-mail) 소프트웨어는 편지나 파일을 인터넷을 통해 다른 사람에게 전송할 수 있도록 해주는 프로그램이다. 대표적인 MS Outlook 프로그램이 있으나, 현재 대부분 인터넷 포털사이트에서 제공하는 메일 서비스를 통해 이용하고 있다.

(11) 웹 브라우저

웹 브라우저(Web browser) 혹은 간단하게 브라우저라고 하며, 웹 사이트를 구경하고 관람할 수 있게 해주는 소프트웨어이다. 대표적으로, 넷스케이프(Navigator), 인터넷 익스플로러(Internet Explorer), 크롬(Chrome), 사파리(Safari) 등이 있다.

(12) 웹 검색 도구 : 디렉토리와 검색 엔진

① 디렉토리 : 웹 디렉토리는 주제별로 분류한 색인 프로그램이다. 가장 많이 이용되는 예로는 야후가 있는데 이는 몇 개의 일반적인 범주를 제공하는 초기화면 보여주고, 범주 안에는 사람에 의해 수집된 정보들이 저장되어 정렬된다.

② 검색 엔진 : 웹 검색 엔진(search engine)은 주제어 검색을 통해 특정 문서를 찾을 수 있게 해준다. 유용한 검색 엔진으로는 구글이나, 네이버가 있다. 검색 엔진 정보는 스파이더라는 소프트웨어 프로그램에 의해 수집 정렬된다.

(13) 그래픽 소프트웨어(드로잉/페인팅 프로그램)

컴퓨터를 이용하여 다양한 형태의 그림이나 사진들을 편집하고 인쇄하여 주는 기능을 가진 프로그램이다. 그래픽 소프트웨어에서 사용하는 기본 이미지 형식으로는 BMP, GIF, JPEG 등이 있다.

컴퓨터 아트(art) 프로그램에는 드로잉 프로그램과, 페인팅 프로그램으로 구분 된다.

드로잉 프로그램

드로잉 프로그램은 사용자들이 대상과 제품을 디자인하고 삽화를 넣을 수 있게 해주는 그래픽 소프트웨어이다. 즉, 그림 편집이 아닌 사용자가 직접 그림을 그리는 것에 중점을 둔 프로그램이다. 대표적인 프로그램으로 Adobe의 일러스트(Illustrator)와 Sketcher, Corel DRAW, Macromedia의 Feehand 등이 있다. 드로잉 프로그램은 수학적 계산에 의해 만들어진 영상인 벡터 이미지를 만든다.

페인팅 프로그램

페인팅 프로그램(Painting Program)은 이미지 리터칭(Image Retouching)을 주요 기능으로 이미 만들어진 이미지를 이용해서 합성이나 효과를 주어 색다른 이미지를 만들어 내는 그래픽 프로그램이다. 예로는 Adobe Photoshop, Corel Photo Print 및 JASC의 Paint Shop Pro 등이 있다. 페인팅프로그램은 픽셀이라 불리는 작은 점들로 이루어진 레스터 이미지를 만든다. 우리가 흔히 볼 수 있는 잡지나 책표지, 영화포스터, 각종홍보물, 앨범 자켓 등이 페인팅 프로그램을 이용해서 주로 제작 된다.

(14) 그룹웨어

그룹웨어(groupware)는 네트워크에 사용되는 소프트웨어로 이것의 서로 떨어져 있는 사용자들 끼리 같은 일을 협동하여 할 수 있도록 아이디어를 공유하고 문서를 수정할 수 있게 한다. 그룹웨어는 직원 상호간의 생각과 작업에 대해 계속해서 정보 뿐 아니라, 일정 공유, 전자 화상 회의 등을 제공해줌으로써 생산성을 향상시키며 새로운 형태의 다대다(Many-to-many) 통신을 가능하게 해준다.

그룹웨어는 1989년 도입된 Lotus Notes를 기반으로 발전하였다. 초창기의 그룹웨어는 전자우편, 토론그룹, 고객주문형 데이터베이스, 스케줄 설정 및 통신 보안 등의 기능을 가지고 있었으며, 최신에는 기존의 기능들 뿐 아니라, 분산시스템 내에서 파일들을 공유 할 뿐 아니라, 사용자들이 접속한 웹 페이지를 서로에게 전송, 화상회의 등을 제공하고 있다.

대표적인 예로는 로터스 노츠, 마이크로소프트 익스체인지, CU-SeeMe나 마이크로소프트의 NetMeeting 등이 있다.

(15) 멀티미디어 제작 소프트웨어

멀티미디어 제작 소프트웨어는 사용자들로 하여금 텍스트, 이미지, 음향, 동영상, 애니메이션 등 멀티미디어를 만들 수 있게 해주는 프로그램이다. 그래픽 소프트웨어도 멀티미디어 제작 소프트웨어의 한 범주 이며, 그 외에 3D MAX, Encore 4.5, 나모, 드림위버, Adobe After Effects, Vegas 등이 있다.

(16) 개인 정보관리 소프트웨어

개인 정보관리 소프트웨어는 PIMS(personal information management system) 이라고 하며 주소록관리, 재정관리, 일정관리, 명함관리, 메모 관리 등의 매일 일상적으로 이용하는 정보를 기록하고 관리하는데 도움을 주는 소프트웨어이다. 유명한 프로그램으로는 로터스의 오거나이저라는 프로그램이 있으며, 최근에는 웹 사이트나 스마트폰 어플을 통해 개인정보를 관리해 주는 프로그램이 많이 생겨났다.

(17) 압축 소프트웨어

데이터 압축(Data compression)은 파일의 용량을 줄이기 위해 데이터의 중복성을 테이블화 하여 데이터의 양을 줄여서 압축하는 프로그램이다. 복구 시에는 압축 시 사용한 테이블을 이용하여 원본 파일로 복구한다. 데이터 압축으로 파일 용량을 줄이거나 PC 통신에서 파일을 주고받을 때 주로 많이 이용한다.

압축과 압축 해제의 기술을 codec(compression/decompression)기술이라 하고, 압축 방법에는 무손실 압축과 손실 압축 두 가지 방법이 있다. 대표적인 프로그램은 윈도우 운영체제에서 사용하는 윈집(WinZip), 알집(Alzip) 등의 소프트웨어가 있다.

(18) 통합 패키지 소프트웨어

두 개 이상의 패키지 프로그램의 기능을 하나로 묶어 놓은 것을 통합 패키지(integrated package software)라 한다. 소프트웨어 꾸러미(software suit) 또는 간단히 꾸러미(suite)라고도 한다. 통합 패키지 소프트웨어는 각 패키지 프로그램 간에 호환성을 가지면서 동시에 각 프로그램 고유의 작업을 수행할 있도록 한다. 각 패키지 프로그램을 개별적으로 구입하는 비용보다 훨씬 저렴한 가격으로 통합 패키지 프로그램을 구매할 수 있다.

4) 윤리 및 지적 재산권

소프트웨어를 보호하기 위해 중요한 것은 저작권 보호에 있다. 저작권(copyright)은 저작권 소유자(개발자, 저작자)의 허가 없이 지적 재산을 사용하거나 복사하는 것을 금지하는 배타적인 법적 권리이다.

저작권을 보호하는 것은 아이디어의 표현, 즉 창작물이지 저작물에 담긴 사상, 감정, 사실, 방법, 주제는 보호 받지 못한다. 그 자체는 아니다. 이러한 문제가 중요한 이유는 디지털 시대는 과거에 비해 복제하는 것을 훨씬 더 쉬워지고 편하게 만들었기 때문이다.

- 소프트웨어와 네트워크 저작권 침해 : 소프트웨어 저작권 침해(software piracy)는 저작권법에 의해 보호받고 있는 소프트웨어를 허가 없이 사용하거나, 복사하는 것이다.
- 네트워크 저작권 침해 : 네트워크 저작권 침해(network piracy)는 네트워크를 이용하여 저작권법에 의해 보호받고 있는 소프트웨어나, 자료들을 허가 없이 디지털 형태로 유통하는 것이다.
- 표절(plagiarism) : 저작권이 있는 내용의 일부를 무단 발췌하거나, 이를 자신의 것으로 해석하거나 공표하는 것을 말한다.
- 영상과 음향의 소유권에 한 침해

정부기관에 저작권을 보호 받기 위해서 특허를 낼 때처럼 등록할 필요는 없다. 저작물을 만들고 객관화 해 밖으로 표현하는 그 순간 자동으로 저작권이 생기게 된다. 저작권 보호는 자동으로 최소 50년 동안 지속된다. 저작물을 이용하기 위해서는 저작권자에게 허락(License)을 받아야 한다. 허락을 받기 위해서는 정당한 가격을 지불하고 사용하는 것이 대부분이다. 소프트웨어 라이선스(License)는 대부분 사용에 대한 것을 허락하는 것이고, 다른 곳에 제공하거나 재판매에 대한 허락은 아니다. 라이선스에도 여러 종류가 있다.

쉬링크랩(Shrink-wrap) 라이선스

쉬링크랩(Shrink-wrap) 라이선스는 소프트웨어 패키지에 삽입되어 있는 것으로 포장되어 있는 소프트웨어를 구입하면, CD가 들어있는 봉투에 인쇄되어 있거나 동봉되어 볼 수 있는 서면 라이선스이다.

사이트 라이선스

사이트 라이선스(site license)는 패키지 소프트웨어를 판매할 때의 계약이나 과금 방식의 하나로 수천 명 규모의 다수의 사용자를 가지고 있어서 같은 소프트웨어를 대량으로 도입할 필요가 있는 대기업을 대상으로 하는 방식이다. 소프트웨어 판매자와 사용자간에 사용 가능한 장소와 범위를 결정하며, 사용자는 이 범위 내에 있는 컴퓨터에게는 무제한으로 복사하여 이용할 수 있다. 범위를 벗어나서 사용할 경우, 불법이 된다.

동시 이용 라이선스

동시 이용 라이선스(concurrent-use license)란 일정한 복사 범위를 주고, 범위 안에서 동시에 소프트웨어를 사용할 수 있는 수를 제한 한 것이다. 설치하는 하드웨어의 댓수나 사용자수에는 제한이 없다.

CPU 라이선스

설치하여 이용할 수 있는 하드웨어의 댓수를 정하는 것으로, 가장 많이 보급되어 있다. 예를 들어 개인용으로 시판되고 있는 패키지 소프트웨어의 사용허락계약에서 "1대의 컴퓨터에서 이용할 수 있습니다." 라는 조항이 포함되어 있는 부분이 CPU 라이선스라는 것을 의미한다. 지역과 상관없기 때문에 이동성을 가지는 노트북에도 사용할 수 있다.

네트워크 이용자 라이선스

네트워크 이용자 라이선스(network use license)는 단일과 다수로 나뉜다. 네트워크에서 한 번에 한 사람 또는 한 번에 한 사람 이상이 소프트웨어를 이용하도록 제한하는 라이선스이다.

클릭랩 라이선스

클릭랩 라이선스(click-wrap license)는 쉬링크랩 라이선스에서 파생된 것으로, 컴퓨터 화면에 라이선스 취득에 관한 계약조건이 제시되고, 사용자는 동의함을 나타내는 버튼을 클릭하여 계약을 승낙하게 되는 방식이다.

5. 프로그래밍

1) 프로그래밍 개요

컴퓨터 프로그래밍(computer programming) 또는 프로그래밍(programming)은 특정한 프로그래밍 언어를 이용해 하나 이상의 문제, 알고리즘, 체계 등을 구체적인 컴퓨터 프로그램으로 구현하는 기술을 말한다. 수식이나 작업을 컴퓨터에 알맞도록 정리해서 순서를 정하고 컴퓨터 명령어로 고쳐 쓰는 작업을 총칭해서 프로그래밍이라 하고, 컴퓨터의 명령 코드를 작성하는 작업을 코딩(coding)이라고도 한다.

2) 프로그래밍 구조

하나의 프로그램은 자료 형태와 구조를 설명하는 선언부와 특정한 일을 해결하도록 절차를 설명해 주는 처리부가 존재한다.

선언(declaration)부에서는 파일명이나 변수명을 선언할 수 있다. 파일명 선언은 프로그램에 필요한 자료 즉 파일이 어디 있고, 어떤 이름으로 저장되어 있는지 알려주는 정보이다. 예를 들어 C언어에서 화면에 결과를 출력하기 위해서 사용하는 'printf' 명령을 사용하기 위해서 표준 입출력 파일을 추가해야 한다. 그러기 위해 먼저 '#include 〈stdio.h〉'를 선언하여 본 프로그램에서 입출력에 관한 명령들을 사용할 수 있도록 하는 것이다. 변수명 선언은 프로그램에서 사용하게 될 데이터가 저장될 공간을 선언하는 것이다. 변수에는 기본형(primitive type), 배열형(array type), 레코드형(record type), 객체형(object type) 등이 있다.

```
#include <stdio.h>  ←——————— 파일 선언

int main()
{
    int a,b;  ←——————————— 변수 선언
    a=3;
    b=4;

    printf("Hello, world\n");
    printf("a + b = %d", a+b);

    return 0;
}
```

그림 5-8_ C언어를 이용한 기본 코딩 및 선언부

처리(process)부는 어떤 문제를 해결하기 위한 절차를 나타내는 것으로 명령어와 선언된 변수를 이용하여 다양한 명령 구문을 만들 수 있다. 처리부에서 사용하는 문장은 입력을 받거나 출력을 하는 입/출력문(input/output statement), 선언한 변수에 값을 대입하는 대입문(assignment statement), 프로그램의 순서를 변경시키는 제어문(control statement) 등이 있다.

3) 프로그래밍 언어

프로그래밍 언어는 컴퓨터 시스템을 구동시키는 소프트웨어를 작성하기 위한 언어이다. 고급 언어일수록 사람이 사용하는 언어에 가깝다. 일반적으로 말할 때에는 프로그래밍 언어를 지원하는 소프트웨어, 곧 소프트웨어를 작성하기 위한 소프트웨어를 가리키는 때가 많고, 이때에는 프로그래밍 언어와 소프트웨어를 구분하지 않고 소프트웨어를 프로그래밍 언어로 보기도 한다. 프로그래밍 언어는 쓰기 쉬운 정도에 따라 기계어, 어셈블리어, 고급 언어로 구분된다.

(1) **기계어**(machine language)

기계어는 컴퓨터 논리회로가 바로 알아들을 수 있는 언어로 0과 1로 이루어져 있다. 초장기 컴퓨터에서 스위치를 이용하여 0과 1로된 신호를 전달하던 것이 기계어의 일종이다. 예를 들어 영어 'A'가 '001', '+'는 '1101', 'B'는 '010'으로 정의되어 있다면, 기계어를 이용하여 'A+B' 라는 명령을 내리기 위해서는 '0011101010' 이라는 명령을 입력해야 했다. 이는 모든 문자나 명령어 들의 기계 코드를 알고 있어야 한다는 문제와 컴퓨터는 기종에 따라 논리회로의 설계가 다르게 되어 있기 때문에 기계어는 컴퓨터의 기종마다 다르다는 문제가 있다.

(2) **어셈블리어**(assembly language)

어셈블리어는 영문자로 이루어진 언어로 0과 1로 이루어진 기계어와 1 대 1로 대응된다. 어셈블리어는 사람이 읽기 편한 언어로 되어 있기 때문에 기계가 알아들을 수 있는 언어로 변경하기 위해서는 어셈블러(assembler)라는 해석기가 필요하다. 어셈블러는 기계어에 바로 (명령 내리는 것 비슷하기 때문에) 매우 빠르게 동작하지만 하드웨어에 특성을 (타기) 때문에 다른 기종의 컴퓨터에서는 인식할 수 없다는 단점이 있다.

(3) 고급 언어(High-Level Language)

고급언어는 인간에 가장 가까운 언어로, 기계어나 어셈블리어에 비해 사용하기 가장 편한 언어이다. 쉽게 배울 수 있으며, 컴퓨터 기종에 관계없이 한번 만들어진 프로그램은 어느 프로그램에서 설치하여도 사용할 수 있는 장점이 있다. 그러나 고급언어로 작성된 프로그램을 실행하기 위해서는 컴퓨터 기종에 맞는 기계어로 번역해주는 컴파일러(compiler)나 인터프리터(interpreter) 등을 이용해야 한다는 단점이 있다.

4) 프로그래밍 언어의 종류

(1) 구조적 프로그래밍

구조적 프로그래밍(Structured Programming)은 구조화 프로그래밍으로도 불리며 프로그래밍 패러다임의 일종인 절차적 프로그래밍의 하위 개념으로 볼 수 있다.

저수준의 관점에서 구조적 프로그램은 간단하고, 계층적인 프로그램 제어 구조로 구성된다. 이 제어 구조들은 하나의 구문으로 간주되며, 동시에 더 간단한 구문들을 결합시키는 방법이다. 더 간단한 구문들은 또 다른 제어 구조일 수도 있고, 할당 문이나 프로시저 호출과 같은 기본 구문일 수도 있다.

일반적으로 구조적 프로그래밍의 구조는 순차, 선택, 반복이 있다. 순차(concatenation)는 구문 순서에 따라서 순서대로 수행된다는 것이다. 선택(selection)은 프로그램의 상태에 따라서 여러 구문들 중에서 하나를 수행하는 것이다. 주로 if..then..else..endif, switch, case와 같은 키워드로 표현한다. 반복(repetition)은 프로그램이 특정 상태에 도달할 때까지 구문을 반복하여 수행하거나, 집합체의 각각의 원소들에 대해 어떤 구문을 반복 수행하는 것이다. 보통 while, repeat, for, do, until 같은 키워드로 표현한다. 종종 반복 영역의 시작점을 하나로 하는 것이 추천되며 몇 가지 언어에서는 이것을 꼭 지켜야 하도록 하고 있다.

고수준의 관점에서 구조적 프로그램은 큰 조각의 코드를 이해하기 쉬운 크기의 작은 하부 프로그램(함수, 프로시저, 메서드, 블록, 등)으로 나누어야 한다. 일반적으로 프로그램은 전역 변수는 거의 사용하지 않아야 하고 대신에 하부 프로그램은 지역 변수를 사용하거나, 값이나 참조에 의한 인자를 받아야 한다. 이런 기법은 전체 프로그램을 한 번에 이해하지 않고, 뷰리된 작은 코드 조각을 쉽게 이해하는데 도움을 준다.

구조적 프로그래밍에 대한 논의는 많은 새로운 언어를 낳았으며, 기존의 언어에 구조적인 면이 추가되는 등 언어의 발전에 도움이 되었다. 그리고 이후에 나온 프로그래밍 패러다임들에도 영향을 끼쳤다.

(2) 구조적 프로그래밍의 종류

① FORTRAN

1954년 IBM사에 의해 개발된 FORTRAN(FORmula TRANslator)은 최초의 고급 언어이다. 원래 수학 공식을 표현하기 위해 만들어진 FORTRAN은 수학, 과학 및 공학 문제용 언어로 산술 기호(+, -, *, / 등)를 그대로 사용할 수 있으며 삼각함수·지수함수·대수함수 등과 같은 기초적인 수학 함수들을 사용할 수 있다.

최근 첨단 과학계산에서 필수적인 벡터, 행렬계산기능 등 광범위하게 활용되고 있으며 예측 및 모델링 같은 복잡한 사무용으로도 유용하지만 대량의 입력/출력 연산 및 파일 처리를 할 수 없기 때문에 전형적인 사무 처리용으로는 사용되지 않는다.

② COBOL

1950년대 사무처리 언어가 개발업체마다 달라서 문제를 해결하기 위해 미국 국방부에서 사무처리 언어의 통일을 위해 사무처리에 대한 언어발달 모형이 제시되고 CODASYL (Conference on Data Systems Languages 데이터 시스템즈 언어 협의회)가 설립되었다. 이러한 배경 하에 1959년에 개발된 일반 사무처리 언어가 코볼이다.

1960년에 정식으로 채택된 COBOL(COmmon Business-Oriented Language)은 사무 처리용 프로그래밍 언어로 가장 많이 사용되고 있다. 코볼의 개발을 통해 미국 정부의 업무처리 시스템은 코볼로만 납품이 되었고 사무처리 언어로 전 세계에 보급되게 되었다.

③ APL

APL은 1962년 Kenneth Iverson에 의해서 IBM 메인프레임용으로 고안되었다. APL(A Programming Language)은 특수한 부호가 있는 특수 키보드를 사용하므로 사용자들은 복잡한 수학 문제를 한 단계에 해결할 수 있다. APL 부호는 눈에 익은 ASCII 문자 세트가 아니므로 특수 키보드가 필요하다. 과학 계산언어로써 읽기는 어렵지만 다양한 컴퓨터에서 아직도 사용되고 있다.

대부분의 다른 언어들을 사용하는 것보다 프로그램의 길이가 짧으며 여러 줄의 명령어 문장을 단순한 표현으로 만드는 재귀 함수들 뿐 아니라 행렬 처리도 허용한다. APL은 과학적인 계산을 위한 언어라고 평가되는 경우가 많지만, 다른 목적에도 사용될 수 있다. 프로그램들은 대화식으로 개발될 수 있으며, 보통 컴파일보다는 인터프리터 방식으로 사용된다. 특별한 기호들을 화면에 표시하거나, 인쇄하기 위해서는 특수한 키보드와 편집기가 필요하다.

④ BASIC

1964년 Dartmouth대학에서 학생들을 훈련시킬 목적으로 John Kemeny와 Thomas Kurtch가 개발한 BASIC(Beginner`s All-purpose Symbolic Instruction Code)은 대형컴퓨터에서부터 pc에 이르기까지 모든 종류의 컴퓨터에서 학술용으로 광범위하게 사용하게 되었다. 마이크로컴퓨터용 언어로서 사용된 BASIC은 배우기가 가장 쉬운 프로그래밍 언어로 간주된다.

컴파일러 형식으로 사용할 수도 있지만, 최초의 범용 사용자에게는 인터프리터 형식으로 프로그램을 작성하면서 실행시키는 회화형으로 사용할 수 있다. 오늘날에는 여러 종류의 BASIC 버전이 존재하며 대표적으로는 마이크로소프트 Visual BASIC이 있다.

⑤ RPG

RPG는 1964년 IBM사가 보고서 작성용 프로그램을 쉽게 만들기 위해 개발되었다. RPG는 아주 구조화되었으며 비교적 배우기가 쉬운 제 3세대 언어이다. 사용자는 보고서에 어떤 정보를 어떤 형태의 포맷으로 담을 것인지를 명시하는 특별한 양식을 채운다. 1970년 RPG II가 좀더 개선되어서 소개되었고, RPG III는 대화형 제 4세대 언어로써 이후에 소개되어 현재 RPG400이 AS/400 시스템 등에서 광범위하게 사용되고 있다.

⑥ PL/1

PL/1은 1965년 IBM사가 발표한 프로그래밍 언어로써 어셈블리 언어와 코볼 및 포트란의 대안으로서 개발된 프로그래밍 언어이다. PL/1은 “Programming Language 1”의 약자이며 과학기술, 상업, 사무처리 등의 범용컴퓨터에 알맞도록 개발한 언어이다. 이전의 포트란 언어는 과학기술용, 코볼언어는 사무처리용으로 각각 장점을 지녔는데 이것들을 알곧 언어를 써서 단일체계로 정리하였다. IBM사는 이에 덧붙여 오퍼레이팅 시스템(Operation System)

컴파일러 등의 시스템 기술과 병렬태스크(Task)처리기술까지 가능한 다목적 프로그래밍 언어로써 PL/1을 개발하였다.

데이터를 다양한 형태로 처리할 수 있는 데이터변환, 그리고 2가지 이상의 일을 동시에 처리할 수 있는 다중처리능력을 가진 언어인 한편 언어의 수가 많아 배우기 어려워 작성이 어렵고 오류가 빈번히 발생하며 속도가 느리다는 단점이 있다.

⑦ Logo

로고(Logo)는 함수형 프로그래밍을 이용하며 1967년 MIT의 Seymour Papert가 LISP의 방언을 사용하여 아동 교육을 목적으로 고안되었고, 설계 당시 "문턱은 낮고, 천정은 높게" 하는 것이었다. Logo라는 이름은 "단어"를 뜻하는 그리스어 단어 "Logos"에서 유래되었으며, 오늘날 로고는 주로 터틀 그래픽스 (Turtle Graphics)로 알려져 있지만, 리스트, 파일, I/O, 재귀적 용법을 다룰 수 있는 기능 들을 가지고 있다.

Logo는 "거북이(turtle)"라 불리는 삼각형 포인터를 움직여서 그림을 그리는데, 이는 "앞으로, 오른쪽으로, 왼쪽으로" 와 같은 몇 가지의 단순한 명령어에 반응을 보인다. 사용자는 포인터를 가지고 화면에서 비슷한 움직임을 만들고, 사용자로 하여금 화면에 기하학적인 모양과 그림을 그릴 수 있도록 한다. Logo는 고도의 대화형 언어이기 때문에, 어린이들뿐만 아니라 그래픽 보고서를 제작하기 위해서도 사용된다.

⑧ LISP

LISP(Lisp Processor)는 1968년 MIT의 수학자 John Mc Carthy에 의해 개발되었고, 인공 지능 프로그램을 구축하는 목적으로 사용되었다. 또한 LISP는 전문가 시스템과 자연언어 프로그램을 작성하는데 사용되며 초안이 작성된 이후로 현재 널리 사용되는 두 번째로 오래된 고급 프로그래밍 언어이다. 포트란 언어처럼 초반에 많은 변화를 겪어야 했으며 수많은 변종들이 존재한다. 오늘날 가장 널리 알려진 일반 리스프 변종은 커먼 리스프와 스킴이 있다.

리스프는 람다 대수에 바탕을 두고, 처음부터 기호(이름) 데이터(Symbolic Data)를 다루는 문제 풀이에 알맞은 언어로 설계되었기 때문에 그 당시 다른 언어에서 볼 수 없었던 아톰(atom)이나 리스트(list)같이 새로운 데이터를 사용했다. 또한 새로운 언어 기능을 실험하는데 큰 목적을 두고 있었기에, 처음에는 산술 연산 따위를 빠르고 가볍게 처리하지 못했다. 하지만, 성능이 뛰어난 리스프 컴파일러가 꾸준히 나오면서부터 이런 문제는 해결되었으며, 인공 지능을 중심으로 여러 다른 응용 분야에서 활용되고 있다.

⑨ C 언어

1969년에서 1973년 사이에 켄 톰슨과 데니스 리치가 벨 연구소에서 유닉스 운영 체제에서 사용하기 위해 개발한 프로그래밍 언어이다. 켄 톰슨은 BCPL언어를 필요에 맞추어 개조해서 "B"언어(언어를 개발한 벨 연구소의 B를 따서)라 명명했고, 데니스 리치가 이것을 개선하여 C언어가 탄생했다. 유닉스 시스템의 바탕 프로그램은 모두 C로 쓰여졌고, 많은 운영 체제의 커널도 또한 C로 만들어졌다. 오늘날 많이 쓰이는 C++는 C에서 객체 지향형 언어로 발전된 것이다. 또한 다른 다양한 최신 언어들도 그 뿌리를 C에 두고 있다.

C 언어는 일반 목적용으로 컴파일러 언어로써 마이크로컴퓨터에서 잘 동작하며 다양한 컴퓨터에 이식할 수 있다. C 언어는 무선 편집기, 스프레드시트, 게임, 로봇 공학 및 그래픽 프로그램을 포함한 응용 프로그램을 작성하는데 광범위하게 사용되고 있다.

⑩ FORTH

FORTH는 1971년 Charles Moore에 의해 개발되었다. FORTH는 제 3세대 언어로써 업무용과 그래픽용뿐만 아니라 실시간 제어 태스크를 위해서 고안되었다. 이 프로그램은 PC에서부터 대형컴퓨터에 이르기까지 모든 종류의 컴퓨터에서 모두 사용되며, 다른 프로그램보다 메모리가 적게 필요하므로 처리 속도가 빠르다. 처리 속도가 아주 빠르므로 데이터를 신속하게 처리해야 하는 응용 환경(센서와 계측기 등)를 얻은 데이터를 처리하는 데도 사용한다.

포스는 절차적, 스택 지향과 같이 형 확인 없는 반사적 프로그래밍 언어인 포스는 두 가지 특징을 가진다. 명령어의 상호작용적인 실행(좀 더 전형적인 운영 체제에 부족한 시스템용 셸로서 적합하게 한다)과 나중에 실행할 일련의 명령어를 컴파일 하는 능력이다. 몇몇 포스 버전들(특히 초기의 것들)은 스레드 코드를 컴파일 하지만 오늘날의 많은 구현들은 다른 언어 컴파일러처럼 최적화된 기계어를 생성한다.

⑪ PROLOG

1972년 프랑스의 Alan Colmerauer에 의해 발명된 PROLOG(PROgramming LOGic)은 논리식을 토대로 하여 오브젝트와 오브젝트 간의 관계에 관한 문제를 해결하기 위해 사용한다. 프롤로그는 술어 논리식을 프로그램, 증명하는 것을 계산한다는 것으로 간주하는 관점에서 새로운 계산의 기술 형태를 취하고 있다.

추론 기구를 간결하게 표현할 수 있기 때문에 인공지능이나 계산 언어학 분야, 특히 프롤로그가 만들어진 목적이었던 자연언어 처리 분야에서 많이 사용된다.

⑫ Ada

Ada는 아주 강력한 구조화 프로그래밍 언어로써 미국 Department of Defence가 1977년에서 1983년까지 수백 개의 프로그래밍 언어를 대신할 목적으로 설계 되었고, 컴퓨터 프로그래밍을 발명하는 데 공헌한 에이다 러브레이스 (1815년-1852년)의 이름을 딴 것이다. Pascal에 바탕을 두고 만들어진 Ada는 원래 무기 시스템을 위한 표준 언어였다. 하지만 이 언어는 상용 어플리케이션에도 성공적으로 사용되고 있다.

Ada의 장점은 이것이 모듈 설계로 구조화된 언어여서, 여러 프로그램의 조각들이 따로 작성하고 컴파일 할 수 있다는 점이다. 또한, 프로그램이 실행되기 전에 컴파일러가 오류를 점검하므로, 프로그래머들이 오류 없는 프로그램을 작성할 수 있다. 그러나 너무 복잡하고 어려워 많은 분야에서 활용 되지는 못했다.

(3) 객체 지향 프로그래밍

객체 지향 프로그래밍(OOP는 "oop"라 발음)은 데이터를 처리하기 위해 데이터와 그 데이터를 조작하는 명령을 조합하여 다른 프로그램에서도 사용될 수 있도록 하므로 객체(Object)를 생성하는 프로그래밍 방식이다.

객체란 미리 조립된 프로그래밍 모듈로 데이터 묶음과 이 데이터에서 실행되어야 하는 처리 명령어를 함께 포함하는 것을 의미한다. 이것을 캡슐화(Capsulation)라고 한다. 객체는 프로그램의 일부분이 되어 수행될 수도 있고 그렇지 않을 수도 있다. 이는 메시지가 전송되는 등의 행위가 일어날 때 수행될 수 있다. 객체의 데이터는 객체에 속하는 처리 명령어의 범위에 속한다. 객체 내에 있는 데이터에서 수행되는 연산에 관한 명령어들을 메쏘드(Method)라 부른다.

객체 지향 프로그램에는 세 가지 특징인 캡슐화, 상속성, 다형성이 있다. 캡슐화(Encapsulation)는 객체가 데이터와 이 데이터에 대한 처리 명령 모두를 포함한다는 것을 의미한다. 객체가 일단 생성되면 이는 다른 프로그램에서 재사용 될 수 있다. 객체의 용도는 또한 클래스와 상속성의 개념을 통해서 확대될 수 있다.

클래스는 초기 프로그래밍 언어의 구조체와 유사하지만 기존의 변수와 함수와 같은 데

는 특징을 가지고 있다. 또한 강력한 데이터베이스 기능을 갖고 있다.

Power Builder는 네트웍을 통해 배포될 수 있는 객체 지향형 클라이언트/서버 구조의 프로그램을 만들 수 있는 응용프로그램 개발도구로서 보편적으로 사용되고 있다. Power Builder는 한때 네트웍 내의 분산 데이터베이스 구축 제품 판매에 선두주자 역할을 했던 Sybase사의 제품인데, 파워빌더가 그들의 경쟁사에 비해 우위를 가지는 주요 특성중의 하나는 객체 지향형 인터페이스를 사용하는 데이터베이스를 구축하는 특성을 갖고 있다는 것이다. 파워빌더로 만들어진 응용프로그램은 ODBC (Open Database Connectivity)를 이용, 다른 플랫폼 상에서 운영되는 데이터베이스들에도 접근하여 그 데이터를 이용할 수 있다

Power Builder는 기본적으로 오브젝트로 구성되며 오브젝트는 각각의 특성과 프로퍼티, 이벤트, 함수를 갖고 있다. 객체 지향 언어의 특징인 상속, 캡슐화, 다형성을 사용하여 프로그램의 재사용성과 확장성, 유용성을 지원한다.

⑥ Java

Java는 1991년 6월 셋톱 프로젝트를 위해 제임스 고슬링(James Gosling)이 만들었다. 1995년 java 1.0 버전 이후 1997년 Sun Microsystem 라이센스 소유에서 2009년 4월 썬 마이크로시스템즈가 오라클과 인수합병 됨에 따라 java에 대한 권리 및 유지보수는 현재 오라클이 소유하고 있다.

C++에서 파생된 java는 웹 페이지의 대부분을 구성하는 HTML코딩에서 출발하였다. HTML과 XML과 같은 마크 업 언어의 가장 위에 있는 Java는 객체 지향 프로그래밍언어로써 프로그래머들이 어떤 운영체제에서도 동작될 수 있는 어플리케이션을 구축할 수 있도록 한다. Java를 통해서 대형 어플리케이션 프로그램들이 작은 어플리케이션, 즉 애플릿(applet)으로 나누어질 수 있고, 이 애플릿들은 인터넷을 통하여 다운로드 될 수 있으며 어느 컴퓨터에서든 동작될 수 있다. 또한, Java는 웹 페이지를 대화식으로 만들 수 있는 애플릿을 영상 자료와 함께 전달할 수 있도록 한다.

Java는 초기 설계부터 객체 지향 언어(객체 지향 프로그래밍)로 설계 되었다. C가 C++로 진화한 것과는 차이가 있으며, 같은 코드로 어떤 마이크로프로세서에서나 실행 할 수 있다. 따라서 Java만의 실행 코드인 바이트코드라는 중간 코드를 컴파일러에 의해 생성 한다. 그리고 JVM에 의해 해석되어 실행된다. Java는 같은 코드로 다양한 플랫폼이나 운영 체제에서 실행 될 수 있는 호환성 때문에 현재 다양한 분야에서 광범위하게 사용되고 있다.

⑦ Visual Basic

Visual Basic은 마이크로소프트에서 1991년 5월 1.0버전 발표 이후 1998년에 출시된 Visual Basic 6.0 버전이 있다. Visual Basic 언어로 미리 작성되어있는 코드를 그래픽 사용자 인터페이스 환경에서 손쉽게 선택하여 사용하거나 수정할 수 있어 배우기 쉽고 프로그램을 빠르게 작성할 수 있기 때문에, 가끔은 응용프로그램의 프로토타입을 작성하는데 사용되기도 하지만, 실제로 운영되는 프로그램을 개발하는 데에도 광범위하게 사용되고 있다.

Visual Basic은 간단한 GUI기반의 응용 프로그램의 개발뿐만 아니라, 복잡한 프로그램의 개발까지도 가능하게 한다. Visual Basic에서의 프로그래밍은 폼(Form)위에 놓인, 시각적으로 정렬된 GUI 위젯(Visual Basic에서는 컨트롤이라고 한다)들의 조합이다. 이 컨트롤들은 특별한 속성과 역할을 담당하고 있으며, 기능의 확장을 위해 추가적인 코드들의 입력이 가능하다.

Visual Basic의 가장 기본적인 사용 용도는 마이크로소프트 윈도용 응용 프로그램과 데이터베이스 조작 프로그램의 개발에 있다.

2004년 하반기에는 Visual Basic 2005 버전이 발표되었으며 현재 후계로는 Visual Basic닷넷으로 포함되어 사용되고 있다.

⑧ C#

C#은 2000년 8월에 마이크로소프트, 휴렛 팩커드, 인텔에서 C#과 공통 언어 기반(CLI)를 ECMA 국제 표준으로 등록하기 위한 작업을 준비하였고, 2001년 12월에 ECMA는 C# 언어를 ECMA-334 표준으로 발표하였다. C#은 뛰어난 생산성과 뛰어난 성능을 갖추고 있는 주목받는 차세대 언어로 네트워크 환경에서 개발자의 생산성을 증대시키고 프로그래머가 작성해야 하는 코드의 양을 줄이는 기술이 포함되어 있다.

C#은 마이크로소프트의 닷넷 프로그램이 동작하는 닷넷 플랫폼을 가장 직접적으로 반영하고, 또한 닷넷 플랫폼에 강하게 의존하는 프로그래밍 언어이다. 문법적인 특성이 Java와 상당히 유사하며 C#을 통하여 다룰 수 있는 닷넷 플랫폼의 기술들조차도 java를 염두에 둔 것이 많아서 java와 가장 많이 비교되고 있다. 하지만 C#은 java와 달리 불안전 코드(unsafe code)와 같은 기술을 통하여 플랫폼 간 상호 운용성에 상당히 많은 노력을 기울이고 있다. C#의 기본 자료형은 닷넷의 객체 모델을 따르고 있고, 런타임 치원에시의 쓰레기 수집(garbage collection)이 되며 또한 클래스, 인터페이스, 위임, 예외와 같이 객체 지향 언어로서 가져야 할 모든 요소들이 포함되어 있다.

6. 소프트웨어 개발

소프트웨어는 컴퓨터 프로그램과 데이터를 총칭하는 용어이다. 이에 수반한 문서 자료는 소프트웨어의 필수 요소로 간주되지만, 실제 프로그래밍 과정에 포함되는 것은 아니며, 소프트웨어 개발을 위한 다섯 가지 과정으로 나뉠 수 있다. 첫 번째 단계는 특정 문제를 해결하기 위한 프로그램의 요구를 인지하는 단계이며, 두 번째 단계는 프로그램을 기획하고 설계하는 단계이다. 세 번째 단계는 프로그램 언어를 사용하여 프로그램을 제작하는 단계이며, 네 번째 단계는 테스트이고, 마지막으로 다섯 번째 단계는 유지 보수 단계이다.

1) 프로그램 요구 인지 단계

현실에서 우리는 문제를 인지하고 목적을 세워 해결하는 과정을 반복한다. 프로그래밍도 이와 같이 문제를 인식하고 목적을 세워 해결하는 과정이 반복된다. 즉, 프로그래밍 제작의 이유를 명확히 한 후, 해당 프로그램의 목적을 세워 해결해야 한다. 이 때, 프로그래머는 입력을 명시하기 전에 결과물(시스템 설계자가 시스템에서 얻으려고 하는 것)을 이해해야 하며, 결과물과 그 안에 담겨야할 정보를 명확히 해야 한다.

또한, 프로그램의 사용자가 누가될 것인가를 반드시 알아야 하며, 사용자에 맞는 프로그램을 제작해야 한다. 이 때 프로그래머는 요구되는 입력을 사용자와의 회의를 통해 명확하게 정해야 하며, 입력이 처리되는 과정과 출력물을 명확히 해야 한다.

마지막으로, 프로그래머는 사용자의 요구가 프로그램 구현이 가능한지를 점검해야 하며, 모든 과정을 문서화해야 한다.

2) 프로그램 설계 단계

프로그램 설계 단계는 요구사항 분석 단계에서 산출된 요구사항 분석 명세서의 기능을 실현하기 위한 알고리즘과 자료 구조를 문서화하는 단계이며, 세 가지 작은 단계로 설계된다. 첫째, 계층 차트를 사용하여 하향식 접근과 모듈화를 통하여 프로그램 논리를 결정한다. 둘째, 유사코드(pseudo code)를 사용하여 서술체나 순서도를 이용한 그래프나, 또는 둘 다를 사용하여 상세 설계를 한다. 마지막으로 구조적인 검사 방법으로 설계를 시험한다.

구조화된 프로그래밍은 프로그램을 모듈화된 형태로 분할하는 하향식 접근 방식을 취한다. 그것은 또한 제어구조라고 부르는 표준 제어 도구(순차, 선택, 및 반복)도 사용한다. 구조화된 프로그램이 추구하는 것은 프로그램을 보다 효과적으로, 보다 더 조직적으로, 그리고 간결하고 적절한 설명이 되도록 보다 좋은 표기 방법이다. 프로그램 설계의 작은 단계들은 다음과 같다.

(1) 하향식 접근 방식

하향식(top-down) 프로그램 설계는 프로그램의 최상위 요소 또는 모듈을 구별해 내고, 최하 수준의 상세 사항으로 계층적인 방식에 의해서 진행시키는 방식이다. 하향식 프로그램 설계는 프로그램의 처리 단계, 즉 모듈을 확인하는데 사용된다. 프로그램이 설계된 후에는 모듈 방식을 사용하여 실제 코딩 작업은 바닥에서 위쪽으로 진행된다. 모듈 방식이란, 부분들을 별도로 개발하고 시험할 수 있기 때문에 전체 프로그램을 보다 쉽게 개발할 수 있다, 각 모듈은 논리적으로 관련된 프로그램 문장들로 구성되어 있다.

또한, 하향식 프로그램 설계는 계층 차트에서 그래프로 표현된다. 계측 차트 또는 구조 차트는 프로그램의 전체적 목적을 설명하여 그 목적을 달성하는데 필요한 모든 모듈과 그들 간의 관계를 밝혀준다.

(2) 유사코드/순서도 및 제어 구조 사용

유사코드 및 순서도는 소프트웨어 설계를 세부 사항을 보여주는 방법으로, 유사 코드를 쓰거나 순서도를 그려 코딩전 자세한 흐름을 잡을 수 있다. 대부분의 프로젝트는 두 가지 모두 사용한다.

(3) 구조적인 검사 방법

구조화된 검사방법은 제 3의 프로그래머가 프로그래머의 작업을 정밀 분석하는 공식적으로 검토하는 과정이다 프로그램에서 작업의 처리 때 오류, 탈락, 중복이 없는지를 검토하는 과정으로 사용된다.

3) 프로그램 제작 단계

설계가 완료되고 검사 방법에 의해 검토되었다면, 실제 프로그램 작성이 시작된 것이다. 프로그램을 작성하는 것을 코딩이라 부른다. 프로그래밍 언어는 컴퓨터에게 어떠한 동작을 수행할 것인지 말해주는 규칙의 집합이다. 프로그래머는 개발하고자 하는 프로그램에 최적화된 언어를 선택하여 프로그램 제작을 수행한다. 즉, 수리 계산 및 통계 처리에 강점을 가지는 언어, 데이터베이스 관리 적합한 언어 등 논리적 관점에서 언어를 선택하거나, 메인 프레임용, 마이크로 컴퓨터용 등 하드웨어적 관점에서 언어를 선택하여 프로그램을 제작하게 된다.

4) 프로그램 테스트 단계

프로그램 테스트는 오류 제거, 실제 데이터의 운용 등을 포함한다. 또한, 디버깅을 수행하여 컴퓨터 프로그램에서 모든 오류를 발견하고 위치를 확인하여 그것을 제거한다.

오류에는 문법적인 오류와 논리적인 오류가 있다. 문법적인 오류는 타이핑의 오타나 프로그래밍 언어의 부정확한 사용에 의해 발생할 수 있으며, 논리적인 오류는 제어 구조의 부정확한 사용에 의해 발생한다.

검사를 하고 디버깅을 수행한 후, 베타 시험이라고 불리는 실제 데이터 및 실사용자로 시험하는 것이 필요하다. 실제로 결함이 있는 불완전한 엄청난 양의 데이터를 가지고 시험해야만 시스템에 문제가 있는지 아닌지를 알 수 있기 때문이다. 대부분의 사용자들이 프로그래머가 생각하는 것 이상으로 서투르거나 부주의하기 때문에 다양한 시험 데이터를 이용하여 여러번의 시험과정을 거쳐야 한다.

5) 유지보수 단계

유지보수는 프로그램을 동작될 수 있는 조건으로, 오류가 없고 최신의 프로그램으로 유지하는 활동을 의미한다. 유지보수에는 조정, 교체, 수리, 측정, 시험 등이 포함된다.

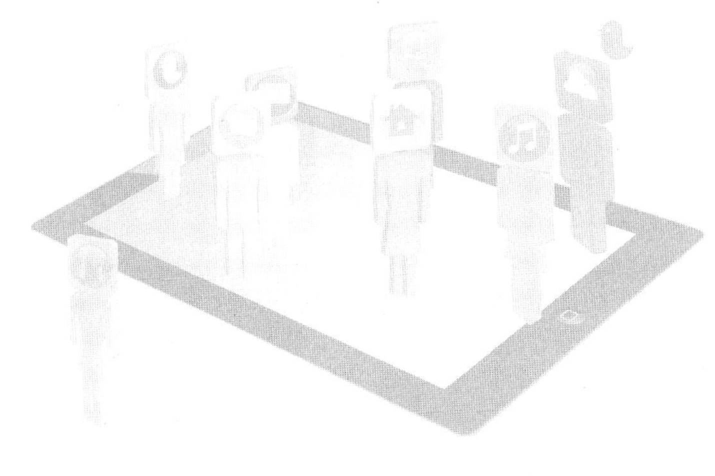

CHAPTER

06 데이터 베이스

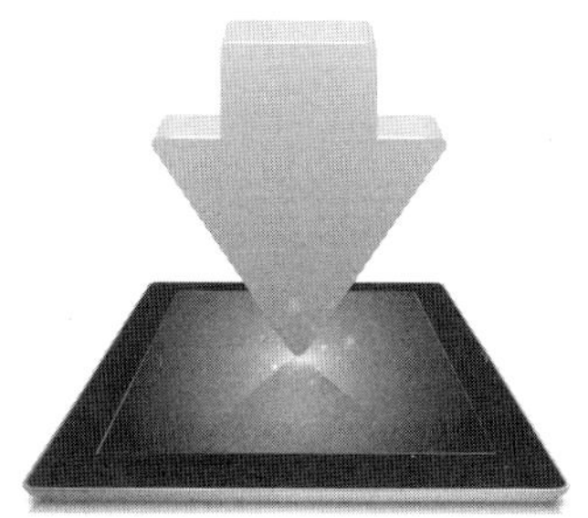

1. 데이터 베이스 시스템과 파일 시스템
2. 데이터베이스의 특징
3. 데이터 모델
4. 데이터베이스 사용
5. 데이터베이스 관리 시스템(DBMS)

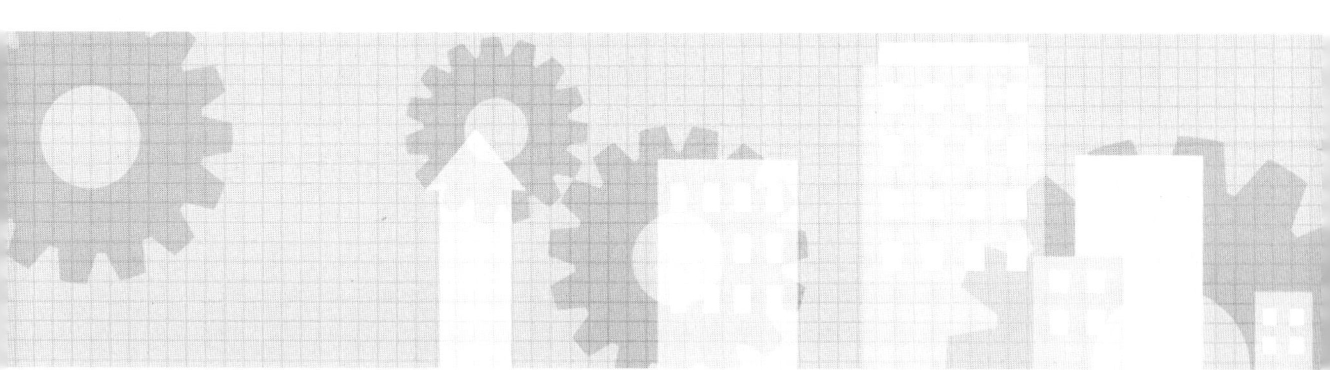

CHAPTER
06_ 데이터 베이스

1. 데이터 베이스 시스템과 파일 시스템

1) 데이터

우리가 일상적으로 사용하고 있는 데이터(Data)라는 용어는 데이터 베이스(DB : Database)를 이해하기 위해 한번 생각해 볼 필요가 있다. 즉, 데이터는 데이터베이스를 이해하기 위한 첫 걸음이라고 생각하면 되겠다.

본 장에서는 컴퓨터의 세계에서 사용되고 있는 데이터의 의미를 확실히 이해하고, 컴퓨터에서는 데이터가 어떻게 사용되며 기억되는지 학습하여 보도록 하자.

(1) 데이터의 정의

우리들이 일상생활에서 데이터라는 용어를 어떻게 쓰고 있을까? 예를 들어, 우리나라의 교육제도에서 학교를 구분할 때 일반적으로 초등학교, 중학교, 고등학교, 대학교라는 데이터를 가지며, 고등학교에는 인문계와 실업계라는 데이터를, 실업계에는 상업계와 공업계라는 데이터를 가지며, 대학은 전문대와 4년제 대학이라는 데이터를 갖는다고 볼 수 있다.

좀 더 상세히 구분하여 보면, 서울 지역에 위치한 대학과 지방에 위치한 대학의 데이터는 물론, 경영학과, 컴퓨터학과처럼 한 대학에 있는 학과 그리고 그 학과에 소속되어 있는 학생, 각 학생의 학번, 이름, 성별, 주소, 전화번호, 생년월일 등이 모두 데이터라 말할 수 있다.

이와 같이 데이터라고 하는 말은 단일항목으로 사용되거나, 포괄적인 항목으로 사용된다.

다음은 데이터의 쓰임새에 대하여 알아보자. 한 학과에 소속한 학생의 학번은 학생을 구분하고 관리하기 위한 목적으로 부여되고, 주소나 휴대폰번호는 학생의 거주지 파악이나 연락처 등을 알기 위한 목적으로 쓰인다. 또한 이러한 데이터를 통하여 학생의 거주지 분포 사항, 남녀 구성 비율 등을 분석하기 위한 목적으로 쓰이기도 한다. 여기서 데이터란 용어를 정의하여 보면 다음과 같다.

「데이터란 사용되어지는 목적을 갖는 정보이다.」

컴퓨터 용어로서의 데이터는 컴퓨터에서 처리되는 정보의 단위라고 말할 수 있다. 결국 컴퓨터로 처리가 가능한 형태로 변형되어진 정보를 의미한다. 컴퓨터 용어로서의 데이터에는 크게 입력 데이터와 출력 데이터로 구분된다. 예를 들어 학생 관리를 위해 학생에 대한 데이터를 컴퓨터로 처리한다고 할 때, 학생 개개인의 데이터인 학번, 이름, 주민등록번호, 주소, 전화번호, 성별 등은 키보드 등과 같은 입력장치를 이용하여 입력한다든지 아니면 플로피 디스크 등과 같은 보조기억장치를 이용하여 컴퓨터가 읽을 수 있는 형태로 변형되어진다.

결국 컴퓨터가 처리할 수 있도록 정보의 형태를 변화시킨다. 변형되어진 정보는 컴퓨터가 처리하기 전의 정보로서 입력 데이터라 부른다. 이에 대응하여 입력 데이터를 컴퓨터로 읽어 들인 후 서울에 사는 학생의 명단을 컴퓨터의 처리결과로 본다면, 이 처리 결과 데이터를 출력 데이터라 할 수 있다. 서울에 사는 사람이라는 데이터를 다시 남녀로 구분하여 컴퓨터로 처리 한다고 가정하여 보자. 서울에 사는 사람이라는 데이터는 다시 입력 데이터가 되며, 남녀로 구분하여 처리된 결과는 출력 데이터라고 말할 수 있다 ([그림 6-1] 참고).

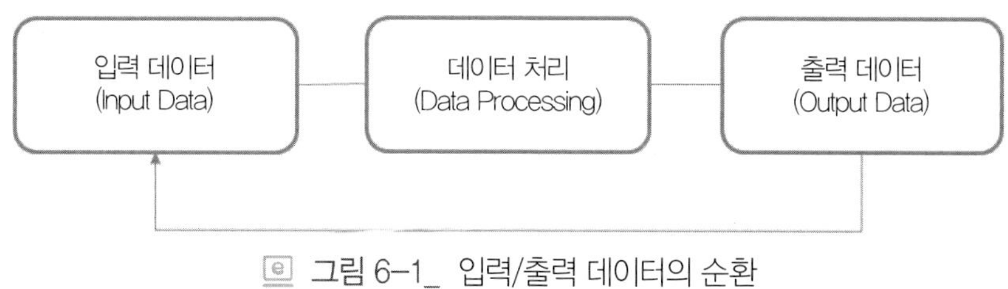

그림 6-1_ 입력/출력 데이터의 순환

결국 학생관리 시스템을 가동시키기 위해서는 컴퓨터가 읽을 수 있는 형태로의 입력 데이터의 변형이 필요로 한다는 것을 설명하였다. 즉, 컴퓨터에서 데이터를 처리하기 위해서는 데이터를 처리하기 전에 이미 컴퓨터에 입력 및 저장되어 있어야 한다는 것을 의미한다.

다음 절에서는 입력 데이터가 어떻게 컴퓨터에 저장되어지는가에 대하여 살펴보기로 하자.

(2) 데이터의 저장

컴퓨터에서 처리하기 위한 입력 데이터는 처리시점에서 이미 컴퓨터에 저장 되어져 있어야 한다. 이해를 돕기 위하여 우리가 일반적으로 알고 있는 컴퓨터의 5대 기능에 대하여 간략히 설명하면 다음과 같다.

- 입력 : 데이터를 컴퓨터가 읽을 수 있는 형태로 변환 기능
- 기억 : 입력 기능을 통하여 입력되어진 데이터를 저장시키는 기능
- 출력 : 처리된 결과를 프린터나 화면 등으로 이동시키는 기능
- 제어 : 입력, 출력, 기억 기능 등을 통제하는 기능
- 산술 및 논리연산 : 가감승제, 논리연산 등을 수행하는 기능

컴퓨터의 5대 기능처럼 컴퓨터 처리를 위한 데이터는 입력 기능을 통하여 컴퓨터가 읽을 수 있는 형태로 변환되고 기억 기능에서 데이터를 저장하는 역할을 수행하고 있다. 실제로 기억 기능은 입력 데이터뿐만 아니라 처리 절차 등을 기록한 프로그램이나 출력 데이터도 함께 저장하고 있다.

컴퓨터에서 데이터나 프로그램 등을 일시적으로 저장하는데 사용되는 부분을 주기억장치라 부른다. 그러나 주기억장치는 처리에 필요한 모든 데이터나 프로그램을 한 번에 기억할 수 있는 것은 아니며, 한정된 기억용량에 제약을 받는다. 여기에 대량의 데이터 혹은 당장 사용하지 않는 데이터는 주기억장치 이외의 장치에 저장하여야 할 필요가 있으며, 처리에 필요한 데이터만을 주기억장치에 이동시켜 저장한 뒤 처리를 시작하게 된다. 주기억장치 이외의 저장 장치를 보조기억장치, 또는 외부기억장치, 2차 기억장치라 부른다. 참고로 주기억장치는 내부기억장치, 1차 기억장치라 하며 우리가 흔히 말하는 RAM등이 여기에 속한다. 보조기억장치에는 자기테이프나 하드디스크, CD-ROM, SSD, USB와 같은 대용량 보조기억장치가 있으며, 그리고 지금은 잘 사용되지 않는 플로피디스크와 같은 저용량 보조

기억장치가 있고 주기억장치에 전부 저장할 수 없는 크고 작은 데이터를 저장하는데 사용된다.

학생관리 시스템의 입력 데이터로는 학번, 주민등록번호, 이름, 주소, 전화번호, 성별 등으로 구성되어 있다. 이들 입력 데이터가 보조기억장치에 어떻게 저장되어 있는가는 1.3절 데이터와 파일의 저장에서 설명하기로 하자. 컴퓨터에서는 데이터 처리를 수행할 때 데이터를 추출하기 쉽도록 같은 목적의 데이터들을 한곳에 묶어서 동일 형식으로 저장한다. 모든 응용분야에서 데이터를 처리하기 위한 주요한 요구 중의 하나는 데이터를 저장하고 액세스(Access)할 수 있는 능력이다. 컴퓨터에서 처리하는 데이터는 텍스트, 그래픽, 사운드, 이미지, 오디오, 비디오 등의 방대한 양의 멀티미디어 데이터를 저장하고 액세스하는 것이 가능하다. 예를 들면, 학생 데이터는 학생관리 시스템에서 학생을 관리할 목적으로 구분하여 저장하고, 학생들의 학적, 등록, 성적, 수강 등에 따른 각종 학사처리에 관련된 데이터를 관리하고 처리할 수 있다.

이와 같이 같은 목적으로 구분하여 묶어 놓은 데이터의 집합을 파일(File) 또는 데이터셋(Data Set)이라 부른다. 그리고 파일로부터 데이터를 읽어 들이거나 파일에 데이터를 입력하는 처리는 사용자가 작성하는 프로그램의 처리순서에 의해 운영체제(OS : Operating System)의 데이터 관리기능이 수행하게 된다([그림 6-2] 참고).

이처럼 파일이란 데이터라는 말과 함께 우리들의 일상생활에서 자주 사용하는 단어이다. 회의록을 철해둔 바인더라든지 자료를 모아둔 자료철도 파일이라 부른다. 우리가 일상생활에서 쓰고 있는 말이나 컴퓨터에서 사용하는 파일은 같은 목적의 데이터를 묶어둔 것으로서 동일한 의미로 이해해도 무방할 것이다. 단지 컴퓨터에서 쓰고 있는 파일이란 말은 컴퓨터 처리에 적합하도록 하는 형태로 변형되어진 것이라고 할 수 있다. 다음 절에서는 컴퓨터에서 취급하는 파일에 대하여 자세히 알아보기로 하자.

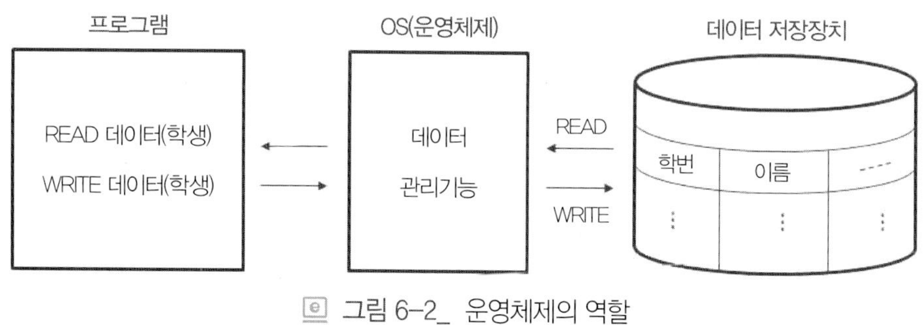

그림 6-2_ 운영체제의 역할

2) 파 일

본 절에서는 파일(File)이라는 말을 상세히 이해하기 위하여 파일이 어떻게 구성되어 있는지 알아본 후 파일 처리가 무엇을 의미하고 있는가에 대해 알아보도록 한다. 그리고 파일에는 어떤 종류가 있는가에 대하여 학습하여 보도록 한다.

(1) 파일의 구성

파일은 동일 목적의 데이터 집합체이며 컴퓨터에서 취급하는 파일은 컴퓨터로 처리하기 쉬운 형태로 저장되어 있다.

예를 들어 마켓의 경우, 입고상품 수량과 판매상품 수량에 관한 정보를 정리하여 놓은 상품 입출고 파일이나 재고 파일 등을 생각할 수 있다. 은행에서는 고객별 예금이나 대출 및 상환 등에 관한 정보를 쉽게 파악할 수 있는 고객 파일, 학교에서는 학생 개인별, 학급별, 학생신상 등을 정리한 학생관리 파일, 회사에서는 사원의 인사정보를 모아놓은 사원 인사파일 등 여러 파일이 있을 수 있다.

그러면 이런 파일 등은 어떻게 구성되어 있을까? 학교에서 사용되는 학생신상 관리 파일에서는 학생마다 학번, 이름, 주소, 전화번호 등으로 정리되어 있을 것이며, 인사 파일인 경우에는 각각의 사원별로 사원번호, 이름, 생년월일, 급여액, 학력, 소속 부서 등의 데이터가 정리되어 있을 것이다. 여기서 한 학생에 대한 모든 데이터 혹은 한 종업원에 대한 모든 데이터를 레코드(Record)라고 한다. 즉, 컴퓨터 처리를 하는데 있어 처리의 대상이 되는 한 건 분의 데이터를 레코드라고 하며, 전교생의 데이터는 한 학생의 데이터인 하나의 레코드가 전교생의 수만큼 모아져 학생 관리 파일을 구성하고, 전 사원의 데이터는 사원 한 사람의 데이터인 하나의 레코드가 전 사원의 수만큼 모아져 사원 인사파일을 구성한다. 그리고 하나의 레코드를 구성하고 있는 각각의 데이터인 사원번호, 이름, 주소 등을 데이터 항목(Data Item) 또는 필드(Field)나 컬럼(Column)이라고 부른다. 다시 말하면 한 개의 파일은 여러 개의 레코드로 구성되어지고 한 개의 레코드는 복수의 필드 또는 데이터 항목으로 구성되어진다([그림 6-3] 참고).

다시 말하면 레코드의 구성단위는 필드이며, 파일을 구성하는 단위는 레코드라고 말할 수 있다. 또한 위에서 언급한 학생관리 파일이 컴퓨터에 저장되어 있을 경우에는 특정 학생의 정보를 추출하고 싶을 때, 일반적으로 학생의 이름으로 정보를 추출하기는 쉬우나 학생의 이름이 동명이인일 경우 정확한 데이터를 얻을 수 없다. 그러나 학번이라는 필드는 같은 파일에 동일한 학번은 있을 수 없으므로 학번을 이용하면 정확한 데이터를 얻을 수 있을 것이다.

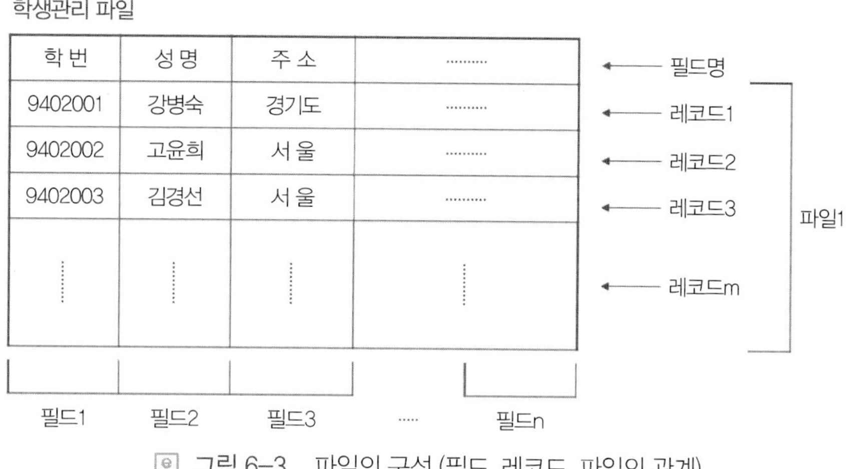

학생관리 파일
학 번
성 명
주 소
9402001
강병숙
경기도
9402002
고윤희
서 울
9402003
김경선
서 울
필드명
레코드1
레코드2
레코드3
레코드m
파일1
필드1
필드2
필드3
필드n

그림 6-3_ 파일의 구성 (필드, 레코드, 파일의 관계)

파일내의 특정 레코드를 식별하기 위하여 사용하는 필드 또는 데이터 항목을 키 필드(Key Field) 또는 키 항목(Key Item)이라 부른다. 키 필드란 동일필드 내에 같은 데이터 값이 존재하지 않는 유일한 값을 가지는 필드로서 사원인사 파일인 경우에는 사원번호 필드 등이 이에 속한다.

이와 같이 파일은 데이터의 집합체이므로 레코드의 구성요소인 필드의 선정 또는 키 필드의 선정 등에 주의를 기울여야 한다. [그림 6-4]에서와 같이 키 필드에 기록되어진 구체적인 값을 키 값이라 부른다.

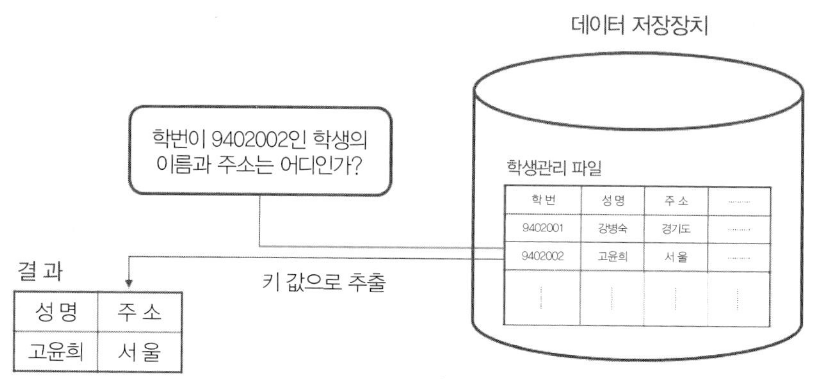

그림 6-4_ 키 값을 이용한 검색 –데이터베이스론 20쪽

(2) 파일의 처리

파일은 동일 목적의 데이터를 묶은 집합체이며 구성단위는 레코드이다. 특정 레코드의 정보를 알고 싶을 때 그 레코드의 유일한 값을 갖는 데이터 필드인 키 필드를 사용해서 검색한다는 알았다. 이런 레코드가 속한 파일이 어떻게 처리되어 지는가를 보기로 하자.

예를 들어, 인사파일을 사용하여 매월 급여 계산을 하는 경우에 인사파일을 구성하는 기본급과 직능급, 근무시간 또는 인센티브 등의 데이터 필드를 참고 하여 각 사원별 급여를 계산한 다음 사원 수 만큼 반복하여 전 사원의 급여 계산을 수행하게 된다. 즉, 레코드의 수만큼 반복 계산을 의미하게 된다. 또한 연중 수시로 또는 일정 기간에 신입사원이 입사하였을 경우에는 새로운 사원의 레코드가 인사파일에 추가된다. 그리고 퇴사하는 사원이 발생하게 되면 인사파일에서 해당 사원의 레코드가 삭제 된다. 승진 등의 인사이동의 경우에는 기본급이 갱신하게 되는 등 컴퓨터를 활용하여 많은 처리가 인사파일 안에서 수행되어진다.

이러한 처리는 각 사원 개인별로 처리가 이루어진다. 즉, 파일 처리는 레코드 단위로 처리된다. 다시 말하면 파일의 참조 또는 파일의 갱신 등은 하나의 레코드별로 처리가 된다. 파일을 이용한 컴퓨터 처리는 다음과 같은 처리 형태로 구분할 수 있다.

- 검색(SELECT) : 레코드를 구성하는 데이터 필드의 값을 참조하는 기능
- 갱신(UPDATE) : 데이터 필드의 값이 변경되었을 때 레코드 단위로 데이터 필드의 값을 수정하는 기능
- 삽입(INSERT) : 새로운 레코드가 발생하였을 때 파일에 새로운 레코드를 추가 입력하는 기능
- 삭제(DELETE) : 레코드를 파일에서 제거하여 삭제하는 기능

이러한 파일을 이용한 컴퓨터 처리 형태를 자세히 설명하면 다음과 같다.

① 레코드 검색

레코드 검색은 파일내의 레코드를 읽어서 데이터의 필드 값을 추출하는 것을 말한다. 즉, 검색이라고 하는 것은 추출되어진 레코드의 각 필드 값을 참조 하거나 새로운 값으로 계산할 때 이용하는 것을 말하며 레코드의 내용을 수정하거나 추가하는 것은 아니다.

예를 들어, 인사파일을 사용하여 급여계산을 수행할 경우 근무시간이 기록된 타임카드를 중심으로 대상이 되는 각 사원별로 정리되어진 인사파일에서 사원 각각의 기본급, 직능급 등의 데이터 필드 값을 이용하여 급여액을 산출한다. 여기서 사원 레코드의 내용을 수정하거나 추가되는 것은 아니다.

파일 처리에 사용되는 용어를 몇 가지 알아보도록 하자. 위의 인사 파일처럼 급여 계산을 처리하는데 있어서 주체가 되는 레코드가 저장되어 있는 파일을 마스터 파일(Master File)이라고 한다. 그리고 근무시간이 기록된 타임카드와 같이 매일매일 발생하는 데이터를 모아 놓은 파일을 트랜잭션 파일(Transaction File)이라고 한다 ([그림 6-5] 참고). 이 두 파일이 서로 대응하여 종업원 한 사람의 급여가 계산 된다. 앞서 말한 바와 같이 마스터 파일의 레코드와 트랜잭션 파일의 레코드는 사원 번호와 같은 키 필드로 서로 연결되어 참조된다.

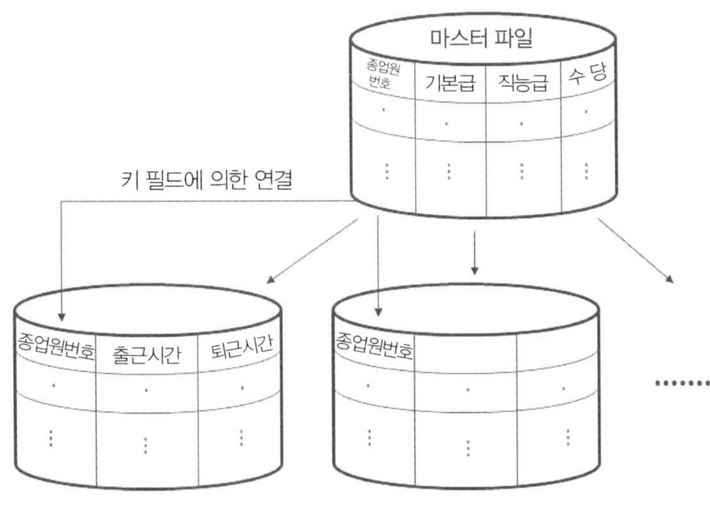

그림 6–5_ 마스터 파일과 트랜잭션 파일의 관계

② 레코드 갱신

승진으로 인하여 급여의 기본급, 직능급 등이 변경되었을 경우 인사파일내의 기본급 필드의 내용을 바꾼다든지 또는 종업원의 인센티브 퍼센트가 늘었을 경우 인센티브 필드의 내용을 고친다든지 하는 등 해당 파일의 레코드를 추출하여 필드의 값을 변경하는 처리를 레코드 갱신(UPDATE)이라고 한다.

레코드의 갱신처리는 마스터 파일의 레코드에 대하여 키 필드를 이용하여 검색한 뒤 그 레코드 내에 있는 해당 필드 값을 수정하여 다시 마스터 파일에 저장 하는 일련의 처리 과정을 의미한다([그림 6-6] 참고).

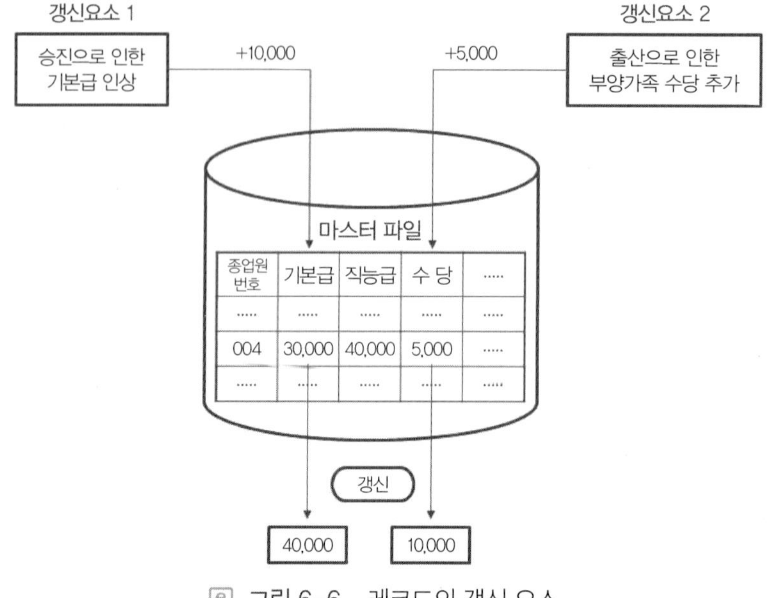

그림 6-6_ 레코드의 갱신 요소

③ 레코드 삽입

파일에 새로운 레코드를 추가하는 것을 레코드 삽입(INSERT)이라 한다. 예를 들어, 신입 사원이 들어왔을 경우 인사 파일에 새로운 레코드를 추가하는 처리를 수행하게 된다.

레코드 삽입에는 파일의 맨 마지막 레코드에 삽입하는 경우와 특정 위치에 새로운 레코드를 삽입하는 경우가 있다([그림 6-7] 참고).

보통 맨 마지막 레코드에 추가한 뒤 이름순이나 사원 번호순으로 정렬(Sorting)할 수 있다.

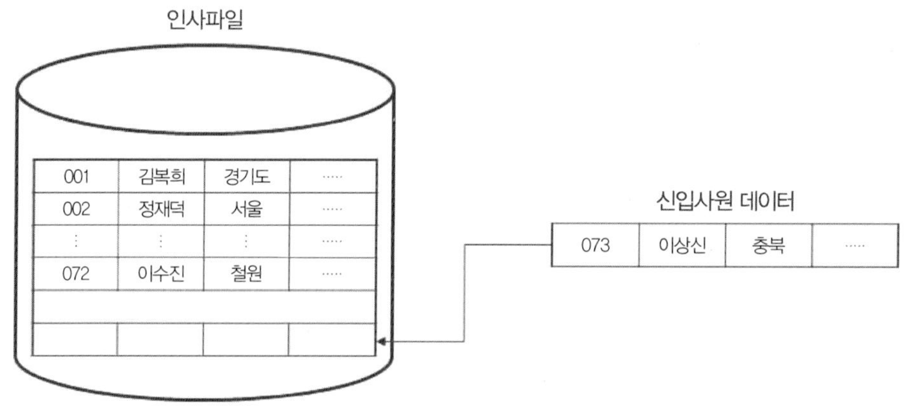

그림 6-7_ 레코드의 추가 요소(맨 마지막 레코드에 추가하는 경우)

④ 레코드의 삭제

기존 파일 내의 불필요한 레코드를 지우는 처리를 레코드 삭제(DELETE)라 한다. 또한 어느 레코드가 사용 불가능하여 이것을 지우는 처리도 레코드의 삭제라 한다.

예를 들어, 사원이 퇴사하였을 경우 인사파일에서 해당 사원의 레코드를 삭제 할 때 사용된다. 일반적으로 컴퓨터 처리에서 레코드 삭제를 수행할 경우에는 불필요한 레코드에 특별한 인식표시(*)를 한다든지, 또는 그 레코드의 특정 데이터 필드에 특정한 값('1')을 넣는 등의 방법으로 사용불가를 표시하기도 한다([그림 6-8] 참고).

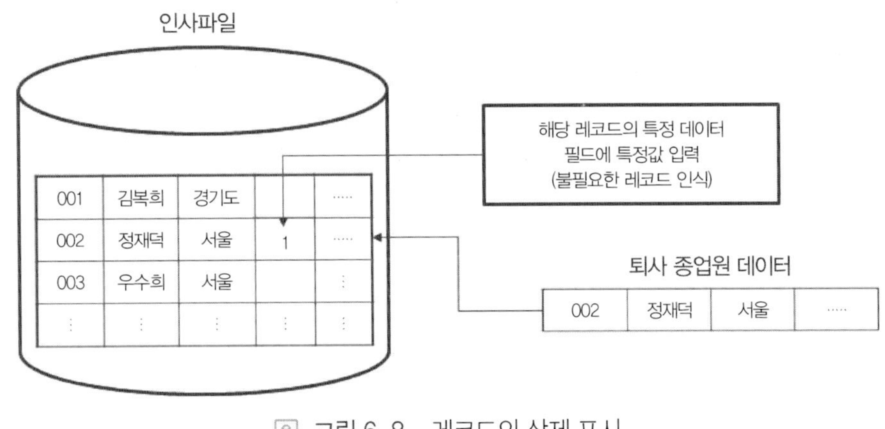

그림 6-8_ 레코드의 삭제 표시

파일은 앞서 설명한 4종류의 처리를 통하여 항상 최신의 데이터를 유지 보존하여야 한다. 이러한 처리를 효율적으로 사용하기 위해서는 파일내의 레코드를 어떤 순서로 정렬하여야 한다. 즉, 레코드의 배치나 기록 방법 등에 의하여 원활하고 신속한 처리를 수행할 수 있다(INDEX나 SORT 등).

다음 절에서는 레코드의 배치 방법에 대하여 알아본다. 즉, 파일의 구성방법에 대하여 알아보자.

(3) 파일의 구성 방법

파일은 레코드의 집합이다. 즉 파일이 레코드라는 요소로 구성되어 있다는 것이다. 본 절에서는 각각의 레코드가 어떤 방식으로 저장되는가에 대하여 알아본다.

예를 들어, 우리들이 일상에서 많이 사용하는 명함을 정리하는 방법에 대하여 생각하여 보자. 명함 한 장을 하나의 레코드로 생각하여 레코드의 정리 방법을 생각할 수 있다. 우선 명함이 소량일 경우에는 명함을 받은 순서대로 정리해 둔다. 이 방법은 명함첩에 정리하는 방법 중 가장 간단하고 쉬운 방법이다. 그러나 명함의 양이 많아지기 시작하면 검색하고자하는 사람의 명함을 찾는 것은 쉬운 일이 아닐 것이다. 따라서 명함을 ㄱ, ㄴ, ㄷ 순으로 또는 A, B, C 순으로 정리하여 이름이 'ㄱ'으로 시작하는 사람을 묶어두면 명함을 찾는 노력을 경감할 수 있을 것이다. 다른 방법으로는 회사명을 ㄱ, ㄴ, ㄷ, ㄹ 순으로 정리하여 두어도 좋을 것이다.

컴퓨터 시스템에서는 파일 처리 시 여러 보조기억장치들 중 자기디스크 유형의 기억장치를 주로 사용하며, 데이터를 저장하는 주된 매체로 이용되고 있다. 이러한 저장 매체에 데이터를 구성하고 액세스하기 위한 파일 구성 방법은 순차적 구조(Sequential organization), 상대적 혹은 직접 구조(Relative 또는 Direct organization)와 인덱스된 구조(Indexed organization)가 있다. 그리고 구성된 파일의 레코드에 접근하는 방법으로는 순차 액세스(Sequential access)와 임의 액세스(Random access)가 있다. 파일의 구성과 접근 방법의 적정한 선택은 응용분야에서 데이터를 가장 효율적으로 처리할 수 있도록 한다. 데이터가 보조기억장치에 저장될 때는 논리적으로 구성되어야 한다. 파일 구성 방법에 대한 설명은 다음과 같다.

① **순차적 편성 파일**(Sequential file)

순차적 편성 파일 구성 방법은 파일을 구성하는 제일 간단하고 단순한 방법이다. 또한 파일 내에 레코드를 추출할 때에도 보관된 파일의 처음 레코드부터 순서대로 한 레코드씩 읽어서 원하는 레코드와 비교를 통해서 작업이 수행된다. 파일 구성이 순차적으로 구성된 파일을 순차적 편성 파일 구조라 부른다. 순차적으로 구성된 레코드들은 주어진 순서에 의해 차례로 저장된다. 또한 순차적으로 구성된 레코드들은 처리를 위해 순차적으로 액세스된다. 이 구조는 주로 입력 레코드를 한꺼번에 모아 보조기억장치의 파일에 저장된 레코드와 같은 순서로 분류하는 일괄처리 시스템에서 사용된다. 순차적 편성 파일은 순차적 액세스가 사용되기 때문에 신속한 레코드의 액세스가 요구되는 파일 처리 시스템에서는 잘 사용되지 않고 있다.

② **인덱스된 순차 편성 파일**(Indexed sequential file)

인덱스된 순차 편성 파일 구성 방법은 색인(Index)되어진 전화번호부를 통해서 이름에 따라 전화번호를 분류하여 보관하는 방법처럼 파일에 인덱스를 부가하여 파일을 구성하는 방법이다. 파일 내에 순차적 편성 파일 구성과 마찬가지로 레코드는 키에 따라 오름차순이나 내림차순으로 인덱스된 파일에 저장된다. 이 점에서 인덱스된 파일의 레코드는 순차적 편성 파일의 레코드와 유사하다. 그러나 인덱스된 파일 또한 인덱스를 포함하고 있다. 연속한 순번으로 정렬하지만 같은 파일 안에 레코드에 따라 색인을 만들어 두는 파일 구성 방법이다.

이 방법은 레코드를 처음부터 순차적으로 추출하는 방법도 가능하면서 동시에 색인을 사용하여 빠른 속도로 원하는 레코드만을 추출하는 것도 가능하다. 인덱스된 순차적 파일 구성에 의하여 만들어진 파일을 색인된 순차편성파일 구조라 한다. 하나의 인덱스는 파일이 생성될 때 항상 디스크에 저장되고, 파일의 레코드를 액세스할 때 반드시 디스크로부터 인출되어야 한다. 인덱스를 사용하여 인덱스된 파일 내의 레코드들을 임의로 액세스 할 수 있다. 인덱스는 한 레코드의 키와 상응하는 디스크 주소를 포함한다. 여기서 레코드의 키는 키 필드의 값이고, 상응하는 디스크 주소는 레코드가 위치한 디스크 내의 주소를 명시하고 있다. 인덱스된 순차 편성 파일의 레코드를 순차적으로 검색하는 두 가지 방법이 있다. 이중 하나는 파일의 첫 번째 레코드로부터 시작하여 전체 레코드를 차례대로 검색하는 방법이고, 또 다른 방법은 특정키가 속한 인덱스의 처음 레코드부터 순차적으로 검색하는 방법이다. 그리고 인덱스된 순차 편성 파일에서도 임의 액세스가 가능하다. 인덱스된 순차 편성 파일의 레코드를 임의 액세스를 하기 위해서는 먼저 검색하고자 하는 레코드가 발견될 때까지 인덱스를 찾는다. 인덱스를 찾고 난 후 거기에 기록된 주소를 통해서 파일에서 직접 해당되는 레코드를 액세스할 수 있다.

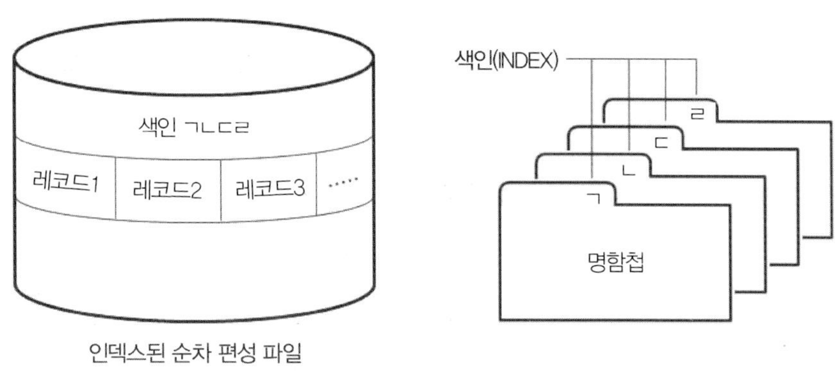

그림 6-9_ 인덱스된 순차 편성 파일

③ 상대적 혹은 직접 편성 파일(Relative or Direct file)

직접 편성 파일 구조는 위에서 살펴본 순차적 편성 파일 구조나 인덱스된 순차 편성 파일 구조와 매우 다른 구성을 갖고 있다. 즉, 파일내의 레코드는 각 레코드가 갖고 있는 키 항목의 키 값에 어떠한 계산에 의해 얻어진 값의 장소에 레코드를 저장하는 방법이다.

따라서 레코드를 직접 추출할 때에는 키의 값을 지정하여 저장할 때 사용한 키 값을 계산하여 추출한다. 키 값에 의해 순서대로 저장되지 않기 때문에 순차적으로 레코드를 추출할 경우에는 효율적이라 할 수 없으나 레코드를 추출하는 시간 즉, 처리속도를 빠르게 하는 장점이 있다. 직접 편성 파일 구성에 의하여 만들어진 파일을 직접 편성 파일 구조라 한다.

3) 데이터와 파일의 저장

(1) 자기 디스크

자기디스크(MD : Magnetic Disk)는 하드 디스크(hard disk)라고도 하며 파일을 저장하기 위해 개발된 장치이다. 데이터를 저장하는 보조저장장치로는 플로피 디스크(Floppy Disk), 자기 드럼(Magnetic Drum), 자기 테이프(Magnetic Tape) 등과 함께 컴팩트 디스크(CD : Compact Disc)와 광 자기디스크 등이 있다. 자기디스크 장치는 자기디스크라 불리는 원판을 여러 장 겹쳐서 구성되는 기억매체와 데이터를 읽고 쓰는 헤드, 그리고 헤드와 연결되어 있는 액세스 암으로 구성되어 있다. 디스크 원형 평판은 트랙(Track)이라고 하는 동심원들로 이루어져 있으며 트랙 단위로 데이터가 저장된다.

헤드는 액세스 암이라고 하는 직선 모양의 금속체 끝에 연결되어 있다. 데이터를 읽고 쓸 때에 액세스암이 이동하여 데이터가 위치하는 곳에서 읽기 쓰기 헤드가 원판의 자기적 변화를 이용하여 읽기 쓰기를 수행한다.

(2) 자기 디스크의 데이터 저장

자기디스크는 디스크 원형 평판에 동심원 형태의 트랙들이 있으며 각 트랙의 처음에는 시작점을 표시하는 트랙기점 마크가 있고 그 뒤를 이어 물리레코드 0번이 만들어진다. 물리레코드 0번에는 그 트랙번호와 트랙의 사용현황이 기록되어 있는데 이는 운영체제가 데이터를 관리할 때에 사용하는 것이고 사용자 데이터는 물리레코드 1번부터 저장된다.

각각의 물리 레코드에는 순차 편성, 색인 순차 편성, 직접 편성 등의 파일 저장 형태에 따라 그 항목이 다르다. 순차 편성 파일은 파일 구성이 순차적으로 이루어진 파일을 말하며 이러한 순차 편성 파일의 물리 레코드는 [그림 6-10]에서와 같이 카운트부와 데이터부로 나뉘어져 있다. 카운트부는 OS가 데이터 관리를 위한 목적으로 사용되며 이 물리레코드가 자기디스크에 저장되어 있는 위치에 관한 데이터가 기록 되어 있다. 색인을 통하여 보다 빨리 데이터를 검색하고자 하는 색인 순차 파일이나, 키 값에 의해 데이터가 저장되는 장소를 결

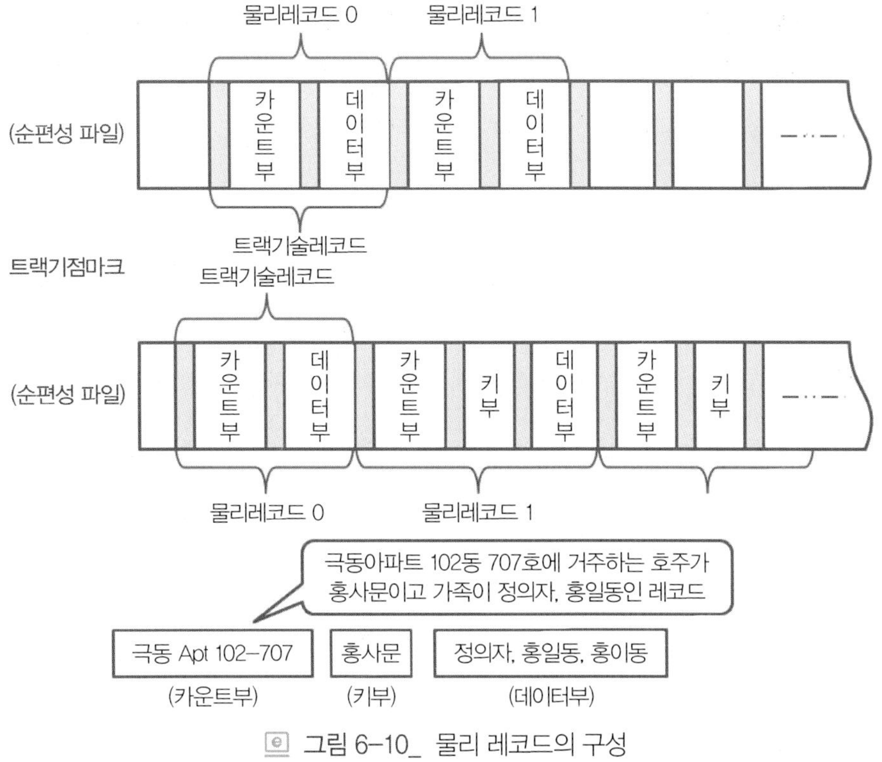

그림 6-10_ 물리 레코드의 구성

정짓는 직접편성파일 등의 경우에는 카운트부와 데이터부 외에도 키부라는 것이 있다. 이 키부에는 사용자가 프로그램에서 지정하는 키 필드의 값, 즉 레코드를 식별하기 위한 키의 내용이 기록되어 진다.

(3) 파일의 저장

하나의 자기디스크를 일반적으로 데이터를 저장하는 큰 용량이라는 의미로 볼륨(Volume)이라고 부른다. 이 볼륨 안에는 여러 개의 파일이 저장될 수 있는데 복수 개의 파일이 하나의 볼륨에 저장되어 있을 때 그 볼륨을 복수파일 볼륨이라고 부른다. 각각의 파일에 대한 파일 이름, 파일편성 종류, 파일 위치 등을 기록한 것을 파일레벨이라고 한다. 이러한 파일레벨을 일괄하여 관리하고 있는 것을 볼륨 목록(VTOC : Volume Table Of Contents)라고 한다.

VTOC는 볼륨의 어느 위치에 있어도 무방하나 VTOC의 위치를 표시한 정보는 볼륨내의 볼륨레벨이라는 장소에 볼륨에 관한 데이터와 함께 기록되어진다. 볼륨레벨은 미리 지정된 위치에 저장되어진다. 최종적으로 필요한 레코드를 찾기 위해서는 [그림 6-11]에서와 같이 볼륨레벨에 적혀 있는 VTOC 위치를 확인하여 VTOC에 기록되어 있는 파일레벨을 검사한 후에 해당 파일로 옮겨져서 그 레코드를 찾게 된다.

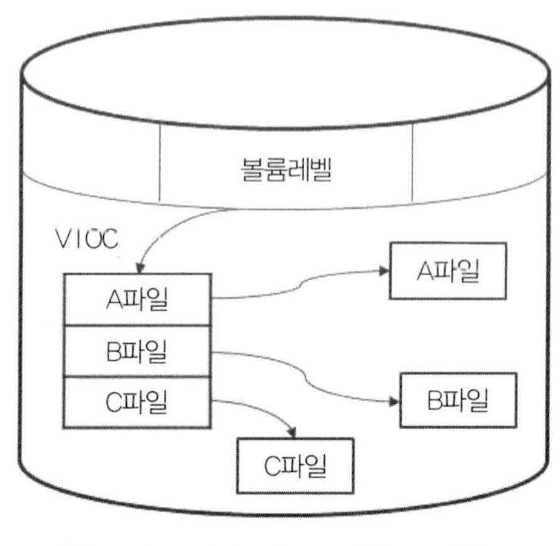

그림 6-11_ 볼륨 레벨과 VTOC

4) 파일 처리와 데이터베이스 처리

소규모 가게에서도 서류나 장부 없이는 장사를 할 수 없다. 심지어 가게가 조금이라도 커지면 체계적인 사업 관리를 위해 구매서류, 판매서류, 재고기록 서류 등을 갖추어야 할 것이다. 가게가 발전하여 회사가 되어서 여러 부서가 생겨나면 일정한 시간에 관리해야할 데이터가 그만큼 증가하게 되고 따라 수작업으로 가능한 한계를 넘어서게 되며 효율성이 급격히 떨어지므로 컴퓨터를 이용하여 모든 데이터를 관리해야 할 것이다. 각종 장부를 컴퓨터에 저장하여 파일 단위로 관리하는 파일 시스템을 구축함으로써 회사의 데이터 관리의 효율성을 극대화시킬 수 있게 된다.

파일 시스템에서 파일 정의는 파일을 이용하는 프로그램 내에서 정의한다. 즉 데이터의 공유를 중요시 하지 않기 때문에 파일의 정의는 해당 응용프로그램에서 결정하면 된다. 이에 비해서 데이터베이스 시스템의 환경에서는 원칙적으로 데이터베이스 안의 파일은 많은 프로그램에 공유되는 것이 보통이다. [그림 6-12]는 파일 시스템에서 파일 사용 구성도를 보여주고 있다.

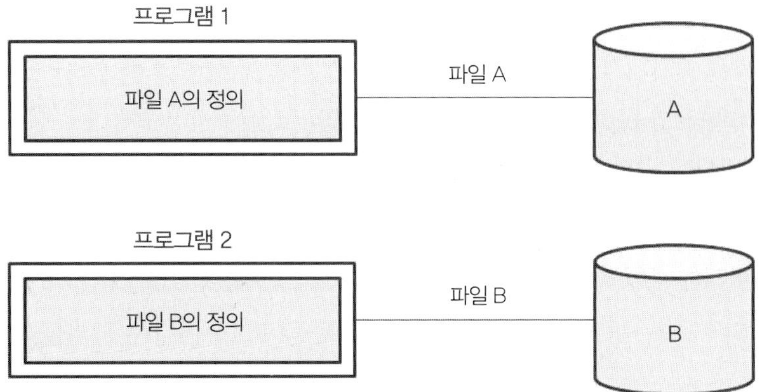

그림 6-12_ 파일 시스템에서 파일 사용 구성도

파일 시스템의 장점에는 아래와 같은 것들이 있다.

- 빠른 처리속도 : 운영체제가 제공하는 파일시스템을 사용하기 때문에 처리속도가 빠르다.
- 단순성 : 기능이 단순하기 때문에 단기간에 익힐 수 있으며 비용도 비교적 많이 들지 않는다.
- 저비용 : 운영체제에 내장되어 공급되기 때문에 별도의 구입, 유지, 보수, 교육, 훈련 등의 비용이 들지 않는다.

그러나, 파일 시스템의 단점으로는 아래와 같은 것들이 제시되고 있다.

- 자료 변경 곤란 : 파일 시스템은 데이터와 프로그램이 통합되어 있으므로 자료 구조나 자료형태가 변경되면 관련 프로그램을 전부 갱신하고 다시 컴파일(Compile)해야 한다.
- 자료 중복 : 프로그램별로 자료를 정의하기 때문에 프로그램 단위로 파일 정의가 중복되는 문제가 발생한다.
- 병행제어 곤란 : 파일 시스템에서는 병행제어 기능이 없으므로 동시에 여러 사용자가 같은 자료를 접근할 때 갱신 유실 문제(lost update problem) 등의 오류가 발생하여 일관성이 떨어진다.
- 무결성(integrity) 곤란 : 자료의 정확성을 각 응용프로그램이 확인해야 하므로 데이터의 오류를 발견하지 못할 위험성이 존재한다.

- 보안 곤란 : 프로그램이 일단 파일을 개방하면 파일의 전체 내용을 읽고 갱신할 수 있으므로 허가되지 않은 접근으로부터 파일의 데이터를 보호하는 것이 어렵다.
- 회복(recovery) 곤란 : 프로그래머가 파일 고장에 대비하여 따로 백업 파일을 준비하지 않으면 고장 발생 시에 회복할 수 있는 방법을 찾기 어렵다.

데이터베이스 시스템은 파일 시스템의 단점을 개선한 것으로서 자료 변경의 용이, 자료 중복의 최소화, 병행제어, 무결성, 보안, 회복 등이 가능하다는 장점을 가진다. 이러한 데이터베이스 시스템은 응용 프로그램과 파일 시스템의 중간에 위치하여 응용 프로그램의 요청에 따라 자료를 정의하고 조작해준다.

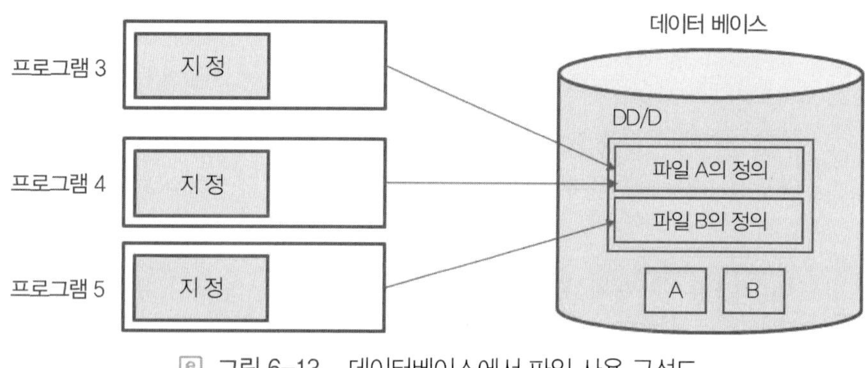

그림 6-13_ 데이터베이스에서 파일 사용 구성도

[그림 6-13]은 데이터베이스에서 파일 사용의 구성을 보여주고 있다. 데이터베이스는 응용 프로그램들에 의해 공유되므로 파일의 정의는 프로그램으로부터 분리된 데이터베이스 내의 DD/D(Data Dictionary/Directory)에 위치해야 한다.

파일 시스템으로부터 데이터베이스 시스템으로 전환 시에 고려해야 할 문제점들은 아래와 같다.

- 하나의 파일이 여러 응용프로그램들에 의해 공유되므로 데이터베이스의 갱신 문제가 발생한다.
- 파일이 독립해서 정의되므로 전용어가 필요하게 된다.
- 데이터베이스가 이용자들에게 공유 자원으로 활용되므로 이용자 전원이 동일 데이터에 대한 동일한 이해가 요구된다.

표 6-1_ 파일처리와 데이터베이스 처리의 차이점

구 분	파일처리	DBMS 처리
S/W 조작	응용 프로그래머가 파일 시스템을 직접 조작	응용프로그래머가 DBM에게 파일 시스템 조작을 의뢰
자료 중복	많 다	적 다
자료 독립	불 가	가 능
자원 수요	소	대
효 율	고	저
자료관리기능	저 기능	병행제어, 회복, 무결성 보호/보안
생산성	저	고
인력수요	보통 인력 필요	고급 인력 필요

지금까지 파일 시스템과 데이터베이스 시스템의 차이점에 대해 살펴보았으며 [표 6-1]은 이들 두 시스템 사이의 차이점을 요약 정리하였다.

2. 데이터베이스의 특징

본 절에서는 데이터베이스 시스템에서의 데이터 관리 특징 및 주요 기능들에 관하여 설명한다. 데이터베이스 시스템을 통하여 데이터 관리의 가장 큰 특징은 메타 데이터가 응용프로그램으로부터 분리되어 있다는 것이다. 파일 처리 방식에서는 파일 레코드 형식이 응용프로그램에 의해 정의되는데 반해 데이터베이스 시스템은 메타데이터가 응용프로그램에 종속되어 있음을 의미한다. 데이터베이스 시스템에서 데이터 관리에서의 특징은 다음과 같다.

1) 데이터베이스의 자기 기술성

데이터베이스 시스템을 통한 데이터 관리의 주요 특징은 데이터베이스 시스템이 데이터베이스에 대한 관리는 물론 이들 데이터베이스의 메타 데이터까지도 관리하는데 있다. 시스템 카탈로그에 저장되는 메타 데이터는 데이터베이스에 속한 데이터 파일들에 대한 논리적 구조, 각 데이터 항목의 타입, 데이터에 대한 다양한 제약조건은 물론 데이터 파일의 물리적 저장형식 및 접근 경로 등을 나타낸다.

데이터베이스 시스템의 사용자는 DBMS를 통해 원하는 데이터베이스의 구조에 관한 정보를 알 수 있으며, 응용프로그램의 개발시 데이터베이스의 구조에 대한 정보를 사용하여 데이터베이스 접근 프로그래밍을 수행 할 수 있다.

2) 프로그램과 데이터의 독립

응용프로그램은 DBMS를 통해 데이터베이스의 데이터를 접근한다. 그런데 이때 응용프로그램은 데이터베이스의 데이터의 물리적 저장 형식에 관계없이 논리적 구조의 정보만을 사용하여 데이터를 접근하게 된다. 이는 응용프로그램이 논리적 구조의 정보를 통해 데이터를 접근할 때 DBMS가 이를 물리적 저장 정보로 변환하고 효율적인 접근 경로를 사용하여 데이터베이스의 데이터를 접근하기 때문이다.

이러한 프로그램과 데이터의 독립성은 데이터베이스 시스템이 제공하는 데이터 추상화(Abstraction)에 기인한다. 데이터 추상화는 사용자에게 데이터의 물리적 특성을 감추고 논리적 특성만을 제공하는 기능으로 사용자는 물리적 특성에 관계없이 논리적 특성에 기초하여 데이터를 사용할 수 있으며, 시스템 관리자는 논리적 특성의 변화를 수반하지 않는 한 물리적 특성을 변화시킬 수 있는 장점이 있다.

3) 다중 뷰 제공

데이터베이스를 사용하는 사용자들은 데이터베이스 응용에 다라 서로 다른 관점에서 데이터를 보게 된다. 가령 어떤 학사 관리 프로그램의 사용자는 성적 조회를 하는 데 관련된 자료에만 접근한다고 가정하자. 이때 사용자는 [표 6-2] 같은 뷰를 갖는다고 할 수 있다. 뷰는 데이터베이스의 일부이든지 데이터베이스로부터 유도된 데이터를 의미하며 다중 사용자 데이터베이스 시스템에서 각 사용자의 데이터에 대한 관점을 정의한다. 다중 사용자 시스템의 경우, 사용자의 관점에 따라 다양한 뷰를 정의할 수 있다.

표 6-2_ 성적 조회 프로그램의 뷰

ID	이 름	과 목	성 적
1111	김철수	데이터베이스	B
		컴퓨터활용	A
2222	이영희	데이터베이스	C

4) 다수 사용자의 동시적 접근

개인용 DBMS도 존재하나 대부분의 데이터베이스 시스템은 다수 사용자의 접근을 허용하는 다수 사용자용 DBMS를 사용한다. 다수 사용자용 DBMS는 여러 사용자가 동시에 같은 데이터를 접근하여 갱신했을 때도 데이터의 일관성을 보장하는 동시성 제어를 지원한다. 예를 들어 영화 좌석 예약에 관한 응용프로그램의 경우, 동시에 여러 직원이 좌석 예약을 시도해도 같은 좌석이 여러 고객을 위해 예약되는 것을 방지해야 한다.

5) 기타 데이터베이스의 특징

(1) 데이터의 안정적 관리

데이터베이스 시스템을 사용하는 이유 중 하나는 데이터 관리의 신뢰성 때문이다. 이는 어떠한 상황에서도 데이터의 손실이 발생하지 않도록 하는 것이다. 이를 위해 사용 DBMS에서는 데이터의 백업 기능과 복구 기능을 제공한다.

(2) 데이터의 보안

데이터베이스의 데이터는 사용자들과 관련 조직에게는 매우 중요한 자원으로 불법적인 접근을 금지해야 한다. 따라서 사용 DBMS들은 사용자들의 접근 권한을 통제하는 등 다양한 수단을 제공한다.

3. 데이터 모델

1) 데이터 모델

대규모의 조직을 위한 데이터베이스 시스템은 종종 처리해야 할 데이터의 규모가 방대할 뿐만 아니라 조직 내의 사용자 그룹들의 다양하며 복잡한 요구사항을 만족해야 한다. 이를 위해 효과적인 데이터베이스 시스템을 구축하려면 데이터베이스의 설계는 매우 중요한 일이다. 설계가 효과적으로 이루어지지 않았을 경우에는 데이터베이스 시스템을 운영 및 관리할 때 불필요하게 많은 데이터 조작이 필요하고 효율성이 현저하게 떨어지거나 데이터의 일관성이 손상되어 심각한 문제를 초래할 수 있다.

이러한 문제를 해결하기 위해서는 데이터베이스의 구조를 정의하고 정의된 구조를 분석할 수 있는 방법이 필요하다. 이를 위해 데이터 모델이란 개념이 사용되며, 데이터 모델에는 개념적 데이터 모델, 논리적 데이터 모델 등 다양한 모델들이 존재한다.

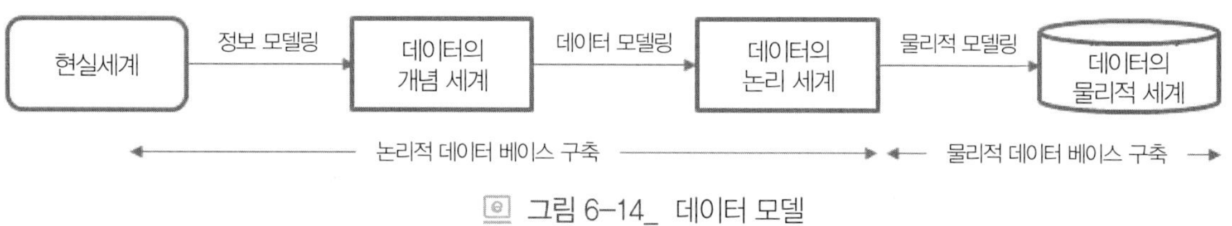

그림 6-14_ 데이터 모델

(1) 추상화 수준에 따른 분류

데이터의 추상화 수준에 따라 분류하면 개념적 모델, 논리적 모델, 물리적 모델로 구분할 수 있다.

① 개념적 데이터 모델

개념적 데이터 모델은 사용자들이 쉽게 이해할 수 있는 용어로 데이터베이스의 구조를 설명한다. 따라서 개념적 모델들은 데이터베이스 초기 설계 과정에 사용된다.

② 논리적 데이터 모델

논리적 데이터모델은 데이터베이스의 전체적인 논리적 구조를 설명한다. 대개 사용 DBMS가 지원하는 모델로 표현되며, 관계형 데이터베이스 시스템의 경우에는 관계형 데이터 모델을 의미한다. 관계형 데이터모델은 모든 데이터 파일이 테이블로 표현된다.

③ 물리적 데이터 모델

물리적 데이터 모델은 데이터가 어떻게 컴퓨터 저장 장치에 저장되는가를 기술하는 개념들을 제공한다. 레코드의 형식, 레코드의 저장 순서, 접근 경로와 같은 정보를 통하여 컴퓨터 내에 어떻게 데이터가 저장되는가를 기술한다.

(2) 데이터 표현 형식에 대한 분류

데이터 모델은 데이터의 표현형식에 기초하여 분류할 수 있다. 이러한 분류로는 관계형 데이터 모델, 객체 지향 모델, 계층형 모델 등 다양한 데이터 모델늘이 있다.

① 관계형 데이터 모델

관계형 데이터 모델은 데이터를 테이블(또는 릴레이션)의 형식으로 표현하는 방식의 데이터 모델로서 확실한 이론적 기반과 간결한 표현 형식으로 인해 현재 가장 보편적으로 사용되는 데이터 모델이다. 많은 사용 DBMS가 이를 지원한다.

② 객체 지향 데이터 모델

관계형 데이터 모델은 모든 데이터를 테이블 형식으로 표현하는데, 데이터 구조가 복잡한 경우에는 관계형 데이터 모델이 부적당한 경우가 종종 발생한다. 객체 지향 데이터 모델은 데이터를 클래스 단위로 표현하며 상속, 캡슐화 등과 같은 객체 지향 개념을 도입하고 있다. 최근 관계형 데이터 모델에 기초하여 객체 지향 데이터 모델의 장점을 살린 DBMS들이 등장하고 있다.

③ 계층형 데이터 모델

계층형 데이터 모델은 60년대 사용된 데이터 모델로 복잡한 부품 구조를 표현하기 위해 사용되는 데이터 모델이다. 데이터를 트리 구조로 표현하며 트리의 각 노드는 레코드를 나타낸다.

④ 네트워크 데이터 모델

네트워크 데이터 모델은 계층형 모델의 단점을 극복하고 복잡한 데이터를 효과적으로 표현하기 위해 사용되는데, 데이터를 트리가 아닌 그래프 형식으로 표현하는 데이터 모델이다.

2) 데이터 모델링

데이터 모델링 단계에서는 정보 모델링을 통해 얻어진 정보 구조를 논리적 데이터 구조로 변환하면 논리적 설계라고 하며, 데이터 구조화 단계에서는 데이터베이스에서 표현되고 있는 개체들과 개체들 간의 관계를 나타내면 물리적 설계라 한다. 논리적 데이터 구조를 물리적 저장 장소에 표현하고, 데이터를 저장할 공간의 저장 구조를 정의한다.

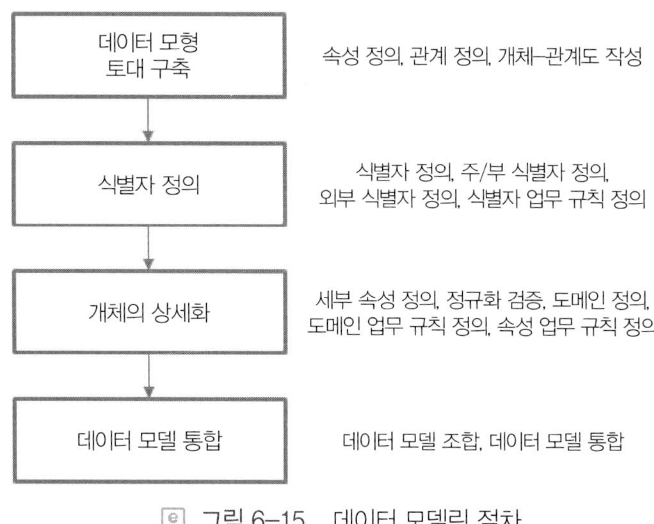

그림 6-15_ 데이터 모델링 절차

4. 데이터베이스 사용

데이터베이스는 기존의 문제점을 해결하고 여러 가지 목적을 달성하기 위해 작성된 프로그램이다. 이러한 데이터베이스는 많은 장점을 가지고 있으나, 상대적으로 여러 가지 단점을 가지고 있다. 데이터베이스의 장점 및 단점을 파악한다.

1) 데이터베이스 장점

데이터베이스는 자료를 공유함으로써 자료의 접근 효율을 증대시키고, 중복을 감소시킬 수 있다. DBMS를 이용하여 자료를 관리하면 [표 6-3]과 같은 장점들이 있다.

데이터베이스는 자료를 추상화하여 자료 사용을 단순하게하고 사용을 편리하게 한다. 자료 공유 및 중복 감소는 자료 관리를 용이하게 하고 자료의 일관성을 향상시킨다. 또한 공간의 절약도 가져온다. 무결성과 보안은 데이터베이스를 정확하고 안전하게 유지시켜주며 여러명의 사용자들이 공유함으로써 병행처리를 가능하게 한다. 질의 처리 능력을 향상시킨다. 데이터베이스의 고장 발생 시에 회복하는 능력 및 백업하는 능력을 증대한다. 부수적으로 자료를 표준화하여 생산성을 증대하며, 자료 접근의 가용성을 향상시킬 수 있다.

표 6-3_ 데이터베이스의 장점

종 류	내 역
편리성	자료 추상화 기능을 이용하여 복잡한 세부 사항을 감출 수 있고, 자료 공유 및 검색, 저장이 용이
자료 관리	다양한 기술을 구사하여 효율적으로 자료를 접근하고 체계적으로 관리
무결성	오류 없는 정확한 자료 처리 가능(입력, 갱신, 삭제)
보안	불법 침입으로부터 자료 보호
병행제어	여러 사용자들이 동시에 동일한 자료를 효율적으로 처리
복구	고장 발생 시 신속한 회복
백업	시스템 붕괴 시에도 복구할 수 있도록 자료의 예비 저장
생산성	표준화 및 종합 설계를 통하여 자원 절약 및 신속한 개발 운영

2) 데이터베이스 단점

데이터베이스는 크기와 기능이 방대하고 용도가 다양하기 때문에 프로그램의 규모가 크고 복잡하여 [표 6-4]와 같이 여러 가지 단점을 가지고 있다.

표 6-4_ 데이터베이스의 단점

종 류	내 역
높은 비용	고가의 DBMS, 대형 하드웨어, 교육비 증가
낮은 속도	DBMS는 기능이 많아서 처리 속도 저하
고급 기술	컴퓨터 환경 발전에 따라 새로운 고급 기술을 지속적으로 DBMS가 수용

5. 데이터베이스 관리 시스템(DBMS)

1) DBMS의 역사

지난 40년 동안 끊임없이 진화를 거듭해 온 데이터베이스 기술은 이제 정보시스템의 필수 불가결한 핵심 요소로 자리 잡았다.

1960년~1970년대는 DBMS의 개념이 등장해서 시장에서 자리 잡기 시작하였고, 1980년대에는 관계형 DBMS를 중심으로 단순 OLTP(On-Line Transaction Processing) 업무에 널리 사용되기 시작했다. 1990년대 초반부터 데이터 웨어하우스(Data Warehouse)와 같은 대용량 데이터 처리와 인터넷 전자상거래와 관련한 업문에 DBMS 기술이 적용됐다. 1990년대 중반부터는 ERP와 CRM 등 솔루션 레벨의 소프트웨어가 DBMS의 주요 응용분야가 되고 있다.

데이터베이스 기술은 한 기업의 단순 OLTP 업무에서부터 OLAP 분석, 데이터 마이닝 업무 영역까지 포괄하며, CEO로부터 보험 영업사원까지 사용자가 확대되고 있다. 그리고 기존의 유통, 금융, 생산 분야에서 이제는 우주공학, 생명공학 분야로까지 그 지평을 넓혀가고 있다.

국내에서는 1990년대 초반부터 활발히 도입되기 시작한 데이터베이스는 90년대 중반 이후 정보 시스템의 근간으로 자리 잡고 있다.

특히 ERP(Enterprise Resource Planning), CRM(Customer Relationship Management), 데이터웨어하우스와 같은 기업의 전략적 정보시스템이 국내에도 활발히 도입됐는데, 이들 정보시스템의 핵심에는 데이터베이스가 자리 잡았다. 이분야 외에도 웹 로그분석, 데이터 마이닝, GIS(공간지리 정보시스템), 모바일, 전자상거래 분야 등 거의 모든 정보 시스템들이 데이터베이스를 중심으로 정보를 저장, 검색, 분석하고 있다.

정보 시스템의 도입에 있어 적어도 표면적으로 DBMS 자체는 큰 관심거리가 아니다. 그러나 어떤 DBMS를 사용하고, 데이터베이스에서 제공하는 기술을 어떻게 효과적으로 사용하느냐가 그 정보 시스템의 성패를 좌우할 만큼 자리를 차지하고 있다. 왜냐하면 데이터베이스 기술이 정보 시스템의 처리 속도, 가용성, 무결성 등에 영향을 미치기 때문이다.

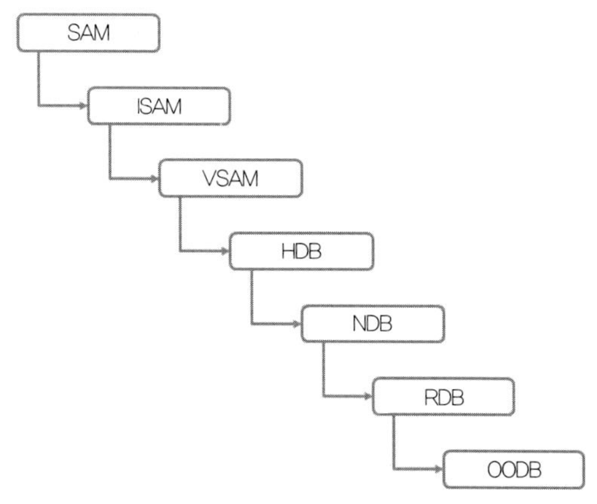

그림 6-16_ DBMS 발전 과정

표 6-5_ DBMS 발전 과정

발전과정		설 명
파일시스템	순차 파일(SAM)	파일 내의 각 레코드를 논리적 순서에 따라 물리적으로 연속된 위치에 기록하는 파일 시스템 · 장점: 기억장소의 낭비가 없으며, 취급이 용이 · 단점: 삽입, 삭제가 어려우며, 순차 처리만 가능
	직접파일(DAM)	해싱 함수를 이용하여 디스크내의 물리적 주소로 직접 저장·검색하는 파일 시스템 · 해싱: 계수적 성질을 이용하여 해싱함수에 의해 기억장소 주소로 직접 변환시켜 접근하는 방법 · 장점: 특정 레코드에 대한 접근이 빠르며, 중간 레코드 삽입 삭제 용이 · 단점: 기억장소 낭비가 심하며, 주소를 계산해야 함
	인덱스된 순차 파일(ISAM)	순차접근을 지원하는 순차 파일과 직접 접근 방법을 지원하는 직접 파일을 결합한 형태의 파일을 말하며, 키 값에 따라 정렬된 레코드를 순차적으로 접근하거나 주어진 키 값에 따라 직접 접근하는 파일 시스템 · 장점: 순차, 직접처리 모두 가능하며, 추가, 삭제가 용이 · 단점: 기억공간 낭비가 심하며, 접근 시간이 느림, 재편성의 문제와 고정길이 레코드만 수용
	VSAM (Virtual SAM)	ISAM과 비슷하나, 인덱스 부분과 자료를 기억하는 부분으로 나눠고, 각 블록에는 나중에 레코드가 삽입될 것을 감안하여 빈 공간을 미리 준비해두는 방법으로 가변길이 레코드 수용 가능
데이터베이스관리시스템	계층형 모델(HDB)	계층형 데이터 모델은 가장 먼저 구현된 모델로서, 현재 거의 쓰이지 않고 있지만 데이터 베이스 구축 시 내부적으로 계층형 형태의 모델을 사용하는 경우가 있으며 트리형 구조임
	네트워크 모델 (NDB)	네트워크 모델은 70년대에 개발된 모델이며, 이 모델은 계층형 모델을 좀 더 발전시킨 모델로서, 계층형 모델처럼 트리 구조를 가지는 대신 네트워크 구조를 가지고 있기 때문에 트리형 구조와는 달리 n:m(다수 대 다수)의 관계를 가짐
	관계형 모델(RDB)	Ms Access, 과거 dBase, FoxPro를 비롯해 기업형 DB인 오라클, MS-SQL 등이 여기에 해당하며 2차원의 테이블(가로는 레코드(튜플), 세로는 필드(속성))로 구성
	객체 지향형 모델 (OODB)	객체 지향형 모델은 레코드에 기반을 둔 위의 세 모델과는 달리 데이터를 객체 중심으로 표현하는 모델로서, 객체지향 데이터 베이스의 단점을 극복하고 관계형 모델의 장점을 취한 객체 관계형 데이터 베이스들이 제시되었고, 현재 데이터 베이스 시장 추세는 객체 관계형 데이터 베이스 형태로 발전되고 있음

2) DBMS 정의

데이터베이스 관리 시스템(DBMS : DataBase Management System)은 기존의 파일 시스템에서 발생할 수 있는 데이터의 종속성, 중복성, 비공용성 등의 문제들을 해결하기 위해 제안된 시스템이다. DBMS는 응용 프로그램과 데이터의 중재자로서 모든 응용 프로그램들이 데이터베이스를 사용할 수 있도록 관리해주는 소프트웨어 시스템이며 모든 응용 프로그램들이 데이터베이스를 공용할 수 있도록 관리해주는 시스템으로 정의할 수 있다. 즉, 데이터베이스 관리 시스템은 데이터베이스 관리를 위해 데이터베이스를 구축하거나 데이터에 대해 오직 허가된 사용자만 접근할 수 있게 접근/통제 등의 보안 기능을 제공해 주는 시스템으로 데이터 구조 정의, 데이터베이스에 데이터 저장, 유지관리, 저장된 데이터에 대한 다양한 조작 및 관리 등을 수행하는 프로그램이라고 할 수 있다.

응용 프로그램과 데이터베이스 관리 시스템의 관계를 [그림 6-17]에서 보여주고 있다. DBMS를 이용하는 응용 프로그램은 데이터베이스의 생성, 접근방법, 처리절차, 보안, 물리적 구조 등에 대해서 관련할 필요 없이 원하는 데이터와 처리 작업만을 DBMS에게 요청하면 된다. DBMS는 데이터베이스를 종합적으로 조직하고 접근하며 전체적으로 통제할 수 있는 프로그램들로 구성되어 있기 때문에 이러한 프로그램의 요청을 책임지고 수행할 수 있다.

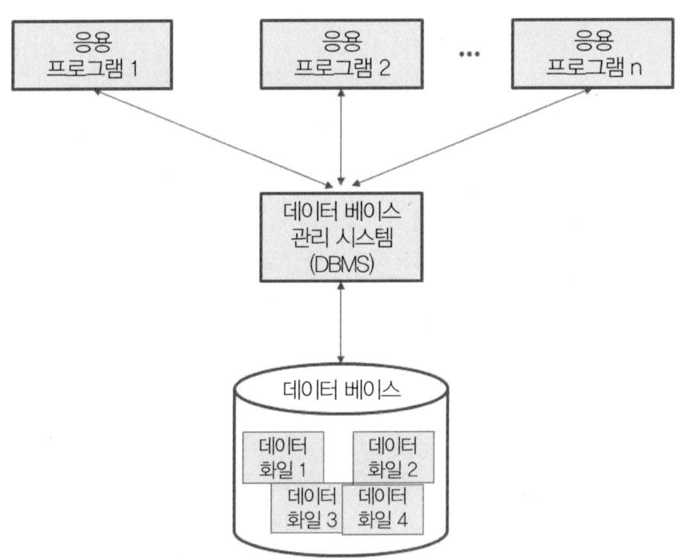

그림 6-17_ 응용 프로그램과 데이터베이스 관리 시스템의 관계

3) DBMS 기능

사용자가 데이터베이스를 접근하기 위해서는 반드시 DBMS를 통해야 한다. DBMS는 응용 프로그램이 데이터에 대한 모든 액세스가 가능하도록 데이터베이스를 관리하는 소프트웨어이다. 이런 DBMS의 기능에는 데이터 정의, 데이터 조작, 데이터 제어 등이 있다. [그림 6-18]은 DBMS 기능의 수행절차를 보여주는 부분적인 예이다. 사용자가 응용프로그램에서 DBMS를 통해 데이터를 요구할 때에 DBMS는 우선 사용자의 데이터 요구사항을 접수하고 번역한다. 번역된 내용을 가지고 외부 스키마를 탐색하고, 외부 스키마와 개념 스키마의 사상(Mapping) 관계를 찾아서 개념 스키마를 탐색한다. 계속해서 개념 스키마와 내부 스키마의 사상관계를 찾아서 기억장치 내의 물리적인 데이터베이스를 탐색한다. 이러한 탐색절차를 거쳐 DBMS는 탐색된 데이터를 응용프로그램의 요구대로 사용자에게 전달한다.

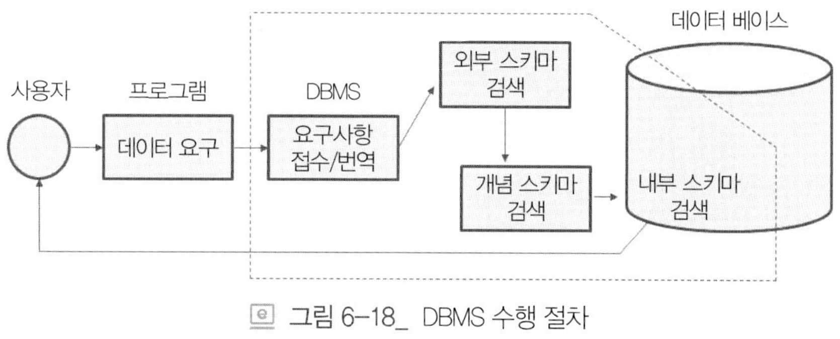

그림 6-18_ DBMS 수행 절차

(1) 데이터 정의 기능

데이터 정의(definition) 기능은 데이터베이스를 생성할 때에 반드시 필요로 하는 기능이다. 데이터베이스를 생성할 때에는 우선 다양한 사용자들의 사용 형태를 파악한 후에 공동 사용함에 있어 어느 사용자도 사용 가능하도록 레코드와 레코드의 형식 등을 데이터 정의 기능을 이용하여 정의하게 된다. 또한 이용방식과 제약조건 등을 명시한다. 이후 데이터 정의를 기본 형태로 하여 데이터베이스를 만들어서 사용자에게 제공하는 과정을 거치게 된다. 즉, 데이터 정의 기능을 통해서 응용 프로그램과 데이터베이스간의 상호 작용 수단을 제공한다.

데이터 정의 기능에는 다음과 같은 내용이 포함되어야 한다.

• 데이터 논리적 구조(모델) 기술 : 모든 응용 프로그램들이 요구하는 데이터 구조를 지원할 수 있도록 데이터베이스의 논리적 구조와 그 특성을 DBMS가 지원하는 데이터 모델에 맞게 기술하여야 한다.
• 물리적 저장 구조 명세 : 데이터베이스를 물리적 저장 장치에 저장하는 데 필요한 명세를 포함하여야 한다.
• 물리적/논리적 사상 명세 : 데이터의 논리적 구조와 물리적 구조 사이에 변환이 가능하도록 이 두 구조 사이의 사상(mapping)을 명세해야 한다. 이는 하나의 물리적 구조로써 여러 응용 프로그램들이 요구하는 데이터 구조를 지원할 수 있도록 하기 위함이다.

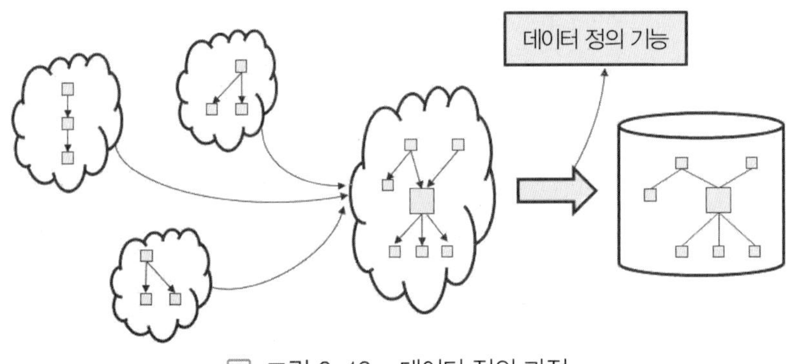

그림 6-19_ 데이터 정의 과정

(2) 데이터 조작 기능

데이터 조작(manipulation) 기능은 사용자와 데이터베이스 사이의 상호작용을 위한 수단을 제공한다. DBMS는 데이터베이스를 사용하는 사용자의 요구에 따라 체계적으로 데이터베이스를 접근 및 조작 가능해야 한다. 이러한 데이터 조작 기능은 데이터의 검색, 갱신, 삽입, 삭제 등의 처리를 수행하기 위한 명령(command)을 수행하는 방법을 제공하고 있다.

데이터 조작 기능은 다음과 같은 요건을 만족해야 한다.

• 사용이 쉽고 자연스러운 도구
• 연산의 완전한 명세 가능
• 효율적인 접근

(3) 데이터 제어 기능

데이터베이스는 여러 사용자들이 공동으로 이용한다. 동일한 데이터를 여러 사람이 공동으로 이용하는 경우 데이터의 부정확성이 발생할 수 있다. 예를 들어서 A라는 사람이 어떤 데이터를 갱신하고 있는 중간에 B라는 사람이 그 데이터를 검색했다고 하면 B는 그 데이터가 갱신되기 전의 데이터를 읽게 되기에 데이터의 부정확성이 발생하게 된다. 이를 방지하기 위해서는 A 사람의 데이터 갱신이 이루어진 후에 B 사람이 데이터 검색이 이루어지도록 제어 기능이 수행 되어야 한다. 즉, 데이터 제어 기능은 데이터베이스의 내용을 항상 정확하게 유지하고 보안 기능을 제공한다.

제어 기능은 다음과 같은 요건을 만족해야 한다.

- 데이터베이스 조작을 위한 갱신, 삽입, 삭제 작업이 정확하게 수행되게 하여 데이터의 무결성(integrity)을 유지해야 한다.
- 정당한 사용자가 허가된 데이터만 접근 가능하도록 보안(security)을 유지하기 위해 권한(authority)을 검사할 수 있어야 한다.
- 여러 사용자가 동시에 데이터베이스를 접근할 때에 데이터 처리 결과가 항상 정확성을 유지하도록 병행 제어(concurrency control)를 할 수 있어야 한다.

4) DBMS 구성요소

데이터베이스 관리 시스템은 사용자와 데이터베이스 사이에 위치하여 데이터베이스를 관리하고 사용자의 요구에 따라 데이터베이스에 대한 연산을 수행해서 정보를 제공해주는 프로그램이다. 사용자는 질의(Query)를 이용하여 데이터베이스로부터 필요한 정보를 요구하면 DBMS는 사용자의 요구를 받아서 내용을 분석한다. 분석이 끝나면 DBMS는 사용자의 외부 스키마를 조사하여 연관된 응용 인터페이스와 개념 스키마를 결정한 후에 저장 인터페이스를 이용하여 원하는 자료에 대한 물리적 저장형태와 접근방법을 결정한다. 끝으로 DBMS는 데이터베이스에서 필요한 연산을 수행하여 사용자에게 필요한 정보를 주게 된다. 일반적으로 DBMS의 주요 구성 요소는 [그림 6-20]과 같다.

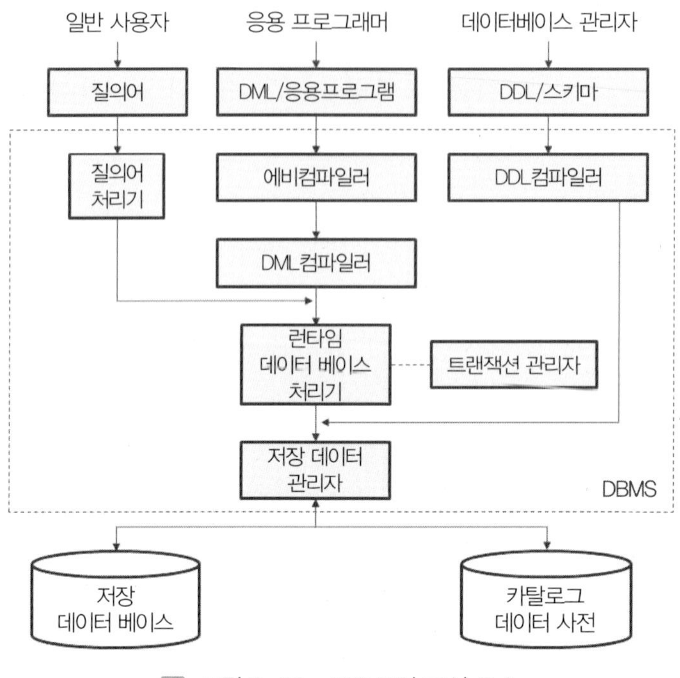

그림 6-20_ DBMS의 구성 요소

- DDL 컴파일러(DDL compiler) : 데이터베이스 관리자가 데이터 정의어로 명세한 스키마 정의를 분석하여 내부 형태로 처리하여 시스템 카탈로그에 저장한다. 시스템 카탈로그에는 파일 이름, 데이터 아이템, 각 파일의 저장 세부 사항, 스키마 사이의 사상(mapping) 정보, 제약 조건 등을 포함하고 있기 때문에 이러한 정보를 필요로 하는 모듈들은 모두 시스템 카탈로그를 접근해야 한다.
- 질의어 처리기(query processor) : 터미널을 통해 일반 사용자가 요청한 고급 질의문(ex. SQL문)을 저급 DML 명령어로 분해하여 DML 컴파일러로 전송한다.
- 예비 컴파일러(precompiler) : 응용 프로그래머가 호스트 프로그래밍 언어로 작성한 응용 프로그램 속에 삽입한 DML 명령어를 추출하고 그 자리에 함수 호출문을 삽입 시킨다. 추출된 DML 명령어는 DML 컴파일러로 넘겨진다.
- DML 컴파일러(DML Compiler) : 질의어 처리기나 예비 컴파일러가 넘겨준 DML 명령어를 파싱, 컴파일하여 목적 코드로 변환시켜 런타임 데이터베이스 처리기로 전송한다. DML에 대한 목적 코드는 호스트 프로그래밍 언어 컴파일러에 의해 처리된 나머지 응용 프로그램과 연결되어 런타임 데이터베이스 처리기에 의해 실행된다.

- 런타임 데이터베이스 처리기(run-time database processor) : 검색이나 갱신과 같은 데이터베이스 연산을 저장 데이터 관리자를 통해 디스크에 저장된 데이터베이스에 실행시킨다.
- 트랜잭션 관리자(transaction manager) : 데이터베이스를 접근하는 과정에서 무결성 제약조건 만족 여부 및 데이터 접근 권한 여부를 검사하고 트랜잭션의 병행 제어나 장애 발생시 회복 작업을 수행한다.
- 저장 데이터 관리자(stored data manager) : 디스크에 있는 데이터베이스와 카탈로그 데이터 접근을 담당한다. 디스크의 접근은 주로 디스크 입출력을 관할하는 운영체제에 의해 수행되기 때문에 저장 데이터 관리자는 디스크와 메모리 사이의 데이터 전송을 이 운영체제의 기본적인 모듈을 활용하여 수행한다. 일단 데이터가 메모리 버퍼에 들어오면 DBMS의 책임 하에 처리된다.

5) DBMS 장단점

(1) DBMS의 장점

데이터베이스 관리 시스템의 장점은 아래와 같다.

- 조직 관리 용이
- 사용자 서비스 증가
- 시스템 확장성 용이
- 데이터의 공용
- 데이터 중복의 최소화
- 데이터의 일관성 유지
- 데이터의 무결성 유지
- 데이터의 보안 향상
- 작업의 표준화
- 응용 프로그램의 간단
- 데이터 공유와 동시 접근 가능

① 데이터의 공용

데이터베이스 관리 시스템을 이용하면 다수의 사용자들이 각각의 업무 목적에 맞추어 데이터베이스를 공동으로 사용할 수 있다. 따라서 새로운 업무처리가 발생할 때에 파일을 새롭게 만들지 않고도 데이터베이스를 있는 그대로 이용하여 시스템을 확장시킬 수 있다. 이것은 기존 여러 응용 프로그램들이 수행하던 데이터에 대한 유지 관리 부담을 줄여줄 뿐만 아니라 새로 개발하는 응용 프로그램에 대해서도 데이터 구성에 신경 쓸 필요 없이 데이터의 응용 자체에만 전념할 수 있도록 해 준다는 것을 의미한다.

② 데이터 중복의 최소화

데이터의 중복은 하나의 파일 또는 복수개의 파일 안에 동일한 내용의 데이터가 다수 존재함을 의미한다. 파일 시스템에서는 각 응용 프로그램마다 자신의 파일을 개별적으로 관리하기 때문에 전체적으로 저장되는 데이터로 따져 보면 상당히 많은 데이터가 같은 내용을 표현하면서 중복으로 저장될 가능성이 있다. 예를 들어 학과소속 파일에 학과이름과 학생이름이 기록되어 있고 학생성적 파일에도 학과이름, 학생이름, 학생성적 등의 데이터 내용이 저장되어 있을 것이다. 여기서 학과이름과 학생이름은 두 파일에 모두 중복되어 있으므로 이를 학과번호와 학생번호를 사용하여 관계를 나타내면 최소한의 중복으로 줄일 수 있게 된다. 데이터의 중복을 최소화시키려는 이유는 첫째로 저장할 데이터 영역을 줄이려는 목적과 둘째로 데이터의 일관성 유지 목적이다.

③ 데이터의 일관성 유지

사원소속 파일에는 부서별로 사원이름이 기록되어 있다고 하자. 이 때 부서 이름이 변경될 경우 사원 소속 파일 안의 각 레코드에 적혀있는 부서명 중에서 기존 부서명을 새로 변경된 부서명으로 데이터를 바꿔야 한다. 그런데 이 때 어느 한 사원의 레코드에서 부서명을 올바르게 변경시키지 못 했다면 전체 데이터베이스가 정확성을 잃고서 데이터간의 불일치성 즉, 모순성이 발생하게 된다. 모순성을 갖는 데이터베이스는 서로 상충되는 정보를 제공하게 되고 데이터베이스의 유용성을 저해하게 된다. 데이터베이스 관리 시스템은 이러한 데이터의 모순성을 없애고 데이터의 일관성을 유지시켜 줄 수 있다.

④ 데이터의 무결성 유지

데터 중복성이 완전히 제거된다고 해도 허용되지 않는 값이나 부정확한 데이터가 여러 가지 경로에 의해 데이터베이스에 저장될 수 있다. 예를 들어 거래처-판매 정보 파일에는 거래

처별과 상품별 판매량이 기록되어 있고, 상품-판매정보 파일에는 상품별 판매량이 기록되어 있다고 하자. 어느 상품의 판매량이 변경될 경우 두 파일 안에 있는 상품의 판매량을 변경시켜야 함에도 담당자가 그만 실수로 한 쪽 파일의 판매량만 변경시켰다고 하면 판매량과 일치하지 않게 된다. 이와 같이 무결성이라함은 데이터베이스에 저장된 데이터 값과 그것이 표현하는 현실 세계의 실제값이 서로 일치하는 정확성을 의미한다. 데이터베이스 관리 시스템은 데이터베이스가 생성 조작될 때마다 제어 기능을 통해 그 유효성을 검사함으로써 데이터의 무결성을 유지할 수 있다.

⑤ 데이터의 보안 보장

일반적으로 같은 내용의 데이터가 여러 파일에 분산 저장되어 있을 경우 보안이 보장되기는 상당히 어렵다. 그러나 데이터베이스 관리 시스템은 데이터베이스를 중앙 집중방식으로 관리함으로써 데이터베이스의 관리 및 접근을 효율적으로 통제할 수 있다. 따라서 DBMS는 정당한 사용자, 허용된 데이터와 연산등에 대한 중앙집중식의 확인 검사를 통하여 모든 데이터에 대하여 철저한 보안을 제공할 수 있다.

⑥ 작업의 표준화

DBMS의 중앙 통제 기능을 통해 데이터의 기술 양식, 내용, 처리 방식, 문서화 양식 등에 관한 표준화를 확립할 수 있다. 이러한 표준화는 사용자, 개발자, 관리자들에게 하나의 데이터에 대하여 혼동되지 않고 일관된 개념으로 데이터 생성 및 관리를 할 수 있도록 해 준다.

⑦ 응용 프로그램의 간단

데이터베이스는 복수의 파일을 정리하여 하나로 하기 때문에 데이터베이스를 이용하면 데이터 관리에 관한 프로그램 로직이 간단해진다. 또한 데이터베이스를 취급하는 프로그램은 데이터 영역의 코딩을 일일이 할 필요가 없으므로 응용 프로그램의 코딩 스텝 수를 적게 할 수 있다.

(2) DBMS의 단점

데이터베이스 관리 시스템은 장점과 더불어 아래와 같은 단점을 내포하고 있다.

- 운영비의 증대 : 초기 시스템 구축 비용, 주기억장치의 용량 확대 필요성, 운영 목적의 메모리 요구, DBMS를 위한 CPU 속도 증대 필요성 등으로 인하여 시스템 운영비용의 증

가를 유발한다.

- 자료 처리의 복잡화 : 데이터베이스에는 서로 다른 여러 가지 형태의 데이터들이 서로 관련되어 있으므로 응용 프로그램은 이와 관련된 여러 제한점들을 고려하여 작성되어야 한다. 따라서 응용 시스템의 설계 기간이 길어지게 되고 보다 전문적 기술력을 보유하고 있는 고급 프로그래머가 필요하게 된다.
- 복잡한 백업과 리커버리 : 여러 사용자가 동시에 공용하는 데이터베이스에서 어떤 장애가 발생할 경우에 정확한 이유나 상태를 파악하기 힘들 뿐만 아니라 백업과 리커버리 기법을 수립하기가 어렵다.
- 시스템의 취약성 : 데이터베이스가 중앙 집중식으로 관리되기 때문에 데이터베이스 시스템의 일부가 고장 날 경우 전체 시스템의 신뢰성과 가용성에 영향을 미칠 수 있다. 또한 관리의 미흡으로 인한 보안의 취약점이 드러날 가능성이 있다.

6) 데이터 독립성

우리는 데이터베이스 관리 시스템을 사용함으로써 발생하는 단점들을 살펴보았다. 그러나 무엇보다도 데이터베이스 관리 시스템이 추구하는 궁극적인 목적은 데이터의 논리적 구조나 물리적 구조가 변경되더라도 응용 프로그램이 영향을 받지 않는 데이터 독립성(data independency)을 제공하는 것이다. 이 데이터 독립성은 논리적 데이터 독립성과 물리적 독립성으로 나누어 생각할 수 있다.

(1) 논리적 데이터 독립성

데이터베이스는 기본적으로 조직 전체에 대한 데이터를 총괄적으로 지원하기 위한 하나의 논리적 구조를 가지고 있다. 그러나 각 응용 시스템의 응용 프로그램들은 각각 자신에 적절한 데이터 구조를 요구할 것이고, 어떤 때는 동일한 내용의 데이터에 대해 상이한 데이터 구조를 요구하는 경우도 있을 수 있다. 이러한 경우에 데이터베이스 관리 시스템은 이 응용 프로그램들이 요구하는 모든 논리적 구조를 지원해 주어야 한다. 이러한 상황 하에서 만일 공용하고 있는 데이터베이스의 논리적 구조를 변경해야만 될 경우에 기존 모든 응용 프로그램의 논리적 구조도 함께 변경해야 한다거나 응용 프로그램을 재 작성해야 한다면 너무나 큰 문제가 아닐 수 없다.

논리적 데이터 독립성(logical data independency)이란 DBMS가 데이터베이스의 논리적 구조를 변경시키더라도 기존 응용 프로그램들에 아무런 영향을 주지 않는 것을 말한다. 기술적으로 말해서 이 논리적 데이터 독립성은 데이터베이스 관리 시스템이 하나의 논리적 데이터 구조를 가지고 여러 응용 프로그램들이 제각각 요구하는 다양한 형태의 논리적 구조로 사상시켜 지원해 줄 수 있는 능력이 있을 때 가능한다.

(2) 물리적 데이터 독립성

하나의 논리적 구조로 표현된 데이터베이스는 결국에 가서는 물리적 저장 장치에 구현되어야 한다. 이것은 실제로 논리적 데이터 베이스가 어떤 하나의 물리적 구조로 구현될 수밖에 없다는 것을 의미한다. 따라서 데이터베이스는 하나의 구현된 물리적 구조로 여러 응용 프로그램들을 지원해야만 된다. 그러나 새로운 저장장치의 개발이나 접근 방법의 개발로 성능을 개선시키기 위해 데이터의 물리적 구조를 변경시켜야 될 때가 있다. 이런 경우에 이 데이터베이스의 물리적 구조를 변경하더라도 이 데이터베이스를 이용하는 응용 프로그램들에 아무런 변경을 요구하지 않는 것이 가장 바람직할 것이다. 이와 같이 기존 응용 프로그램들에 아무런 영향을 주지 않고 데이터베이스 관리 시스템이 데이터베이스의 물리적 구조를 변경할 수 있는 것을 물리적 데이터 독립성이라 한다.

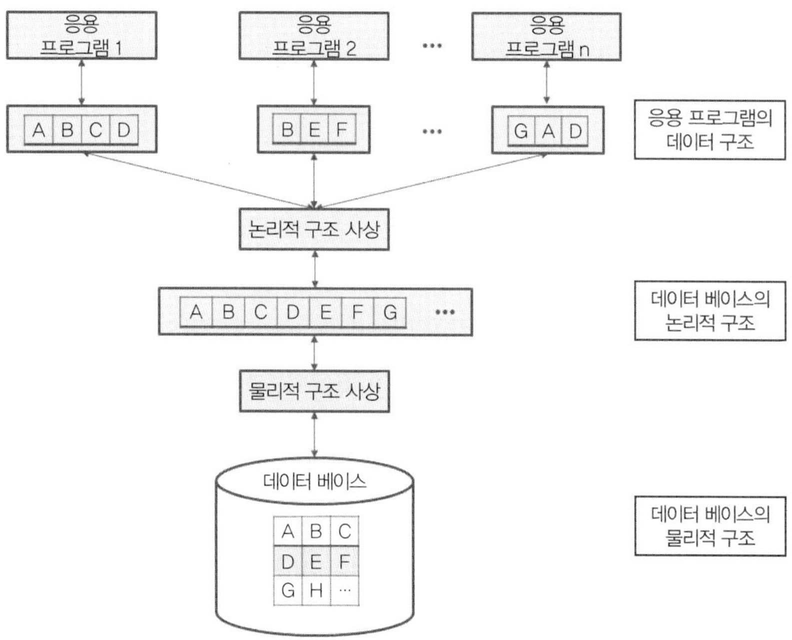

그림 6-21_ 데이터 구조간의 사상과 데이터 독립성

여기서 특별히 한가지 유의할 것은 이 물리적 구조의 변경이 데이터베이스의 논리적 구조에도 또한 영향을 주어서는 안 된다는 것이다. 따라서 물리적 데이터 독립성(physical data independency)은 응용 프로그램이나 데이터베이스의 논리적 구조에 영향을 주지 않고 DBMS가 데이터의 물리적 구조를 변경할 수 있는 것을 말한다. 이것은 하나의 논리적 구조와 이를 지원할 수 있는 여러 가지 상이한 물리적 구조 사이의 사상(mapping) 능력이 있어야 가능한다.

[그림 6-21]은 이러한 두가지 데이터 독립성을 지원하기 위한 데이터베이스 구조간의 사상(mapping)을 설명해 주고 있다. 여기서 논리적 구조 사상은 논리적 데이터 독립성을 지원하고 물리적 구조 사상은 물리적 데이터 독립성을 지원하고 있다.

7) 데이터베이스 관리 시스템이 파일 처리 접근 방식보다 좋은 점

컴퓨터가 처음 나왔던 1940년대에는 데이터베이스 관리 시스템이라는 개념 뿐 아니라 파일의 개념조차 없었다. 그러다가 운영 체제(operating system) 개념이 나오면서 파일체제(file system) 개념도 따라 나오게 되었다. 그러나 파일 체제만으로는 복잡한 일을 하는데 어려움이 있었는데, 그 내용은 아래에 자세히 나온다. 결국 파일 체제만으로는 지원하지 못하는 기능을 보강하기 위하여 나온 것이 데이터베이스 관리 시스템이다. 데이터베이스 관리 시스템은 1960년대부터 나오기 시작하였으며, 오늘날 쓰고 있는 관계형(relational) 데이터베이스 관리 시스템은 1970년대부터 나오기 시작하였다.

이제 파일 체제만으로 일하는 파일 처리 접근 방식의 문제점에 대하여 살펴보기로 하자.

(1) 자료의 중복과 자료의 불일치

파일 처리 접근 방식을 쓰면, 같은 정보가 여러 군데 되풀이될 수 있다. 보기를 들어, 대학교에서 학생의 전화번호가 바꾸었다고 하자. 파일 처리 접근 방식에서는 대학교 안의 여러 부서에서 학생 정보를 각각 다른 파일에 저장해 두게 된다. 구체적으로, 학과는 학과에서 관리하는 학생 정보 파일이 있고, 학적과는 학적과대로, 학생과는 학생과대로, 장학과는 장학과대로 학생 정보 파일이 따로 있다. 이런 경우, 학생의 전화번호라는 정보가 여러 부서에 되풀이되어 있다.

이런 상황에서 학생은 각 부서에 가서 그 부서에서 관리하고 있는 파일에 새 전화번호로 바꾸어야만, 비로소 학생의 전화번호가 제대로 바뀌게 된다. 만일 어떤 부서에서는 학생의 새 전화번호로 바뀌었지만, 어떤 부서에서는 학생의 옛 전화번호가 남아 있으면, 꼭 같아야 할 자료가 파일에 따라 다르다는 문제가 생기게 되는데, 이런 문제를 자료 불일치(data inconsistency)라고 한다.

데이터 베이스를 쓰게되면, 여러 부서가 있더라도, 학생의 전화번호를 한 군데에만 넣어두고 여러 부서에서 같이 쓰도록 한다. 따라서, 자료가 여러 군데 되풀이되어 있지 않으며, 따라서 전화번호가 바뀌더라도 한 군데만 바꾸면 되므로 자료의 불일치 문제는 거의 생기지 않는다.

(2) 자료 처리를 쉽게 할 수 없어

파일 처리 접근 방식에서는 파일에 있는 자료를 보거나, 파일에 자료를 넣으려면, 주로 고급 프로그래밍 언어로 파일을 처리하는 응용 프로그램을 짜야 하는데, 이런 프로그램을 하려면 상당한 수준의 훈련을 받아야 한다. 뿐만 아니라, 프로그램을 짜는 데도 시간이 많이 걸린다. 그런데, 베이터베이스에 자료를 넣고, 거기 있는 자료를 보는 데 쓰는 명령은 그리 많지 않기 때문에, 이런 기능만 지원하면서 보통의 고급 프로그래밍 언어보다는 간단하고 배워서 쓰기 쉬운 언어를 생각 할 수 있는데, 요즘 우리가 흔히 쓰는 SQL이 대표적인 보기이다. SQL의 select, insert, delete, update 명령은 우리가 자료를 처리할 때 흔히 쓰는 명령인데, 보통의 고급 프로그래밍 언어로 코딩하면 수십 줄 또는 백 줄이 넘는 것도, SQL 문장 몇 줄 또는 몇 십 줄로 처리할 수 있게 된다.

(3) 자료의 고립(data isolation) 문제

파일 처리 접근 방식에서, 보기를 들어 새로운 응용 프로그램을 위하여 자료가 세 개(data1, data2, data3) 있는 파일이 필요하다고 하자. 그런데 만일 data1은 file1에 있고, data2와 data3은 file2에 이미 있으면, 파일 처리 접근 방식에서는 이 세 자료를 포함하는 파일을 새로 만들어서 써야 하므로 불편하다. 파일을 새로 만들게 되면, 자료가 여러 군데 되풀이되어, 위에서 본 자료의 중복 문제가 생기고, 결과적으로 자료의 불일치 문제가 생길 가능성이 높아진다.

만일 이미 있는 자료를 여러 부서에서 또는 여러 프로그램에서 같이 쓸 수 있다면 파일을 새로 만들지 않아도 될 것이다. 위와 같을 때, 데이터베이스 관리 시스템에서는 자료를 되풀이하지 않아도 되며, 그 결과 자료의 불일치 문제가 많이 줄어든다.

(4) 자료의 무결성(data intergrity)

책에 따라서 자료의 불일치(data inconsistency)와 자료의 무결성(data integrity)에 관한 풀이가 달라서 혼란을 느끼는 사람이 있을 것이다. 일반적으로 자료의 불일치는 자료의 무결성을 깨게 되는데, 자료의 불일치가 아니더라도 자료의 무결성을 깨는 경우가 있다.

위에서 이미 보았듯이, 자료의 불일치 문제는 같은 정보를 되풀이하여 여러군데 저장했을 때 그 값이 서로 달라서 생기는 문제인데, 자료의 불일치 문제는 자료의 무결성을 깬다.

그러나 자료가 되풀이되지 않을 때로 자료의 무결성이 깨어질 수 있다. 예를 들어 학생의 생년월일이 되풀이 되지 않고 딱 한 군데에만 저장되어 있더라도, 달(월)이 13이라든지, 일이 32이상이라면, 그 값은 잘못된 것이며, 따라서 자료의 무결성이 깨진 경우이다.

자료의 무결성이란 자료에 잘못이 없어야 한다는 것을 말하는데, 자료의 불일치를 포함하여 여러 가지 경우에 자료의 무결성이 깨질 수 있다.

파일 처리 접근 방식에서 자료의 무결성을 유지하려면, 그 자료를 처리하는 모든 응용 프로그램에서 생년월일의 월은 반드시 1에서 12사이에 있도록 해야 하는 것이다. 만일 생년월일을 처리하는 응용 프로그램이 10개 있는데, 그 가운데 프로그램 한 개라도 무결성을 유지하지 못하면, 자료의 무결성이 깨질 가능성이 있다.

그런데, 생년월일의 월과 일에 대한 무결성 제약 조건은 쉽게 바뀌지 않지만 경우에 따라서는 무결성 제약 조건이 바뀔 수도 있다.

예를 들어, 2000년(Y2K) 문제가 나오면서, 우리나라 주민 등록 번호 체계가 바뀌었다. 주민 등록 번호 열 세 자리 가운데, 일곱째 자리(생년월일 바로 뒤의 한 자리)는 1999년까지는 성별을 나타내되, 1이면 남자이고, 2이면 여자였다. 그러던 것이 2000년대부터 태어난 남자는 3, 여자는 4를 쓰게 되어, 일곱째 자리가 성별뿐만 아니라 태어난 해의 일부까지 나타내게 되었는데, 이렇게 한 이유는 비교적 간단하다. 주민 등록 번호에서 태어난 해를 두자리(YY)로 나타냈기 때문에, 보기를 들어 연도가 01이면, 1901년인지 2001년인지 알 수가 없다. 따라서 YY와 X를 조합하여 다음과 같이 정보를 나타낸다.

- YYMMDD-1DDDDSC : 1999 년까지 태어난 남자
- YYMMDD-2DDDDSC : 1999 년까지 태어난 여자
- YYMMDD-3DDDDSC : 2000 년부터 태어난 남자
- YYMMDD-4DDDDSC : 2000 년부터 태어난 여자

이와 같이 주민 등록 번호 체계가 바뀌었을 때, 무경성을 유지하려면 주민 등록번호를 처리하는 모든 프로그램이 새 번호 체계에 따르도록 해야 한다. 구체적으로, 그 전에는 성별을 나타내는 숫자로 1과 2만 허용하고, 3과 4는 잘못이었는데, 이제는 3과 4도 허용하도록 고쳐야 한다. 그러려면, 먼저 주민 등록 번호를 처리하는 모든 프로그램을 찾아내야 하고, 그 다음에는 각 프로그램을 바꾸어야 한다. 그런 프로그램을 모두 찾아내는 것은 쉬운 일이 아니기 때문에 실수로 몇몇 프로그램을 빠뜨릴 수도 있을 것이다. 또한 찾아낸 프로그램을 고치다가 실수로 어떤 프로그램을 잘못 고칠 수도 있을 것이다.

이런 복잡한 과정을 거치지 않고도 무결성을 유지할 수 있다면 얼마나 좋을까 하는 생각이 든다. 데이터베이스 관리 시스템을 쓰면, 무결성 문제를 개별 응용프로그램이 처리하지 않고, 데이터베이스 관리 시스템이 맡게 할 수 있다. 데이터베이스 관리 시스템을 쓰면, 응용 프로그램이 자료를 바로 처리하는 것이 아니라, 항상 데이터베이스 관리 시스템을 거쳐서 처리하게 되며, 우리는 무결성을 유지 할 수 있게 된다. 따라서 주민 등록 번호 체계가 바뀌었을 때, 데이터베이스 관리 시스템을 쓰면, 개별 응용 프로그램을 모두 찾아서 바꾸지 않고, 데이터베이스 관리 시스템에 넣어둔 무결성 제약 조건 하난만 바꾸면 된다. 구체적으로, 그 전의 무결성 제약 조건은 일곱째 자리에 1 또는 2만 허용했는데, 이제는 3과 4까지 허용하도록 무결성 제약 조건을 한 군데만 바꾸면 된다. 그렇게 바꾸고 나면, 개별 응용 프로그램을 바꿀 필요가 없으며, 또한 앞으로 새로 개발할 응용 프로그램에서도 무결성을 유지하기 위하여 고민하지 않아도 데이터베이스 관리 시스템에서 알아서 유지하게 된다.

(5) 원자성(atomicity)

예를 들어, 어떤 학생이 CS100이라는 과목의 01 분반(section)에 수강 신청을 했는데, 시간이 맞지 않아서 02 분반으로 옮기는 상황을 생각해 보자. 응용 프로그램에서 "분반 바꾸기"라는 기능을 지원하며, 새 분반 번호를 넣으면, 현재 분반의 수강 신청은 취소되고, 새 분반에 새로 수강 신청이 된다고 하자.

그런데, 만일 분반 바꾸기를 하다가 정전이 된다든지, 컴퓨터 자체의 이상, 또는 프로그램의 이상이 있을 때, 다음과 같이 일부만 처리되고 일부는 처리되지 않을 수가 있다.

- 01 분반 수강 신청 취소만 되고, 02 분반 수강 신청이 안 되어서, 아무 분반에도 수강 신청이 안 되어 있는 경우

• 01 분반 수강 신청 취소는 안 되고, 02 분반 수강 신청은 되어서, 두 분반에 수강 신청되어 있는 경우

분반 바꾸기의 경우 일반적으로 다음과 같이 네가지 경우가 생길 수 있다.

표 6-6_ 원자성 예제

경 우	01 분반 수강 취소	02 분반 수강 신청	결 과
1	처리됨	처리됨	분반이 제대로 바뀜
2	처리되지 않음	처리되지 않음	분반이 안 바뀜
3	처리됨	처리되지 않음	한 분반에도 신청되어 있지 않음
4	처리되지 않음	처리됨	두 분반에 모두 신청되어 있음

우리가 원하는 것은 1의 경우처럼 완전히 처리되거나, 2의 경우처럼 전혀 처리되지 않는 것이다. 만일 전혀 처리되지 않았다면, 새로 처리하면 된다. 그런데 3이나 4처럼 일부는 처리되고 일부는 처리되지 않아서 엉망이 될 수 있는데, 파일 처리 접근 방식에서는 이런 문제가 생길 수 있다. 만일 파일 처리 접근 방식에서 이런 문제를 막으려고 하면 응용 프로그램이 엄청나게 복잡해진다.

데이터베이스 관리 시스템에서는 트랜잭션(transaction) 개념을 도입하여, 3이나 4와 같은 경우가 생기지 않도록 보장한다.

(6) 동시 접근 문제(concurrent access anomalies)

어떤 자료를 여러 프로그램(사람)이 같은 시각에 바꾸려고 할 때, 파일 처리 접근 방식에서는 자료의 값이 잘못될 수 있다. 예를 들어, 과목마다 수강할 수 있는 최대 인원(변수 이름 : 최대_인원)이 미리 정해져 있고, 그 과목의 현재 수강 학생 수를 나타내는 변수(변수 이름 : 수강학생_수) 있다고 가정하자.

수강 신청 프로그램의 주요 부분은 다음과 같다고 하자(수강학생_수 변수 값에 관련된 부분만 보임).

- 11. 수강학생_수를 디스크에서 읽는다 (read).
- 12. 수강학생_수를 1만큼 올린다 (increment).
- 13. 수강학생_수를 디스크에 쓴다 (write).

또한 수강 취소 프로그램의 주요 부분은 다음과 같다고 하자.(수강학생_수 변수 값에 관련된 부분만 보임)

- 21. 수강학생_수를 디스크에서 읽는다 (read).
- 22. 수강학생_수를 1만큼 내린다 (decrement).
- 23. 수강학생_수를 디스크에 쓴다 (write).

현재 수강 학생 수가 5인 상황에서 학생1과 학생2가 거의 같은 시각에 그 과목 수강 신청을 하고자 할 때, 제대로 처리되면, 다음과 같이 디스크에 있는 수강학생_수는 5에서 2가 늘어난 7이 되어야 한다.

학생1 처리 (주기억 장치)	학생2 처리 (주기억 장치)	수강학생_수
		5
11 읽기 (5)		5
12 올림 (6)		5 (학생1이 쓰기를 하지 않았으므로 값은 아직 5임)
13 쓰기 (6)		6 (쓰기를 하면 비로소 값이 바뀜)
	11 읽기 (6)	6
	12 올림 (7)	6 (쓰기를 하지 않았으므로 값은 아직 6임)
	13 쓰기 (7)	7 (쓰기를 하면 비로소 값이 바뀜)

그런데, 학생1과 학생2가 각 명령을 수행하는 시각이 다음과 같을 때는, 마지막에 수강학생_수가 7이 아니라, 6이 되는데, 이것은 분명히 잘못된 것이다.

학생1 처리 (주기억 장치)	학생2 처리 (주기억 장치)	수강학생_수
		5
11 읽기 (5)		5
12 올림 (6)		5 (학생1이 쓰기를 하지 않았으므로 값은 아직 5임)
13 쓰기 (6)		5
	11 읽기 (5)	6 (학생1이 쓰기를 하면 비로소 값이 바뀜)
	12 올림 (6)	6
	13 쓰기 (6)	6 (학생2가 쓰기를 하지만, 6 위에 또 6을 쓰기 때문에 값은 그대로 유지)

데이터베이스 관리 시스템에서는 동시 접근 제어(concurrency control) 기능이 있어서, 이미 수강 신청한 학생이 5명이 있을 때 2명이 새로 신청하면, 수강학생_수가 7이 되도록 보장한다.

다른 예를 들어, 이미 수강 신청한 학생이 5명 있고, 학생3은 수강 신청하고, 학생4는 수강 취소하면, 다 처리한 뒤의 수강 학생 수는 5 +1 - 1 = 5 그대로여야 한다. 그러나 잘못되면, 다 처리한 뒤의 수강 학생 수가 4 또는 6이 될 수 있다. 그렇게 될 수 있는 상황을 구체적으로 각자 만들어보기 바란다.

또 다른 예를 들면, 어떤 학생의 은행 계좌에 거의 같은 시각에 돈이 들어가고 (입금), 또한 돈이 나갈 때(출금)도 비슷하게 잘못될 수 있는데, 구체적인 상황은 각자 만들어보기 바란다.

데이터베이스 관리 시스템을 쓰면, 동시 접근 제어(concurrency control) 기능이 이런 문제가 생기지 않도록 한다.

(7) 보안 문제(security problems)

파일 처리 접근 방식에서는 자료에 대한 보안에 어려움이 있다. 파일을 쓰면 보통 파일 단위로 접근을 제한할 수 밖에 없다. 그 전에는 파일을 보호하기 위하여, 각 부서별로 파일을 자기 테이프(magnetic tape)에 받아서 캐비넷 안에 넣어두고, 필요한 때만 꺼내어 쓰기도 하였다.

예를 들어, 유닉스 운영 체제의 파일 접근 제한은 아주 간단하다. 사용자는 파일의 주인(owner), 그룹(group)에 속한 사람, 그리고 모든 사람(all), 이 세 가지로 나누고, 파일에 대한 접근 권한은 읽기, 쓰기, 실행하기(r, w, x) 세 가지뿐이다. 이 정도로는 자료에 대하여 정교한 보안을 유지할 수 없다.

또한 파일 처리 접근 방식에서는, 보안 문제 때문에 자료의 중복과 자료의 불일치 가능성이 아주 많아진다. 예를 들어, 어떤 파일에 10 가지 자료가 있는데, 그 가운데 2 가지가 아주 중요하여 보통 사람이 보아서는 안 되는 자료이고, 나머지 8 가지 자료는 다른 부서에서 써도 된다고 하자. 그런데, 나머지 8 가지 자료 가운데 4 가지 자료만 필요한 사람이라도, 보안 문제 때문에 그 파일을 그대로 쓸 수 없고, 필요한 4 가지 자료만으로 이루어진 파일을 따로 만들어서 써야 한다.

데이터베이스 관리 시스템에서는 모든 자료를 한 군데에서 다 보관한다. 그렇게 함으로써 필요 없이 자료가 되풀이되지 않도록 한다. 또한 각 자료에 대한 각 사용자의 권한(보기 : 읽기, 쓰기 등)을 자세히 정의함으로써, 자료의 보안을 쉽게 유지 할 수 있도록 한다.

데이터베이스 시스템 구축을 고려해 봐야 하는 경우

- 투자 비용 대 효과의 검증이 어려운 경우
- 유지, 보수 계획의 수립, 관리가 어려운 경우
- 실시간 처리가 필요하지 않은 경우
- 다수 사용자의 데이터 동시 접근이 필요치 않는 경우

CHAPTER

07 컴퓨터 통신

1. 정보통신의 역사
2. 통신망의 종류
3. 전송매체
4. 전송장비
5. OSI 7 계층과 프로토콜
6. 인터넷과 인터넷 서비스
7. 무선 인터넷의 이해

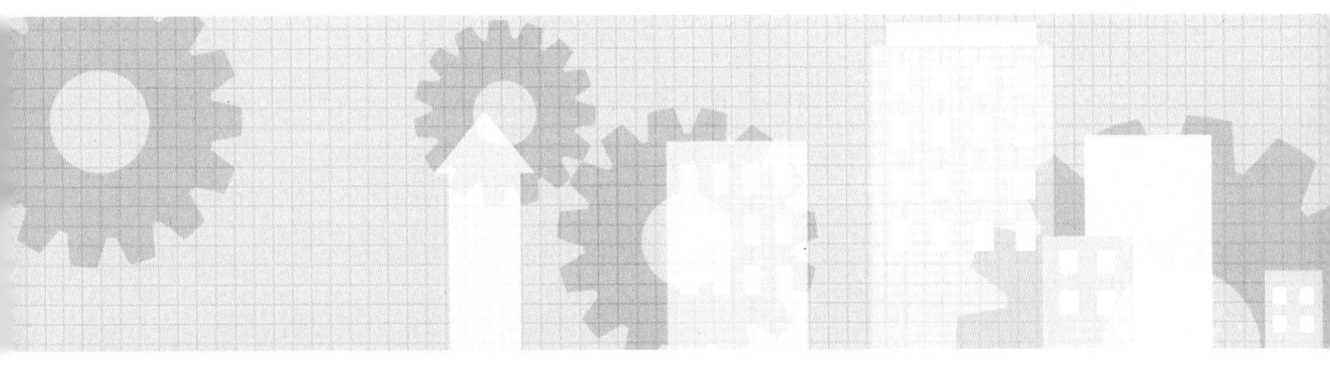

CHAPTER

07_ 컴퓨터 통신

1. 정보통신의 역사

오늘날 우리는 핸드폰이나, 인터넷을 통해 활발히 통신을 하고 있지만, 인터넷이나 전화기가 없는 시절에는 어떻게 하였을까? 실제 전화나 인터넷이 없는 시절에도 많은 방법을 이용하여 통신하였다. 대표적인 예를 들어, 영화에서 흔히 볼 수 있는 비둘기나 매 같은 새의 발목에 편지를 매달아 보내는 방법과, 낮에는 연기로 밤에는 불꽃으로 위급을 알리는 봉화, 사람이 직접 달리거나 말을 타고 가서 전하는 파발 등이 있다.

현재와 같이 전기적 신호를 이용한 최초의 통신은 1844년 5월 24일 미국의 모스(Samuel Morse, 1791~1872)에 의해 이루어졌다. 이 방식은 약 64km 정도 떨어진 워싱턴(Washington)과 발티모어(Baltimore) 사이에서 전선을 통해 도트(•)와 대쉬(–)로 이루어진 약속된 디지털화된 전류신호를 보냈다. 오늘날 이 신호는 모스부호(Morse Code)라 불리우며, 이 방식을 이용하여 최초로 보낸 메시지의 내용은 "하나님은 무엇을 하시는가(What hath god wrought)" 였다.

모스 이후 30년이 지난 1876년 2월 14일 그레이엄 벨(Alexander Graham Bell, 1847~1922)이 전화 발명 특허를 신청하였고, 그해 3월 7일 워싱턴 특허청에서 "전화기로" 불리는 발명품의 특허를 받으면서 최초라는 명칭을 받았다. 통화 첫마디에 대해서는 여러 가지 설이 있으나 실험실 옆방의 제자에게 "왓슨 어서 이리 와보게. 당신의 도움이 필요합니다."라는 말이 첫 대화라는 것이 정설로 돼 있다. 그러나, 이보다 더 전인 1860년 안토니오 무치도(Antonio Meucci, 1808.4 ~ 1889.10)라는 사람이 개발하였으나, 서류가 분실되어 특허가 없었던 일로 되었다.

그림 7-1_ 벨과 벨이 만든 전화기

모스의 전신기가 발명되고 나서 2년 후부터 문자가 인쇄되어 나올 수 있는 전신기가 발명되었는데, 이것이 문자 통신의 시초이다. 전화기보다 33년이 빠른 1843년 스코트랜드의 엘릭잰더 베인이 팩스(팩시밀리, facsimile)를 만들었으나, 100여년간 별로 사용되지 않았다. 1970년도 초 아날로그 방식의 팩시밀리가 상용화되고, 1970년대 말부터 디지털 방식의 팩시밀리가 개발되어 급속히 보급화 되기 시작하면서, 각종 통신회사의 뉴스 전달 장치로, 본사와 해외지사간의 문서 전달 장치로 많이 이용되었다.

1864년 영국의 수학자 맥스웰(James Clerk Maxwell, 1831~1879)이 자기가 만든 미분방정식에서 이 세상에 전파가 있다는 것을 예언하였고, 이 예언에 따라 1888년 독일의 물리학자 헤르츠(Heinrich Rudolf Hertz, 1857~1894)가 전기불꽃 방전실험으로 전파의 존재를 증명하였다. 1895년에는 이탈리아의 물리학자 말코니(Guglielmo Marconi, 1874~1937)가 무선통신 실험에 성공하였고 1901년에는 영국에서 무선통신 회사를 만들었다. 이때부터 전파통신시대가 문이 열린 것이다.

전파를 이용함으로서 1920년에는 미국에서 KDKA 라는 방송국이 개국되어 라디오 방송이 등장했고, 1937년에는 영국의 BBC 방송국이 TV방송을 시작하였다. 우리나라는 1927년에 라디오방송을 시작하였고, 1961년에 흑백 TV방송에서 1980년에 컬러TV방송으로 2004년 9월에는 디지털 TV방송으로 발전해 나갔다.

컴퓨터간의 데이터 통신은 1940년대 미국의 스티비치(Geroge Stibitz, 1904.4~1995.1)에 의해 시작되었다. 그 방식은 하노버 시의 다트머스 대학의 연구실에서 뉴욕에 있는 계산기에 전선을 통하여 데이터를 보내고 계산기가 해석한 결과를 전선을 통하여 받아보는 것이다. 오늘날과 같은 의미의 컴퓨터 통신은 1962년 미국 아메리칸 항공사(American Airline)와 IBM사가 공동으로 개발한 '비행기 좌석 예약 시스템(SABER)'이다. 이 시스템은 미국전역에 걸쳐 2000개의 단말기들이 전화선으로 중앙컴퓨터에 연결된 것이다. 그 후, 1969년 미국 국방성에서 최초로 개발한 아파넷(ARPANET, Advanced Research Projects Agency Network)은 네트워크로 4개의 대형 컴퓨터와 수 백개의 연구기관을 연결하였다. 이 기술은 현재 인터넷(Internet)의 기초가 되어 1992년부터 세계를 연결하는 전화망처럼 지구 구석구석의 컴퓨터를 연결하는 컴퓨터 통신망이 되었다.

1970년대 후반에 등장한 이동전화는 1990년대 후반에 단말기가 보편화되면서 발전하였으며, 2001년부터는 이동 단말기에서 인터넷을 이용할 수 있게 되었다. 오늘날 이러한 이동 단말기를 스마트폰이라 부른다.

그리고 2006년 경부터 각종 사물과 환경에 숨어진 센서들을 무선으로 연결하여 통신하는 유비쿼터스 네트워크 기술이 발전하고 있다.

2. 통신망의 종류

1) 데이터 교환 방식에 따른 분류

컴퓨터는 대량의 디지털 정보를 고속으로 처리하는 기계이기 때문에 컴퓨터간의 통신은 정확하고 고속이어야 한다. 그러나, 전화망은 속도가 느리고 잡음이 발생할 확률이 높아 컴퓨터 통신에 이용하기에는 많은 어려움이 있었다. 이러한 점을 고려하여, 데이터를 교환해주는 방식이 개발되었고, 디지털 신호를 교환하여 전송해주는 방식에 따라 회선교환망과 패킷교환망으로 구분되었다.

(1) 회선 교환망

회선 교환 망(circuit switched network)은 전화 교환 망처럼 컴퓨터가 접속된 전화번호를 키보드로 눌러서(dial) 통신회선을 확보한 후 정보를 전달할 수 있도록 하는 방식이다. 이 방식은 정보 전달이 끝나면 연결된 회선을 해제하도록 해주어야 한다. 통신망으로 전화망보다 더 고속이고 고품질로 데이터를 교환해 줄 수 있다는 장점이 있다.

이 방법은 하나의 통신회선으로 전화, 팩스, 컴퓨터 등을 연결할 수 있기 때문에 종합 정보 통신망(ISDN : Integrated Services Digital Network)이라고도 부른다. 우리나라는 1979년 KT에 의해서 처음 시작되었고 1993년부터 ISDN이 운영되었다.

(2) 패킷 교환망

패킷(packet)이란 소포(package)와 뭉치(bucket)의 합성어로 통신할 정보를 일정한 크기의 단위로 나누는데 이것을 패킷이라 한다. 패킷에는 순서를 나타내는 일련번호, 송신자와 수신자의 주소 그리고 오류 검출 등의 제어 정보를 가지고 있다.

패킷교환망(Packet Switched Network)은 패킷단위로 나뉜 정보를 두 컴퓨터 간에 회선이 확보되기도 전에 전달하는 방식이다. 연결된 회선이 없기 때문에 패킷들은 여러 방향에서 전송되어 수신측에 도착하고, 도착한 패킷들은 수신측에서 순서대로 정렬하여 저장장치에 저장해야 한다.

2) 네트워크 규모에 따른 분류

네트워크는 전송 매체 링크를 연결한 장치들의 모임으로, 컴퓨터 뿐 아니라 프린트, 데이터 송수신 장치 등이 될 수 있다. 네트워크의 규모에 따라 LAN, WAN 등으로 구분 된다.

(1) LAN

LAN(Local Area Network)은 비교적 가까운 거리에 위치한 소수의 장치들을 연결한 네트워크를 의미하는 것으로 근거리통신망이라고 한다. 일반적으로 하나의 사무실이나, 하나의 건물 또는 인접한 건물, 학교 등에서 각각 사용하는 네트워크를 말한다.

LAN은 토폴로지(topology) 즉, 장치들을 연결하는 형식에 따라 링형, 버스형, 스타형 등으로 구분된다.

점대점(Point to Point)

하나의 장치가 한 통신 회선당 다른 하나의 장치와 연결되는 가장 간단한 네트워크 구성 방식이다. 즉, A라는 장치가 B, C, D와 통신하기 위해 각각 통신회선 연결하여 총 3개의 통신회선을 가진다. 이 방식은 구현이 쉽고, 속도가 빠르다는 장점이 있지만, 하나의 장치에 너무 많은 회선을 연결해야 하기 때문에 실현되기 어렵다는 단점이 있다.

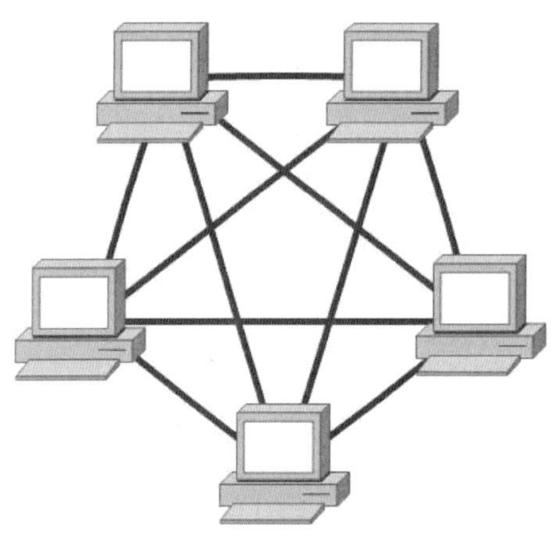

그림 7-2_ 점대점 토폴로지

스타형(Star)

스타형에서는 모든 장치들이 중앙에 위치한 장치, 즉 중앙제어장치에 연결되어 통신하는 방식이다. 이 방식은 구현이 쉽고, 점대점 방식에 비해 하나의 컴퓨터에는 하나의 회선만 사용하게 된다. 그러나, 중앙제어장치에 모든 데이터가 모이기 때문에 중앙제어장치에 과부하가 생길 수 있으며, 중앙제어장치가 고장 났을 경우 망 내의 모든 컴퓨터가 통신할 수 없다는 단점을 가지고 있다.

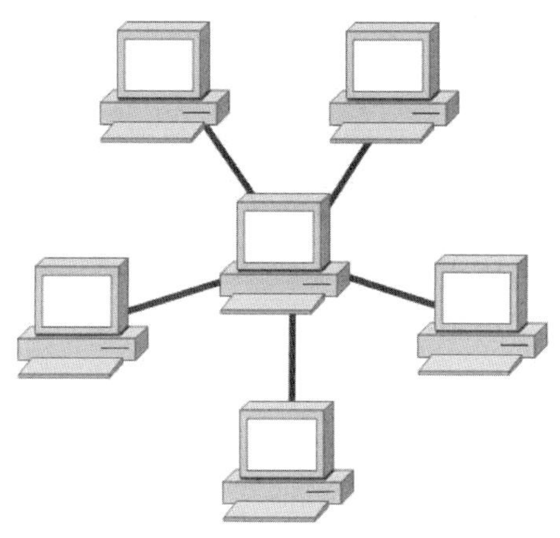

그림 7-3_ 스타형 토폴로지

링형(Ring)

링형(Ring)은 장치들을 원형의 회선에 연결하여 통신하는 방식이다. 데이터 전송을 위해 토큰(Tokem)을 사용한다. 토큰은 원형 회선에 따라 순환하며, 통신하고자 하는 장치는 비어있는 토큰을 획득해야 한다.

만약 A가 C에게 통신을 하기 위해서 A는 망 내에 돌아다니는 토큰을 획득하고, 토근에 목적지 주소인 C와 메시지를 넣어 전송하게 된다. A에게 받은 데이터가 있는 토큰 원형 회선을 순환하며, 목적지가 아닌 곳은 통과하고 목적지인 C에게 도착 해당 메시지를 C에게 주게 된다. 전송을 완료한 토큰은 처음 발신지인 A에게 다시 돌아 왔을 때, 빈 토큰이 되어 다시 원형회선을 순환한다.

이 방식은 토큰을 이용하기 때문에 망 내에서, 데이터 전송을 할 때 발생할 수 있는 충돌 위협을 예방할 수 있으며, 그러나 하나의 장치나 회선에 문제가 발생하였을 경우 다른 회선도 통신을 할 수 없게 된다는 단점이 있다. 즉, 장치 B가 고장 나면, 토큰이 순회하지 못하기 때문에 A와 C 또는 A와 D 간에 통신이 불가능하다. 이러한 문제를 해결하기 위해 원형 회선을 두 개 이상 설치어 하나의 회선에 문제가 생겼을 때 다른 회선을 통해 통신하도록 하는 방법을 이용한다.

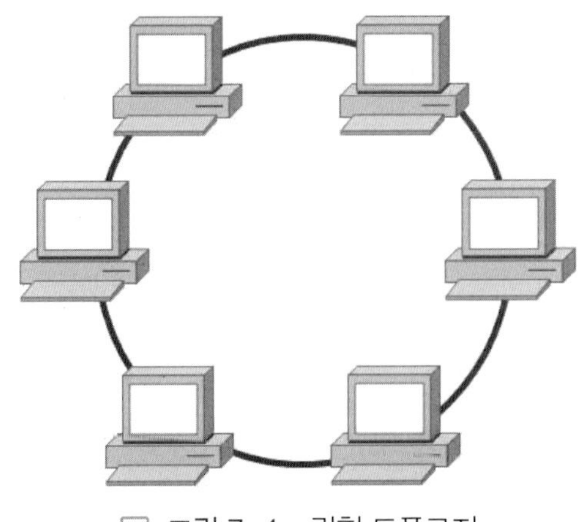

그림 7-4_ 링형 토폴로지

버스형(Bus)

버스형(Bus)에서는 하나의 통신 회선에 여러 장치들을 연결하는 방식이다. 데이터를 목적지 주소와 함께 버스에 연결된 모든 장치에게 전송하면, 데이터를 받은 장치들은 자신의 주소와 목적지 주소를 확인하여 일치할 경우 데이터를 받아 들이는 방식이다.

원형회선과는 다르게 하나의 장치나 회선에 문제가 생기더라도, 다른 장치들은 통신이 가능하다는 장점이 있다. 다만, 중앙에 있는 중앙 회선에 문제가 발생하였을 경우 모든 통신이 불가능하며, 통신할 때 충돌이 발생할 수 있다.

버스형에서 충돌을 방지하기 위해 CDMA/CD 방식을 사용한다.

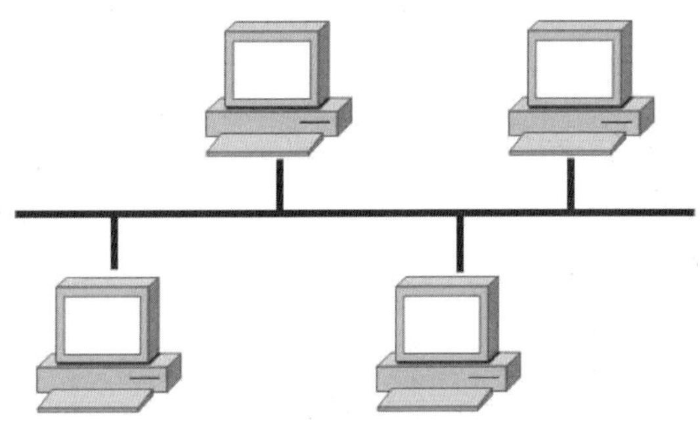

그림 7-5_ 버스형 토폴로지

(2) WAN

WAN(Wide Area Network)는 두 개 이상의 LAN이 넓은 지역에 걸쳐 연결되어 있는 네트워크로서 광역통신망이라 한다. 일반적으로 수 킬로 이상 또는 지역과 지역, 국가와 국가 간을 서로 연결하는 네트워크이다. 두 개 이상의 LAN을 연결하기 위해 라우터라는 장비를 사용하며, 라우터는 LAN 간에 네트워크를 연결하는 역할을 한다.

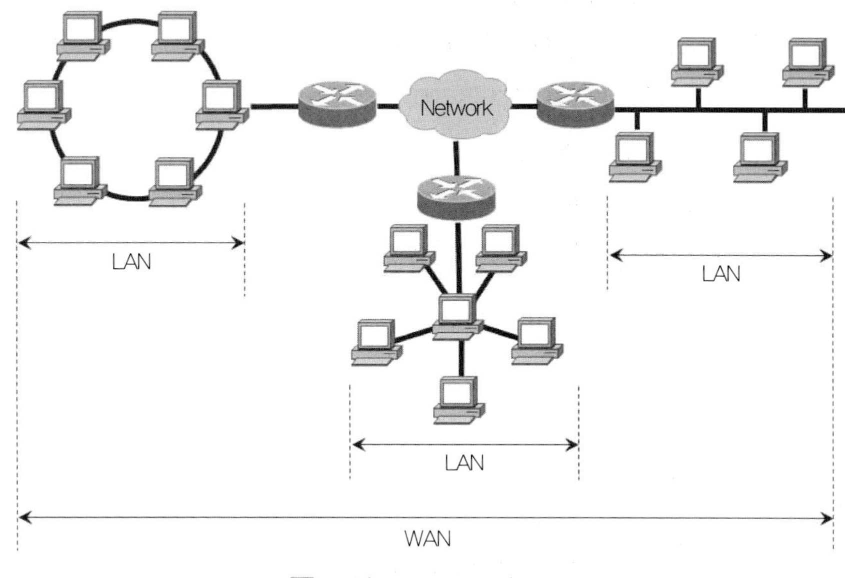

그림 7-6_ LAN과 WAN

(3) MAN

MAN(Metropolitan Area Network)은 LAN보다는 크고, WAN보다는 작은 규모를 갖은 네트워크로서 큰 도시 또는 캠퍼스 같이 지리적은 장소를 연결하는 네트워크로 도시권 통신망이라고 한다. MAN에 관한 예는 영국 런던이나, 폴란드의 로즈, 스위스의 제네바와 같은 도시권이나, DSL 전화망, 케이블 TV 네트워크를 통한 인터넷 서비스, 대규모 대학들 등이 있다.

3) 그 외 통신망

(1) VAN

VAN(Value Added Network)은 1970년대 초 미국에서 패킷 교환망이 등장하면서 사용하였다. VAN은 부가가치통신망이란 이름으로, 회선을 직접 보유하거나 통신 사업자의 회선을 임차하여 이용할 때 단순한 전송 기능 뿐 아니라 정보를 축적하고 가공, 변환 처리 등의 부가 가치를 부여한 음성, 데이터 등의 정보를 제공하는 매우 광범위하고 복합적인 서비스이다.

부가가치통신망이 등장한 배경은 다음과 같다.

- 컴퓨터 이용기술의 발달 : 컴퓨터의 급속한 보급과 활용이 보편화 되면서, 분산처리시스템이 발전하고 이에 따라 서로 다른 기종의 컴퓨터들과 통신이 가능하게 됨
- 사무자동화 기술의 발달 : 이전에 일관처리 시스템에서 실시간 및 온라인 처리로 변화하면서 기업들도 내부에서만 처리하던 데이터를 여러 사람들이 상호 교환하고 공유해야할 필요성이 증가하게 됨
- 전기 통신 및 정보 처리 기술이 발달 : 광섬유, 통신 위성 등 고도의 전기 통신기술이 발달하고 많은 정보 전송하고, 실시간으로 처리하는 기능이 발전하면서 이들 분야의 기술에 접근이 용이해짐

(2) ISDN

ISDN(Integrated Services Digital Network)은 종합정보통신망이라고 불리우며, 하나의 전화 회선으로 음성, 데이터, 이미지, 영상 등의 다양한 서비스와 부가서비스를 동시에 이용할 수 있는 고속의 디지털 통신 서비스이다. ISDN은 각각 64Kbps로, 총 128Kbps까지 전송 속도를 제공한다.

(3) xDSL

DSL(Digital Subscribe Line)은 1989년 미국의 벨코어(Bellcore)에서 기존의 통신용 구리선 쌍을 사용하여 당시 고속으로 인터넷을 연결할 수 있도록 하였으며, 동영상, 고밀도 그래픽, 데이터 등을 자유롭게 전송할 수 있도록 고안된 개념이다. 기존의 선이 낮은 주파수만을 사용하였다면 DSL은 낮은 주파수부터 높은 주파수까지 사용하여 수 Mbps의 전송 속도를 제공한다. 대표적인 방식으로 ADSL과 HDSL, VDSL이 있다.

ADSL

ADSL(Asymmetric Digital Subscriber Line)은 비대칭형 디지털 가입자 회선으로 비대칭적인 데이터 전송속도를 제공하여 비대칭형 디지털 가입자 회선이라고 불린다. 이 방식은 받는 것은 1Mbps ~ 8Mbps로 가입자에게 전송하고, 보내는 것은 64Kbps ~ 1Mbps의 전송속도로 약 10 : 1의 차이를 보인다.

우리나라의 하나로 통신에서 1998년 최초로 상용서비스를 시작한 후, 폭팔적인 성장세로 초고속 인터넷 가입자를 확보하였다.

HDSL

HDSL(High bit-rate Digital Subscriber Line)은 ADSL과는 달리 대칭적인 전송을 하는 고속 디지털 가입자 회선이다. HDSL은 2쌍의 전화선을 통하여 1.544Mpbs 또는 2.048Mbps의 전송 속도를 제공한다. 이 방식은 영국의 BTL(British Telecom Labortories)에 의해 개발된 2BIQ 선로 부호방식을 사용한다.

SDSL

HDSL이 사업용이었다면, SDSL(Symmetric Digital Subscriber Line)은 일반 가정용으로 개발된 대칭형 디지털 가입자 회선이다. 160Kbps~2,048Mbps 까지 전송속도를 제공한다.

VDSL

VDSL(Very high bit-rate Digital Subscriber Line)은 미국의 ANSI와 유럽의 ETSI에서 표준화 한 것으로 ADSL과 유사한 비대칭형 가입자이다. 광케이블을 이용하여 ADSL 보다 훨씬 높은 속도를 낼 수 있어, 초고속 디지털 가입자 회선 이라고 한다. 13Mbps~52Mbps 까지 고속의 전송속도를 제공한다.

(4) 무선 LAN

무선 LAN(Wireless Local Area Network)이란 기존의 유선으로 구성된 LAN 환경을 무선 주파수(Radio Frequency)를 이용하여 무선으로 구성한 것이다. 즉, 이용자가 무선 LAN 드라이버가 설치된 노트북이나 PDA 등에 무선용 LAN카드를 꼽아 해당지역의 기지국 역할을 하는 접속장치(AP, Access Point)와 교신할 수 있는 망이다.

접속장치인 AP는 무선 LAN 환경에서 전파신호를 전류신호로 또 전류신호를 전파 신호로 변환시키는 허브 역할을 하는 것으로 외장형 안테나를 통해 반경 500m 이내에서 있는 단말기와 송수신 기능을 수행한다.

(5) 와이브로

와이브로(Wibro)는 와이어리스 브로드밴드 인터넷(Wireless Broadband Internet)의 줄임말로 무선 광대역 인터넷, 무선 초고속 인터넷 등으로 말할 수 있다. 2000년대 초까지 휴대폰에 사용되고 있던 무선 인터넷의 속도를 빨라야 144Kbps이었으나, 우리나라에서 2005년 11월에 발표한 와이브로(Wibro)기술은 60Km이내의 속도로 이동하면서도 1Mbps 정도의 속도로 휴대폰으로 인터넷을 이용할 수 있게 되었다.

3. 전송매체

전송매체(Transmit Media)는 컴퓨터들을 연결시켜 망을 이루게 하는 매체이다. 구리와 금속선, 반도체 물질 등으로 이루어져 있다.

1) UTP선

UTP(Unshielded Twist Pair)선은 두가닥의 구리선을 꼬아 놓은 모양으로 이중꼬임선이라고도 한다. 선을 꼬은 이유는 신호에 잡음이 섞이는 것을 방지하기 위함이며, 100m까지 전송이 가능하다. 현재 전화선은 2쌍의 꼬임선이 들어있고 LAN에 쓰이는 선은 4쌍 혹은 6쌍으로 되어있다. 이 방식은 음성전송매체로 적합하다.

그림 7-7_ 이중 꼬임선 2쌍과 4쌍

2) 동축케이블

동축케이블(coaxial cable)은 10 Mbps이상의 고속의 정보 전송을 위해 나온 것이다. 꼬임선에 비해 훨신 높은 대역폭을 가지며, 외부와의 차폐성이 좋아 간섭 현상이 적다.

동축케이블의 전선과 그것을 감싸고 있는 외부 도체로 구성되어 있다. 중앙에는 구리선이 있고, 그것을 싸고 있는 플라스틱과 외부 구리선 때문에 외부의 전기적 간섭은 적게 받고 전력손실이 적다. 또 동축케이블은 바다 밑이나 땅속에 묻어도 그 성능에 지장이 없지만 꼬임선보다 훨씬 비싸다.

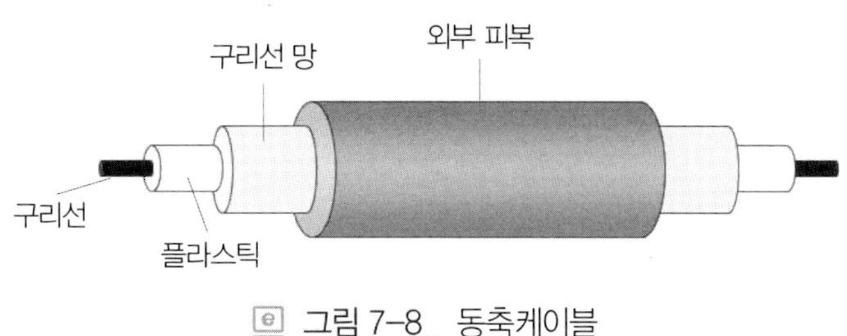

그림 7-8_ 동축케이블

3) 광섬유 케이블

광섬유 케이블(optical fiber cable)은 1970년대에 미국 코닝사에서 개발되어 1980년대 중반부터 실용화된 것으로 머리카락 보다 가느다란 유리섬유(glass thread)를 플라스틱 보호막으로 둘러싼 케이블이다.

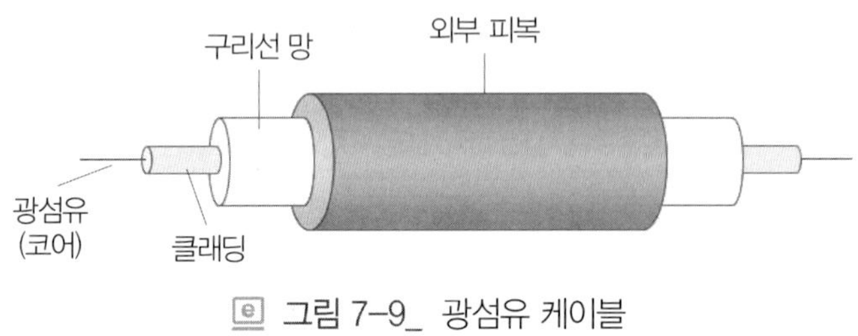

그림 7-9_ 광섬유 케이블

광섬유 케이블은 레이저 같은 빛의 신호를 빛의 속도로 전달할 수 있는 매체이기 때문에 전기의 간섭을 받지는 않지만, 외부에서 들어오는 빛을 차단하고 섬유의 손상을 방지해야 한다. 외부보호막이 그런 역할을 하도록 만들어져 있으며, 클래딩은 투명한 덮개로 빛을 반사시켜 빛이 밖으로 새어나가지 못하게 하는 역할을 한다.

4) 전 파

전파(radio wave)란 초당 15,000번 이상 고속으로 진동하는 전류가 안테나에 흐르면 안테나에서는 전력선과 자력선의 쌍으로 된 전기 에너지가 튀어나와 빛처럼 공중에 사방으로 방출되는 전자기파라(electro-megnetic wave)를 의미한다.

전파가 수신 측의 안테나에 도착하면, 수신측 안테나는 자신에게 미치는 자력선의 영향으로 진동하는 유도전류가 생겨, 송신 측에서 방출한 진동전류가 수신 측에서 그대로 발생하게 되는 방식으로 통신을 하는 것이다.

전파는 주로 무선 전기 통신에 사용되며, 대표적인 예로는 라디오 방송이 있다.

- 마이크로파(microwave) : 파장이 센티미터 정도인 1GHz에서 30GHz까지의 전파로, 진동수가 높고 파장이 극히 짧음
- 밀리미터파(millimeter wave) : 마이크로파보다 파장이 더욱 짧아서 더 많은 에너지를 가지고 모든 전리층을 뚫고 멀리 갈 수 있어서 위성통신에 이용

5) 위성통신

인공위성은 지구 상공의 궤도에서 지구를 주기적으로 회전할 수 있도록 로켓을 쏘아 올린 것이다. 이들 위성은 지구를 중심으로 원형이나 타원의 궤도를 따라서 스스로 지구 주위를 돈다. 우리는 위성을 통해 기상관측, TV 송수신, 라디오 송수신, 컴퓨터 무선통신 중계 등에 이용하고 있다.

세계 최초의 인공위성은 1957년에 러시아에서 제작한 농구공만한 크기의 스푸트니크(Sputnik)호이다. 그 후 약 5천여 개의 인공위성이 군사용, 기상관측용, 위치추적용, 지질탐사용 등의 목적으로 쏘아 올라갔다. 그 중 최초의 산업용 통신위성은 1965년 4월에 미국에서 발사한 국제통신위성(INTELSAT, International communications Satellite)이다. 이 위성은 지구와 같은 방향 같은 속도로 돌며, 이렇게 지구에서 보았을 때 한자리에 고정되어 있는 것처럼 보이는 위성을 정지 위성(Geostationary Satellite)라고 한다.

우리나라에서도 KT가 1995년 8월 무궁화(Koreasat) 1호를 쏘아 올렸고, 1996년 1월 무궁화 2호를 정지궤도에 쏘아 올려 1996년 3월부터 디지털위성시험방송을 시작하였다 이후 1999년 9월 무궁화호 3호, 2003년 TU 미디어에서 DMB 전용의 한별, 2006년 7월 저궤도 위성 아리랑 2호, 2013년 1월 나로호를 올렸다.

이러한 위성을 통해 우리는 지구상에서 일어나는 모든 정보를 같은 시간대에 보고 들을 수 있게 된 것이다. 대표적인 예로, 해외에서 진행하는 월드컵 경기 방송을 우리나라에서 실시간으로 볼 수 있게 된 것이 위성 때문이다.

통신 위성을 운영하기 위해서는 통신위성의 우주국과 지구상에 지구국이 서로 양방향으로 전파를 전송해야 한다. 즉 위성과 통신은 지구국에서 위성에게 특정 주파수대의 전파를 전송하면, 위성은 다른 주파수대를 이용하여 다른 지구국에게 되돌려주는 방식이다.

- 업 링크(Up Link) : 지구국에서 위성으로 보내는 전파
- 다운 링크(Down Link) : 위성국에서 지구국으로 되돌아오는 전파

4. 전송장비

전세계가 네트워크로 연결되어 있는 오늘날 통신을 위해 전송매체 뿐 아니라, 다양한 장비들을 이용하고 있다. 본 장에서는 통신을 위해 사용하는 전송장비들에 대해서 알아본다.

1) 리피터

리피터(Repeater)는 '중계기' 또는 '증폭기'라고도 불리며, 감쇠된 신호를 증폭하여 주는 역할을 하고 있다. 일반적으로 케이블 길이가 일정이상을 넘어가게 되면 신호의 감쇠현상이 발생하는데, 이 때 통신하는 두 컴퓨터의 중간지점에 리피터를 설치하면 감쇠된 신호를 본래 상태로 증폭시켜 원활히 통신을 하게 된다. 리피터는 OSI 7 계층에서 물리 계층에 해당하는 하드웨어 장치이다.

2) 허 브

허브(hub)는 '중심축', '바퀴축' 이라는 뜻을 가진 단어로, 네트워크에서 허브도 하나의 중심축에 놓여 여러 컴퓨터들을 연결해주는 역할을 하는 장치이다. 허브는 리피터의 기능도 수행하여 감쇠된 신호를 증폭하여 주는 역할도 겸하고 있다.

허브는 OSI 7 계층에서 물리계층과 데이터링크계층에 해당하는 기능을 제공한다. 오늘날 허브는 스위칭 기능을 하는 허브가 개발되면서 기능에 따라 리피터 허브와 스위칭 허브로 구분된다. 이 곳에서는 일반적인 허브인 리피터 허브에 대해서만 알아보고, 스위칭 허브는 스위치 장비를 할 때 알아보도록 한다.

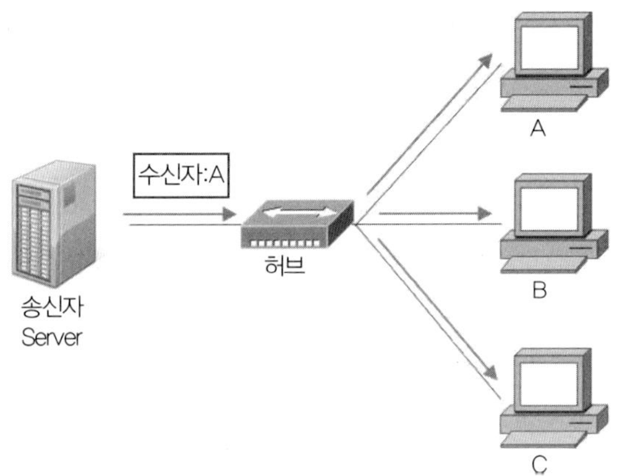

그림 7-10_ 허브의 데이터 전송 방식

리피터허브(repeater hub)는 단순히 연결된 컴퓨터를 한곳에 모아 놓은 장치로, 허브에 들어오는 패킷을 포트 전체에 동시에 보내주는 역할을 한다. 즉 단순 중계기 역할만을 수행하기 때문에 더미 허브(Dummy hub)라고도 하며, 10Mbps의 속도를 모든 포트가 공유하여 사용하기 때문에 포트 수가 증가하면 트래픽 문제가 발생할 수 있다.

3) 스위치

스위치는 스위칭허브(Switching hub)는 라고도 하며, 허브와 같은 목적으로 사용되어지지만 모든 장치에 데이터를 보내는 대신 목적지에게만 데이터를 전송한다. 즉, 수신된 패킷에서 목적지 MAC 주소를 확인하여 해당 MAC 주소를 가진 장비가 연결된 포트에만 패킷을 전송해 주는 역할을 한다. 허브와 가장 큰 차이점은 장치가 MAC 주소를 알고 있느냐 없느냐이다. 또한 스위칭은 각 포트마다 10Mbps의 속도를 할당하여 사용자가 증가하더라도 빠른 속도로 데이터를 전송한다. 일반적으로 스위치는 OSI 7 계층에서 데이터링크 계층에 해당하지만 오늘날 3계층 스위치 뿐 아니라, 4계층 스위치, 7계층 스위치까지도 개발 되었다.

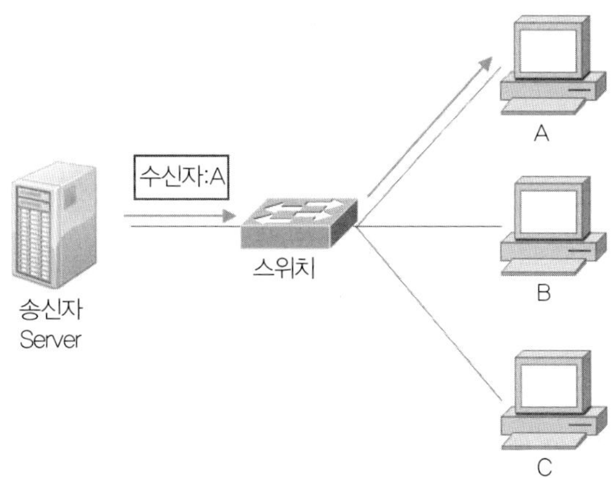

그림 7-11_ 스위치 통신 방식

4) 브리지

브리지(Bridge)는 리피터의 기능에 통신 규약 기능을 추가하여 2개 이상의 LAN을 연결할 때 쓰는 장비이다. 이때 LAN은 동일한 연결방법(Topology)을 사용하고 있어야 한다. 브리지는 OSI 7 계층에서 물리계층과 데이터링크계층의 연결 기능을 제공한다.

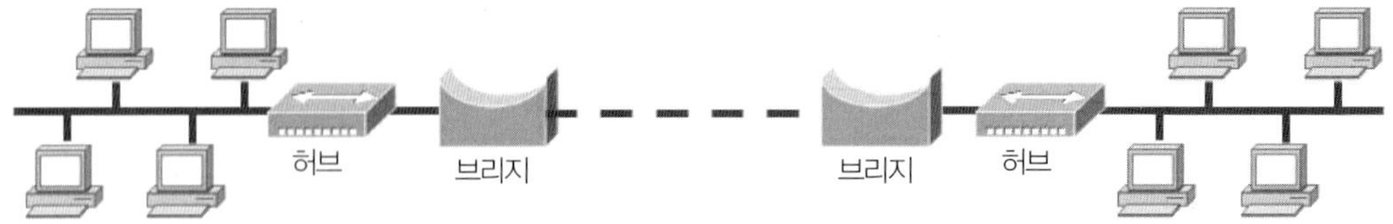

그림 7-12_ 브리지 연결 방식

5) 라우터

라우터(Router)는 브리지보다 복잡하고 값이 비싼 반면에 연결방법(Topology)이 같거나 다른 LAN과 LAN 또는 LAN과 WAN을 연결할 수 있는 장비이다. OSI 7 계층에서 물리계층, 데이터링크 계층, 네트워크 계층 간의 연결을 지원하여, 자신과 연결된 망의 IP 정보를 가지고 있어 들어오는 패킷을 가장 적절한 경로를 선택하여 목적지 LAN에게 전송해 주는 역할을 한다.

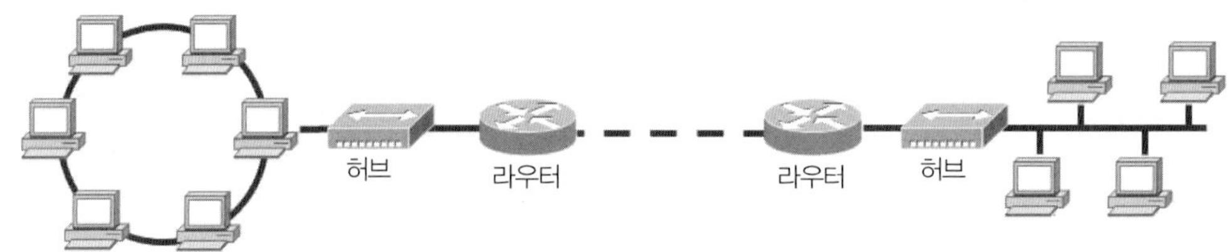

그림 7-13_ 라우터 연결 방식

6) 게이트웨이

게이트웨이는 OSI 참조 모델의 모든 계층을 포함하여 동작하는 네트워크 장비로 두 개의 완전 다른 네트워크 사이의 데이터 형식을 변환하는 장치 또는 프로그램을 의미한다. 다른 말로 '망관문'이라 하는데, 용어에서 알 수 있듯이 네트워크로 들어가는 입구 역할을 수행하는 네트워크 포인트이다.

게이트웨이와 라우터는 역할이 비슷하기 때문에, 많이 혼동될 수 있다. 우선 게이트웨이와 라우터의 공통점을 보면, 두 장비 모두 두 개 이상의 분리된 네트워크를 연결해 주는 역할을 수행한다. 차이점은 라우터는 서로 다른 네트워크라 할지라도 유사한 네트워크를 연결하지만 게이트웨이는 전혀 다른 네트워크를 연결한다는 것이다. 예를 들면, 기본 프로토콜로 TCP / IP를 사용하고 있는 이더넷 네트워크와 링형 네트워크가 있다고 하면, 이 두 네트워크는 연결방법(Topology)는 다르지만, 같은 TCP/IP 프로토콜을 사용하기 때문에 라우터로 연결 될 수 있다. 그러나, TCP/IP 프로토콜을 사용하는 이더넷 네트워크와 UDP 프로토콜을 사용하는 링형 네트워크의 경우에는 라우터를 이용하여 연결할 수 없다.

표 7-1_ 네트워크 장비의 장 · 단점

구 분	OSI 7 계층	장 점	단 점
리피터	물리계층	- 값이 싸며, 설치가 용이	- 수 십미터 이상의 거리에 사용하기에 부적합
브리지	데이터링크 계층	- 설치가 용이하며, 환경 설정이 불필요 - 다른 타입의 LAN 연결	- 다양한 경로 선택이 어려워 지연 발생 가능 - 장애 시 대처가 어려움
허브 (리피터허브)	데이터링크 계층	- 설치가 용이	- 포트 수 증가시 트래픽 문제
스위치 (스위칭허브)	데이터링크 계층	- 포트 수가 증가하여도 빠른 속도 제공	
라우터	네트워크 계층	- 확장이 용이 - 환경 설정이 가능 - 다양한 경로가 존재하며 트래픽이 분산 - 유지보수가 용이	- 초기 환경 설정이 어려움
게이트웨이	전송계층	- 완전히 다른 시스템을 연결 - 게이트웨이의 고유한 기능만 수행	- 다른 장치에 비해 가격이 비쌈 - 설치와 환경 설정이 어려움

5. OSI 7 계층과 프로토콜

1) OSI 7 Layer 정의

컴퓨터를 이용해 통신을 하기 위해서는 통신을 할 수 있도록 하는 하드웨어와 프로토콜이 필요하다. 네트워크의 개념이 처음 도입되던 시기에 통신 소프트웨어는 각 제조사들에 의해 독자적인 데이터 형식과 기법이 사용되었고 이로 인하여 타사 제품과의 호환성 문제가 심각하게 발생하게 되었으며 이를 해결히기 위한 방안이 요구되었다.

OSI(Open System Interconnection)는 서로 다른 노드간의 원활한 통신을 제공하기 위한 네트워크 표준으로서 통신을 위해 필요한 규칙, 매체를 7계층으로 구분하여 정의한다. 이러한 OSI는 1977년 국제표준화기구(ISO : International Standardization for Organization)의 위원회인 OSI에 의해 처음 제시되었으며 1984년 개방형 시스템간의 상호작용을 목적으로 표준화가 채택되었다. 현재 OSI 표준 모델은 모든 시스템간의 상호 네트워크 연결을 위해서 확실한 표준으로 자리매김하고 있다.

OSI는 네트워크 통신과정의 필요한 규칙, 매체, 프로토콜 등을 개별 모듈화를 통해 사용자가 이해하기 쉽게 7개의 계층으로 구성하여 제공하고 있으며, 다음과 같이 OSI 계층별 구조와 기능을 정리하여 나타내었다.

표 7-2_ OSI 7 Layer 정의

계 층	이 름	기 능
7계층	애플리케이션(Application)	사용자 Interface와 관련된 작업 수행
6계층	표현(Presentation)	표준화, 암호화/복호화, 데이터압축
5계층	세션(Session)	통신하기 위해 논리적인 세션을 생성, 유지, 종료 등을 하며, 전송형태를 정의
4계층	전송(Transport)	신뢰성과 관련된 작업 수행, 흐름과 오류 제어
3계층	네트워크(Network)	논리적 주소 설정, 경로를 선택하고 경로에 따라 전달하는 계층
2계층	데이터링크(Data Link)	물리적 주소 설정, 송수신되는 정보의 오류와 흐름을 관리
1계층	물리(Physical)	물리적 매체 제어, 데이터를 전기적인 신호로 변환하여 데이터전송

2) OSI 7 Layer 데이터 교환

OSI 7 Layer 모델의 데이터 교환은 송신자와 수신자로 정의된다. 송신자의 경우 7계층(Application Layer)에서 1계층(Physical Layer)까지 데이터를 순차적으로 하위계층으로 전달하면서 각 계층의 헤더 파일이 추가적으로 첨부된다. 헤더 파일에는 각각의 계층별 제어정보들이 포함되어 있다. 마지막으로 물리계층에 다다르면 데이터가 전기적인 신호로 바뀌어 수신자에게 전송된다. 수신자 물리계층에 도착한 전기신호는 데이터로 변경되어 송신자가 수행했던 과정을 역순차적으로 수행하면서 자신에 역할에 맞는 데이터를 획득하게 된다. 데이터 획득 후에는 송신측에서 전송한 헤더는 삭제되고 상위 계층으로 데이터를 전송한다. 다음 그림은 OSI 7 Layer 모델에서 데이터 교환이 어떻게 이루어지는지 나타내고 있다.

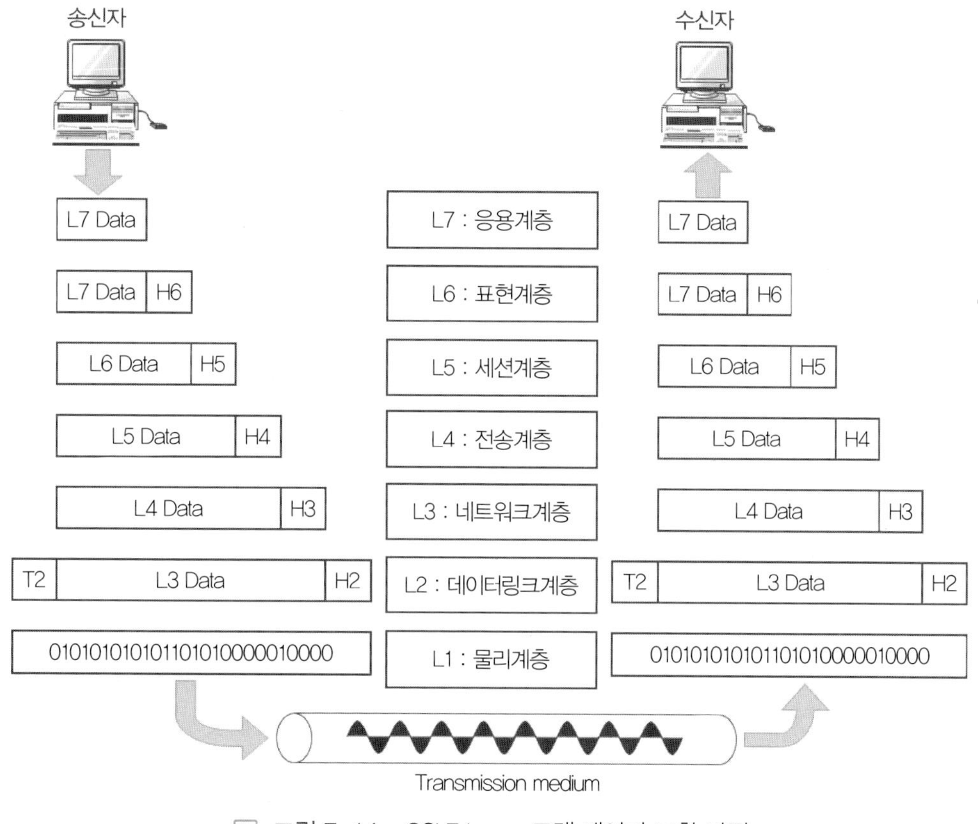

그림 7-14_ OSI 7 Layer 모델 데이터 교환 과정

3) 응용계층(Application Layer)

OSI 7 Layer 모델의 최상위 계층인 응용 계층(Application Layer)은 사용자가 네트워크를 통해 수행하고자 하는 작업을 처리하는 계층이다. 응용 계층은 응용 프로세스에게 직접 서비스를 제공하는 유일한 계층이며 사용자가 OSI 7 Layer 환경을 이해할 수 있고 사용할 수 있도록 지원하는 역할을 담당한다. 이러한 응용 계층에서 이용되는 대표적인 프로토콜은 웹 브라우저, 이메일, FTP(File Transfer Protocol), Telnet, SMTP(Simple Mail Transfer Protocol) 등이 있다.

(1) HTTP(Hyper Text Transfer Protocol)

웹 운영을 위해서는 HTTP라는 프로토콜을 이용한다. HTTP(Hyper Text Transfer Protocol)는 1989년 3월 스위스에 위치한 유럽 입자 물리학 연구소(CERN : European Organization for Nuclear Research, 프랑스어 Conseil European pour la Recherche Nucleaire)에서 연구원 간 정보 공유와 문서 간의 관련성을 편리하게 표시하기 위해서 시작한 프로젝트로, 1993년 모자이크(Mosaic) 웹 브라우저가 개발되어 보급되면서 전 세계적으로 확산되었고, 현재는 가장 대표적인 인터넷 서비스이다. World Wide Web은 분산 서버/클라이언트(Server/Client) 모델을 기본으로 HTTP를 사용하여 HTML(Hyper Text Markup Language)이라는 언어로 이루어진 하이퍼미디어 문서를 주고받는다.

(2) SNMP(Simple Network Management Protocol)

단순 네트워크 관리 프로토콜(SNMP, Simple Network Management Protocol)은 네트워크 관리자가 원격으로 TCP/IP 프로토콜을 사용하는 네트워크 장치들을 관리하기 위한 기본 구조이며, 인터넷을 감시하고 유지보수하기 위한 기본적인 동작들을 제공한다.

SNMP는 1987년 SNMP 프레임워크의 전신인 단순 게이트웨이 모니터링 프로토콜(SGMP : Simple Gateway Monitoring Protocol)에서 시작되어 1988년 완성되어 8월에 3개의 RFC 표준으로 공개된 SNMP Version 1은 매우 반응이 좋았으며 현재까지도 가장 널리 사용되는 Version이다. 현재 Version 3까지 있으며, 그 기능의 차이는 대부분 보안상의 문제에 의한 것이다.

SNMP를 실계할 당시 디른 네트워크 관리 프로토콜에 비해 비교적 단순하다. 이는 설계 목적을 봐도 알 수 있다. SNMP는 다음과 같은 설계 목적을 가지고 제정되었다.

- 관리 정보를 쉽게 정의하고 대상과 네트워크 장비 사이의 정보교환을 쉽게 하여 네트워크 관리를 편리하게 하는 방법을 제정한다.
- 관리 정보를 정의하고 전송 작업을 응용 프로그램으로부터 분리시킨다.
- 소수의 프로토콜로 모든 작업이 이루어지도록 단순화 시킨다.
- 구현이 쉬워야 한다.

(3) SMTP(Simple Mail Transfer Protocol)

단순 메일 전송 프로토콜(SMTP : Simple Mail Transfer Protocol)은 1980년대 9월 RFC 722에 처음 공개된 메일 전송 프로토콜(MTP : Mail Transfer Protocol)에서부터 유래했으며, TCP/IP 이메일 시스템에서 가장 중요한 구성요소로 사용자 간에 이메일을 전달하는 역할을 담당한다.

처음 SMTP는 1981년 11월에 RFC788로 공개되었으며 MTP보다 간단하며, FTP와 비슷한 점이 있기는 하지만 전송 제어 프로토콜인 TCP를 이용하는 독립된 프로토콜로 설계되었다. 1980년대에 들어와서 TCP/IP와 인터넷이 널리 사용되면서 SMTP 방식 역시 점점 더 널리 쓰이게 되었다. 1993년 2월 RFC 1425 "SMTP Service Extension"이 공개되기 전까지 초기 모델로 계속 사용되었고, 그 후에 개발이 계속 되면서 파이프라이닝, 메시지 크기, DNS 지원 기능을 내장하게 되었다.

SMTP는 이메일 시스템에서 송신자와 송신자 메일 서버 사이, 그리고 송신자 메일 서버와 수신자 메일 서버 사이에 사용이 된다. 즉, SMTP를 사용하지 않는 단계는 수신자가 최종적으로 이메일을 받을 때 뿐이다.

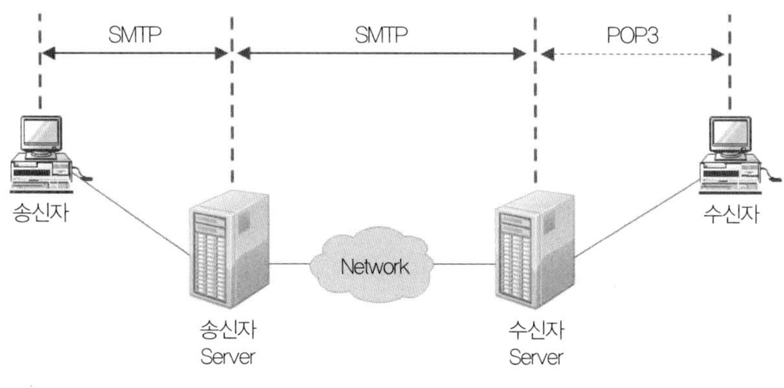

그림 7-15_ SMTP 동작 과정

(4) FTP(File Transfer Protocol)

FTP는 네트워크상에서 사용자들끼리 파일을 교환하기 위한 프로토콜이다. FTP 사용자는 FTP서버에 접속하여 파일을 주고받을 수 있으며 데이터가 손실 되지 않도록 TCP를 사용한다. FTP는 두 개의 포트를 사용하고 있으며 포트 번호 20과 21을 사용한다. 포트 번호 20은 제어 연결을 위해 사용 되며 포트 번호 21은 데이터 연결을 위해 사용된다.

클라이언트는 임시 포트번호를 사용해 서버에게 수동적 연결 설정을 시도 하게 되며 클라이언트는 서버에 PORT 명령어를 사용하여 전송 하게 된다. 서버는 포트번호를 수신한 후 포트번호 20과 임시 포트번호를 사용하여 능동적 연결 설정을 시도 하게 된다. FTP 데이터 연결 설정에는 능동 데이터 연결과 수동 데이터 연결을 사용한다.

4) 표현계층(Presentation Layer)

OSI 7 Layer 모델의 6계층을 구성하는 표현 계층(Presentation Layer)은 네트워크에서 연결된 노드끼리 데이터를 교환할 때 사용할 표현 형태를 정의하고 변환하는 역할을 수행한다. 즉, 같은 bit의 나열이라도 시스템이 다르면 다른 의미로 표현되기 때문에 의미가 전달될 수 있는 코드변환을 하고, 화면표시 형태가 다를 때 그 출력 형태를 다시 조정하는 전송 타입 및 포맷에 대한 표준화 기능을 제공한다.

이러한 표준화는 응용 계층에서부터 받은 데이터를 세션 계층이 다룰 수 있는 형태로 바꾸고 반대로 세션 계층에서부터 받은 데이터를 응용 계층에서 다룰 수 있는 형태로 변환하는 기능이라고 할 수 있다. 이외에도 표현 계층은 데이터의 대한 암호화 및 복호화를 수행하며 데이터 압축 및 문자집합 변환 기능도 제공한다.

5) 세션 계층(Session Layer)

OSI 7 Layer 모델의 5계층을 구성하고 있는 세션 계층(Session Layer)은 세션(Session)이라는 특수한 방법을 통해 연결을 공유하는 것으로 송신측과 수신측 사이에 세션을 수립하고 관리하며 해제하는 역할을 수행한다.

세션 계층의 전송 모드는 Simplex(단방향전송), Half-Duplex(반이중 전송), Full-Duplex(전이중 전송)을 제공한다. 세션 계층에서 제공하는 전송 모드의 특징은 다음의 표에 자세하게 기술하였다.

표 7-3_ 세션 계층의 전송 모드

전송 모드	특 징	활용예제
Simplex (단방향전송)	송수신 두 노드가 존재할 때 하나의 노드만 송신이 가능하고 하나의 노드는 수신만 가능하다.	방 송
Half-Duplex (반이중 전송)	송수신 두 노드가 존재할 때 두 노드 모두 송수신이 가능하지만 동시에 송수신을 할 수 없다. 즉 한 노드가 송신중일 때 다른 노드는 송신할 수 없고 수신만 해야 된다.	무전기
Full-Duplex (전이중 전송)	송수신 두 노드가 존재할 때 송수신을 동시에 할 수 있다.	전화기

6) 전송계층(Transport Layer)

OSI 모델의 4계층에 위치한 전송 계층은 노드와 노드간의 데이터 전송 중간에 데이터가 손실 되는 것을 방지하며 안정적이고 효율적이며 신뢰성 있는 통신을 보장하는 역할을 수행한다.

전송 계층에서의 주소 지정은 프로세스와 프로세스를 구분하는데 사용되며 포트번호를 이용해 데이터를 보낼 목적지를 찾아가게 된다.

전송 계층에서 사용되는 대표적인 프로토콜은 연결지향통신(Connection Oriented Communication) 및 신뢰성 통신을 제공하는 TCP(Transmission Control Protocol)와 비 연결지향통신(Connection-less Oriented Communication) 및 비 신뢰성 통신을 제공하는 UDP(User Datagram Protocol)가 대표적이다. TCP와 UDP에 대해서는 1-2절에서 상세하게 기술하였다.

연결지향통신

3-Way Handshaking 과정을 통해 송신측과 수신측 사이의 연결을 먼저 설정한 후에 데이터를 전송하는 통신 방법이다.

비 연결지향통신

송신측과 수신측 사이에 데이터 전송전에 연결 설정을 하지 않고 데이터를 바로 전송하는 통신 방법이다.

(1) TCP(Transmission Control Protocol)

TCP는 전송 제어 프로토콜로서 종단과 종단간의 연결을 확립한다. 연결지향형 프로토콜로 정확한 데이터 전송 즉 신뢰성 있게 데이터를 전송할 때 사용되며 송신측과 수신측 간에 가상 경로를 설정한 후에 데이터를 전송한다. TCP는 연결지향 서비스를 제공하기 위하여 3-Way Handshake라는 별도의 처리과정을 가진다.

3-Way Handshake는 데이터를 송신측에서 수신측으로 전송하기 전에 3번에 연결 설정 과정을 거치게 되는 과정을 의미한다. 3-Way Handshake 과정에서 사용하는 메시지는 [표 6-4]과 같으며 세부적인 처리 과정은 [표 6-4] 아래 기술해 놓았다.

표 7-4_ TCP 연결 설정 메시지

Message	기 능
SYN	순서번호를 동기화 하고 연결을 초기화 하는 대 사용되는 세그먼트라 알려주는 역할을 한다.
ACK	세그먼트를 수신 받으면 이에 대한 확인응답으로 승인하는 역할을 한다.

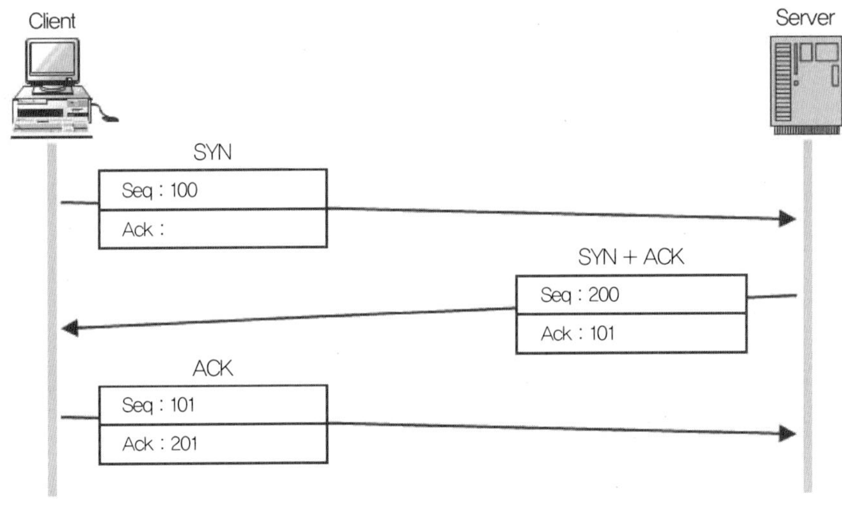

그림 7-16_ 3-Way Handshake

① Client가 Server에게 서비스를 요청한다. 서비스를 요청할 때 Client는 서버에게 SYN 세그먼트를 전송한다.

② 서버는 클라이언트의 접근을 기다렸다 SYN 세그먼트가 들어오면 그에 대한 응답으로 SYN+ACK 세그먼트를 클라이언트에게 보낸다.

③ 클라이언트는 서버에게 SYN+ACK를 받으면 확인응답으로 서버에게 ACK를 보냄으로써 연결 수립 과정이 끝나게 된다.

TCP 헤더 포맷

- Source Port Address : 송신측 포트주소
- Destination Port Address : 수신측 포트주소
- Sequence Number : 세그먼트에서 보내는 첫 번째 Byte 순서번호로, 전달되는 Byte마다 번호가 부여되며 첫 번째 순서번호는 랜덤으로 생성됨
- Acknowledgement Number : 확인응답 번호로 확인응답 번호로 받은 세그먼트의 순서 번호 + 1을 설정한 후 송신측에게 응답
- HLEN : TCP 세그먼트의 헤더길이
- Reserved : 예약 필드로 필드 값이 0으로 설정
- URG : 긴급 비트의 역할, 필드 값이 1이면 우선순위가 높은 데이터가 있다는 뜻
- ACK : 승인 비트의 역할, 필드 값이 1로 설정되어 있다면 승인을 포함한다는 뜻
- PSH : Push 비트로써 세그먼트를 받는 즉시 송신하라는 의미

Header	Data

Source Port Address (16 bits)								Destination Port Address (16 bits)
Sequence Number (32 bits)								
Acknowledgment Number (32 bits)								
HLEN (4 bits)	Reserved (6 bits)	URG	ACK	PSH	RST	SYN	FIN	Window Size (16 bits)
Checksum (16 bits)								Urgent Point (16 bits)
Options and Padding (Variable Number)								

그림 7-17_ TCP 헤더 포맷

- RST : 초기화 비트의 역할, 연결을 초기화 한다는 뜻
- SYN : 동기화 비트의 역할, 순서번호를 동기화하고 연결 수립을 요청
- FIN : 종료비트의 역할, 송신측의 연결 종료 요청
- Window Size : 수신 윈도우의 크기 정보를 송신자에게 알려줌
- Checksum : 가상 헤더 필드를 이용해 TCP 세그먼트의 오류 정보를 포함
- Urgent Pointer : UGR 필드 값이 1로 설정 되어 있을 때 사용, 수신측에서 이 필드를 수신하게 되면 세그먼트 순서에 상관없이 긴급데이터를 먼저 수신

TCP 흐름제어 기능

TCP는 흐름제어를 제공한다. 즉 수신측은 송신측으로부터 보내는 데이터의 양을 슬라이딩 윈도우 프로토콜을 이용하여 제어함으로서 데이터의 손실을 방지할 수 있는 기능을 제공한다.

TCP 프로토콜은 흐름제어를 하기 위해 슬라이딩 윈도우 전송을 수행하게 된다. 즉, 송신측에서 수신측까지 데이터를 전송할 때 송신측에서 데이터가 넘쳐 오버플로우가 생기지 않도록 하기 위해 슬라이딩 윈도우를 전송함으로서 데이터의 흐름 제어를 제공하는 것이다. 이때 사용되는 윈도우의 크기는 수신 윈도우(rwnd)와 혼잡 윈도우(cwnd) 중에서 작은 값을 가지는 것으로 결정된다.

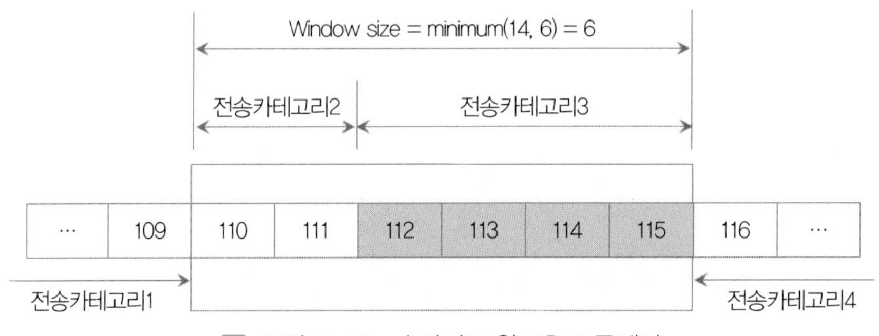

그림 7-18_ 슬라이드 윈도우 흐름제어

표 7-5_ 슬라이드 윈도우 카테고리

카테고리	기 능
전송카테고리 1	Byte를 송신 했으며 승인을 받은 상태
전송카테고리 2	Byte를 송신 했으며 승인을 받지 못한 상태
전송카네고리 3	수신측은 Byte를 받을 준비가 끝났으나 아직 전송하지 못한 상태
전송카테고리 4	수신측은 Byte를 받은 준비가 되지 않았으며 전송하지 못한 상태

수신측의 윈도우가 혼잡을 하여 전송을 지연시키는 방법은 두가지가 있다.

- Clark Solution : 수신측 버퍼의 공간이 반 이상 비어 있을 때까지 송신측에게 윈도우 크기를 0으로 전송함으로서 전송을 지연 시키는 방법
- Delayed Acknowledgement : 수신측에서 확인응답 전송을 지연시켜 송신측으로 하여금 전송을 멈추게 하는 방법

TCP 오류제어 기능

TCP는 흐름제어와 더불어 전송되는 트래픽의 오류를 제어하는 기능을 제공한다. 다시 말해 TCP는 오류제어를 통해 신뢰성 있는 통신을 보장하며 송신 중에 데이터를 잃어버리거나 발생하는 오류를 제어한다. TCP에서 오류제어를 위한 방법으로는 정상적인 데이터 전송, 세그먼트의 손실, 세그먼트 재전송, 확인응답의 대한 손실 등이 있다.

- 정상적인 전송 : 클라이언트와 서버 사이에 세그먼트가 정상적으로 전송되고 전송받은 세그먼트에 대한 응답도 정상적으로 보내고 받은 전송이다. 즉, 전송과정 중에 어떠한 저항이나 에러로 인해 세그먼트가 손실되지 않는 것을 의미한다.
- 세그먼트와 확인응답 손실 : 클라이언트와 서버사이에 데이터를 전송할 때, 세그먼트가 손실되는 경우를 의미한다. 처음 연결에서 송신측은 수신측에게 2개의 세그먼트를 전송하고, 수신측에서 확인 응답 세그먼트를 전송 받는다. 그 후 다시 2개의 세그먼트를 전송한다. 이때 3번째 세그먼트가 손실되었다고 가정하자. 수신측에서는 3번째 세그먼트를 받지 못하고 4번째 세그먼트만 받았기 때문에, 버퍼에 3번째 세그먼트를 저장할 공간을 비워둔다. 수신자는 본래 3번째 세그먼트에 대해 재전송 요청을 해서 3번째 세그먼트를 다시 받아야 하지만, 재전송 메시지도 손실되어 송신자가 재전송 메시지를 받지 못하였을 경우, 송신자는 전송한 3번째 세그먼트의 대하여 RTO(Retransmission Timeout) 타이머를 두어 일정시간이 지나도록 응답 메시지가 오지 않으면, 세그먼트가 손실되었다고 간주하고 다시 세그먼트를 보낸다.
- 세그먼트 재전송 : 위의 예시는 세그먼트에 RTO값을 설정 하여 RTO값이 지나면 재전송이 되는 과정을 설명이다. RTO가 만료 되지 않아도 세그먼트를 재전송 하는 경우가 있다. 위의 그림과 같이 3번째 세그먼트가 손실되었다고 가정하자, 송신자는 세그먼트가 손실되었는지 알지 못하고 4번째, 5번째, 6번째 세그먼트를 계속 전송하지만, 수신자는 응답메시지로 계속 3번째 세그먼트를 재전송하도록 보내 RTO가 만료되지 않더라도 잃어버린 세그먼트를 다시 수신측에 보내게 하는 것이다.

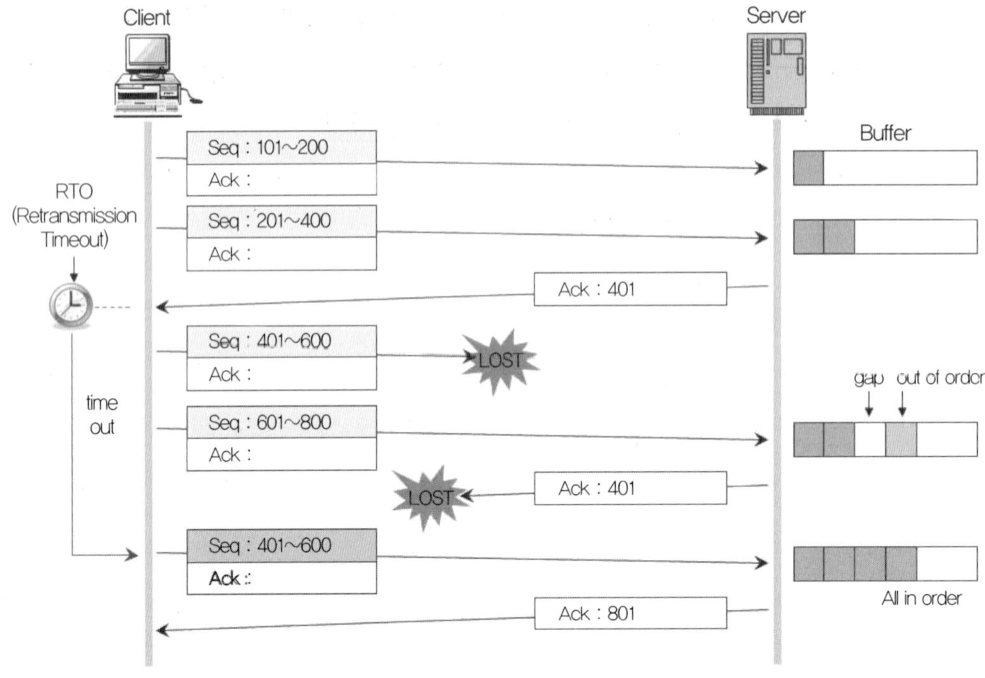

그림 7-19_ 송신측과 수신측 사이에 세그먼트 손실

TCP 혼잡제어 기능

네트워크망의 혼잡 발생 시 지연과 부하가 발생하게 되고 이를 해결하기 위해 TCP에서는 혼잡제어를 제공한다. 이러한 혼잡제어는 느린 시작, 혼잡 회피, 혼잡 감지의 세 가지 단계를 걸쳐 제공된다.

- 느린 시작 기법 : 느린 시작 기법은 초기의 세그먼트 사이즈를 최소로 설정한 후 서서히 증가시켜 전송하는 방식이다. 즉, 송신측은 처음에 하나의 세그먼트를 전송하게 되고, 그에 대한 확인 응답을 수신측으로부터 수신하게 되면 최대 세그먼트 크기를 지수적으로 증가하여 2개의 세그먼트를 전송하고 다시 확인 응답을 수신하면 4개의 세그먼트를 보내는 방식이다. 그러나 지속적으로 통신을 수행하다 보면 지수적으로 증가할 수 있는 값의 한계에 도달하게 된다. 따라서 위와 같은 문제를 해결하기 위하여 임계치를 설정하여 사용하면 된다.

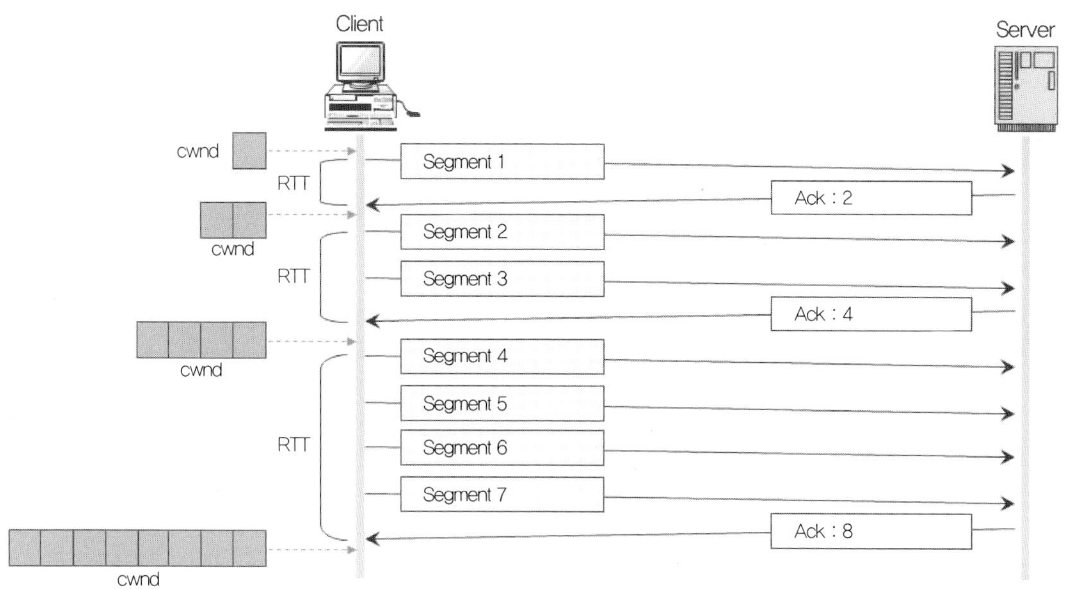

그림 7-20_ TCP 혼잡 방지(느린 시작 알고리즘)

• 혼잡 회피 : 혼잡 방지 기능을 제공하기 위해 느린 시작 알고리즘을 사용하였다면 혼잡 회피를 제공하기 하기 위해서는 가산 증가 알고리즘을 사용한다. 혼잡 방지 기능의 세그먼트 지수 증가의 문제를 해결하기 위하여 임계치를 설정하였다. 혼잡 회피 방법은 지수 증가를 수행하다가 임계치에 도달하게 되면 가산 증가를 통해 세그먼트를 전송할 수 있다.

느린 시작 알고리즘과 마찬가지로 송신측은 하나의 세그먼트를 보내게 되고 수신측으로부터 확인 응답을 수신 받게 되면 수신윈도우크기 + 1을 증가시켜 수신측에 전송하는 방법이다. 즉 세그먼트의 응답을 수신측으로부터 받을 때마다 윈도우의 크기를 1 세그먼트씩 증가시켜 진행하는 방법이다.

• 혼잡 감지 : 송신측에서는 시간 초과가 발생하거나 3개의 확인응답을 받게 되면 혼잡이 발생했다고 간주한다. 시간 초과가 발생하면 TCP는 임계치 값을 윈도우 크기의 반으로 설정하고 느린 시작부터 다시 시작하게 된다. 또한, 3개의 확인응답을 연속적으로 받게 되면 임계치 값을 윈도우 크기의 반으로 설정하고 수신윈도우버퍼크기 값을 임계치의 값으로 설정한다.

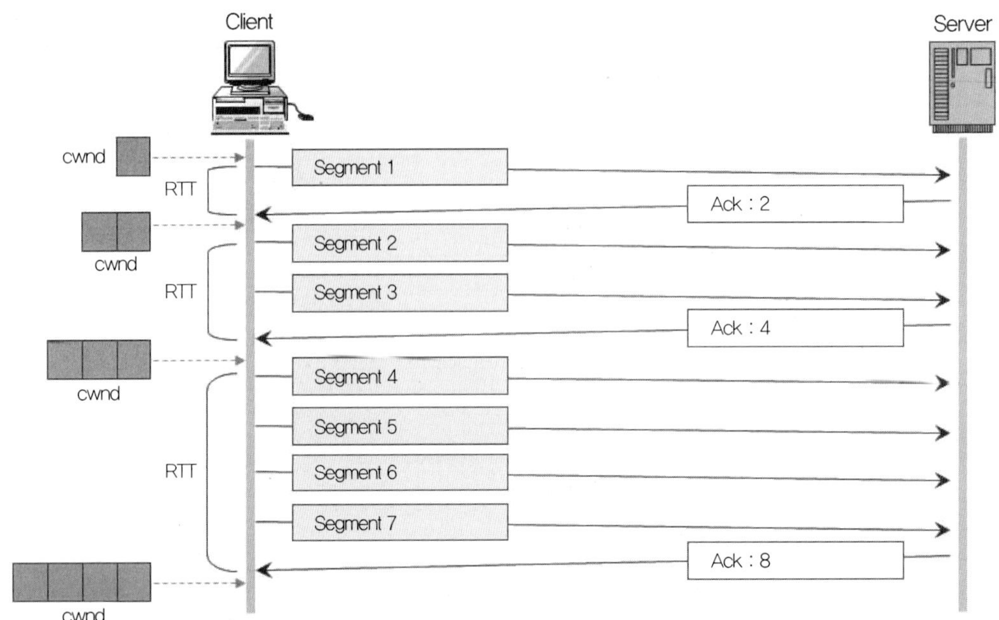

그림 7-21_ TCP 혼잡 회피

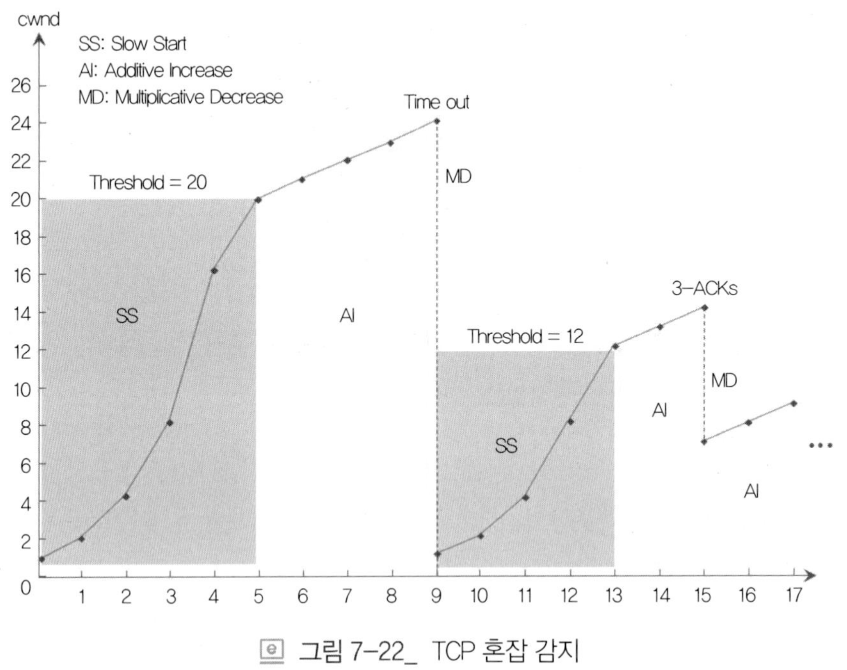

그림 7-22_ TCP 혼잡 감지

(2) UDP(User Data Protocol)

UDP는 TCP와 마찬가지로 전송계층에서 사용되는 프로토콜로 통신을 식별하기 위해 포트번호를 사용하며 프로세스와 프로세스간의 통신을 책임진다. 이러한 UDP는 오류제어, 흐름제어, 혼잡제어를 제공하지 않는 비 연결형 기반의 신뢰성 없는 즉 비신뢰성 프로토콜이다. 따라서 재전송이 필요 없는 인터넷 동영상과 같은 빠르고 중요하지 않은 정보를 전송할 때 이용된다.

UDP 헤더 포맷

- Source IP address : 32비트의 필드로 구성되어 있으며 송신측의 IP 주소를 포함
- Destination IP address : 32비트의 필드로 구성되어 있으며 수신지의 IP 주소를 포함
- Source port address : 송신측에서 메시지를 생성한 16비트 포트번호를 포함
- Destination port address : 수신측에서 메시지를 수신하는 16비트 포트번호를 포함
- UDP total length : 헤더와 데이터를 합친 UDP 데이터 그램의 길이
- Checksum : 오류 정정 코드
- Data : 송신할 상위 계층 메시지

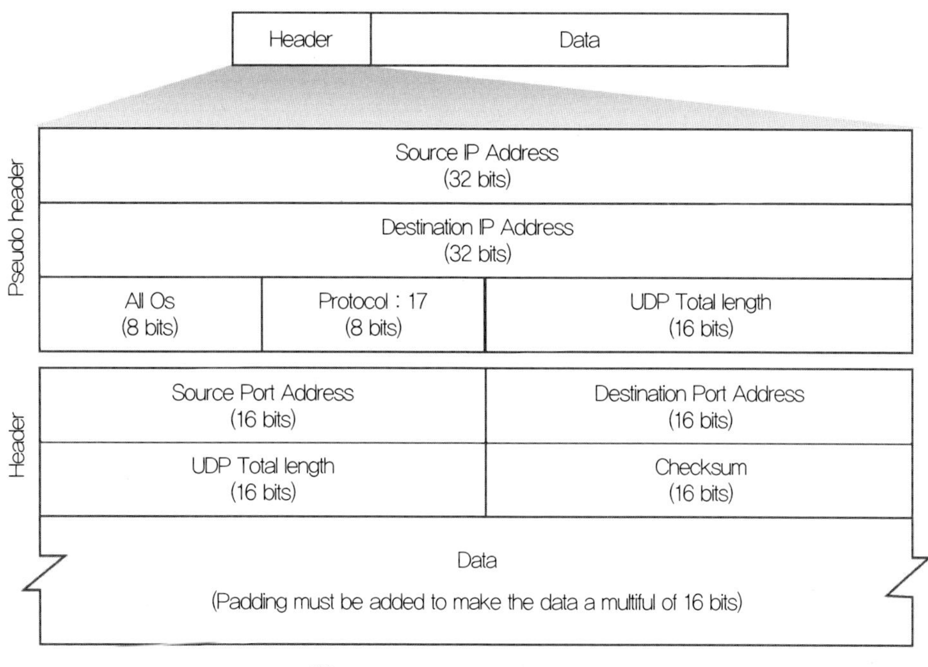

그림 7-23_ UDP 헤더 포맷

7) Network Layer

네트워크 계층은 OSI 모델의 3계층으로서 통신을 하고자 하는 종단과 종단간(End to End)의 데이터 전송을 책임지며 데이터링크 계층의 물리적 주소 및 위치와 관계없이 고유의 논리적 주소 즉 IP(Internet Protocol)를 가진다. 이러한 네트워크 계층은 주소지정 프로토콜과 라우팅 프로토콜로 구성된다.

주소지정 프로토콜

논리적 주소를 물리적 주소로 변경해 준다. 다시 말해 통신하고자 하는 상대 노드의 고유 네트워크 주소를 인식할 수 있도록 하는 기능을 제공한다.

라우팅 프로토콜

통신 노드의 목적지로 가는 경로를 설정해 주는 기능을 제공한다. 이를 위해 라우터를 이용하며 경로 설정은 라우팅 테이블을 이용하여 수행하게 된다.

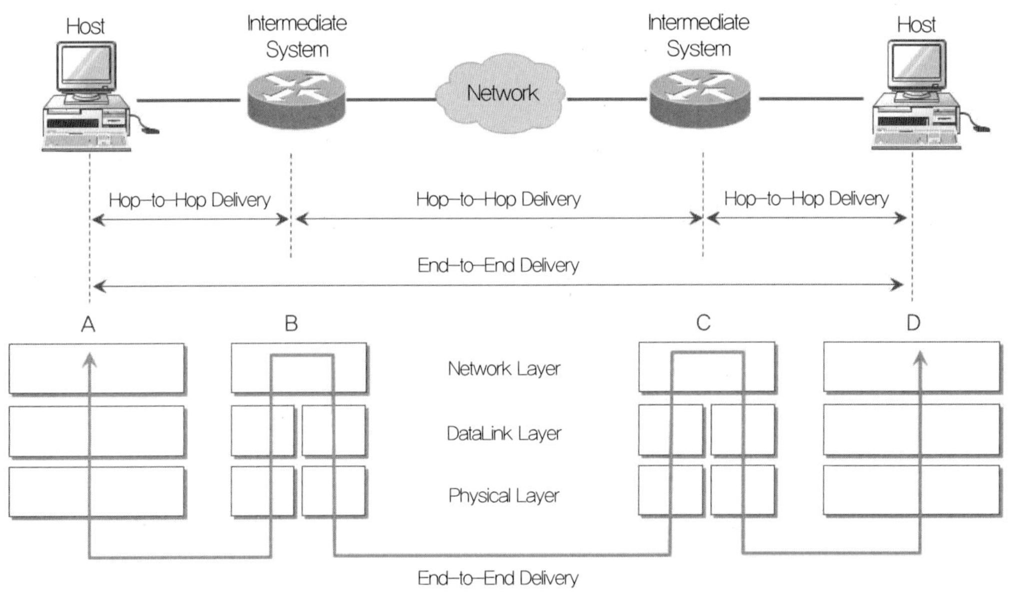

그림 7-24_ 종단과 종단간의 데이터 전송

다음 그림은 종단과 종단간의 데이터 전송 과정을 보여주고 있다. 송신측에서 보내는 패킷을 목적지까지 전달하고자 할 때 데이터 링크 계층에서 송신 할 수 있는 메시지 길이를 제한하게 되는데 이를 해결하기 위해 네트워크 계층에서는 전송하고자 하는 패킷의 크기가 너무 크면 단편화를 통해 패킷의 크기를 조절한다. 단편화된 패킷은 수신측의 네트워크 계층에서 재조립할 수 있다.

(1) ARP(Address Resolve Protocol)

ARP(Address Resolve Protocol)는 주소 해석 프로토콜로서, 논리적인 주소(IP Address)를 물리적인 주소(MAC Address)로 바꾸어주며 네트워크상에 있는 특정 호스트가 다른 호스트의 물리 주소를 알고 싶을 경우 ARP Request 패킷을 전송한다.

ARP의 동작 과정으로서 송신자는 특정 패킷을 수신자(203.253.25.227)에게 전송하고자 하는데 수신자의 물리적 주소를 모르고 있다고 가정하자. 이때 송신자는 ARP 서비스를 사용하여 논리적 주소가 203.253.25.227인 시스템의 물리적인 주소를 묻는 ARP Request 패킷을 네트워크상에 브로드캐스트 한다. 브로드캐스트의 특성상 ARP Request를 보낸 네트워크에 존재하는 시스템들은 해당 패킷을 모두 수신한다. 하지만 응답을 하는 시스템은 203.253.25.227의 논리적 주소를 가진 시스템이다.

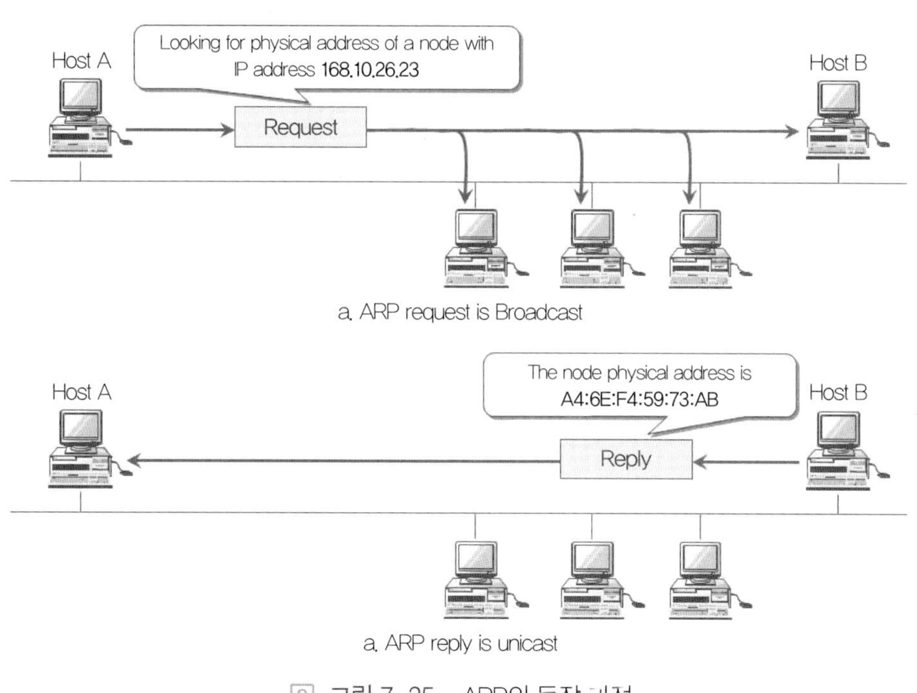

그림 7-25_ ARP의 동작 과정

송신자에서 ARP Request 패킷을 브로드캐스트 할 때 전송되는 프레임의 수를 최소화하고 이를 통해 네트워크의 부하를 감소시키기 위해 Request 프레임의 수를 최소로 줄이는 ARP 캐싱을 이용한다. ARP 캐싱은 자주 쓰이는 주소에 대한 결정 과정을 빠르게 해줌으로서 네트워크 트래픽을 줄여준다. 이때 ARP 캐시는 하드웨어 주소나 IP 주소 집합을 포함하는 테이블 형태를 가지게 된다. ARP 캐시 테이블에 IP를 추가하는 방법은 동적 ARP이거나 정적 ARP 방법이 있다.

ARP를 사용하는 4가지 경우

- 송신자와 수신자가 동일한 네트워크에 위치하며 수신자에게 패킷을 전달하고자 하는 경우
- 송신자와 수신자가 서로 다른 네트워크에 위치하며 수신자에게 패킷을 전달하고자 하는 경우
- 다른 네트워크에 위치하는 수신자에게 보낸 패킷을 라우터가 가지고 있는 경우
- 같은 네트워크상에 위치하는 수신자에게 보낸 패킷을 라우터가 가지고 있는 경우

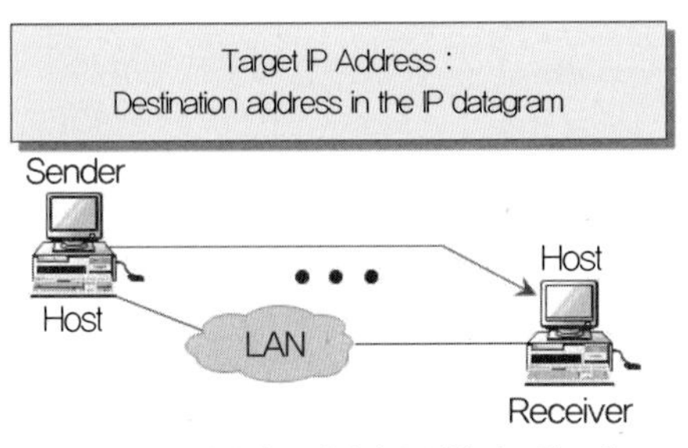

Case 1. 송신자와 수신자가 동일한 네트워크에 위치하며 수신자에게 패킷을 전달하고자 하는 경우

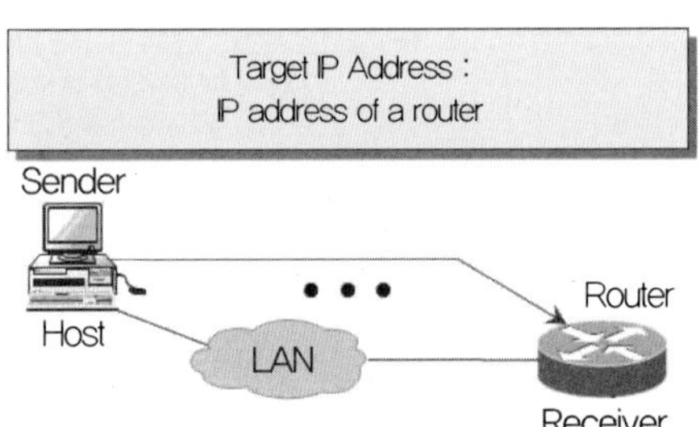

Case 2. 송신자와 수신자가 서로 다른 네트워크에 위치하며 수신자에게 패킷을 전달하고자 하는 경우

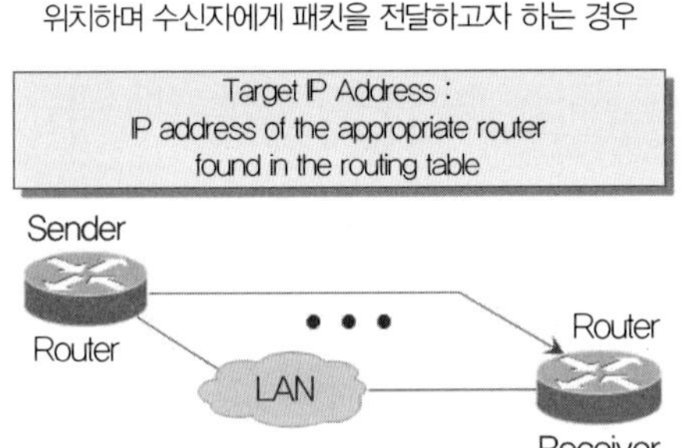

Case 3. 다른 네트워크에 위치하는 수신자에게 보낸 패킷을 라우터가 가지고 있는 경우

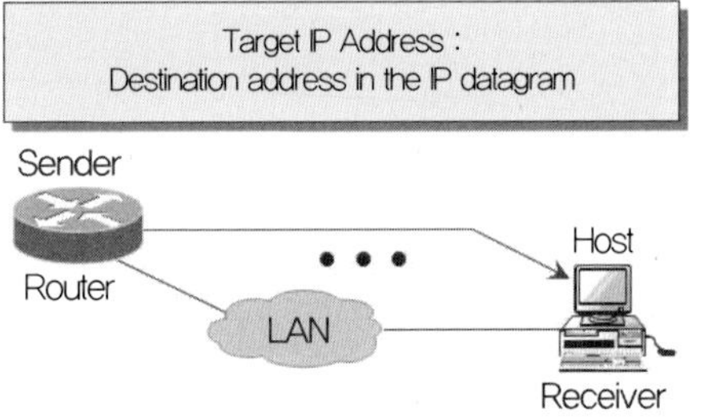

Case 4. 같은 네트워크상에 위치하는 수신자에게 보낸 패킷을 라우터가 가지고 있는 경우

그림 7-26 ARP를 사용하는 4가지 경우

(2) RARP(Reverse Address Resolution Protocol)

RARP(Reverse Address Resolution Protocol)는 수신측의 물리 주소만을 알고 있으나 논리 주소를 모를 경우에 사용하는 프로토콜이다. 즉, ARP 프로토콜과는 반대 되는 프로토콜로서 ARP가 논리 주소를 물리주소로 변환해 주는 역할을 한다면 RARP는 물리 주소를 논리 주소로 바꿔주는 역할을 하는 것이다.

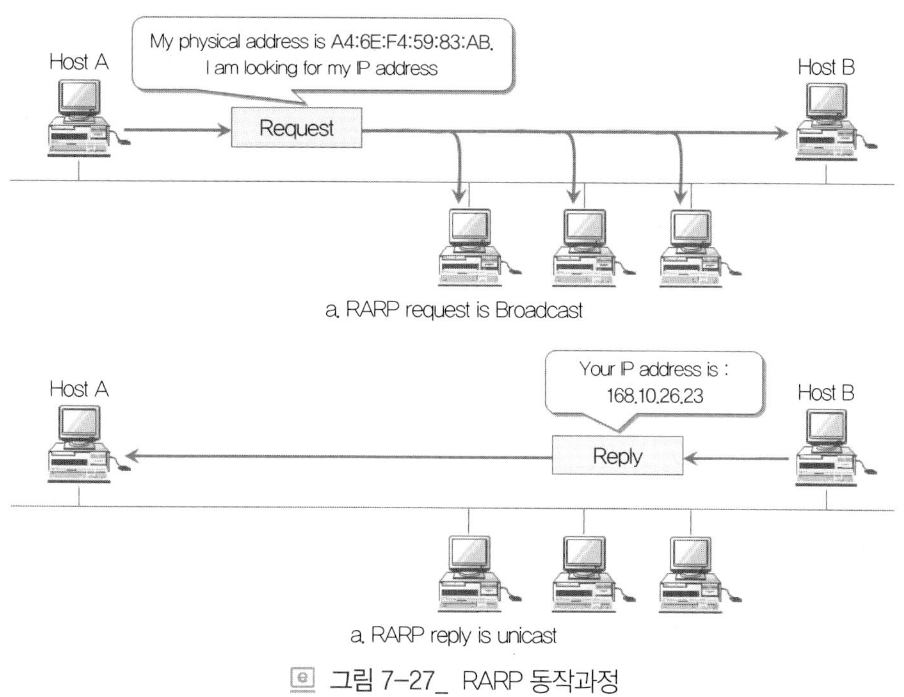

그림 7-27_ RARP 동작과정

RARP의 동작과정을 나타내고 있는 것으로 물리 주소만 가지고 있는 시스템이 자신의 논리 주소를 알기 위해 물리 주소를 이용해 RARP Request 패킷 브로드캐스트 한다. 이때 동일한 네트워크에 존재하는 모든 시스템들은 RARP Request 메시지를 수신하지만 단지 RARP 서버만이 응답을 하는 형태로 진행된다.

(3) IP(Internet Protocol)

OSI 7 Layer 모델 3계층인 네트워크 계층에서 쓰이는 프로토콜로써 각각의 호스트들은 IP 주소를 가지며 이를 통해 송신측에서 수신측까지 패킷을 전달해 주는 프로토콜이다. 특히 IP는 패킷을 전달하는데 중점을 두며 종단과 종단간의 데이터그램만을 전달 할 뿐 데이터그램의 신뢰성까지는 책임을 지지 않는다.

IP 헤더 포맷

- VER : 프로토콜의 Version을 나타냄
- HLEN : 데이터그램의 헤더길이
- Service type : 서비스 품질 기능을 제공하기 위한 정보를 전달하는 필드로 사용
- Total length : 헤더와 데이터를 포함하는 전체 길이
- Identification : IP 데이터그램을 단편화 할 때, 단편화된 데이터그램을 식별하고자 사용
- Flag : 3비트의 필드로 구성되어 있으며 플래그 값이 1이면 데이터그램을 단편화 할 수 없고 플래그 값이 0이면 단편화를 수행할 수 있음
- Fragmentation Offset : 단편화된 데이터그램의 위치
- Time to live : 라우터를 지날 때 마다 이 필드 값은 1식 감소하며, 최종적으로 0이 되면 데이터그램은 버려짐. 즉 TTL의 역할은 수명이 다 된 데이터그램을 폐기 시키고자 할 때 사용
- Protocol : IP 데이터그램을 전송하는 상위 계층 프로토콜을 정의
- Header checksum : 데이터그램의 손상 여부를 판단

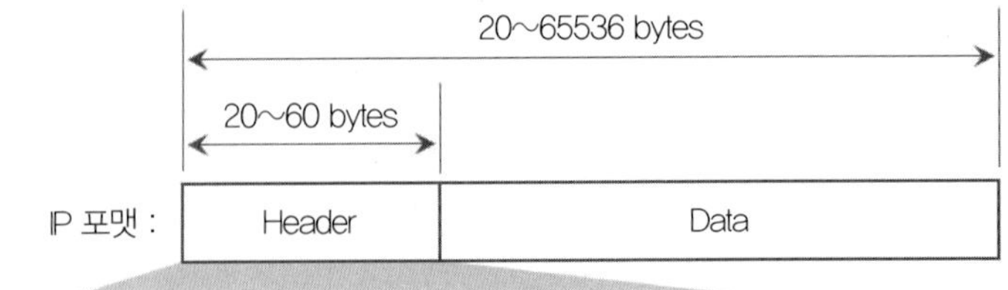

VER (4 bits)	HLEN (4 bits)	Service type (8 bits)	Total length (16 bits)	
Identification (16 bits)			Flags (3 bits)	Fragmentation offset (13 bits)
Time to live (8 bits)		Protocol (8 bits)	Header checksum (16 bits)	
Source IP Address (32 bits)				
Destination IP Address (32 bits)				
Option (Variable Number)				

그림 7-28_ IP의 헤더 포멧

- Source IP Address : 32비트의 필드로 구성되어 있으며 송신자에 IP 주소
- Destination IP Address : 32비트의 필드로 구성되어 있으며 수신자의 IP 주소

(4) RIP(Routing Information Protocol)

RIP는 데이터그램을 목적지까지 보내기 위해 라우터의 수를 측정하고 네트워크 경로 설정을 수행하는 프로토콜이다. 이러한 RIP는 네트워크의 경로 설정을 위해 백터 알고리즘을 사용한다. RIP 메시지는 UDP 데이터그램을 통해 전달되며 라우터는 인접해 있는 라우터와 경로에 대한 정보를 가지고 있는 라우터 테이블을 통해 수신지까지 최적 경로를 결정하는 역할을 한다.

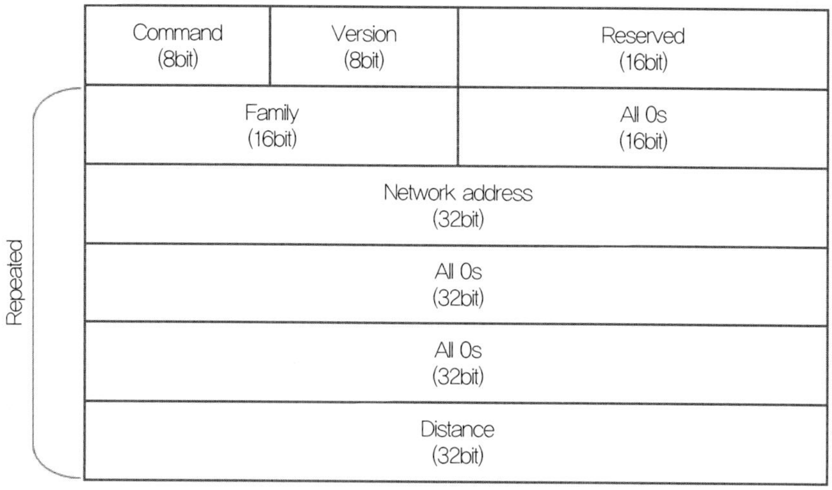

Command (8bit)	Version (8bit)	Reserved (16bit)
Family (16bit)		All 0s (16bit)
Network address (32bit)		
All 0s (32bit)		
All 0s (32bit)		
Distance (32bit)		

Repeated

그림 7-29_ RIP 형식

8) Data link Layer

데이터링크 계층은 OSI 7 Layer 모델의 2계층으로서 상위 계층인 네트워크 계층으로부터 패킷을 전송받아 물리 계층으로 보내기 위한 프레임으로 변환한다.

이러한 데이터링크 계층은 논리적 연결 제어와 매체 접근 제어로 구분된다.

논리적 연결 제어(LLC : Logical Link Control)

물리 계층에서의 전기적 신호만으로 상위 계층과의 상호통신이 불가능하기 때문에 논리적 연결 제어 기능을 통해 상위 계층과의 통신을 설정하게 된다.

매체 접근 제어(MAC : Media Access Control)

데이터 링크 계층에서는 통신 노드간의 MAC 주소를 통해 각각의 노드를 구분하고 이를 통해 통신 노드를 찾아 데이터를 전송하게 되는데 이를 위해 매체 접근 제어 기능이 이용된다.

데이터링크 계층은 전송될 데이터를 패킷이나 프레임으로 분할하고, 데이터가 통신망에서 변경되지 않고 부작용 없이 전송될 수 있도록 보장한다. 또한 수신된 패킷에 오류가 있으면 재전송하도록 송신 측에 요구하며, 패킷이 송신될 때의 순서대로 수신할 수 있도록 해준다.

데이터링크 계층에서의 노드와 노드간(Hop-to-Hop)의 데이터 전송을 담당하며, 이 계층의 장치로는 스위치가 있다.

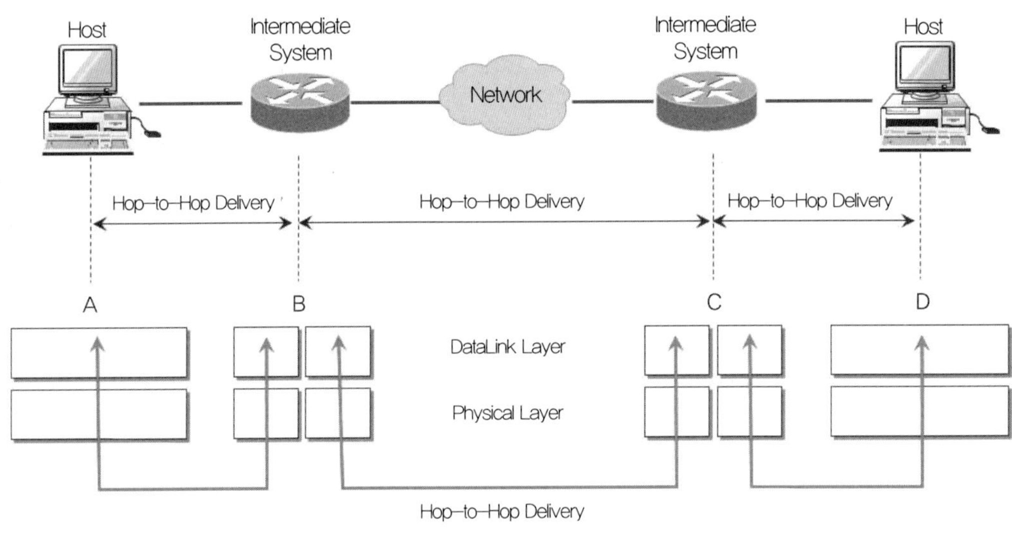

그림 7-30_ 노드와 노드간의 데이터 전송

(1) ICMP(Internet Control Message Protocol)

ICMP는 OSI 7 Layer 모델의 2계층에서 쓰이는 프로토콜로써 네트워크의 문제가 생겨 라우터가 경로설정이나 데이터를 송신하는데 문제가 생기면 ICMP를 사용하여 라우터는 호스트에게 오류 메시지를 보내게 된다. 앞에서 언급 했듯이 IP 프로토콜은 송신지에서 수신지까지 데이터를 전달하기만 할 뿐 중간에 데이터의 오류나 손실에 대해서 신경을 쓰지 않기 때문에 ICMP는 IP 데이터그램 내에 포함되어 전달된다.

ICMP 헤더 포맷

• Type : ICMP 메시지의 종류를 나타냄
• Code : 메시지 타입별로 추가적인 코드를 제공하는데 사용
• Checksum : ICMP 헤더의 손상여부를 확인
• ICMP Message : 메시지 타입별 추가정보를 가짐. 이때 ICMP에는 오류 메시지와 요청 메시지를 가진다. 오류 메시지는 라우터나 수신측 호스트가 패킷의 오류를 송신측에게 알릴 때 사용하고, 요청 메시지는 네트워크상에 존재하는 호스트나 라우터가 다른 호스트의 정보를 얻고자 할 때 사용

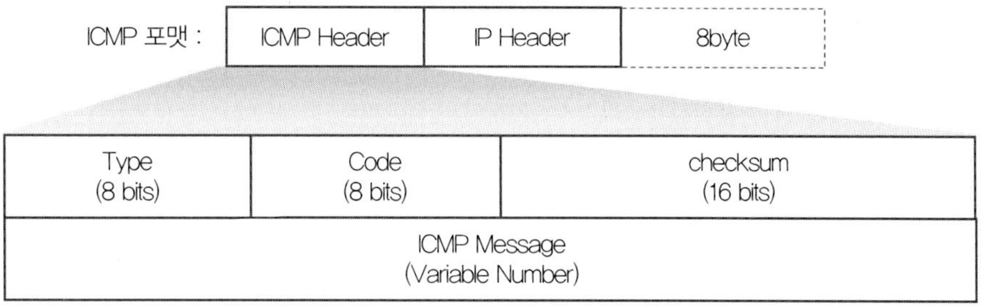

ICMP 포맷 :

ICMP Header	IP Header	8byte

Type (8 bits)	Code (8 bits)	checksum (16 bits)
ICMP Message (Variable Number)		

그림 7-31_ 노드와 노드간의 데이터 전송

표 7-6_ ICMP 메시지 유형

메시지 유형	TYPE	Message
오류 메시지	3	Destination unreachable
	4	Source quench
	5	Time exceeded
	11	Parameter problem
	12	Redirection
요청 메시지	0	echo reply
	8	Echo request
	9	Router advertisement
	10	Router solication
	13	Timestamp request
	14	Timestamp reply

(2) IGMP(Internet Group Management Protocol)

IGMP는 네트워크 계층에서 사용하는 프로토콜로써 네트워크상에 존재하는 호스트들에게 어느 호스트가 멀티캐스트 그룹에 속해 있는지 알려주는 역할을 한다. 멀티캐스팅이란

메시지를 하나 이상의 수신자에게 보내는 방식이다. IGMP는 라우터에서 이용되며 라우터는 멀티캐스트 데이터그램을 IGMP를 통해 어떠한 호스트로 전송해야 할지를 결정하게 된다. IGMP 메시지 또한 IP 데이터그램에 캡슐화 되어 전송 된다.

(3) SDLC(Synchronous Data Link Control)

SDLC는 1차, 2차 스테이션이라는 통신 모델을 사용한다. 1차 스테이션은 일반적으로 IBM 메인프레임 네트워크에서 호스트 메인프레임이며, 2차 스테이션은 워크스테이션들과 다른 장치들을 의미한다.

SDLC는 HDLC(High Level Data Link Control), NRM (Normal Response Mode)를 위한 기반으로 사용되고, IBM의 SNA와 SAA(Systems Application Architecture) 및 Open Blueprint의 일부가 되어 오늘날 메인프레임 환경에서의 데이터링크 프로토콜로 널리 사용되고 있다.

(4) HDLC(High Level Data Link Control)

HDLC는 정보 전송을 위하여 ISO에서 SDLC를 발전시켜 개발한 Bit 지향형 데이터 통신 프로토콜이다. 데이터 링크 계층에서 가장 일반적으로 사용되는 프로토콜 중 하나이며 X.25 패킷 스위칭 네트워크 내에서 사용된다. 프레임은 네트워크를 통해 전송되고, 도착지에서는 성공적으로 도착하였는지를 확인한다.

HDLC는 프레임 안에 데이터 흐름을 제어하고 에러를 수정할 수 있도록 하기 위한 정보를 추가함으로써 데이터 링크 계층 프레임을 캡슐화 한다. 위와 같은 SDLC와 HDLC 모두 Bit 위주의 프로토콜로 데이터의 단위는 프레임이다. 프레임은 고속 전송과 높은 신뢰성을 보장한다.

(5) SLIP(Serial Line Internet Protocol)

직렬 회선 인터넷 프로토콜 SLIP는 점대점 프로토콜중 하나이며 IP 패킷들을 직렬 회선이나 다이얼 업을 통해 전송하기 위해 사용 되며 전송을 위한 데이터 프레임만을 수행한다.

SLIP표준(RFC1055)는 Serial line을 통해서 IP 패킷을 보낼 수 있도록 문자열만을 정의하고 있다. RFC1055에 정의된 SLIP는 저속의 Serial line상에서 Byte수를 줄이기 위한 아무런 노력도 하지 않는다. 단순히 IP 패킷에 포함되어 있는 내용만을 전송할 뿐이다.

IP는 일반적인 네트워크 환경에서 사용되도록 설계되었기 때문에 Serial line에서는 그다지 효율적이지 않다. RFC1144는 그 이후의 SLIP표준을 정의하고 있다. 이것은 실제로 Serial line에서 전송되는 Byte수를 줄이기 위한 노력을 한다. 보통 이 프로토콜을 Compressed SLIP 또는 CSLIP이라고 한다.

(6) PPP(Point to Point Protocol)

점대점 프로토콜은 두 장비간의 점대점 연결을 위해 설계 되었으며 직렬 회선이나 전화 접속 네트워킹 연결과 같은 물리 링크 사이의 인터페이스 역할을 한다. 이러한 점대점 프로토콜은 링크 제어 프로토콜(LCP : Link Control Protocol)과 네트워크 제어 프로토콜(NCP : Network Control Protocol)로 구성된다.

링크 제어 프로토콜

링크의 연결, 유지, 종료를 책임지는 역할을 하며 두 장비가 링크 사용 방법을 협의하기 위한 링크 설정 값을 결정 하게 된다.

네트워크 제어 프로토콜

네트워크 제어 프로토콜은 점대점 프로토콜로써 인터넷 프로토콜 제어 프로토콜 역할을 하며 IP를 포함한 다른 네트워크 프로토콜로부터 데이터를 전송할 수 있게 한다.

(7) X.25

X.25는 1976년 CCITT에 의해 표준화되었으며 최초의 교환 WAN이다. 종단 대 종단 서비스를 제공하며 개인 컴퓨터 또는 LAN에 접속하기 위한 공중망에 사용된다. 전송을 하기 위한 네트워크 인터페이스이며 공용 데이터 네트워크를 기반으로 한다.

9) Physical Layer

물리계층은 OSI 모델의 1계층으로 전송 속도, 전압, 전류, 회선 구성, 전송 거리 등을 제어한다. 또한 네트워크 인터페이스를 통해 Bit 데이터를 수신자에게 전송할 수 있는 전기신호로 변환하여 전송한다. 하지만 전송되는 전기신호는 주변의 잡음이나 간섭으로 인해 전송되는 신호가 약해진다는 문제가 존재한다. 따라서 신호의 증폭이나 재생처리를 수행할 수 있는 리피터나 허브가 필요하다.

예를 들어 사용자가 10Base2를 이용한다고 가정하자. 이것은 10Mbps의 속도로 Baseband 방식을 이용하여 최대 전송거리가 200M라는 것으로 185M 지점에 리피터를 설치함으로서 신호의 증폭 및 재생을 해 주는 것이 효과적이다.

6. 인터넷과 인터넷 서비스

1) 인터넷의 개요

인터넷(Internet)은 오늘날 우리에게 매우 낯익은 용어가 되어 있다. 사소한 정보는 물론, 새로운 정보, 프로그램, 음악, 그림, 동영상 등을 인터넷에서 시간과 공간 구별 없이 얻을 수 있기 때문이다. 그러나 인터넷이 알려지게 된 것은 불과 10년도 안되었으며, WWW(World Wide Web)의 개발과 더불어 매우 빠른 속도로 보급되었다. 현재 인터넷을 통해 전자상거래, 게임, SNS 등 다양한 서비스를 이용한다는 현실은 매우 놀라운 변화라고 할 수 있다. 이러한 인터넷은 개인에게는 '정보의 바다'로 사업자에게는 '새로운 시장'으로 이어져 오고 있다.

인터넷은 여러 가지로 정의할 수 있다. 좁은 의미로는 'IP(Internet Protocol)를 프로토콜을 사용하여 연결된 모든 네트워크'라고 하며, 넓은 의미로는 '인터넷과 연결될 수 있는 모든 네트워크', 즉, 'IP를 사용하지 않더라도 게이트웨이(Gateway)를 통해 정보를 주고 받을 수 있는 모든 네트워크'를 의미 한다.

2) 인터넷의 역사

인류는 전쟁을 통해 발전했다고 해도 과언이 아니다. 그 까닭은 과학 기술의 발달 또한 군사적으로 필요가 있을 때 급속도로 발달하는 경향이 있기 때문이다. 자동차, 비행기 기술 뿐 아니라 암호학, 원자폭탄 등 그 예는 너무 많다. 컴퓨터와 인터넷의 발달 또한 전쟁을 통해 발전해 왔다. 최초의 컴퓨터라고 알려진 에니악(ENIAC)은 포탄 낙하를 계산하기 위한 도구로써 설계되었고, 인터넷의 시초도 군사적 필요성에 의해 개발 되었다.

(1) 아파넷(ARPAnet)

아파넷은 1969년 미국 국방성의 고등 연구 계획국(ARPA, Advanced Research Project Agency)이라는 정부기관의 주도하에 만들어진 패킷 스위칭 네트워크이다. 이 당시 회선 교환망을 이용하고 있었는데, 이 방식은 일부분이라도 문제가 발생하면 모든 망의 통신이 중단된다는 단점이 있기 때문에 각 망들의 독립성을 보장하고 통신을 원활하게 하기 위한 새로운 통신 방식을 위해 개발되었다. 패킷 교환 방식은 망의 일부가 손상되더라도 다른 경로를 통해서 데이터를 전송할 수 있는 방식으로 신뢰성이 높은 방식이다.

(2) 이더넷(Ethernet)

ARPAnet이 구축되고 약 10년 후 컴퓨터의 발전으로 많은 워크스테이션급 컴퓨터들이 보급되면서, 이들을 연결하기 위한 이더넷(Ethernet)이 구축되기 시작하였다.

이더넷은 원래 제록스 PARC의 프로젝트 중 한가지로 개인 컴퓨터와 LAN을 위해 개발된 컴퓨터 네트워크 기술이다. 이더넷은 당시 IP 프로토콜을 지원하였으며, 이더넷에 연결된 모든 컴퓨터는 아파넷과 통신이 가능하였다.

이더넷 기술은 ISO에서 대부분 IEEE 802.3 규약으로 표준화되었으며, 현재 가장 널리 사용되고 있다.

(3) NSFnet

1986년 미국과학연구재단(NSF, National Science Foundation)에서 정부와 대학연구기관의 연구를 목적으로 미국전역에 걸쳐 4대의 슈퍼컴퓨터 센터를 케이블로 연결한 망을 구축하였다. 또한 슈퍼컴퓨터 센터에서는 인근 지역의 대학과 도서관, 연구기관 및 기업들의 LAN을 연결하여 지역 네트워크 기반으로 한 전국 네트워크를 형성하였는데, 이를 NSFnet이라고 한다.

이때부터 인터넷은 더욱 큰 네트워크로 성장하게 되었으며, 이후 세계 각 국의 컴퓨터가 인터넷에 연결되기 시작하였다.

NSFnet은 1995년까지 미국 내 인터넷 기간망(Backbone)으로 활용되었다.

3) 인터넷의 특징

인터넷은 기존 매체인 TV, 라디오, 신문, 멀티미디어 등과 같은 형태의 화면으로 구성되어 있기 때문에 사용자가 원하는 정보를 쉽게 찾아볼 수 있다. 인터넷의 특징은 다음과 같다.

신속한 정보 교류(신속성과 정보성)

오늘날 우리는 대화 도중 모르는 단어나 궁금한 점이 생기면 인터넷이 가능한 단말기를 이용하여 그 자리에서 정보를 찾을 수 있게 되었다. 이러한 점이 인터넷의 가장 큰 장점으로 장소와 시간에 구애받지 않고 신속하게 정보를 주고 받을 수 있다는 점이다. 인터넷에서 정보는 문사 뿐 이니라, 음성, 동영상, 이미지, 프로그램에 이르기까지 매우 다양하며 인터넷이 연결된 곳이면 언제든지 검색을 통해서 많은 정보를 손쉽게 얻을 수 있습니다.

광역성

우리는 온라인 게임이나 채팅, SNS를 통해 국내뿐 아니라 외국에 있는 사람들과 대화하고 정보를 교환할 수 있다. 이렇듯 인터넷을 이용하면 세계 어느 나라와도 연결이 될 수 있다.

편리성

여러 가지 정보를 손쉽게 취득함으로써 생활의 편리성을 가져올 수 있다.

실시간과 양방향성

인터넷을 이용하는 사용자들은 호스트 기종에 관계없이 동시에 양방향 커뮤니케이션이 가능하며 다양한 정보에 접근할 수 있다. 예를 들어, 인터넷 채팅, 전화 등을 들 수 있다.

개방적 네트워크

인터넷은 세계적인 규모의 개방성으로 인해 방대한 '정보의 바다'라고 할 수 있다. 즉 인터넷이 가능한 장치만 있으면 누구나 접속하여 활용할 수 있다.

소유자나 운영자가 없는 통제기구 부존재

인터넷은 도메인 네임과 IP 주소를 부여하는 기관같이 일부를 관리하는 기관은 있지만 전체적인 운영을 책임지는 총괄 기구는 없다. 따라서 개인이나 기업이 웹 사이트를 개설하고 운영하는데 별 다른 제약이 없는 것이다.

저렴한 통신 비용

모뎀이나 전화선과 같이 컴퓨터 통신을 위한 간단한 장치와 통신 소프트웨어만 있으면 시내 전화요금 수준으로 사용이 가능하다. 또한 ISP 업체에 가입하게 되면 저렴한 통신 비용으로 언제든지 이용할 수 있다. 오늘날 개인용 컴퓨터에 연결된 인터넷은 대부분 정액제로 매우 저렴한 비용으로 이용하고 있다.

4) 인터넷 서비스

사람들은 대부분 인터넷과 WWW(World Wide Web)를 동일하게 보는 경우가 많다.

WWW는 이미지와 멀티미디어 정보를 제공하여 사용자에게 직관적인 인터페이스와 다양한 서비스를 제공하기 때문에 인터넷을 대중화시키는데 성공하였고, 인터넷의 꽃이라고 불릴 정도로 폭 넓게 사용되고 있다. 그러나 인터넷의 세계에는 WWW 이 외에도 전파우편, 뉴스, 파일전송, 인터넷, 원격 접속 등과 같은 여러 가지 서비스가 존재한다. 이러한 서비스가 가능한 이유는 인터넷이 TCP/IP의 기반 위에서 제공되는 다양한 서비스의 네트워크이기 때문이다.

이제부터 인터넷의 다양한 서비스들에 대해 알아보자.

표 7-7_ 인터넷 서비스 종류와 기능

인터넷 서비스	프로토콜	설 명
텔넷	Telnet	원격 접속을 위한 프로토콜
E-Mail(전자우편)	SMTP/POP3	메일 전송/수신을 위한 프로토콜
NEWS	NNTP/NNRP	뉴스를 전송/수신하기 위한 프로토콜
파일전송	FTP	원격지 호스트의 파일을 송수신하기 위한 프로토콜
WWW	HTTP	인터넷의 모든 서비스를 통합적으로 제공 받음

(1) 텔 넷

텔넷(Telnet)이란 특정 지역에 있는 사용자가 온라인(On-line)을 통해 연결된 다른 곳에 위치한 컴퓨터를 사용하는 서비스로, '원격 접속 서비스'라고도 한다. 텔넷은 TCP/IP 프로토콜 체계에서 사용자가 물리적으로 떨어져 있는 단말기를 마치 하드웨어적으로 직접 연결된 것처럼 사용할 수 있게 해주는 서비스의 명칭이자 클라이언트 프로그램의 이름이다. 즉, 사용자는 멀리 떨어져 있는 컴퓨터를 직접 가서 이용하지 않아도 현재 위치한 곳에서 자신의 컴퓨터를 터미널처럼 사용할 수 있게 해주는 서비스라고 할 수 있다.

텔넷의 특징은 다음과 같다.

- 텔넷 서비스는 TCP/IP 기반에서 원격 접속을 지원하며 이를 위해 텔넷 클라이언트 프로그램을 이용한다.
- 사용자는 아이디와 비밀 번호를 이용하여 사용허가를 얻어야 한다. 이 과정을 우리가 흔히 사용하는 '로그인(Login)' 이라고 한다.

• 특징은 전 세계 어느 컴퓨터든지 도메인 네임이나 IP 주소만 알고 있으면 접속 가능하다. 이것은 전화를 할 때 전화번호를 알아야 하는 이치와 같다.

(2) 전자우편

전자우편은 우리가 흔히 부르는 E-mail이란 서비스로 네트워크에 연결된 호스트의 사용자간에 메시지를 교환하는 서비스이다. 즉, 네트워크에 연결된 한 호스트의 사용자가 다른 호스트의 사용자와 네트워크를 통하여 메시지를 교환하는 것으로 메시지를 수신한 사용자는 다른 사용자로부터 온 메시지를 확인하고 자신의 디렉터리에 저장할 수도 있으며, 그 내용을 다시 다른 사용자에게 보낼 수도 있다.

전자우편이 나오기 전에 사용하던 일반 편지가 온라인과 연결되었다고 보면 된다. 다만, 일반 편지와 달리 상대에게 전달될 때까지 몇 초 혹은 몇 분밖에 걸리지 않기 때문에 매우 신속하고, 일반 우편에 비해 저렴하며, 답장, 전달, 주소록, 파일 전송 등의 다양한 기능으로 이용할 수 있다.

전자우편 서비스를 이용하기 위해서는 일반우편처럼, 보내는 사람의 주소와 받는 사람의 주소가 필요하며, 전자우편 프로그램이 필요하다. 일반우편에서 "서울시 강남구 양재동" 같은 주소를 사용하였다면, 전자우편에서 사용하는 주소는 다음과 같이 구성 된다.

사용자ID@메일서버이름 예) a1234@gmai.com

전자우편 프로그램으로는 유닉스 시스템에서 사용되는 Mail, Elm, Pine 등과 넷스케이프 Messenger, Explorer의 Outlook Express, 그리고 Eudora 등이 있고, 현재는 대부분 인터넷 사업자가 제공하는 메일 서비스를 많이 이용하고 있다.

(3) 유즈넷

유즈넷(Usenet)은 User Network의 약어로 일반 사설 게시판(BBS)의 토론판(Discussion Board)과 비슷한 것으로 일종의 특정 주제나 관심사에 대해 토론하는 시스템이다. 인터넷의 전통적 기능들 중 하나로서, 분야별로 다양한 뉴스그룹(Newsgroup)들이 존재한다.

유즈넷을 이용하면 새로운 정보를 실시간으로 얻을 수 있고, 각 분야에서 최근의 이슈에 대한 논쟁과 토론이 활발히 할 수 있으므로 매우 유용한 인터넷 서비스라고 할 수 있다.

(4) FTP

FTP(File Transfer Protocol)는 '파일 전송 프로토콜'의 약자로 인터넷으로 파일을 송수신할 때 사용되는 인터넷 표준 프로토콜을 의미한다. 이 서비스는 인터넷에서 가장 흥미 있는 분야 중에 하나라고 할 수 있다.

인터넷을 이용해 본 사용자라면, 누구나 한번쯤 스타의 사진 같은 예쁜 이미지나 애니메이션 등의 그림을 하나씩 저장해 본 경험이 한 번쯤은 있을 것이다. 한 두 개 정도의 파일은 상관없지만 수 백 만개의 그림을 저장할 경우에는 우리는 단순 작업을 반복해서 해야 하게 된다. 또한 어떤 프로그램이나 정보를 인터넷에서 얻고자 밤새도록 검색을 했지만 찾지 못해서 허탈해 하는 경우도 빈번히 발생한다. 이러한 문제를 해결하고자 등장한 것이 FTP 서비스이다.

FTP를 이용하면 대용량의 서버에 각종 이미지나, 공개용 소프트웨어, 문서 등을 저장해두고 사용자는 필요할 때 자료를 자신의 컴퓨터로 다운로드하여 쓸 수 있게 한다.

(5) DNS

인터넷에서 호스트를 이용하여 서버에 연결을 설정하고 원하는 정보를 획득하기 위해서는 해당 서버 주소의 이름을 이용한다. 하지만 이름만을 통해서는 실제 네트워크에서 해당 서버를 찾을 수 없기 때문에 IP 주소를 변경해서 사용한다. 위와 같은 역할을 수행하는 것이 DNS(Domain Name Service)이다.

각각의 사이트에는 각자의 어드레스에 대한 정보를 포함하는 데이터베이스를 관리하는 네임 서버가 있으며 이 서버를 통해 필요한 정보를 얻게 된다. DNS는 IP 주소와 호스트 이름을 서로 매핑 시켜 라우팅 정보를 제공하고 TCP/IP 어플리케이션에 의해 사용되는 데이터베이스이다.

(6) EDI

전자문서교환 또는 전자 자료교환이라 불리는 EDI(Electronic Data Interchange)는 기존의 기업 간의 거래 시 종이 서류로 접수, 작성, 발송 시 반복되는 작업들을 줄여서 업무의 효율성을 높이기 위해 등장한 것으로 기존의 작업을 컴퓨터와 컴퓨터 간에 실시하는 것이다. 즉, 서로 다른 기업들 사이에 데이터와 문서를 표준화하여 법적 효력을 갖춘 표준화 된 문서로 만들어 통신망을 통하여 정보를 전달하는 방식이다.

5) 웹(WWW, World Wide Web)

인터넷을 정보의 바다라고 한다면, 웹 브라우저는 그 바다를 항해하기 위한 선박이라고 비유할 수 있다. 웹 브라우저는 정보의 바다에서 때론, 길을 잃지 않도록 나침반의 역할을 해주며, 또 때로는 배에 탄 사람들에게 눈과 귀의 역할을 하고, 바다를 여행하게 해 주는 조력자의 역할도 한다.

(1) 웹의 정의와 특성

웹(Web)은 다른 인터넷 서비스들과 달리 여러 개의 이름으로 불리고 있다. WWW(World Wide Web) 또는 W3라고도 한다.

웹은 하이퍼텍스트(HTML)를 기반으로 한 문서의 집합으로, 상호 링크를 통해 인터넷상의 모든 정보를 규합하여 복잡한 컴퓨터 네트워크를 형성하고 있다. 현재는 문자뿐만이 아니라 그림, 그래픽, 동영상 등을 포함하는 멀티미디어 문서들을 하이퍼텍스트를 이용하여 사용하기 편리한 방법으로 전송하고 검색할 수 있게 해 주는 서비스이다.

웹은 정보의 연관성(링크)에 의해 더 많은 정보를 쉽게 검색할 수 있는 장점이 있으며, 이를 뒷받침해 줄 수 있는 웹 브라우저가 개발됨으로써, 사용이 편리해져 전문가 위주에서 벗어나 일반인들에게로 확대되었다. 웹은 특징들을 요약하면 다음과 같다.

- 그래픽 사용자 인터페이스를 제공하기 때문에 사용이 간편하다.
- 대부분의 기존 인터넷 서비스인 FTP, 전자우편 등 개별화 되어 있던 서비스를 통합하여 제공한다. 예를 들면, 네이버 같은 사이트에서 기본 웹 서비스 뿐 아니라, FTP를 이용해서 파일을 주고 받거나, 전자우편 서비스를 사용하며, 검색 엔진을 통해서 뉴스기사를 포함한 여러 가지 정보들을 찾을 수도 있다.
- 하이퍼텍스트에 멀티미디어 데이터를 포함하는 구조이므로 하이퍼미디어(Hypermedia) 정보 시스템이라고도 할 수 있다.

(2) 웹의 기본 개념들

웹은 스위스의 유럽 소립자 생리학 연구소(CERN, Conseil European la Research Nurcleaire)에서 개발되었다. 본래 목적은 유럽 각지에 흩어져 있는 CERN 소속의 물리학자들이 자신들의 업무 분담화를 추진하는 과정에서 엄청난 양의 연구 결과와 정보를 공유해야 할 필요성 생겨 이를 위해 1989년 3월 '팀 버너스 리(Tim Berners-Lee)'에 의해 연구가 시작되었다.

웹에 대해 이해하기 위해서는 하이퍼텍스트, 하이퍼링크, 하이퍼미디어 등과 같은 몇 가지 개념들을 알아야 한다. 이들에 대해 살펴보자.

하이퍼텍스트

하이퍼텍스트(Hypertext)란 1960년대 테오도르 넬슨(Theodore Nelson)가 만든 것으로 링크로 연결된 단어를 의미한다. 하이퍼텍스트는 일반적인 텍스트와 기본적으로는 같으나 다른 문서 내의 텍스트와 연결될 수 있다는 점이 다르다.

웹 서비스는 이러한 하이퍼텍스트 개념을 사용하여 인터넷에 분산되어 있는 정보들을 쉽게 접근할 수 있도록 지원해주기 때문에 하이퍼텍스트 기반 서비스라고 한다.

하이퍼텍스트의 특징은 공간을 뛰어넘는 비순차적으로 연결이 가능하다는 점이다. 즉 연결하고 하는 문서가 어디에 있던 링크(Link)를 통하여 접근할 수 있게 해주는 비선형 구조의 텍스트이다.

하이퍼링크와 하이퍼미디어

하이퍼링크(Hyperlink)란 문서 간 이동이나 한 문서 내에서 이동을 위해 사용되는 링크를 의미한다. 하이퍼링크는 어떤 단어나 이미지를 선택하면 그와 연결되어 있는 해당 문서나 다른 미디어로 이동하게 해주는 역할을 한다.

그렇지만 웹은 텍스트에 대한 링크뿐만 아니라 그래픽, 음성, 동영상 등 다른 종류의 미디어에 대한 링크도 지원하는데 이를 하이퍼미디어(Hypermedia)라고 한다.

HTML

HTML(Hyper Text Markup Language)이란 웹에서 텍스트 뿐 아니라 그래픽, 음성, 동영상 등 미디어를 표현하기 위해 사용되는 표준 언어를 의미한다. HTML은 태그(Tag)라고 불리는 예약어로 이루어진 매우 간단한 언어로, 컴파일이나 인터프리팅 같이 기계어로 바꾸는 과정도 필요하지 않다. 또한 HTML은 SGML(Standard Generalized Markup Language)이라는 문서 형식을 따라서 하이퍼텍스트의 논리적 구조를 정의한 텍스트 문서이기도 하다. SGML이란 문서들의 호환성을 보장하기 위해 국제적으로 문서 형식을 통일한 표준이다.

HTTP

HTTP(Hyper Text Transfer Protocol)은 인터넷상에서 웹 서버와 클라이언트가 HTML문서의 송수신을 위해 사용하는 프로토콜이다. 인터넷에는 많은 URL이 있으며 각기 프로토콜 종류에 따라 다른 인터넷 서비스를 담당하고 있다. HTTP도 이 중의 한 종류로서 웹서비스를 제공하기 위한 프로토콜이라고 할 수 있다.

웹 브라우저

웹 브라우저는 웹 서비스를 도와주는 도구로, HTML문서를 접근하고 다른 문서를 참조할 수 있도록 도와주는 클라이언트 프로그램이다. 또한, HTML 문서를 화면에 표현해 주는 역할을 한다. HTML은 간단한 텍스트 문서에 불과하지만 이를 받아 화려하게 변환시켜 주는 것이 브라우저이다. 대표적인 브라우저로는 마이크로소프트(Microsoft)사에 인터넷 익스플로러(Internet Explorer), 구글(Google)사의 크롬(Chrome), 사파리(Safari), 오페라(Opera), 파이어폭스(Firefox) 등이 있다.

웹 브라우저가 제공하는 기본적인 기능들은 다음과 같다.

- 웹 페이지 열기
- 최근 방문한 웹 페이지의 URL의 목록 제공
- 자주 방문하는 웹 페이지의 URL의 기억 및 관리
- 웹 페이지의 저장 및 인쇄
- Source File(HTML)보기
- 전자우편, 뉴스그룹을 이용할 수 있는 프로그램과 HTML 문서 편집기, 공동작업기능 등을 통합하여 제공
- 오프라인 작업

7. 무선 인터넷의 이해

1) 무선 인터넷의 개념

무선인터넷은 전화선이나 케이블이나 광케이블 등의 선을 이용하여 인터넷을 사용하는 유선인터넷과 대별되는 것으로 선을 사용하지 않고 무선단말기나 무선 모뎀 등을 이용하여 인터넷 서비스를 사용하는 것을 의미 한다. 무선이란 개념에는 "선이 없다(Wireless)"라는 뜻과 "이동(Mobile)할 수 있다."라는 뜻을 포괄하고 있기 때문에, 사용자가 무선 단말기로 언제 어디서나 이동(Mobile) 중에 무선망(Wireless)을 통하여 인터넷 서비스에 접근하고, 음성, 데이터, 영상 등을 이용하여 통신할 수 있다.

2) 무선 인터넷의 범위

핸드폰 기반의 무선 인터넷

이동 전화 단말인 핸드폰에 WAP(Wireless Application Protocol), VM(Virtual Machine) 등의 기술을 이용하여 무선인터넷을 이용한다.

PDA(+핸드폰) 기반의 무선 인터넷

PDA(Personal Digital Assistant)에 이동 통신 모듈을 장착하여 데이터를 전송한다.

스마트폰 기반의 무선 인터넷

스마트폰은 PC와 같은 기능을 제공하는 핸드폰으로 이동통신망이나 무선망에 접속하여 인터넷을 이용한다.

무선 랜, 블루투스 등을 이용한 무선 인터넷

개인용 컴퓨터 뿐 아니라 노트북, PDA 등에 무선 랜 카드를 탑재하여 인터넷에 접속한다.

무선 홈 네트워킹 기반의 무선 인터넷

무선 랜을 이용한 방식과 유사한 방식이나 기존의 정보 단말이 아닌 생활에 쓰이는 냉장고, TV 등과 같은 가전제품을 무선 네트워크에 연결하는 것으로, 가전제품을 무선 네트워크에 연결시키기 위해 블루투스, IrDA, IEEE 802.11 등의 기술을 장착해야 한다.

3) 무선 인터넷의 특징

무선 인터넷은 기존 유선인터넷의 개방적, 양방향성 등의 특징을 그대로 물려받았으며, 무선이라는 환경 때문에 다음과 같은 특징이 추가 되었다.

이동성(Mobility)

무선인터넷은 스마트폰이나 PDA 등 이동 통신 단말기를 이용하여 언제 어디서나 원하는 정보를 검색하고 서비스를 이용할 수 있다.

휴대성(Protability)

이동 통신 단말기들은 대부분 사용자가 가지고 다닐수 있는 크기로 간편하게 휴대할 수 있으며, 간편한 조작만으로 서비스를 이용할 수 있다.

실시간(Realtime)

이전에는 신속하게 변화하는 데이터를 업데이트하기 위해서는 유선이 연결된 통신장치에 가야 했다. 그러나 이동통신단말기를 이용하여 언제 어디서든 실시간으로 업데이트 할 수 있게 되었다.

4) 무선 인터넷의 주요 속성

무선 인터넷을 이용하거나 무선인터넷을 이용한 사업을 구상할 때 다음과 같이 무선 인터넷이 지닌 기본적인 속성을 고려하여, 적합한 서비스와 제품이 무엇인가를 고려하여 활용해야 한다.

- 편재성(Ubiquity) : '널리 퍼져 있다'는 뜻으로, 어디에서나 실시간으로 인터넷이 가능해야 한다.
- 도달성(Reachability) : '도달하다'는 뜻으로, 언제든지 인터넷에 접속 가능해야 한다.
- 보안성(Security) : 무선은 유선에 비해 보안에 취약하며, 개인 전용 단말기를 이용하는데 보안을 제공해야 한다.

- 편리성(Convenience) : 사용하는데 있어 편리해야 한다. 예를 들어 스마트폰은 개인용 컴퓨터에 비해 화면이 작고, 키보드에 비해 입력하는 방법이 불편하기 때문에 최대한 편리성을 제공해야 한다.
- 위치성(Localization) : 이동통신 단말기에 장착된 GPS 또는 연결된 기지국 위치를 이용하여 특정 시점에 사용자의 현위치를 알 수 있다.
- 즉시 접속성(Instant Connectivity) : 빠른 시간에 필요한 정보를 찾을 수 있어야 한다.
- 개인성(Personality) : 이동 통신 사용자의 개인화와 차별화된 고객 서비스를 제공해야 한다.

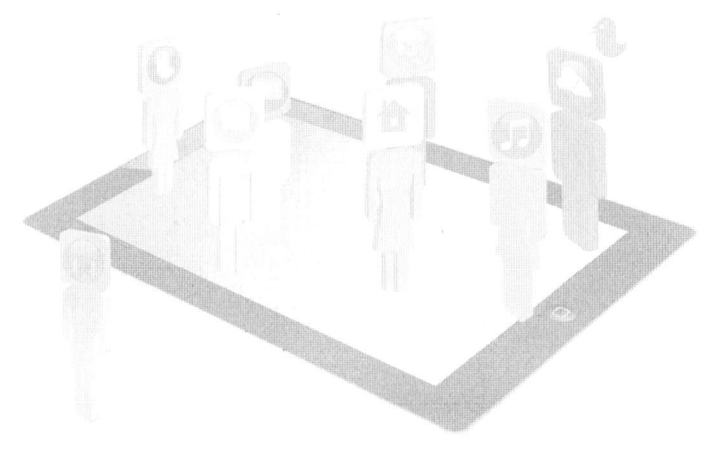

CHAPTER

08 유비쿼터스 컴퓨팅

1. 유비쿼터스 컴퓨팅 개요
2. 유비쿼터스 컴퓨팅 기술
3. 유비쿼터스 컴퓨팅 적용 사례

CHAPTER 08_ 유비쿼터스 컴퓨팅

1. 유비쿼터스 컴퓨팅 개요

유비쿼터스 컴퓨팅(Ubiquitous Computing)은 라티어로 '도처에 존재하는'이라는 사전적 의미를 가지고 있으며, 처음 '유비쿼터스'라는 말을 언급한 것은 1988년 제록스의 팰러앨토 연구소의 마크 와이저에 의해 사라지는 컴퓨팅, 보이지 않는 컴퓨팅, 조용한 컴퓨팅이라는 세 가지 기본 철학을 가지고 제안되었다.

- 사라지는 컴퓨팅(disappear computing): '사라진다(disappear)'의 개념은 사물과 컴퓨터가 구분이 안 될 정도로 사물의 본질적 특성에 컴퓨터의 기능이 덧붙여지는 것을 의미한다.
- 보이지 않는 컴퓨팅(invisible computing): '보이지 않는(invisible)'다는 개념은 이용 가능한 다수의 컴퓨터를 사람이 존재하는 모든 물리적 환경에 배치한다는 개념이다.
- 조용한 컴퓨팅(calm computing): '조용한, 무의식적(calm)'인 컴퓨팅은 인간의 지각과 인지 능력에 대한 개념으로, 인간과 컴퓨터간의 정보 교환, 상호작용에 대한 개념을 가지고 있다.

(출처 : 조선일보)

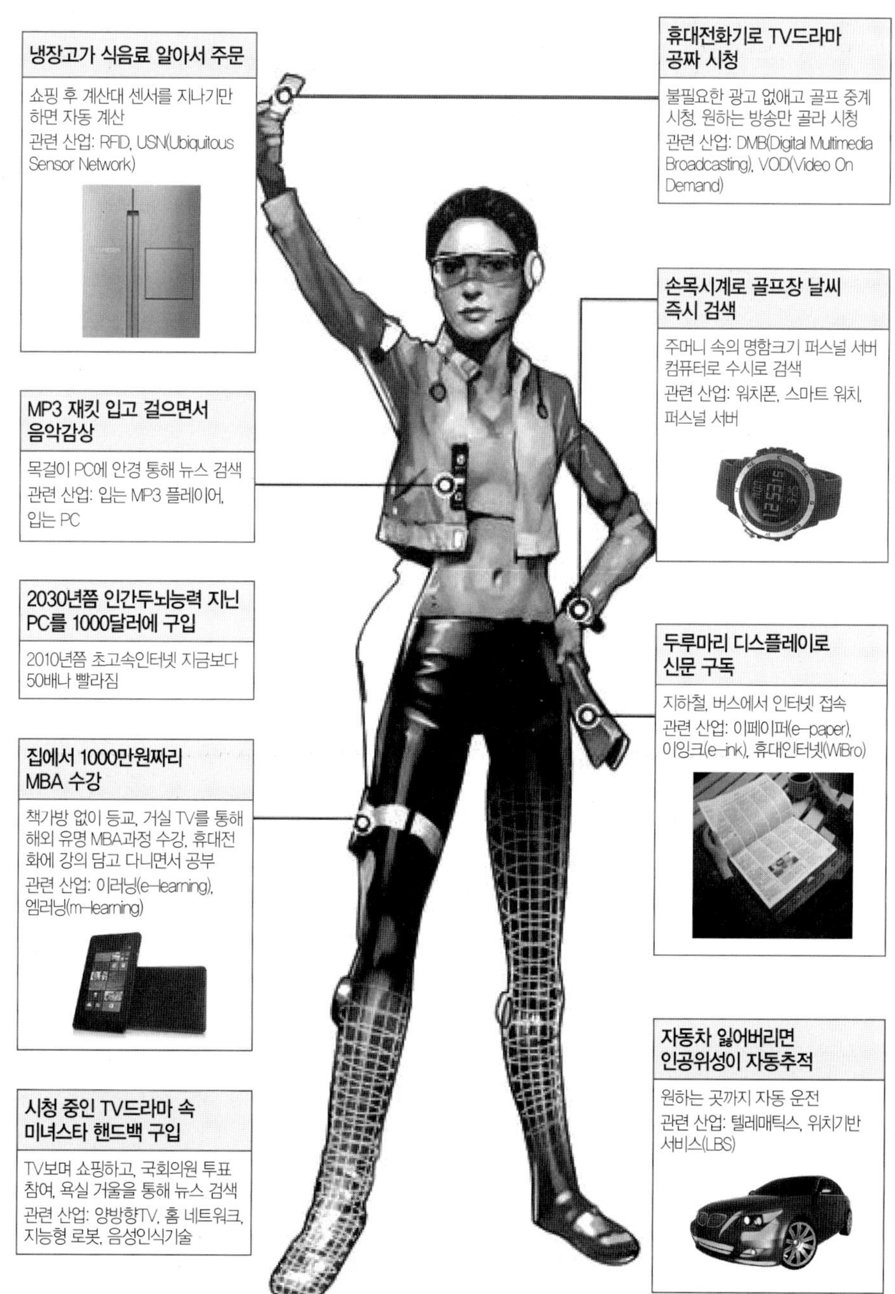

냉장고가 식음료 알아서 주문
쇼핑 후 계산대 센서를 지나기만 하면 자동 계산
관련 산업: RFID, USN(Ubiquitous Sensor Network)
MP3 재킷 입고 걸으면서 음악감상
목걸이 PC에 안경 통해 뉴스 검색
관련 산업: 입는 MP3 플레이어, 입는 PC
2030년쯤 인간두뇌능력 지닌 PC를 1000달러에 구입
2010년쯤 초고속인터넷 지금보다 50배나 빨라짐
집에서 1000만원짜리 MBA 수강
책가방 없이 등교, 거실 TV를 통해 해외 유명 MBA과정 수강, 휴대전화에 강의 담고 다니면서 공부
관련 산업: 이러닝(e-learning), 엠러닝(m-learning)
시청 중인 TV드라마 속 미녀스타 핸드백 구입
TV보며 쇼핑하고, 국회의원 투표 참여, 욕실 거울을 통해 뉴스 검색
관련 산업: 양방향TV, 홈 네트워크, 지능형 로봇, 음성인식기술
휴대전화기로 TV드라마 공짜 시청
불필요한 광고 없애고 골프 중계 시청, 원하는 방송만 골라 시청
관련 산업: DMB(Digital Multimedia Broadcasting), VOD(Video On Demand)
손목시계로 골프장 날씨 즉시 검색
주머니 속의 명함크기 퍼스널 서버 컴퓨터로 수시로 검색
관련 산업: 워치폰, 스마트 워치, 퍼스널 서버
두루마리 디스플레이로 신문 구독
지하철, 버스에서 인터넷 접속
관련 산업: 이페이퍼(e-paper), 이잉크(e-ink), 휴대인터넷(WiBro)
자동차 잃어버리면 인공위성이 자동추적
원하는 곳까지 자동 운전
관련 산업: 텔레매틱스, 위치기반 서비스(LBS)

그림 8-1_ 유비쿼터스 세상

(출처 : 행정안전부)

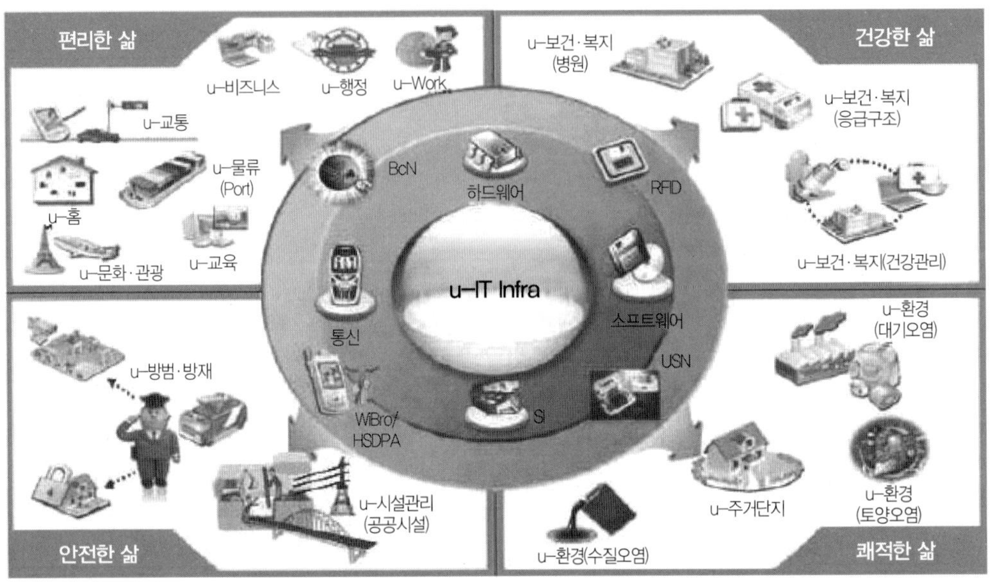

그림 8-2_ 유비쿼터스 도시

이렇듯 세 가지 기본 철학을 기반으로 제안된 유비쿼터스 컴퓨팅은, 현재에 이르러 언제, 어디서나, 어떠한 단말기를 가지고, 어느 통신망을 통해서든, 원하는 서비스를 제공 받을 수 있는 '5 any'를 기본 개념으로 발전해가고 있다. 즉, 사물에 컴퓨팅 능력이 부여돼 사람이 원할 때 또는 사람이 모르게 컴퓨팅이 정보나 서비스를 지원해주는 환경을 유비쿼터스 컴퓨팅 환경이라 말한다. 따라서, 유비쿼터스 컴퓨팅은 다양한 지능형 컴퓨팅 능력을 가진 칩 또는 단말 또는 개체가 사람이 일상생활 속으로 스며들어 외부에 드러나 보이지 않는 조용한 상태에서, 단말간 또는 사람과 단말간 유기적인 연결이 되어 협조함으로써, 언제 어디서나 컴퓨팅 기능을 활용할 수 있으며, 사람에게 필요한 정보나 서비스를 맞춤 방식으로 즉시 제공하여, 사람-사물 또는 사물-사물 통신이 가능하여 사람의 질을 향상시키는 컴퓨터 환경을 지향한다.

이러한 유비쿼터스 컴퓨팅 환경을 구축하기 위한 다양한 기술이 발전해가고 있으며, 대표적인 유비쿼터스 컴퓨팅을 위한 기술으로는, RFID, USN, 광대역 통신, M2M, 홈네트워크, 상황인식 컴퓨팅 등이 존재한다.

실제 유비쿼터스 컴퓨팅의 발상은 일본에서 시작되었다. 노무라 연구소의 트론(TRON) 프로젝트에서 모든 물체나 환경에 컴퓨터가 내장되는 미래가 올 것이라고 전망하였다. 현재 실제로 실현되고 있으며 스마트 시티, 스마트 교통, e-Navigation, u-헬스, 지능형 로봇등 많은 발전을 하고 있다.

2. 유비쿼터스 컴퓨팅 기술

본 절에서는 유비쿼터스 컴퓨팅 환경을 구축하기 위한 다양한 기술을 살펴보고자 한다.

1) RFID

RFID(Radio Frequency Identification)이란 전자 칩을 이용해 무선 주파수를 자동으로 인식하는 비접촉식으로, 개체를 인식하는 기술을 총칭한다. 일반적으로 개체의 정보가 저장된 Micro Chip을 Tag에 내장(Embedded)한 후 Reader를 통해 Server에서 인식하는 시스템을 말하며, 자세한 사항은 10장에서 다루도록 한다.

2) USN

USN(Ubiquitous Sensor Network)은 여러 개의 센서 네트워크를 이용하여 사람과 사물 및 환경 Data를 인식하여, 이를 통합 및 가공하여 정보를 제공하는 것이다. USN의 요소 기술에는 센서노드 기술, 네트워크 기술, OS기술 등으로 나눌 수 있고, 이들을 유기적으로 연결할 수 있는 미들웨어 기술이 있다. 응용 분야로는 홈 네트워크, 지능형 로봇, 차세대 PC, 차세대 이동통신 등 다양한 분야에 활용할 수 있다.

USN의 동작 원리는 다음과 같다. 센서노드가 인간의 오감을 대신하여 주변 현상을 정량적으로 측정하고 연산을 수행하여 그 값을 싱크 노드에 데이터를 전송한다. 싱크 노드로 전달된 정보는 센서 게이트웨이를 통하여 특정 USN 서버 혹은 사용자에게 전달된다. 여기서 센서노드란 물리적 데이터를 감지하고 정보를 수집하여 이를 처리한 결과 또는 초기 데이터를 유무선 통신기능을 이용하여 상위 처리 시스템으로 전송하는 시스템이다. 여기에는 데이터처리, 통신경로설정, 미들웨어처리 등을 수행하는 프로세서와 통신모듈을 포함한다. 싱크노드란 센서네트워크 내의 노드들을 관리 제어하며 센서 노드들이 센싱된 데이터를 수집하여 인터넷 등의 외부 네트워크와 통신하기 위해 접속하는 중계노드이며 베이스노드로 불리기도 한다. 센서 게이트웨이는 센서 네트워크와 백본을 연결하기 위한 것으로 센서 네트워크 및 백본(backbone) 접속을 위한 네트워크 인터페이스를 갖는다. 백본 인터페이스로 사용될 수 있는 것은 Ethernet, CDMA, GSM, Wibro, LTE 이동통신 네트워크, 위성망 등 여러 가지가 있다.

(출처 : ETRI)

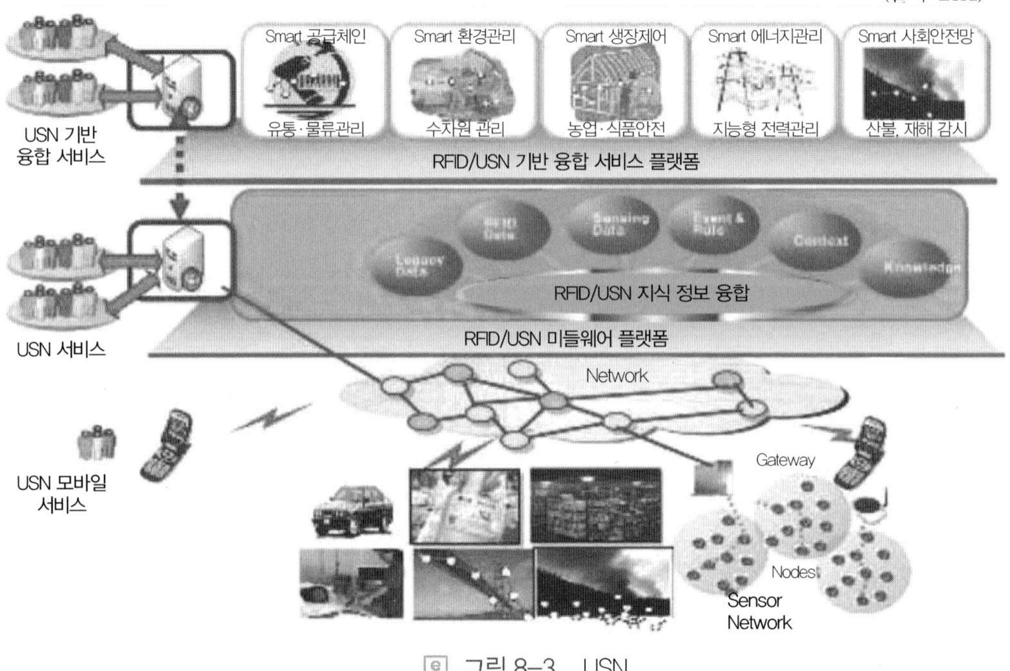

그림 8-3_ USN

USN의 응용분야는 다음과 같다.

① 가 정

긴급재난재해 경보서비스, 방범서비스, 원격진료서비스, 환자상태정보서비스, 노인을 위한 U-헬스 스마트 홈 서비스

② 빌딩, 사무실

시설물 화재 재난 모니터링 서비스, 에너지절약서비스, 설비자동제어서비스, 지능형빌딩서비스

③ 공원, 농수산물 관리

공원 생태 관리 서비스, 농수산물 생태 환경 모니터링 서비스, 공원주차장 안내서비스

④ 정부, 공공 기관

국보/공공 시설물 화재 재난 모니터링 서비스, 도시안전 관리 서비스, 도시시설물 관리, u-국방안전서비스

⑤ 교통, 어린이/노약자

응급구난서비스, 어린이 및 노인 위치추적 서비스, 차량배기량측정 서비스, 환경정보관리 서비스

⑥ 교량, 환경

교량모니터링 서비스, 수질 및 대기오염측정/경보서비스

3) BCN

광대역 통합망(BcN : Broadband Convergence Network)은 인터넷망, 유선통신망, 이동통신망, 방송망 등이 하나로 융합된 차세대 통합 네트워크로, 새로운 네트워크를 깔지 않고 기존 광동축 혼합망이나 초고속 인터넷망을 그대로 이용하면서 교환장치나 전송장치, 단말장치를 업그레이드해 가입자들이 100Mbps 속도로 인터넷과 통신, 방송망을 융합한 서비스를 받게 한다.

광대역 통합망의 특징으로는 IP기반 통합망을 통해 음성과 데이터, 유선과 무선, 방송과 통신의 융합형 세비스 제공하는 융합화, 광대역화, 품질 보장형 서비스를 제공하는 고기능화로 볼 수 있다.

광대역 통합망의 주요 기술은 다음과 같다.

① 유·무선 통합 엑세스 기술

유선망 또는 무선망의 제약 없이 어떤 단말기로도 네트워크 접속을 가능하게 하는 유·무선 액세스 기반 기술

② 유무선 통합 망제어 기술

유·무선 액세스망, 통합 접속장치, 유·무선 가입자 등을 패킷 기반의 멀티서비스망으로 통합하기 위한 제어 기술

③ 유무선 개방형 인터페이스 기술

제 3의 서비스 사업자들이 네트워크 하부구조에 독립적으로 통신 서비스를 정의·구현할 수 있는 차세대 개방형 서비스 기반 기술

④ 통신방송 융합기술

기존 IP 기반의 초고속 통신 서비스와 주문형 및 대화형 기반의 방송 서비스를 하나의 전달망을 통해 효율적으로 제공하기 위해 필요한 기술

⑤ 임베디드 통합 단말 기술

다양한 단말을 마치 하나의 단말처럼 사용할 수 있도록 단말에 공통적으로 적용하는 통합 단말 기반 기술

4) M2M

M2M이란 Machine to Machine이라는 문장의 약어로, 사물과 사물간의 통신을 의미한다. 인간의 직접적인 개입이 꼭 필요하지 않은 둘 혹은 그 이상의 객체 간에 일어나는 통신, 즉 사물에 센서 및 통신 기능을 결합하여 지능적으로 정보를 수집하고 전달하는 네트워크이다. 다양한 기기를 통해 상황 인식, 위치 정보 확인, 원격제어 등을 가능하게 해준다.

M2M 통신 시스템의 기본 구성요소는 다음과 같다.

① M2M 장치

- 인간의 입력 및 개입이 없는 상태에서 통신하는 단말기기
- 사용자의 요청 혹은 자동적으로 자신이 보유한 데이터를 송출/전달

② M2M Area Network / Capillary Network

- M2M 장치와 게이트웨이 간의 연결을 제공하는 네트워크

③ M2M 게이트웨이

- M2M 통신을 지원하는 능력을 보유하여, M2M 단말을 망 기능과 연동시킴

④ M2M 통신망

- M2M 게이트웨이와 응용 간의 연결을 제공하는 네트워크
- M2M 엑세스, M2M 트렌스포트, M2M 코어로 구분

⑤ M2M 응용

- M2M 서비스의 제공 및 이들웨어 제공

⑥ 기 타

- M2M Management Domain
- M2M installer 및 integrator 등 비즈니스 모델 레벨의 구성요소

5) 상황인식 컴퓨팅

상황인식 컴퓨팅(Context-Awareness) 기술은 통신 및 컴퓨팅 능력을 기반으로 사용자의 현재 주변 상황을 인식하고 분석하여 시간, 장소에 상관없이 사용자가 현 상황에서 필요로 하는 서비스를 제공하는 시스템이다. 최초로 상황인식에 대한 용어의 정의는 1994년 Schilit와 Theimer에 의해 소개되었다. 그 당시 상황인식 컴퓨팅은 '사용장소, 주변 사람과 물체의 집합에 따라 적응적이며, 동시에 시간이 경과되면서 이러한 대상의 변화까지 수용할 수 있는 소프트웨어'로 정의하였다.

상황인식 컴퓨팅을 위한 주요 요소 기술은 상황정보를 얻기 위한 센싱 기술과 상황정보를 가공하고 저장하며 공유하기 위한 상황인식 모델, 상위 상황정보를 유도하고 추론하는 상황인식 추론 기술이 존재한다. 그리고 사용자와 애플리케이션 사이에 중간 매개체 역할을 하는 상황정보 미들웨어 기술 등이 필요하다.

(1) 상황정보 센싱

상황인식 컴퓨팅의 가장 기본이 되는 상황을 얻기 위해서는 상황정보 센싱 기술이 필요하다. 센싱 기술이란 센서 디바이스와 신호처리장치 등의 하드웨어와 신호처리 알고리즘 등의 소프트웨어로 이루어지는 시스템으로 주로 사용자 인터페이스 또는 센서, 센서 네트워크 등을 통해 수집된다. 센싱 기술이 중요한 이유는 수집되는 정보가 바르지 못하면 기계나 시스템이 아무리 뛰어나도 올바른 정보가 나오지 않기 때문이다. 그러므로 센싱기술은 시스템의 성능을 결정하는 중요한 기반기술이다.

1차적인 정보는 사용자가 직접 개인 정보나 일정 등과 같은 상황정보를 입력할 수 있다. 그 외의 온도, 습도와 같은 환경적 상황정보와 사용자의 체온, 혈압 등과 같은 정보들은 사용자 단말 혹은 사용자 주변에 부착된 센서로부터 수집될 수 있다. 상황정보 센싱은 이러한 상황정보를 수집하고 이들 정보를 모델에 따라 내부에 저장하는 과정을 거친다. 이러한 정보들은 이후 추론을 위한 기초 자료가 된다.

대표적인 센싱 방법

① GPS

GPS 위성에서 보내는 신호를 이동 단말기에 설치된 GPS 수신기로 수신하여 삼각측량 원리로 계산하여 사용자의 현재 위치를 알아내는 방법이다. 항공기, 선박, 자동차 등의 내비게이션 장치에 주로 쓰이고 있으며, 최근에는 스마트폰, 태블릿 PC 등에서도 많이 활용되는 추세이다.

② 이동통신망 기반 시스템

이동통신망 기반 시스템은 이동 단말기와 기지국, 위치인식 과련 서버들로 구성되어 있으며, 신호의 세기, 신호의 도달 시간, 신호의 도달 시간차, 신호의 입사각 등과 같은 파라미터를 이용하여 위치를 계산한다.

③ 기 타

RFID 기술을 활용하여 사람이나 사물 등의 객체를 식별 할 수도 있다. 그리고 내장된 시계를 통해 시간 정보를 수집하고, 위치서버를 이용하여 인접한 객체의 정보를 알 수 있다. 대여폭은 커널 모듈에서 제공하는 API를 통해 수집이 가능하다. 이외에 조명의 밝기는 감광성 반도체 소자, 기울기와 진동은 가속도계, 인접 객체 감지는 수동형 적외선 센서, 소리는 마이크로폰, 기후 정보는 온도계 및 습도계를 이용하여 센싱이 가능하다. 그 밖에 감지, 인식, 컴퓨팅 및 통신기능을 가지는 초소형 센서 노드를 개발, 이를 일상 사물에 부착하여 스마트 사물과 환경과의 상호작용 등에 관한 기술등으로 발전하고 있다.

(2) 상황인식 모델

상황인식 컴퓨팅 환경에서 애플리케이션들은 상황인식 모델(Context Awareness Model)을 기반으로 개발되고 실행된다. 상황인식 시스템에서는 상황정보를 가공하고 저장하며 공유하기 위한 효율적이며 통합된 상황인식 모델을 제공할 수 있어야 한다. 이를 위하여 상황인식 시스템은 적절한 상황인식 모델을 구성하고 이를 관리할 수 있는 기능과 능동적이고 지능적인 서비스를 위하여 상황인식 모델에 명시적으로 표현되지 않은 암시적인 상황정보를 추론할 수 있는 기능을 제공해야 한다.

Strang은 상황인식 모델링을 위해서는 6 가지의 요구사항이 만족되어야 한다고 언급하였다. 이러한 6 가지 요구사항들은 Distributed composition(Dc), Partial validation(Pv), Richnessand quality of information(Qua), Incompleteness and ambiguity(Inc), Level of formality(For), Applicability to existing environments(App)이다. 또한 상황정보를 위한 모델로는 Key-Value Models, Markup Scheme Models, Graphical Models, Logic Based Models, Object Oriented Models, Ontology Based Models 등이 있다.

(3) 상황정보 추론

다양한 센싱 데이터를 융합(fusion)하여 상위 상황정보를 유도하기 위해 확률적인 메커니즘을 제공하여 계층적 상황정보를 기반으로 지능적인 추론 방법을 제공해야 한다. 학자들에 따라 여러 가지 추론방식을 사용하고 있는데, 최근 상황인식 서비스에서 온톨로지를 이용한 추론 시스템이 연구되고 있다. 온톨로지를 대상으로 추론 엔진을 통하여 질의어의 관계를 파악하고 관련된 용어를 검색 엔진에 전달하여 추론 결과를 반환하게 된다. 이러한 상황정보 추론(Context information reasoning)에 대한 대표적인 연구로는 Hoolet, F-OW, Jena 등이 있다.

(4) 상황인식 미들웨어

상황인식 시스템에서는 다양한 정보를 수집하는 센서와 사용자에게 적절한 서비스를 제공하는 애플리케이션 사이에 중간 매개체 역할을 하는 상황인식 미들웨어가 존재한다. 상황인식 미들웨어는 상황인식 애플리케이션과 센서들 사이에 위치하여 다양한 정보를 수집하고 가공하여 이러한 정보들을 애플리케이션에 제공하고 사용자에게 적절한 서비스를 제공한다. 상황인식 미들웨어로는 Aura CARMEN, CARISMA, Cooltown, CORTEX Gaia, MiddleWhere, MobilePADS, SOCAM 등이 있다.

(5) 상황 인식 서비스 구조 기술

서비스 구조는 다른 시스템의 토대가 되는 기술들의 집합으로 잘 정의되어 있고, 신뢰성을 가지며, 공개적으로 접근이 가능하다. 구조는 미리 정의된 공통 데이터 형식과 네트워크 프로토콜로 구성되며, 하드웨어와 운영체제, 프로그래밍 언어 등에 독립적 서비스 개발 가능하다. 서비스 구조의 가장 좋은 예는 인터넷이다. 인터넷은 TCP/IP 표준 하부 프로토콜과 DNS, DHCP, TELENT, FTP, HTTP 등과 같은 상위 서비스 프로토콜로 서비스 구조가 구성되어 있어, 인터넷상에 새로운 장치(컴퓨터, 라우터, 게이트웨이 등)와 새로운 서비스(온라인게임, 스트리밍 서비스, 전자결재 서비스 등)가 투명하게 추가될 수 있다. 이와 마찬가지로, 상황인식 서비스를 위한 서비스 구조가 제공되면, 센서나 서비스, 장치 등이 다른 구성 요소에 영향을 주지 않고, 독립적이고 동적으로 추가될 수 있다.

6) 홈 네트워킹

홈 네트워킹이란 가정 내 PC를 비롯한 정보가전기기가 네트워크로 연결되어 기기, 시간, 장소에 구애받지 않고 서비스를 제공하는 것이다. 인터넷 및 데이타 공유, 스캐너 및 프린터 등의 주변기기 공유 및 상호제어를 가능하게 하며, 인터넷이나 휴대용 정보 단말기를 이용한 외부 네트워크와의 연동으로 가정의 TV, 냉장고, 에어컨, DVD 플레이어, 디지털 카메라 등의 디지털 가전기기를 원격 제어할 수 있는 시스템을 말한다.

모든 기기들이 주변 장치들을 공유하여 사용할 수 있으므로 네트워크를 설치하는 비용이 절약되며, 가정에서 사용되는 기기의 특수성에 비추어 홈 네트워크는 누구나 사용할 수 있도록 설치가 간편하고, 사용이 용이하다.

표 8-1_ 홈 네트워크 기술 분류

분 류	기 술
홈플랫폼 기술	홈서버/홈게이트웨이 기술
	홈 네트워크 보안
	개방형 서버 기술
유/무선 홈네트워킹 기술	유선 홈네트워킹 기술
	무선 홈네트워킹 기술
정보가전 기술	지능형 정보가전
	홈센서 기술
지능형 미들웨어 기술	홈네트워킹 미들웨어 기술
	상황적응형 미들웨어 기술
	멀티 모달 인터페이스 기술

3. 유비쿼터스 컴퓨팅 적용 사례

유비쿼터스 컴퓨팅 혁명은 모든 가전기기, 정보 단말기, 사물 등이 융합하여 물리적 제약 없이 본인도 모르게 서비스를 받는 u-라이프 시대가 올 것이다. 새로운 지식정보국가 건설과 자국의 정보산업 경쟁력 강화를 위한 핵심 패러다임이라는 인식 하에 미국, 일본, 유럽의 정부뿐만 아니라 이들 국가들의 기업과 주요 연구소들이 유비쿼터스 관련 기술을 개발하고 있다.

미국은 1991년부터 유비쿼터스 컴퓨팅 실현을 위한 연구개발을 추진하며, 유비쿼터스 혁명을 선도하고 있다. 최첨단 컴퓨터 기술력을 토대로 바이오기술과 나노기술의 융합을 통하여 유비쿼터스 컴퓨팅을 구현한다는 전략이다. EasyLiving 프로젝트는 마이크로소프트가 물리적 공간세계와 전자적인 센싱과 세계 모델링 공간, 그리고 분산 컴퓨팅 시스템의 결합을 통하여 인간에게 가장 편리한 삶의 공간을 창조하겠다는 목적의 프로젝트이다. HP의 사람들과 전자장소와 사물이 함께 어우러지는 새로운 웹 인프라가 동작하는 환경의 CoolTowln프로젝트, 그리고 NIST(US Government National Institute of Standards and Technology)가 작업공간에서 요구될 많은 정보기술과 제품들을 효과적으로 개발하고자 계획된 프로젝트 Smart Space 프로젝트 등 수많은 프로젝트들을 진행하고 있다. 미국은 주로 유비쿼터스 컴퓨팅 기술과 조기 응용 개발에 중점을 두고 있으며, 특히 일상생활 공간과 컴퓨터간의 자연스러운 통합이 가능한 HCI(Human Computer Interaction) 기술과 표준 개발을 핵심요소로 인식하고 있다.

일본의 경우, TRON(The Realtime Operating system Nucleus) 프로젝트를 필두로 ITRON (Industrial TRON), BTRON(Business TRON), CTRON(Communication TRON), eTRON(entity TRON), MTRON(Macro TRON), JTRON 등으로 발전하였다. 이외에 u-Network 프로젝트는 정부 주도의 프로젝트로 초소형 칩 네트워크 프로젝트, 개인 단말 프로젝트, 유비쿼터스 네트워크 프로젝트의 3대 유비쿼터스 네트워크 프로젝트를 진행하였다.

일본의 전략은 미국의 강점 분야인 컴퓨터, 소프트웨어 등의 핵심기술도 중요하지만, 마이크로 센서기술을 이용한 사람과 사물간의 통신 그리고 그와 관련된 주변기술도 중요하다고 인식하고 있다. 유비쿼터스 네트워크 조사연구회에서 전망하듯이 일본은 유비쿼터스 네트워크 사회의 실현이 새로운 산업 및 비즈니스 시장의 창출과, 편리하고 풍요로운 라이프 스타일의 실현, 그리고 일본이 직면하고 있는 고령화 문제, 교통 혼잡, 지진, 환경 관리 등을 해결하는데 기여할 수 있다는 것이다.

미국과 일본은 유비쿼터스 컴퓨팅 기술개발 방향과 전략에서 약간의 차이를 보이고 있다. 미국은 기술적 비전 제시와 필요한 부문에서의 조기 응용을 강조하는 반면에, 일본은 국가차원의 정책적 추진에 비중을 두고 있다.

유럽에서는 기술적 관점에서 인간의 생활방식을 변화시키고, 더 풍요로운 삶을 보장하는 인간친화적 관점에서 유비쿼터스 컴퓨팅을 시작하였다. 유럽연합(EU)이 중심이 되어 개별 국가의 프로젝트가 연계되어 대규모 공동연구개발하고 있다. 프로젝트를 통하여 다양한 기술 간의 통합, 인력자원의 상호 교류 등 협업 시너지 최적화를 통하여 유럽연합 회원국가 간의 미래사회 비전과 공통 지침을 효과적으로 공유하고 실천하는데 목적이 있다.

유럽연합이 2001년부터 시작하여 2~3년 동안 16개의 프로젝트를 추진하여 정보 기술을 내장한 일상적 사물을 확산시켜 오늘날 컴퓨터가 제공하는 가능성을 초월하는 새로운 방법을 연구하였다. 예를 들어 2WEAR 프로젝트는 사람이 활동 중에 적응하고 확장할 수 있는 입거나 소지 할 수 있는 컴퓨터 개발하고, FICOM 프로젝트는 섬유의 미세조직을 트랜지스터화하여 센싱과 컴퓨팅 기능을 부여하여 일상생활 속의 정보 인공물로 구현하며, GROCER 프로젝트는 위치 기반 전자태그가 부착된 상품을 판매하는 식료품 잡화점을 목표로 하는 등의 16개의 프로젝트이다.

1) U-헬스케어

유비쿼터스 헬스케어(Ubiquitous Health Care)의 줄임말로 유비쿼터스 건강관리라고도 한다. 집안 곳곳에 심어진 각종 센서를 통해 거주자의 생체 상태나 변화를 감지할 수 있는 계측 장비와 센서가 장착되어있어, 이러한 센서를 통해 수집되는 각종 생체정보를 의료연구센터 또는 병원 내 서버에 실시간으로 전송되며, 수집된 정보를 이용해 거주자의 건강 상태를 체크한다. 간단하게 말해서는 유비쿼터스와 원격의료 기술을 활용한 건강관리 서비스를 말함 시간과 공간의 제한 없이 의료 서비스를 제공받을 수 있는 게 가장 큰 특징이다.

2) 스마트 웨어

웨어러블 컴퓨터(Wearable Computer), 디지털 의복 등으로도 불리며, 정보기술(IT), 생명공학(BT), 극소나노단위(nano scale)의 생산기술, 친환경소재(ET) 등 신기술을 결합한 미래형 의류이다. 스마트 웨어를 입으면 굳이 컴퓨터 앞이 아니더라도 언제, 어디서나 네트워크에 접속해 원하는 작업 처리가 가능한 상태가 된다.

3) U-City

U-City란 도시경쟁력과 주민 삶의 질 향상을 위하여 도로, 교량, 학교, 병원 등 도시기반시설에 첨단 IT기술 등을 융합하여 언제 어디서나 필요한 서비스를 제공하는 도시를 말한다.

소극적 의미로는 도시계획, 건설, 관리 및 운영과 IT기술이 접목된 종합플랜트 부문이며, 적극적 의미로는 소극적 의미를 포함하여 도시문화, 도시디자인, 도시정책, 도시문제, 도시재생, New Urbanism, Eco City, Smart Growth, 도시성장관리, TOD(Transit Oriented Development), Compact City 등과 밀접한 관련이 있는 새로운 도시의 패러다임을 의미한다.

U-City의 국내의 대표적인 예로는 2006년 2월에 '광교신도시 U-City 전략(USP) 수립 사업'으로 나노특화 Fab센터, 경기 바이오센터 등을 유치하여, 나노, 바이오, 정보통신(NT, BT, IT)등 첨단기술 발전을 위한 혁신기반을 갖추고 있다. 또한, 연구지원서비스를 제공하는 첨단 R&D와 컨벤션 Center 및 도심공항버스터미널 등 종합비즈니스서비스를 제공하는 도시이다. 특수목적고와 자립형 사립고 등 특성화된 교육 서비스를 제공하고 광교산 녹지축 및 원천 저수지, 신대저수지 등 보전녹지지역의 자연환경을 배경으로 체험형 첨단레저서비스를 제공한다.

해외의 대표적인 예로는 두바이를 들 수 있다. 두바이에는 'Internet City'와 'Media city'와 같은 대표적인 landmark가 있다. 세계적인 기업들을 유치하기 위한 용도로 만들어졌으며, MS, 오라클, SUN을 비롯한 700여개의 it업체가 포진되어 있으며, 인접해 있는 'Dubai Media City', 'Dubai Knowledge Village.'와 함께 IT시너지효과를 톡톡히 보고 있다.

4) U-Eco City

U-City에서 한 층 더 개선하여 기술적인 측면만이 아니라 환경적인 부분까지 요구되고 있으며, 이를 U-Eco City라고 한다. 즉, U-Eco City란, 유비쿼터스 도시에 '친환경'이 더해져 시민들이 좀 더 편리하고 쾌적한 삶을 영위할 수 있는 미래형 첨단 친환경도시이다.

U-Eco City가 향후 만들어낼 잠재력은 매우 높다. 카이스트에서 발표한 "국내 건설 IT 융합"자료에 의하면 평균적으로 연 6%의 성장이 예상되는 장래유망사업이다. 1차적으로 불규칙적인 오르막, 내리막 길을 걷고 있는 건설업계 및 IT업계에 활력을 불어넣어 일자리를 만드는데 기여하여 결국 경제에도 이바지할 것이다. 전문가들의 예측에 의하면 2030년까지 U-Eco City가 창출할 가치는 총 53조원에 달한다고 한다. 현재 정부기관, 건설업계, 그리고 IT기업이 합세하여 사업을 추진하고 있다.

대표적인 U-Eco City의 사례는 네덜란드와 핀란드이다. 태양광을 이용하여 전력으로 사용한다. 네덜란드의 솔라시티는 건물에 태양광 발전시설을 설치하여 전력소비를 50% 가까이 줄이는 획기적인 절감을 한 모범적인 U-Eco City이다.

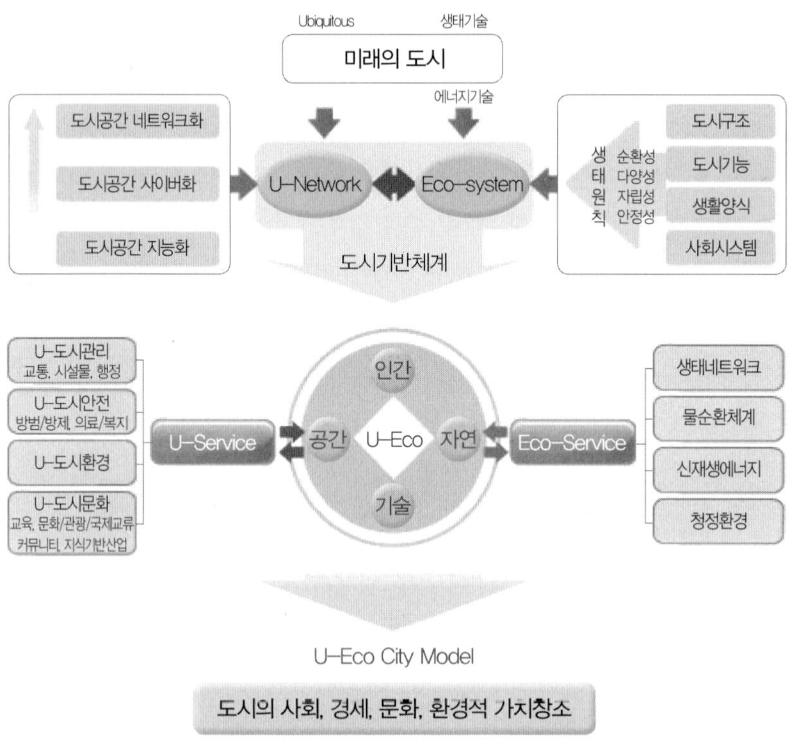

그림 8-4_ U-Eco City 모델

Amersfool 그린빌리지 전경

건물일체형

그림 8-5_ U-Eco City 사례

CHAPTER

09 빅 데이터

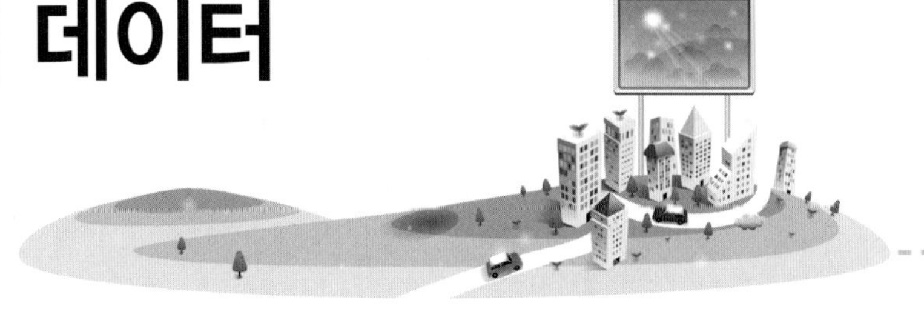

CHAPTER 09 _ 빅 데이터

 1. 빅 데이터 개요

빅 데이터(Big Data)의 개념은 새로운 것이 아니라, 1990년대 컴퓨터의 발달과 함께 언급되던 정보 폭발(Information Explosion), 정보 홍수(Infomation Overload) 등의 연장선상에 있는 개념이다. 최근 몇 년 동안 소셜 네트워크 서비스로 대표되는 소셜 미디어의 성장과, 최근 스마트 폰으로 대변되는 모바일 장치의 확산이 결합되어, 일상 속에서 다양한 종류의 대규모 데이터가 급속히 생성, 유통, 저장되고 있다. 한 시장 조사 업체에 따르면, 2011년 전 세계에서 생성되는 데이터양은 1.8 제타바이트(Zettabyte, ZB - 대한민국의 모든 사람이 약 18만 년동안 매 1분마다 3개의 글을 올리는 양)에 달하며, 매 2년마다 2배씩 증가한다고 하였다. 이러한 엄청난 데이터의 양을 빅 데이터라고 부른다.

즉, 빅 데이터란 기존의 관계형 데이터베이스의 데이터 수집·저장·관리·분석의 역량을 넘어서는 대량의 정형 또는 비정형 데이터를 의미한다. 그러나 최근 들어 빅 데이터의 개념은 대량의 데이터 뿐 아니라, 이러한 데이터로부터 가치를 추출하고 결과를 분석하여 비즈니스화 하는 기술도 포괄하는 의미로 변모하고 있다.

다음 두 기관에서는 빅 데이터에 대해 다음과 같이 정의 하였다.

표 9-1_ 기관별 빅 데이터의 정의

기관명	내 용	특 징
McKinsey	일반적인 관계형 데이터베이스 소프트웨어가 저장, 관리, 분석할 수 있는 범위를 초과하는 규모의 데이터	데이터 베이스 규모에 초첨을 맞춘 정의
IDC	저렴한 비용으로 다양한 종류의 대규모 데이터로부터 가치를 추출하고 데이터의 초고속 수집, 발굴, 분석을 지원하도록 설계된 차세대 기술 및 아키텍처	업무 수행에 초점을 맞춘 정의

다양한 종류의 대규모 데이터를 생성·수집·분석하여 가치를 추출하는 빅 데이터의 기술은 다변화하는 현대 사회에서 비즈니스 데이터를 더욱 정확하게 예측하여 효율적으로 작동하게 할 뿐 아니라, 개인의 정보를 분석하여 개인마다 맞춤형 데이터를 제공·관리·분석 가능하게 한다. 또한 과거에는 불가능 했던 기술을 실현시키기도 한다. 이와 같이 빅 데이터는 IT 기술뿐 아니라 정치·사회·경제·문화·과학 기술 등 전 영역에 걸쳐 사회와 인간에게 가치 있는 정보를 제공하기 때문에 그 중요성이 더욱 부각되고 있다. 세계 경제 포럼(WEF, World Economic Forum)은 '2012년 세상을 바꿀 10대 신기술'에서 첫 번째로 빅 데이터 처리의 핵심기술인 '인포매틱스(Infomatics)'를 선정하였으며, IT 전문 리서치 회사인 가트너(Gartner), EMC 및 대한민국의 지식경제부 R&D 전략기획단, 정보통신산업진흥원(NIPA), 삼성 SDS 등은 빅 데이터를 2012년에 떠오르는 10대 기술 하나로 선정하였다.

표 9-2_ 기관별 빅 데이터의 전망

기 관	2012년 IT 기술 전망	
세계 경제 포럼	· 인포매틱스 · 합성생물학:대사공학 · 녹생혁명 2.0 · 나노 스케일 소재 설계 · 시스템 생물학, 컴퓨터 모델링	· 이산화탄소 원료화 · 무선 파워 전달 · 고밀도 파워 시스템 · 개인 맞춤 의학과 질병 예방 · 신교육 기술
가트너	· 미디어 대플릿과 그 이후 · 모바일 중심 애플리케이션 인터페이스 · 상황 및 소셜 사용자 경험 · 사물 인터넷 · 앱스토어와 마켓플레이스	· 차세대 분석기술 · 클라우드 컴퓨팅 · 빅 데이터 · 인메모리 컴퓨팅 · 초절전(저전력) 서버
지식경제부	· 차세대 디바이스 핵심 기술 · IT 핵심 소재 · Big Data 및 인공 지능 · 하이브리드 스토리지 · 유무선 융합네트워크 및 부품	· 테라헤르츠 및 양자 정보 통신 · 무인화 플랫폼 · 바이오 센서 · 라이프케어 로봇 · 전력 반도체
EMC	· 새로운 킬러 애플리케이션의 핵심은 '간편함' · 모바일 우선(Mobile First) 전략 · 디지털 비즈니스 모델 · 빅 데이터 전문가 '데이터 과학자' 수요 증가 · 기업 IT, 외부 IT 서비스 업체와 경쟁 · 클라우드 기술의 부각	· IT 보안의 변화, 새로운 보안 기업 등장 · 대형 IT 서비스 업체보다 전문화된 IT 서비스 기업이 각광 · 비용은 줄고, 소비는 증가 · 빅 데이터와 분석학, 새로운 가치와 기회 창출
정보통신산업 진흥원	· 클라우드 · 4G LTE · 정보보호 · 차세대 TV · IT 융합	· 차세대 부품 · 차기정부 IT 정책 · 윈도우 8 · 스마트기기 · 빅 데이터
삼성SDS	· 소비자 지향적 기술 대중화 · 네트워크 통합 협력적 소비 · 게임 메커니즘 활용 비즈니스 · 웹 기반 사물 연결과 제어	· 소셜 분석 · 삶의 질을 향상 시키는 IT · 모바일 컴퓨팅 보안 · 플랫폼 전쟁

2. 빅 데이터 특징

빅 데이터를 설명할 때에는 크게 3가지 요소(3V)로 설명할 수 있다. 3V는 데이터 양(Volume), 데이터 속도(Velocity), 그리고 데이터 다양성(Variety)을 나타낸다.

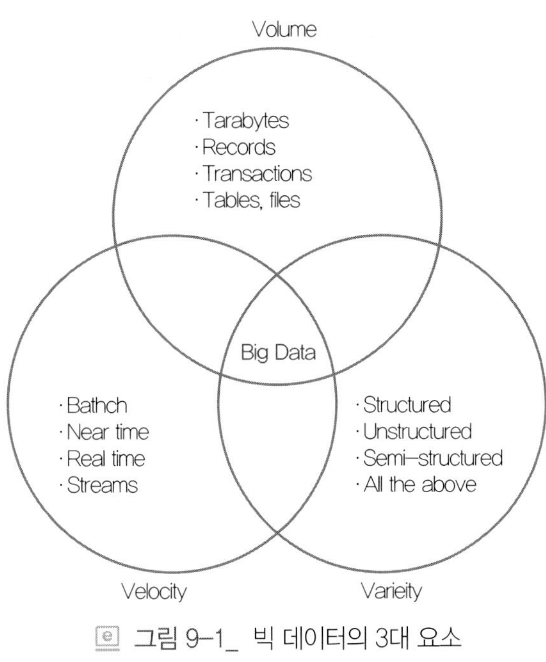

그림 9-1_ 빅 데이터의 3대 요소

데이터 양(volume)

단순 저장되는 물리적 데이터 양의 증가뿐 아니라, 네트워크 데이터의 급속한 증가도 기본적인 특징이다. 또한 이러한 데이터를 분석 및 처리하여 가치를 추출하는 것도 빅 데이터 분석의 주요 매력이다.

데이터 속도(velocity)

한 명의 사람이 소셜네트워크 또는 트위터에 글을 올리면, 잠깐 사이에 수많은 댓글이 달릴 수 있다. 전 세계에서 이러한 일이 발생하기 때문에 잠깐 사이에 수많은 데이터가 생산 및 유입되게 된다. 즉, 빅 데이터는 데이터가 생산 및 유입되는 속도가 빠를 뿐 아니라. 이러한 데이터를 실시간으로 처리 및 장기간에 걸쳐 수집 분석 하는 장기적 접근을 요구한다.

데이터 다양성(variety)

다양성은 다소 까다로운 개념이다. 단순히 데이터의 형식의 다양성 뿐 아니라, 관리되는 지점에 따라 변할 수 있다는 것을 의미하기도 한다. 기존의 데이터를 중 기업 내부에서 발생하는 예측 분석을 예를 들어 보자. 전통적인 기업의 데이터 분석은 기업 내부에서 발생하는 운영 데이터인 전사적 자원 관리(ERP, Enterprise Resource Planning), 공급망 관리(SCM, Supply Chain Management), 생산관리 시스템(MES, Manufacturing Execution System), 고객 관계 관리(CRM, Customer Relationship Management) 등의 시스템에 저장되어 있는 관계형 데이터베이스 기반의 정형 데이터로 이루어져 있다. 그러나 최근 XML, HTML 등과 같이 고정된 시스템에 저장되지 않지만 데이터베이스 스키마를 포함하는 반정형 데이터를 이용한 분석 뿐 아니라, 텍스트·사진·오디오·비디오 형식의 소셜 미디어 데이터나 로그파일(Database log) 같이 비정형 데이터도 처리해야 한다.

3. 빅 데이터의 종류

빅 데이터를 구성하고 있는 데이터는 데이터의 정형화 정도에 따라 다음과 같이 분류되기도 한다.

표 9-3_ 빅 데이터의 데이터 종류

정 의	설 명
정 형 (Structured)	• 사무정보와 같이 고정된 필드에 저장된 데이터 • 예를 들어, 관계형 데이터베이스 및 스프레드시트 등
반정형 (Semi-Structured)	• 고정된 필드에 저장되어 있지는 않지만, 메타데이터나 스키마 등을 포함하는 데이터 • 예를 들어, XML이나 HTML 텍스트 등
비정형 (Unstructured)	• 숫자 데이터와 달리 그림이나, 영상, 문서처럼 형태와 구조가 복잡해 고정된 필드에 저장되어 있지 않은 데이터 • 예를 들어, 이메일, 콘텐츠, SNS 같이 분석이 가능한 텍스트 문서 및 이미지·동영상·음성 데이터, 책, 잡지와 같은 문서 데이터 등

그렇다면 기존 데이터 처리와 빅 데이터 처리는 어떻게 다를까?

IT 전문 리서치 회사인 가트너(Gartner)에서 2011년 1월에 발간한 'Big Data Analytics' 보고서에 따르면 기존 데이터 처리와 빅 데이터 처리는 다음과 같은 차이점이 있다.

빠른 의사결정이 상대적으로 덜 요구된다.

대용량 데이터를 기반으로 분석하므로 장기간에 걸쳐 수집 분석 하는 장기적 접근이 필요하다. 따라서 기존의 데이터 처리에 요구되는 즉각적인 처리하고는 다르게 즉각적인 의사결정이 상대적으로 덜 요구된다.

처리(Processing) 복잡도가 높다.

대용량 데이터 처리, 다양한 데이터 형태, 복잡한 로직 처리 등으로 인해 데이터를 처리 및 분석하는 것이 매우 복잡도하며, 이를 해결하기 위해 보편적으로 분산 처리(Distributed Data Processing) 기술이 필요하다.

처리할 데이터 양이 방대하다.

개인에게 맞춤형 정보를 제공하기 위해 한 사람이 인터넷에서 보내는 시간 동안 방문한 웹사이트를 기록하는 클릭스트림(Clickstream) 데이터를 수집한다면, 장기간에 걸쳐 수집 및 분석해야 한다. 맞춤형 정보를 제공해야 하는 고객이 몇 만 명일 경우, 기존 방법과 비교해 처리해야할 데이터 양은 매우 방대하다.

비정형 데이터의 비중이 높다.

빅 데이터는 기존의 데이터에 비해 이미지·동영상·음성 형태의 소셜 미디어 데이터, 클릭스트림 데이터, 로그 파일, 콜 센터 로그 및 통화기록 등과 같은 비정형 데이터의 비중이 더 높다. 이러한 비정형 데이터는 데이터 처리의 복잡성을 증대시키는 요인이기도 하다.

처리/분석 유연성이 높다.

빅 데이터의 데이터들은 데이터 모델이나 상관관계, 절차, 형태 등에 관계없기 때문에, 기존 데이터 처리방법에 비해 처리 및 분석하는 방법의 유연성이 높은 편이다. 또한, 새롭고 다양한 처리방법을 수용하기 위해, 유연성이 기본적으로 보장돼야 한다.

동시처리량(Throughput)이 낮다.

빅 데이터는 기본적으로 대용량 데이터 및 복잡한 데이터의 처리, 장기적 접근을 특징으로 하고 있기 때문에, 동시에 데이터를 처리하기 어렵다. 따라서 동시에 처리하는 데이터양은 기존 데이터 처리에 비해 낮은 편이며, (준)실시간 처리가 보장되어야 하는 데이터 분석에는 적합하지 않다.

4. 빅 데이터의 분석

1) 빅 데이터의 분석 기법

대부분의 빅 데이터를 분석하는 기술과 방법들은 기존 통계학과 전산학, 특히 기계학습, 데이터 마이닝, 자연 언어 처리, 패턴 인식 등에 사용되던 기법들이며, 이 분석기법들의 알고리즘을 대규모 데이터 처리에 맞도록 변경하여 빅 데이터 처리에 적용하고 있다.

최근 소셜 미디어, 클릭스트림 등 비정형 데이터의 증가로 인해, 분석기법들 중에서 텍스트 마이닝, 평판 분석(Opinion mining), 소셜 네트워크 분석, 군집분석 등이 주목을 받고 있다.

(1) Text Mining(Text mining)

텍스트 마이닝은 비·반정형 텍스트 데이터에서 자연 언어 처리(Natural Language Processing) 기술과 문서처리 기술에 기반을 두어 유용한 정보를 추출, 가공하는 것을 목적으로 하는 기술이다. 즉, 비·반정형 텍스트 데이터에서 가치와 의미가 있는 정보를 찾아내는(Mining) 기술이라고 할 수 있다.

텍스트 마이닝 기술을 통해 방대한 텍스트들 사이에서 의미 있는 정보를 추출하고, 다른 정보와의 연계성을 파악하며, 텍스트가 가진 카테고리를 찾아내는 등, 단순한 정보 검색 이상의 결과를 얻어낼 수 있다. 주요 응용분야로 문서 분류(Document Classification), 문서 군집(Document Clustering), 문서 요약(Document Summarization), 정보 추출(Information Extraction), 특성 추출(feature extraction) 등이 있다.

(2) 평판 분석(Opinion mining)

평판 분석은 텍스트 마이닝의 관련 분야로써, 소셜미디어 등의 정형/비정형 텍스트의 긍정(Positive), 부정(Negative), 중립(Neutral)의 선호도를 판별하는 기술이다. 평판 분석(Sentiment Analysis) 또는 오피니언 마이닝(Opinion mining)이라고 하며, 정확한 분석을 위해서는 전문가에 의한 선호도를 나타내는 표현/단어 자원의 축적이 필요하다.

오피니언 마이닝은 특정 서비스 및 상품에 대해 인터넷에 올라온 방대한 의견들(Word-of-mouth on the web)을 수집하고 분석해서 시장규모 예측, 소비자의 반응, 입소문 분석(Viral Analysis), 의사결정(decision making) 등에 활용되고 있다.

(3) 소셜 네트워크 분석(Social network analysis)

소셜 네트워크 분석은 그래프 이론에 뿌리를 두고, 소셜 네트워크 연결구조와 연결강도 등을 바탕으로 사용자의 명성 및 영향력을 측정하는 기술이다. 소셜 네트워크 상에서 인플루언서(Influencer)를 찾는데 주로 활용한다. 인플루언서는 입소문의 중심이나 허브 역할을 하는 영향력 있는 사용자로서, 인플루언서의 모니터링 및 관리는 마케팅 관점에서 매우 중요하다.

(4) 군집 분석(Cluster Analysis)

군집 분석은 개인 또는 여러 개체, 데이터 중에서 비슷한 특성을 가진 대상을 합쳐가면서 집단으로 그룹화한 다음, 최종적으로 각 집단의 유사 특성을 발굴함으로써 데이터 전체의 구조를 이해하는 분석 방법이다. 예를 들어, 특정 집단(트위터나 소셜 네트워크) 상에서 주로 사진과 카메라에 대해 이야기하는 사용자 집단이 있을 수 있고, 온라인 게임에 대해 관심 있는 사용자 집단이 있을 수 있다. 이러한 관심사나 취미에 따른 사용자 집단을 군집분석을 통해 분류할 수 있다.

2) 빅 데이터 분석을 위해 활용되는 기술

위의 분석 기법들을 바탕으로 엄청난 규모의 빅 데이터를 분석할 수 있는 인프라 기술은 어떤 것이 있을까? 가장 기본적인 분석 인프라로 오픈소스 기반의 하둡이 있으며, 데이터를 더욱 빠르고 유연하게 처리하기 위해서 NoSQL 기술이 활용되기도 한다.

(1) Hadoop

하둡(Hadoop)은 Apache Hadoop project를 통해 개발된 오픈소스(Opensource) 기반의 분산처리기술로, 현재 정형/비정형 빅 데이터 분석에 가장 선호되는 솔루션이라고 할 수 있다. 실제로 야후와 페이스북 등에 사용되고 있으며, 채택하는 회사가 늘어나고 있다.

하둡 프레임워크를 이용하면, 대규모의 데이터를 1대 이상의 컴퓨터를 이용하여 분산처리가 가능해 진다. 즉, 대용량 데이터를 처리하기 위해 고가의 슈퍼컴퓨터 대신 하둡을 이용하여 여러 컴퓨터의 Cluster 환경을 구축하고, 각종 장애처리, 고기능 계산 및 분석 작업을 할 수 있게 된다.

하둡의 주요 속성은 크게 하둡 분산 파일 시스템인 HDFS(Hadoop Distributed File System)과 Hbase, MapReduce가 있다. HDFS는 하둡의 대표적인 분산 파일 시스템으로 마스터/슬레이브(master/slave) 구조를 가지고 있다. Hbase는 대규모 분산 데이터 베이스를 의미한다. HDFS와 Hbase는 각각 구글의 파일 시스템인 GFS(Google File System)와 빅 테이블(Big Table)의 영향을 받았다. MapReduce는 분산 프로그래밍 모델로 데이터를 안정적으로 처리하기 위해 만들어진 Java 기반의 소프트웨어 프레임워크이다. 이 외에도 Hadoop을 기반으로 한 다양한 오픈소스 분산처리 프로젝트가 존재한다.

(2) NoSQL

NoSQL은 Not-Only SQL, 혹은 No SQL이라 불리며, 기존의 관계형 데이터베이스(RDBMS)와 다르게 설계된 비관계형 데이터베이스를 지칭하는 분산 환경의 데이터 저장소를 의미한다. 정형 데이터 뿐 아니라 비정형 데이터 또한 폭발적으로 증가함에 따라 관계형 데이터베이스로 데이터를 저장하는데 한계에 이르렀고, 새로운 유형의 서비스와 애플리케이션이 등장함에 따라 기존과는 다른 데이터 관리 방식이 필요하게 되어 NoSQL이 출연하게 되었다.

NoSQL은 기본적으로 데이터베이스 역할을 수행하기 때문에 영구적(Persistence)이며, 분산 시스템을 기반으로 하고 있다. 또한 해쉬맵(Hashmap)처럼 키와 값의 형식으로 다수의 서버에 데이터를 저장하기 때문에 특정키에 대한 값을 빠르게 조회할 수 있으며, 동시에 여러명의 사용자가 접속하더라도 트랜잭션이 전체 서버에 분산되어 속도가 빠르며 Throughput도 높다. 기존 관계형 데이터 베이스가 모든 노드는 같은 시간에 같은 데이터를 보여줘야 한다는 일관성(Consistency)과 일부 노드가 다운되어도 다른 노드에 영향을 주지 않아야 한다는 유효성(Availability)에 중점을 두고 있는 반면, NoSQL은 네트워크 전송 중 일부 데이터를 손실하더라도 정상적으로 동작해야하는 분산 가능성(Partition Tolerance)에 중점을 두고, 일관성과 유효성은 보장하지 않는다는 특징이 있다.

대표적인 NoSQL 솔루션으로는 컬럼패밀리(Column-family) 데이터 모델과 Dynamo의 분산 아키텍처를 합친 Cassandra와 Hbase, MongoDB, Apache CouchDB, Amazon SimpleDB 등이 존재한다.

CHAPTER

10 RFID & NFC

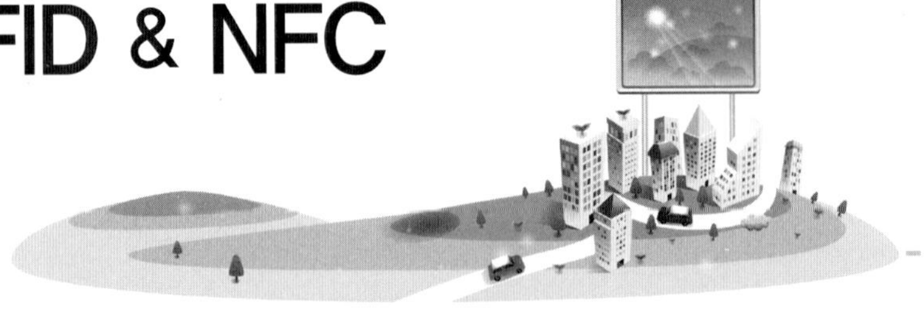

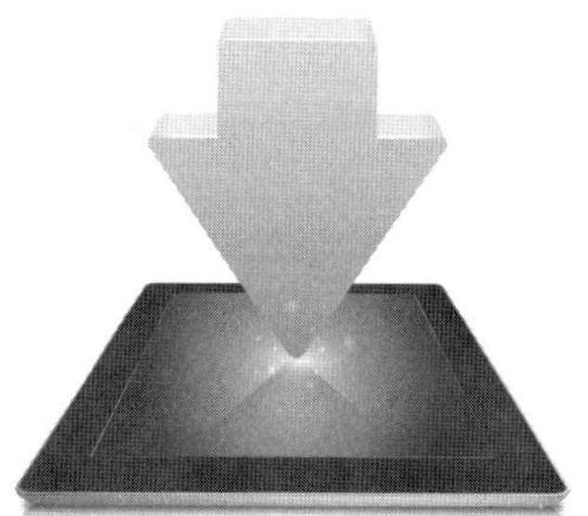

1. RFID 개요
2. RFID 기술
3. RFID 서비스
4. RFID 표준 현황
5. NFC 개요
6. NFC 기술
7. NFC 서비스

CHAPTER

10_ RFID & NFC

1. RFID 개요

RFID(Radio Frequency Identification)이란 RF 통신이라 불리는 무선 라디오 주파수 통신을 이용해 비접촉식으로 개체를 인식하는 기술을 총칭하며, 일반적으로 개체의 정보가 저장된 Micro Chip을 Tag에 내장(Embedded)한 후 리더기(Reader)를 통해 서버에서 인식하는 시스템을 말한다.

RFID 기술은 제 2차 세계대전 당시 아군과 적군의 비행기를 구별하기 위한 수단으로 개발되었다. 대형의 RFID 태그를 아군 비행기에 부착한 후, 레이더를 이용해 아군과 적기를 구별하기 위한 신호를 비행기에 보내, RFID 태그의 응답을 이용해 아군과 적군의 비행기를 구별하였다.

이렇듯 개체를 인식하는 RFID 기술은 개발 및 발전이 시작되어 1980년대 태그의 크기가 작아지고 가격이 낮아지면서 물류관리, 유통관리, 가축관리 등 기타 산업 분야에 사용되기 시작하였다. 90년대에는 다양한 크기의 태그가 개발되었으며, 2000년대에 들어 무선인식 기술이 부각되면서 다양한 시스템, 솔루션이 개발되었고, 선사화폐, 물류관리, 보안시스템 등의 기술로 의료, 유통, 교통 서비스 등의 다양한 분야에 적용되었다.

다양한 RFID 활용 중 RFID 기술이 가장 활발하게 사용되는 분야는 물류 및 유통관리이다. 기존 바코드를 이용한 물류 및 유통관리 체계에서 발전해 단순 식별정보만 저장되는 바코드와 달리 RFID Chip의 하드웨어적 성능에 따라 다양한 정보를 저장할 수 있어 물류 및 유통관리에서 활발하게 사용 중에 있다.

표 10-1_ 인식 기술 비교

	바코드	자기 카드	IC 카드	RFID
인식 방법	비접촉식	접촉식	접촉식	비접촉식
인식 거리	0~50cm	리더기에 삽입	리더기에 삽입	0~27m
인식 속도	4 초	4 초	1 초	0.01 ~ 5초
인식률	95% 이하	99.9% 이상	99.9% 이상	99.9% 이상
투과력	불가능	불가능	불가능	가능(금속제외)
사용기간	-	1만번이내(4년)	1만번(5년)	10만번(60년)
데이터저장	1~100 byte	1~100 byte	16~64 kbyte	64 kbyte 이하
데이터 수정	불가능	가능	가능	가능
카드손상률	매우 잦음	잦음	잦음	거의 없음
비용	가장저렴	저렴	높음	보통
보안능력	없음	거의 없음	높음	높음
재활용	불가능	불가능	가능	가능

RFID 기술은 사용하는 동력으로 분류할 수 있다. 리더에서 보내온 시그널을 동력으로 RFID Chip이 동작하여 정보를 읽고 통신하는 RFID를 수동형(Passive) RFID라 하며, 능동형(Active) RFID는 자체 동력을 이용해 리더에서 Chip의 정보를 읽고 통신하는 태그를 말한다.

표 10-2_ 주파수 대역별 RFID 특징

주파수 대역	적용 분야	인식 거리
125KHz, 134KHz	- 출입 통제 - 동물 식별 - 재고 관리	20 - 80cm
13.56MHz	- 출입 통제 - 스마트 카드	0.6 - 1.5m
433MHz	- 컨테이너 식별 및 추적	10 - 100m
860 - 960MHz	- 유통 및 물류 관리	10 - 100m
2.45GHz	- 자동차 운행흐름 모니터링 - 하이패스	최대 27m

RFID 기술은 주파수 대역에 따라 분류되기도 한다. 낮은 주파수 대역을 이용하는 RFID 기술을 LFID(Low-Frequency Identification)이라 하는데, 120~140 Khz의 전파를 쓴다. HFID(High-Frequency Identification)는 13.56 Mhz를 사용하며, 그보다 한층 높은 주파수를 이용하는 장비인 UHFID(Ultra-High-Frequency Identification)는 868 ~ 956 Mhz 대역의 전파를 이용한다. 이 밖에 마이크로파라 불리는 2.45 GHz 대역의 RFID 기술도 존재하며, 고속도로에서 하이패스와 같은 무선 지불 카드로 사용되고 있다.

2. RFID 기술

1) RFID 시스템

RFID 시스템은 ID와 정보를 부여 받은 개체인 태그(Tag)와 태그를 읽는 리더(Reader) 그리고 ID와 태그의 정보를 관리하는 백-앤드 서버(Back-and Server)로 구성된다.

기본적으로 동작하는 과정은 다음과 같다.

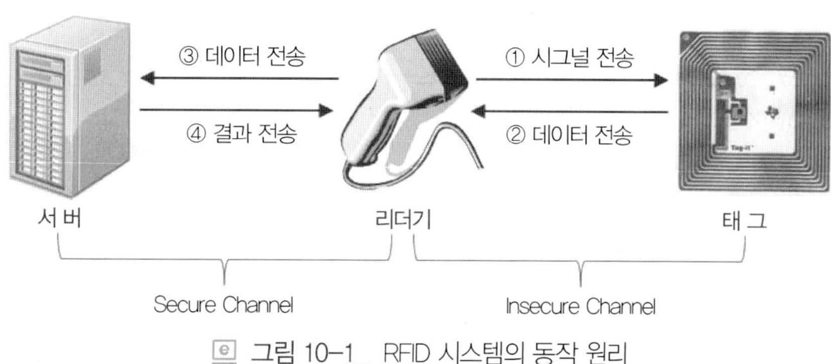

그림 10-1_ RFID 시스템의 동작 원리

① 리더는 태그를 감지한 후 시그널 전송
② 태그는 리더에게 태그 내 입력된 데이터 전송
③ 리더는 태그로부터 전송 받은 데이터를 서버에게 전송
④ 서버는 태그의 데이터 검증하고, 그 결과를 리더에게 전송

2) RFID 태그

RFID는 바코드보다 많은 정보를 담을 수 있고, 더 먼 거리에서 인식이 가능하다. 또한 RFID 태그 하나씩 인식하는 것이 아닌 동시 다발적으로 인식 가능하고, 매우 다양한 형태로 존재하기 때문에 많은 곳에서 활용 가능하다.

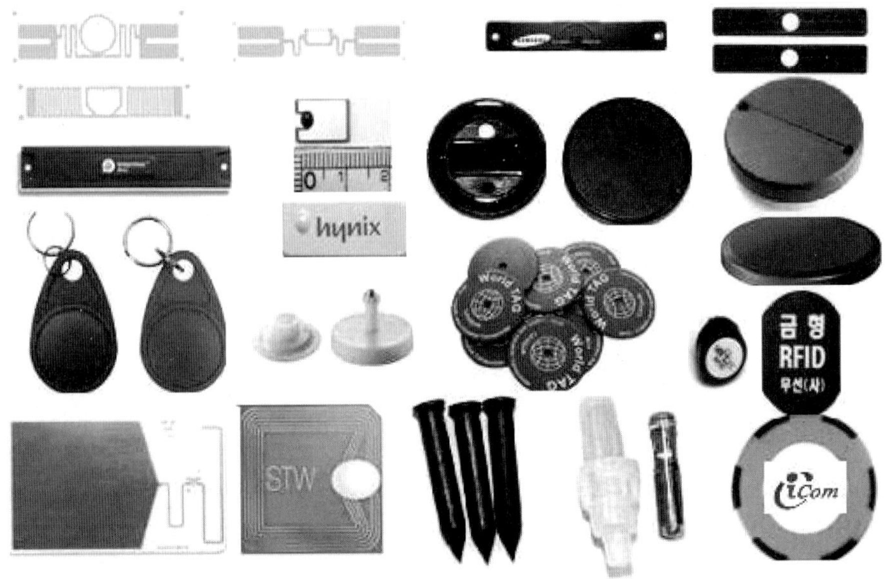

그림 10-2_ RFID 태그 종류

출처 : http://www.barcodemart.com

RFID 태그는 안테나와 무선 신호 수신기와 응답 신호를 리더로 보내기 위한 변조기, 제어 회로, 메모리, 전원으로 구성된 실리콘 Chip을 포함한다. 전원 시스템은 수신된 RF 신호로 전력을 공급받아 사용할 수 있는 수동형 태그용 시스템과 베터리 등 자체 전원 시스템을 이용하는 능동형 태그용 시스템으로 나뉜다. 능동형 태그는 넓은 통신 범위와 높은 신뢰성을 가진다. 수동형 태그와 달리 자체 전원을 사용하기 때문에 먼 거리에서 통신이 가능하며, RF 통신의 세기가 강해 통신이 변조되는 경우가 발생하지 않는다. 또한, 내부의 전자 회로를 구동시키기 위해 외부 무선 신호 즉, 리더의 신호를 필요로 하지 않아 신뢰성이 높다.

수동형 태그는 자체 전원을 가지지 않기 때문에 능동형 태그에 비해 더욱 작고 가격이 낮으며, 생명주기가 길다는 장점이 있다. 하지만, 능동형 태그에 비해 적은 통신 범위와 통신 변조의 가능성을 가지고 있다.

물류 및 유통관리에서 사용되는 RFID 태그는 EPC Global이라는 단체에서 제정된 규약에 따라 EPC 2라는 태그를 사용하며, 태그가 부착된 개체를 식별하기 위해 유일식별번호인 EPC(Electronic Product Code)를 제공한다. EPC 태그의 형식은 [그림 10-2]와 같다. Header는 태그의 메모리 용량을 나타내며, General manager는 태그가 부착된 개체가 만들어진 회사를 나타낸다. Object class에는 개체를 나타내는 일반적인 호칭이 쓰이며, Serial number에는 개체를 구분할 수 있는 유일식별번호인 ID가 저장된다.

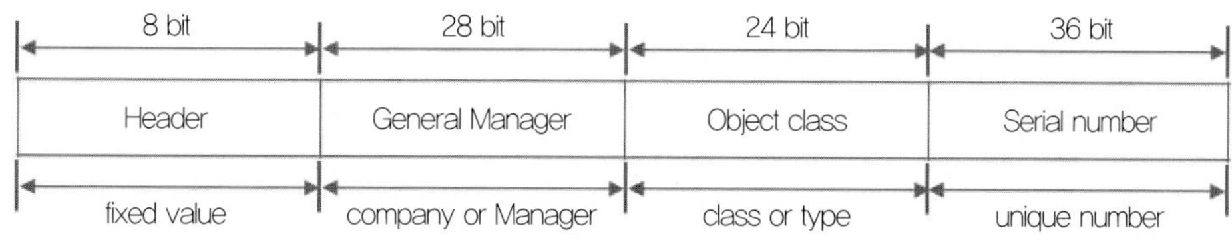

그림 10-3_ Electronic Product Code

3) RFID 리더

RFID 리더는 태그의 정보를 읽어내기 위해 태그와 통신을 하는 기기이며, 태그에서 전송된 정보를 미들웨어, 또는 백-앤드 서버로 전송하는 기능을 한다. 이 때 단순히 리더가 연결된 PC가 백-앤드 서버의 역할을 하는 경우 또한 존재한다.

RFID 리더는 고정형, 이동형, PC 카드형 등 다양한 형태로 개발되고 있으며, 안테나, RF회로, 변복조기 등의 물리적 요소와 프로토콜 프로세서, 충돌 저항 알고리즘 등의 논리적 요소로 구성된다.

RFID 리더는 안테나 성능 및 주변 환경에 의해 인식거리, 통신 및 인식 정확도가 영향을 받아 적용범위가 제한되는 특성을 가지고 있으며, 이러한 한계를 극복하기 위한 방법으로 이중 안테나를 사용하는 경우가 존재한다.

4) RFID 백-앤드 서버

RFID 백-앤드 서버는 리더에서 전송된 태그의 식별정보 등을 수집, 제어, 관리하는 역할을 담당한다. RFID 백-앤드 서버는 모든 구성요소와 연결되어 조직적으로 분산된 구조의 미들웨어 네트워크로 구성되기도 하며, 다양한 형태의 리더 인터페이스와 다양한 코드 및 응용 플랫폼에 호환성 및 상호 운용성을 가지고 있다.

3. RFID 서비스

초기 RFID 서비스는 소매유통, 물류, 우편 분야의 시장에서 가장 활발하게 서비스 되었으나, 현재에는 보안, 도로, 교통 분야에서 가장 활발하게 사용되고 있다.

전 세계에서 사용되는 RFID 태그 중 73% 가 교통용으로 사용되는 13.56 Mhz 대역의 RFID 교통카드이며, 나머지 27%의 태그는 물류 및 유통관리와 보안에서 사용되고 있다.

RFID 교통카드는 태그의 식별정보와 금액정보가 저장돼, 교통수단 사용 시 리더에서 태그에 저장된 금액정보를 수정하여 서비스로 제공되고 있으며, 보안 분야에서는 태그에 저장된 ID를 식별하여 정보 접근 및 출입을 통제하는데 사용되고 있다.

물류 및 유통관리는 단순 제품 관리와 의약품 관리로 나뉘며, 제품의 이력 및 이동 경로 등을 제어하고 관리하는데 사용되고 있다.

그림 10-4_ 물류에 사용되는 RFID

4. RFID 표준 현황

1) 국외 표준 현황

RFID에 대한 표준화 기구는 크게 두 가지로 분류되어 진행되고 있다. 대부분 IT 사업자들이 자사의 제품을 표준 프로토콜로 연결하려는 기업표준인 드팩토 스탠다드(De facto standard)와 국제표준인 드쥐레 스탠다드(Dejure standard)이 있다. 드팩토 스탠다드에는 EPC 글로벌과 uID 센터가 활동을 하고 있고, 드쥐레 스탠다드에서는 국제표준화기구인 ISO(International Organization for Standardization)가 표준화를 진행하고 있다. 각 표준화 기구는 타사의 여러 종류의 제품과 연결되는 백그라운드 컨버전스(Convergence) 기술과 제품의 요구에 부합되도록 표준화를 진행하고 있다.

국제 표준화는 ISO/IEC와 ITU-T에서 주도하고 있다.

국제표준화기구인 ISO/IEC는 ISO/IEC JTC1의 SC6에서는 RFID 미들웨어 표준화를 수행하고 있으며, SC31은 바코드 및 RFID를 포함하여 자동인식 및 데이터 수집에 대한 기술 표준화를 수행하고 있다. 또한 ISO/IEC에서 능동형 RFID는 ISO 18000-7을 통해 433MHz 대역을 사용하는 것으로 규정하였으며, 컨테이너에 부착되는 전자실(eSeal)의 주파수도 433 MHz로 결정하였다. 이후 2006년 6월 전자실의 국제표준을 다루는 ISO TC104에서 433MHz와 2.45GHz 대역을 동시에 전자실에 사용하도록 표준을 수정하였다.

EPC 글로벌과 유비쿼터스 ID센터는 산업계에서 자발적으로 만든 RFID 규격 단체로서, 사실상 산업계 표준을 주도 하고 있다. 오토 ID 센터는 1999년 미국의 북미지역코드관리기관(UCC, Uniform Code Council)와 유럽의 EAN(European Article Number), 미 국방성(DoD), Gillette, P&G 등 전 세계 100여개 기업, 비영리단체 등이 모여 차세대 RFID 스마트 태그를 비즈니스에 적용하고자 창설한 단체다. 2003년 9월 EAN.UCC의 통합 단체로 흡수되어 EAN총회에서 GS1(Global StandardNum 1)으로 명칭을 바꾸고 유통과 물류, 전자상거래 관련 모든 표준화를 관장하도록 하였으며, 최근에는 국제상품분류체계(UNSPSC) 관리기관으로 선정되어 사실상 식별과 분류코드 국제표준을 장악하고 있다. GS1은 ISO 18000-6의 무선접속규격과 연계한 MIT 오토 ID센터의 EPC(Electronic Product Code)를 물류시스템 표준화를 추진하기 위해 "오토 ID Inc"를 설립하였고, 그 후 RFID 응용기술 상용화에 필요한 표준을 개발하고 표준화 시키는데 주력하고 있다.

일본의 유비쿼터스 ID 센터는 물류와 유통에 집중되는 RFID를 넘어 사물이나 소프트웨어, 서비스에도 ID를 부여하기 위한 연구에 주력하고 있다. 특히 마쓰시다, 히다찌 등 민간업체를 통해 RFID를 이용한 각종 애플리케이션 사업이 활발히 진행되고 있으며, 마루에쓰, 마루베니, NTT데이터 등을 통해 식품과 일용품 분야에 RFID를 적용하였다. 그 외에도 다양한 산업분야에서 RFID 프로젝트가 진행하고 있다.

2) 국내 표준 현황

국내에서도 정보통신부 산하의 TTA(Telecommunications Technology Association)와 RFID/USN 협회, RFID 산업화 협의회를 중심으로 RFID 관련 표준화 그룹이 구성되어 오토ID나 유비쿼터스 ID 센터(uID) 등 국외 표준화 기구와 네트워크를 이용해 각 분과별로 국제표준의 대응 및 자체 국내표준의 정립하고 있다. 2005년 2월 창립된 모바일 RFID 포럼에서도 2006년까지 약 30건 이상의 포럼 규격이 제정되었다.

5. NFC 개요

NFC(Near Field Communication)는 비접촉식 근거리 무선 통신 기술로 RF(Radio Frequency) 주파수를 이용하여 10cm 이내에서 NFC 단말기 간 또는 NFC 단말기와 NFC 태그 간에 정보를 전송하는 기술이다. NFC는 13.56Mhz 주파수 대역에서 동작하며, 106kbps, 212kpbs, 그리고 424kbps의 서로 다른 데이터 전송 속도를 지원한다. NFC는 RF 통신을 이용한다는 점에서 RFID(Radio Frequency Identification)의 한 범주로 볼 수 있지만, 가장 큰 차이점으로 NFC 기술은 P2P(Peer to Peer) 모드의 통신이 가능하다는 것이다. NFC는 카드 에뮬레이션(Card Emulation)모드, R/W(Read/Write) 모드, P2P(Peer to Peer) 모드로 동작한다.

표 10-3_ NFC 동작 3가지 특징

동작모드	특 징	적용가능 서비스
P2P	- NFC 단말기가 Peer to Peer 로 모드로 손쉽게 기기 간 데이터를 교환할 수 있음	전자명함 교환 P2P 대금 지불 단말간 자료교환
Read/Write	- 읽고 쓰기가 가능한 리더형태로 NFC 단말기가 동작하여 NFC 태그 등을 읽을 수 있음 - QR코드는 코드를 인식할 별도의 애플리케이션이 필요한 반면, NFC의 R/W 모드는 애플리케이션 없이 NFC 태그 정보를 읽을 수 있음	스마트포스터 관광안내 Simple NFC
Card Emulation	- NFC 단말기가 NFC 태그 처럼 작동하여, 단말기 내에 저장하고 있는 정보를 외부의 리더기로 전달하는 방식이다.	교통카드, 모바일 신용카드

NFC는 2004년 NFC Forum이 설립되면서 기술이 널리 사용되었으며, 현재 NFC 기능을 지원하는 스마트폰이 널리 보급됨에 따라 더욱 주목을 받고 있다. 사용자는 NFC 기능을 지원하는 스마트폰 즉, NFC 단말기를 이용하여 다른 NFC 단말기 또는 NFC 태그에 비접촉(태깅)하는 것만으로 NFC 기능을 이용하여 NFC 서비스를 제공받을 수 있다.

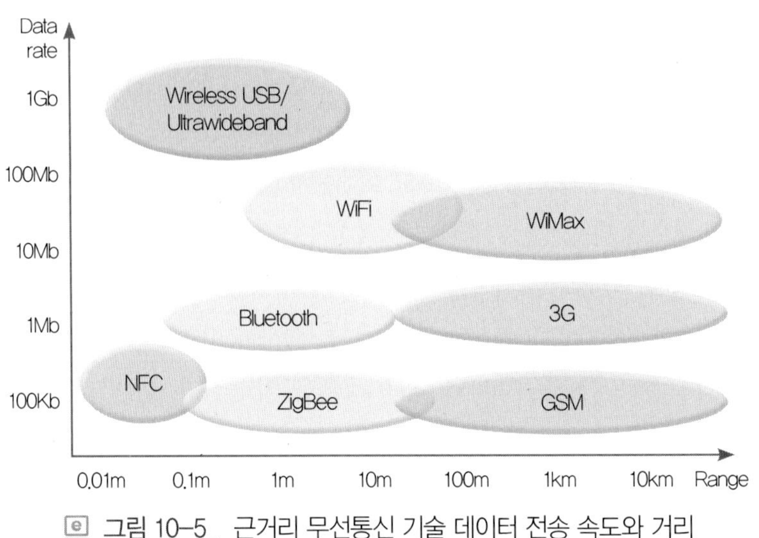

그림 10-5_ 근거리 무선통신 기술 데이터 전송 속도와 거리

표 10-4_ 근거리 무선통신 기술 비교

통신규격	이용 주파수	특 징	유효전송거리
NFC	13.56Mhz	- 정보의 읽기/쓰기가 가능한 양방향 통신 가능 - 접촉 결제에 많이 사용	10cm 이내
Bluetooth	2.4Ghz	- 휴대폰, 노트북등 기기와 커뮤니케이션 기기 간 케이블 연결을 대체하기 위해 개발 - 파일전송에 많이 사용	10m 이내
ZigBee	2.4Ghz	- 가정, 사무실 등의 무선 네트워킹 분야에 사용. 전력 소모를 최소화 하는 것이 특징 - 기기제어에 많이 사용	10~20m
Wi-Fi	2.4Ghz	- 무선 LAN 표준	최대 500m
RFID	134Khz, 13.56Mhz, 433Mhz, 860~960Mhz, 2.45Mhz	- RFID 태그를 기기에 내장/부착하여, RFID Reader/Writer를 통해 정보를 읽고 쓸 수 있음	수 십cm

다른 무선 통신 기술들과 NFC 기술을 비교한 것은 다음과 같다. [그림 10-5]은 데이터 전송 속도와 전송 거리를 비교한 그림이며, [표 10-4]는 차이점을 나타내는 표이다.

6. NFC 기술

1) NFC 표준안

NFC 표준은 ISO/IEC에서 'IOS/IEC 14443' 표준을 확장하여 휴대폰에서 사용할 목적으로 만들어졌다. 2003년 13.56MHz 대역에서 자기장 커플링 방식의 기기 간 통신 인터페이스 및 프로토콜을 정의한 국제표준 'ISO/IEC 18092' 제정을 시작으로 그 외 NFC와 관련된 국제표준을 제정하였다. 2004년 NFC Forum의 설립되면서, NFC라는 용어가 공식적으로 사용되기 시작하였으며, 2005년 응용서비스 분야의 확산 및 보급 확대를 위해 ISO/IEC 21481 표준을 통해 비접촉식 근접형 카드(Contactless Proximity Cards) 표준인 ISO/IEC 14443과 비접촉식 주변형 카드(Contactless Vicinity Cards) 표준인 ISO/IEC 15693을 NFC에 포함하게 되었다. 다음은 NFC 관련 ISO/IEC 국제표준들의 관계를 보여준다.

ISO/IEC 14443 표준은 13.56MHz 대역의 비접촉식 근거리(Contactless Proximity) 무선통신 기술의 하나로 10cm 이내 근접한 거리에서 카드의 인식이 가능하다. 스마트카드(Smart Card)에 적용되는 대표적인 비접촉형 근접형 무선통신기술이다. NXP사의 마이페어(mifare®)가 대표적인 ISO/IEC 14443 호환 기술로써, 국내 교통카드 등에서도 사용되며 전 세계시장의 72.5%를 점유하고 있다.

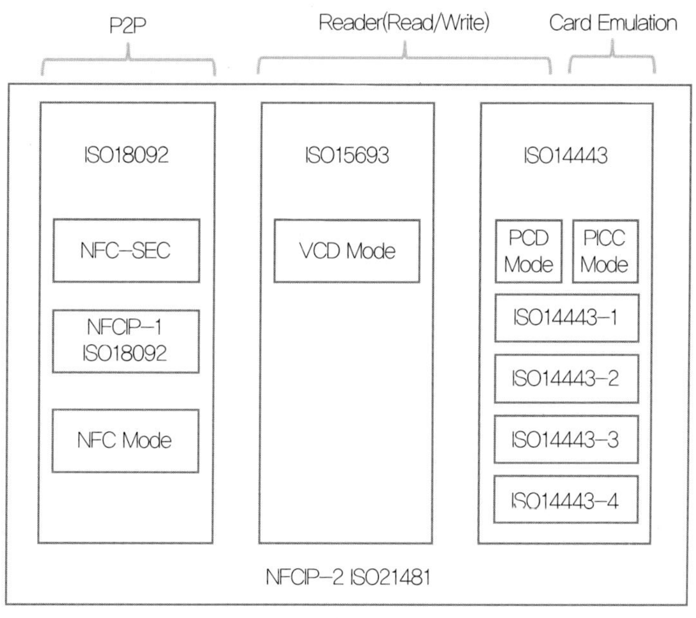

그림 10-6_ NFC ISO/IEC 표준

ISO/IEC 15693 표준은 13.56MHz 대역의 비접촉식 주변형(Contactless Vicinity) 무선통신 기술의 하나로 인식 범위가 1m 까지 가능하다. 인식범위가 넓기 때문에 출입증 및 항공화물 인식 등의 스마트 레이블에 주로 활용되고 있다.

ISO/IEC 18092는 13.56MHz 대역에서 자기장 커플링 방식으로 기기 간 통신 인터페이스 및 프로토콜을 정의하고 있으며, 이는 리더기와 태그가 있는 카드 등으로 구성된 다른 비접촉식 스마트카드 기술과 차별화된 점이다.

ISO/IEC 외에도, NFC를 활성화기 위한 NFC Forum(www.nfc-forum.org)이 존재한다. NFC Forum은 NFC 기술을 발전시키기 위해 2004년 필립스, 소니, 노키아 등 3개의 회사를 중심으로 설립되었으며, 현재 170여개의 회사가 참여하고 있다. 국내에는 TTA, NIPA, 삼성, LG가 회원사로 활동하고 있다. NFC Forum은 자신의 규격을 따르는 제품 개발을 촉진시키는 것을 목표로 한다. NFC Forum은 ISO/IEC 14443 A/B, ISO/IEC 18092, ISO/IEC 15693, ISO/IEC 21481 표준을 기반으로 Card Emulation 모드(Optional, 옵션), Peer-to-Peer 모드(Mandatory, 필수), Reader/Writer 모드(Mandatory, 필수)를 지원하기 위한 기술명세서를 제공한다.

NDEF(NFC Data Exchange Format) 표준은 NFC 단말기와 태그에 저장된 공통 데이터 포맷을 기술하며, RTD(Record Type Definition) 표준은 NDEF 데이터 포맷을 기반으로, 텍스트, URI, 스마트 포스터, 일반 제어 등 여러 응용분야별 레코드 타입 구성을 위한 포맷과 규칙을 정의한다. 아울러, 새로운 응용서비스에 대한 레코드 포맷을 효율적으로 정의하는 방법을 제공하며, 사용자는 NFC 포럼 명세서에 따라 자신의 응용서비스를 생성할 수도 있다.

LLCP(Logical Link Control Protocol)은 양방향 통신을 포함하는 NFC 응용서비스의 주요한 요소이며, 두 NFC 단말기 간에 P2P 통신을 지원하는 OSI 데이터링크 계층 프로토콜을 정의한다.

2) NFC 서비스 기술

NFC를 이용한 서비스는 대부분 전자결제 서비스이며, 이러한 서비스를 안전하게 제공하고 위해 SE와 TSM이라는 요소가 필요하다.

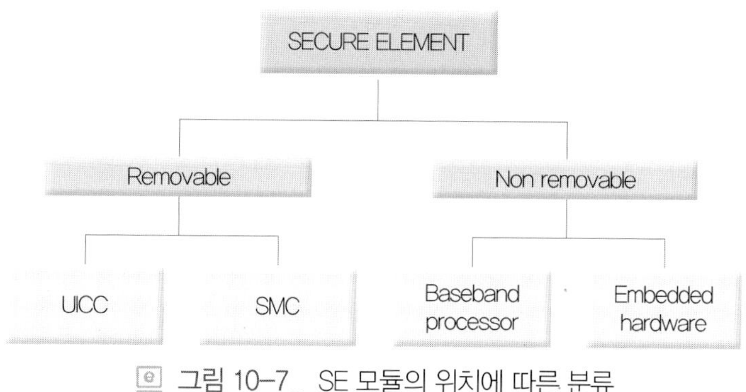

그림 10-7_ SE 모듈의 위치에 따른 분류

SE(Secure Element)는 안전한 보안 저장소(Secure Storage)를 의미로서, 하드웨어, 소프트웨어, 인터페이스, 프로토콜이 함께 저장된 하나의 복합요소로 NFC 기술의 핵심 요소 중 하나이다. 이 공간에는 NFC 서비스를 위한 모바일 신용카드, 쿠폰, 멤버쉽카드 등과 같은 서비스 이용수단이 저장될 수 있다.

SE는 단말기에서 이동 가능한지의 여부에 따라서 Removable과 Non-removable로 구분된다. Removable은 이동 가능한 것으로 SE가 있는 위치에 따라 UICC(Universal Integrated Circuit Card) 또는 SMC(Secure Memory Card)로 구분된다. Non-removable은 SE가 이동하지 못하는 것으로, SE의 위치에 따라 베이스벤드 프로세서(Baseband processor) 또는 임베디드 하드웨어(Embedded hardware)로 구분된다.

SE 모듈의 위치에 따른 특징은 [표 10-5]와 같다.

TSM(Trust Service Manager)은 모바일 금융 서비스의 안전한 서비스 제공을 위해 생겨난 기술로서, 신뢰하는 서비스 관리자라는 의미이다. 즉, NFC 서비스를 위한 사업자들 간의 신뢰된 서비스 제공을 위해 SE, 모바일 앱, 유저 등의 라이프 사이클을 관리하며, 보안관리 서비스를 매개로 시장 중개자 및 기술 중개자로서 이용된다.

이러한 TSM의 개념은 GSMA(Global System for Mobiles Association)에서 처음 소개되었으며, 이후 EPC(European Payments Council)과 함께 UICC를 기반으로 한 MCP(Mobile Contactless Payments) 에코시스템에서 TSM의 역할에 관하여 정의하였다.

TSM은 SE 관리를 위해 SE 영역에 대한 접근 권한을 가지고 있으며, NFC 서비스에서 발생되는 데이터가 모두 집결 될 수 있는 중심에 있다. 즉, TSM은 SE관리, 서비스 이용수단의 신청 및 발급, 정지, 서비스 제공자의 계정 관리 등 NFC 서비스에서 이루어지는 전 과정을 컨트롤 할 수 있다. TSM의 역할에 대해서는 다음 두 그림의 비교를 통하여 간단히 알 수 있다. 왼쪽이 TSM 도입 전의 정보 전송 구조도라면 오른쪽은 TSM 도입 후 구조라 할 수 있다.

표 10-5_ SE 모듈 위치에 따른 특성

	UICC	SMC	Baseband Processor	Embedded Hardware
표준화동향	SWP	미비	없음	미비
재사용성	가능	가능	불가능	불가능
SE 제공자	이동통신사	금융서비스 사업자도 제공가능	NFC 단말기 제조사	NFC 단말기 제조사
OTA Channel	OTA Proxy/BIP/SMS-PP	OTA Proxy만 가능	OTA Proxy만 가능	OTA Proxy만 가능
장점	기존 이동통신사가 제공하는 기능을 사용할 수 있음	금융 서비스 제공자들이 쉽게 자신들의 SE를 발급할 수 있음	SE 기능제공을 위해 별도의 요소를 추가할 필요가 없음	플랫폼 제공자가 사업의 중심이 될 수 있음
단점	이동통신사에 종속적인 서비스 모델	쉬운 탈부착이 가능하기 때문에 NFC 단말기와의 관계를 관리하기 어려움	NFC 컨트롤러와 베이스밴드 프로세스간 표준화가 없음	NFC 단말기와 일체형으로서, 핸드폰 교체시 계속적 사용이 어려움

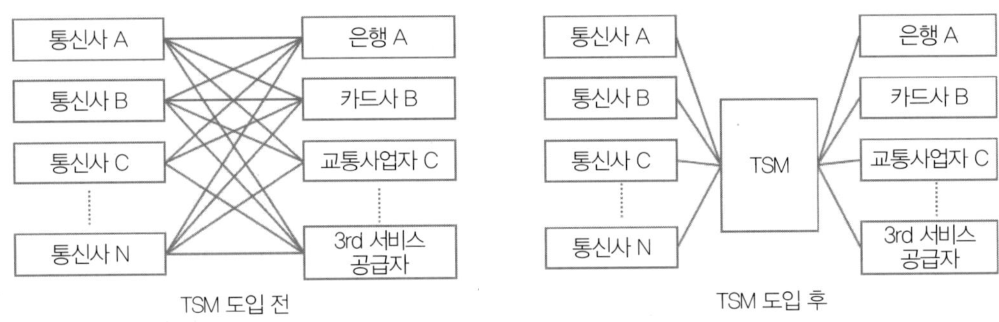

그림 10-8_ TSM 도입 전/후 정보 전송 구조

예를 들면, 통신사가 NFC 서비스를 제공하고자 할 때, TSM이 없다면 각 통신사들은 각 NFC 사업자들과 각각 계약을 체결하고 서비스를 제공해야 하지만, TSM이 있다면 TSM하고만 계약을 맺는다면, TSM과 계약된 모든 NFC 사업자들과 협력하여 서비스를 제공할 수 있기 때문에 통신사나 NFC 사업자들은 각각 계약을 맺어야 하는 불편함을 줄일 수 있다는 것이다. 또한 TSM에서 SE 관리 및 서비스에 관한 라이프 사이클을 관리하기 때문에 그 만큼 비용을 줄일 수 있다는 이점이 있다.

7. NFC 서비스

NFC가 빠르게 대중화 되는 가장 큰 이유는 과거 3%에 불과하던 NFC 탑재 단말이 2011년을 기점으로 급속히 확대되고 있다는 점이다. 노키아, 애플, 삼성전자, LG전자 등 스마트폰 제조업자들이 2011년 이후 출시하는 대부분의 스마트폰에 NFC를 탑재할 계획이라고 발표하였고, 전문가들은 2015년에 NFC가 탑재된 단말이 전체 휴대폰 시장에 47%인 8억대 이상 판매될 것이라는 전망하고 있다.

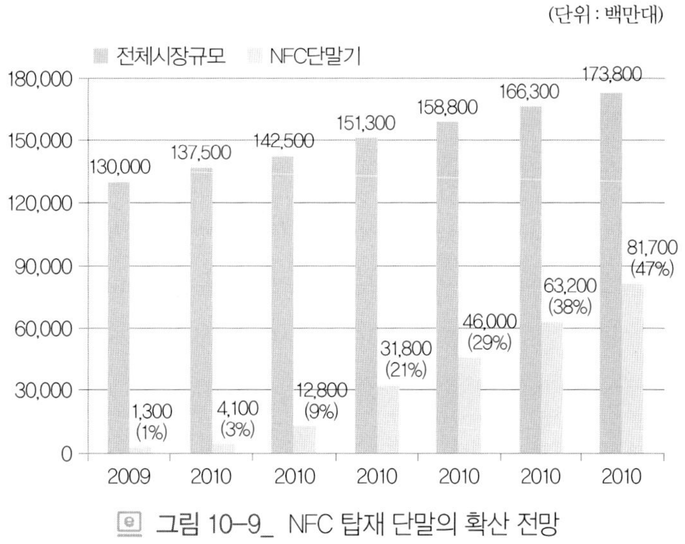

그림 10-9_ NFC 탑재 단말의 확산 전망

출처 : Visiongain, ATLAS 재인용

현재 NFC 서비스는 스마트폰에 NFC 기술을 접목한 기술을 기반으로 하는 전자지갑 형태의 서비스가 가장 활발하게 제공되고 있다. 국내의 경우 이동통신사 3사에서 각각 제공하는 전자지갑 서비스가 제공되고 있으며, 국외의 경우 Google의 Google Wallet 서비스가 대표적이다.

전자지갑 서비스는 NFC Chip에 신용카드, 쿠폰, 마일리지카드, 멤버십 카드 등의 정보를 저장해 스마트폰에 Chip을 접목한 후 스마트폰을 비접촉식으로 태깅하여 신용카드 등의 정보를 RF 통신을 이용해 전송해 결제를 하는 서비스를 말한다.

그림 10-10_ 이동통신사의 NFC를 이용한 스마트 결제 서비스

NFC를 이용한 많은 서비스를 제공하기 국내외의 정보와 NFC 사업자들간의 협력을 통해 많은 프로젝트를 진행 중이다. 'Cityzi' 프로젝트는 프랑스의 니스에서 5개의 통신 사업자가 모바일 결제 사업자와 국가, 제조업자 등이 협의하여 NFC 기반의 모바일 결제 서비스를 추진한 사업으로 3,000명을 대상으로 만족도 조사에서 상당히 높은 점수를 받았다. 국내에서는 Grand NFC Korea Alliance가 '명동 NFC Zone'이란 프로젝트로 명동의 약 200여개의 매장을 대상으로 NFC 서비스가 가능하도록 2011년 11월부터 2012년 2월까지 약 두 달간 진행하였으며, 지식경제부가 '스마트 RFID존 구축'이란 프로젝트로 국내 메가박스 씨너스에 NFC 서비스 존을 구축하여 서비스를 추진 중이다.

그 외에 국가나 이동통신사를 통하지 않고 민간사업자가 NFC를 이용한 서비스들도 제공하고 있는 것도 많다. 대표적으로 NFC를 이용한 출입인증 서비스와 박물관이나 미술관 같은 곳에서 NFC 단말기가 NFC 태그를 읽어 설명을 들을 수 있도록 하는 서비스가 존재한다.

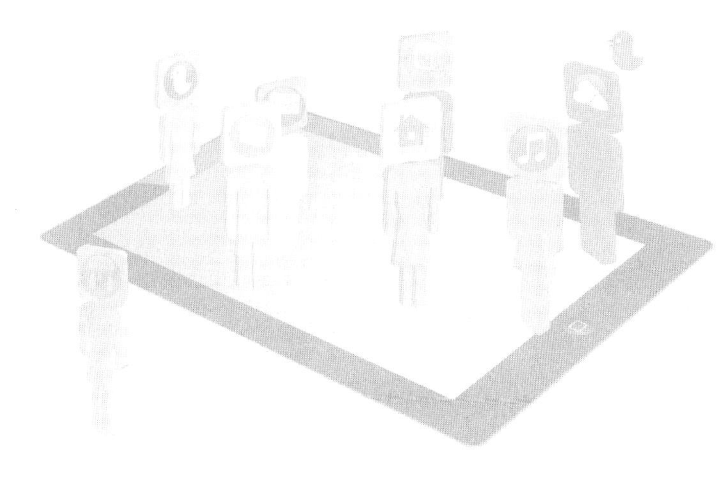

CHAPTER

11 컴퓨터 보안

1. 정보 보안 개념
2. 보안의 위협 요소
3. 암호학
4. 응용프로그램 보안
5. 통신 및 네트워크 보안
6. 시스템 보안
7. 개인정보 보안

CHAPTER

11 _ 컴퓨터 보안

 1. 정보 보안 개념

1) 정보보안의 중요성

우리는 정보 시대에 살고 있다. 오늘날 정보는 정확한 업무 처리와 의사 결정, 나아가 경영 혁신의 수요 수단으로 인식되는 등 많은 곳에 활용하고 있으며, 이러한 정보가 유출되면 기업의 생산성이나 명성, 금전적 손실이 발생하게 된다. 이렇듯 정보는 중요한 다른 자산과 동일한 가치를 갖는 자산으로 구분되며, 정보를 보호해야 할 필요가 있다.

특히 컴퓨터의 출현과 함께 정보는 전자적으로 저장되기 시작하였고, 컴퓨터가 네트워크로 연결됨으로써 멀리 떨어진 곳으로부터 정보를 보내거나 받을 수 있게 되었다. 이러한 변화로 정보가 컴퓨터에 저장될 때 뿐 아니라 정보가 전송될 때에도 정보를 보호해야 할 필요가 생겼다.

2) 정보 보안의 정의

정보보안(Information Security)은 오늘날의 정보를 사용(수집, 저장, 가공, 송·수신)하는 모든 환경에서 여러 부작용(훼손, 변조, 유출, 파괴 등)을 방지하기 위한 모든 정보 보호 활동을 포괄하는 광범위한 개념이다.

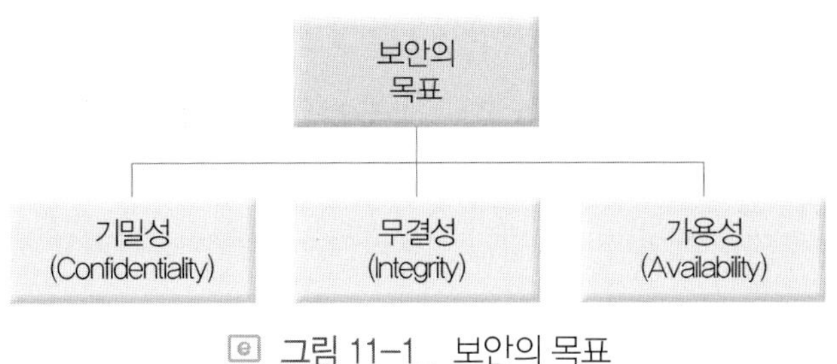

그림 11-1_ 보안의 목표

3) 보안의 목표

정보를 안전하게 보호하기 위해서 비인가된 접근을 막고, 비인가된 변경으로부터 보호해야 하며, 필요할 때 권한이 있는 사용자가 확인할 수 있어야 한다. 이러한 것을 보안의 목표 또는 보안의 3원칙(CIA Triad)이라 한다.

기밀성

기밀성(Confidentiality)이란, 정보의 내용을 알 수 없도록 숨겨 비밀로 유지시키는 것을 말한다. 비밀로 된 정보는 허락받은 사람만이 확인할 수 있으며, 허락받지 않은 사람이 정보를 읽거나 접근하는 것을 방지할 수 있다. 기밀성은 컴퓨터에 정보가 저장될 때 뿐 아니라, 컴퓨터 간에 정보를 전송할 때에도 기밀성을 보장해야 한다.

예를 들어, 인터넷 뱅킹에서 계좌 이체를 할 때, 이체를 위한 계좌번호와 금액 등의 정보는 계좌이체를 실행하는 사용자 이 외에는 알아서 안 된다.

무결성

무결성(Integrity)은 정보의 내용이 변경되지 않고, 원본 상태와 동일하다는 것을 말한다. 정보의 변경은 허락되지 않은 사람이 고의적으로 변경할 수 있으며, 시스템 중단 같이 예기치 않은 문제로 인해 변경 될 수도 있다.

예를 들어, A라는 사용자가 인터넷 뱅킹을 이용하여 B에게 10만원을 이체하였는데, 전송 중에 정보가 변경되어 1000만원이 보내졌다면 A는 큰 손해를 입게 된다. 이는 정보의 무결성이 침해된 것이다.

가용성

가용성(Availability)은 정보는 인가된 사용자가 언제 어디서든 필요로 하는 시점에 접근 가능해야 한다는 것을 말한다.

예를 들어, 자신의 인터넷 뱅킹을 이용하여 이체업무를 하려고 하는데, 계좌나 인터넷 뱅킹 홈페이지에 접근할 수 없다면 가용성이 침해 된 것이다.

4) 보안 서비스

ITU-T(X.800)에서 보안 목표와 공격에 대해서 5가지 보안서비스를 정의하였다.

데이터 기밀성

데이터의 기밀성(Data Confidentiality)은 노출 공격으로 데이터를 보호하여 데이터의 일부분이나 전체의 내용을 알 수 없도록 한다. 기밀성을 보장하기 위한 메커니즘에는 암호화하는 방법이 있다.

데이터 무결성

데이터 무결성(Data Integrity)을 데이터의 변경, 삽입, 삭제 등으로부터 데이터의 일부분이나 전체의 내용을 보호한다. 무결성을 보장하기 위한 메커니즘에는 접근 통제 및 제어 등이 있다.

인 증

인증(Authentication)은 정보를 사용하는 사용자나 데이터, 객체가 정당한지를 확인하여 정당하지 것으로부터 데이터를 보호하는 서비스이다. 인증 종류에는 데이터 출처 인증, 메시지 인증, 송·수신자에 대한 인증, 실체 인증 등이 있다.

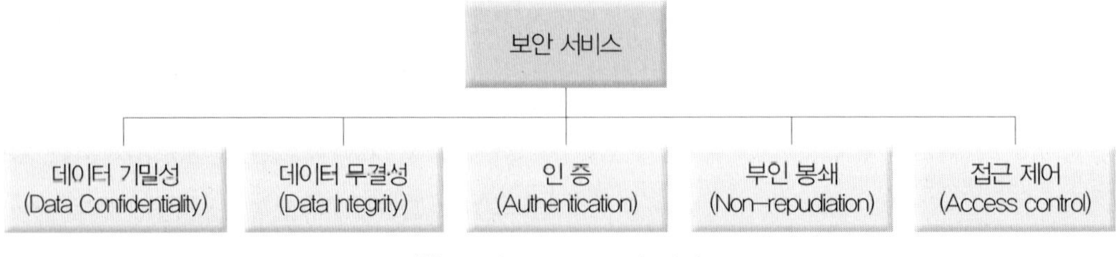

그림 11-2_ 보안 서비스

부인봉쇄

부인봉쇄(Non-repudiation)는 계약서를 작성한 사람이 본인이 작성한 것이 아니라고 주장할 수 없도록 보장하는 개념이다. 정보 보안에서는 데이터의 수신이나 발신 사실에 대해 부인하지 못하게 하는 송·수신 부인봉쇄가 있다. 부인봉쇄를 보장하기 위한 메커니즘에는 전자서명이 있다.

접근제어

접근제어(Access Control)는 사용자가 시스템이나 데이터 등에 접근할 때, 인가받은 사용자만 접근을 허락하도록 하여 비인가된 접근으로부터 데이터를 보호한다. 접근제어의 범위는 접근할 때 뿐 아니라, 읽기, 쓰기, 변경, 실행 등을 포함한다.

2. 보안의 위협 요소

보안 위협은 정보 보안 사고를 발생시키는 원인으로 다양한 보안 위협이 존재한다.

보안 위협은 보안 목표의 위협으로 구분하거나, 시스템에 미치는 영향, 위협이 발생하는 대상 등 구분하는 방법이 다양하다. 이 책에서는 보안의 세 가지 목표인 기밀성, 무결성, 가용성을 침해하는 공격 위협으로 구뷴하여 보안위협을 알아본다.

1) 기밀성을 위협하는 공격

기밀성을 위협하는 공격은 정보의 내용이 유출되는 것으로, 스니핑과 트래픽 분석이 있다.

스니핑

"sniff"라는 단어의 의미인 "냄새를 맡다," "코를 킁킁거리다."에서 알 수 있듯이, 스니핑(Sniffing)은 네트워크상에 흘러 다니는 패킷을 엿듣는 것이다. 즉 네트워크상의 데이터를 도청(eavesdropping)하는 행위이다.

스니핑 공격을 위해 스니퍼(sniffer)라는 도구를 이용한다. 스니퍼는 본래 네트워크를 효율적으로 관리하기 위해서 네트워크상의 패킷을 감시하여 관리자에게 보여주면서 각종 유용한 통계자료를 보여주거나, 네트워크에 장애가 발생하였을 때 원인을 신속하게 파악하여 해결하게 도움을 주는 프로그램이다. 그러나, 네트워크에 전송되는 패킷에 사용자의 다양한 정보를 담고 있고, 이러한 패킷을 스니퍼를 통해 알아낼 수 있기 때문에 해킹 도구로 이용되고 있다.

스니핑 공격은 스니퍼를 이용하여 사용자의 ID와 Password 뿐 아니라, 네트워크를 통해 전송되는 기업의 중요 정보를 알아 낼 수 있다.

스니핑을 통해 데이터가 유출되는 것을 방지하기 위해서는 암호화 기법을 이용하여 데이터를 암호화하면 공격자가 데이터를 취득하더라도 무슨 내용인지 이해할 수 없도록 할 수 있다.

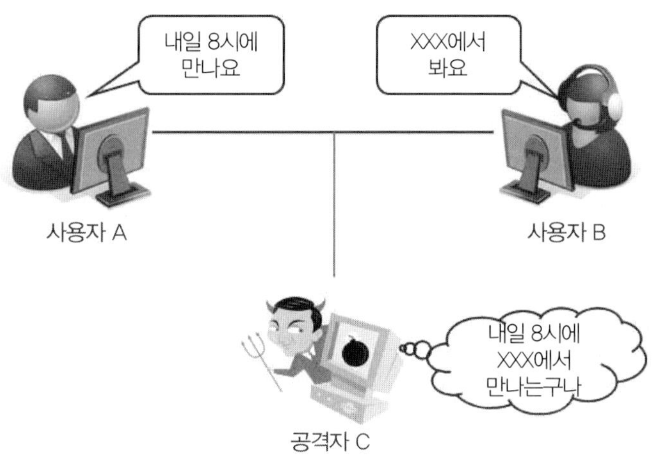

그림 11-3_ 스니핑 공격

트래픽 분석

트래픽 분석(Traffic Analysis)은 출현, 부재, 양, 방향, 빈도 등 네트워크상의 패킷을 분석하는 것으로, 패킷의 내용이 암호화 되어 있어 데이터를 알 수 없더라도 트래픽 분석을 통해 다른 정보를 얻을 수 있다. 예를 들어, 사용자 A가 매일 동일한 시간에 B 사이트에 접속한다고 한다면, 공격자는 트래픽 분석을 통해 A 사용자의 접속 성향을 알 수 있다.

2) 무결성을 위협하는 공격

무결성을 위협하는 공격은 정보의 내용이 원본과 다르다는 것으로, 변경, 가장, 재연, 부인 등과 같은 공격이 있다.

변 경

변경(Modification)은 원본 데이터를 공격자가 변경하는 것이다. 예를 들어, 사용자 A가 사용자 B에게 금액을 송금하기 위한 정보를 전송할 때 공격자는 그 메시지를 가로채어 받는 사람의 정보를 자신의 계좌정보로 변경하는 것이 변경 공격이다.

이렇게 데이터를 변경하는 공격에는 중간자 공격(MITM, Man In The Middle attack)이 있다. 중간자 공격은 통신하는 송·수신자 사이에 공격자인 중간자가 끼어들어 데이터의 내용을 변경한다.

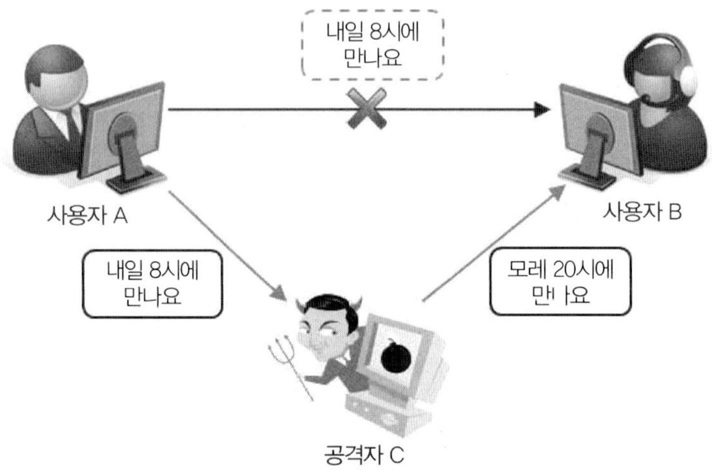

그림 11-4_ 데이터 변경 공격

위 장

위장 또는 가장(Masquerading)이라고도 하며, 위장공격을 위해 스푸핑 공격이 행해진다. 일상생활에서 위장 공격은 공격자가 신용카드를 훔쳐, 본래 신용카드의 주인인 것처럼 행동하며 신용카드를 사용하는 것을 예로 들 수 있다.

스푸핑(Spoofing)은 "속이다"라는 뜻으로 공격자가 호스트의 IP 주소나 이메일 주소를 바꾸어 이를 통해 해킹을 한다. 스푸핑 공격에는 IP 스푸핑, ARP 스푸핑, DNS 스푸핑 등이 있다.

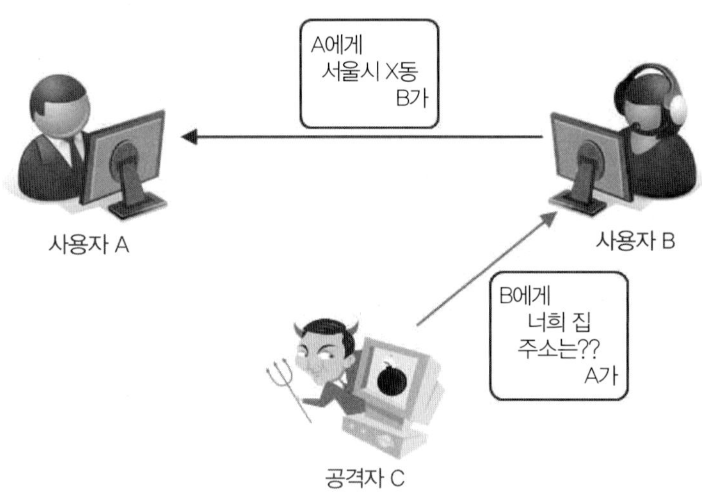

그림 11-5_ 위장 공격

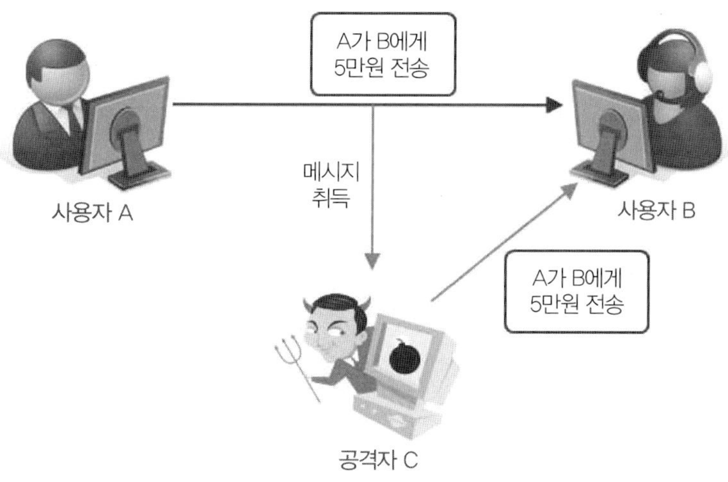

그림 11-6_ 재연 공격

재 연

재연(Replaying)은 사용자가 전송한 메시지를 획득한 후, 나중에 그 메시지를 다시 사용하는 공격으로 재전송 공격이라고도 한다. 예를 들어 사용자 A가 사이트에 접속하려고 ID와 패스워드를 전송할 때, 공격자가 그 메시지를 취득한다. 그 후 그 메시지를 사이트에게 재전송하는 것이다.

부 인

부인(Repudiation)은 송신자가 데이터를 전송한 것을 부인하거나, 수신자가 데이터를 받은 것을 부인하는 것이다. 예를 들어 사용자 A가 사용자 B에게 빌린 돈 10만원을 갚았으나, B는 돈을 받은 적이 없다고 주장하는 것과 같다.

3) 가용성을 위협하는 공격

가용성을 위협하는 공격은 송신자와 수신자가 서로 연결할 수 없는 것으로, 전송 방해 공격이 있다.

전송방해

전송방해 또는 두절(Interruption)이라고 하며, 송신자가 수신자에게 정보를 전송할 때 수신자와 연결 할 수 없도록 차단하는 것으로 서비스 거부 공격(Denial of Service) 방법이 있다. 서비스 거부 공격은 공격 대상이 업무를 처리할 수 없을 정도로 많은 거짓 정보를 보내 대상의 시스템을 느리게 하거나 완전히 다운시켜 서비스를 차단할 수 있다.

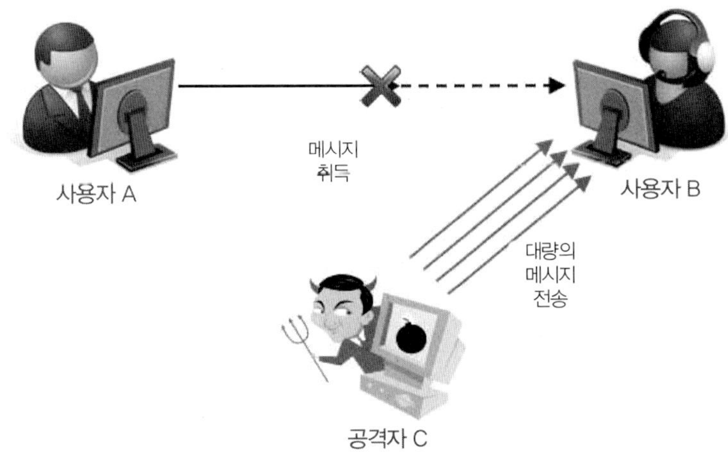

그림 11-7_ 서비스 거부 공격

4) 시스템에 미치는 영향에 따른 분류

공격을 시스템에 미치는 영향에 따라 소극적 공격과 적극적 공격으로 분류할 수 있다.

소극적 공격

소극적 공격(Passive Attacks)은 시스템이나 시스템 사용자의 정보를 도청하여 단지 획득만 하는 것으로 수동 공격이라고도 한다. 즉, 시스템이나 사용자에게는 해를 끼치지 않기 때문에 정상적인 기능을 계속하지만 공격자는 송·수신자 사이에 전송되는 메시지를 취득하여 알 수 있다. 소극적 공격에는 기밀성을 위협하는 도청, 트래픽 분석과 같은 공격들이 있다. 소극적 공격은 시스템에 영향을 받지 않기 때문에, 정보가 누출 된 것이 확인 될 때까지 공격을 탐지하기가 어렵다.

적극적 공격

적극적 공격(Active Attacks)은 데이터를 수정하거나 전송을 지연시켜 시스템에 해를 입히는 것으로 능동 공격이라고도 한다. 무결성과 가용성을 위협하는 공격들이 적극적 공격에 해당한다. 적극적 공격은 다양한 방법들을 이용하여 시스템에 해를 끼치기 때문에 공격에 대한 방어 뿐 아니라 빠른 탐지도 중요하다.

5) 위협이 발생하는 대상에 따른 분류

공격은 대상이 어디냐에 따라 사회공학적 공격, 네트워크 공격, 시스템 공격, 인터넷 공격, 물리적 공격으로 분류 할 수 있다.

사회공학적 공격

시스템이 아닌 시스템을 이용하는 사용자의 취약점을 공략하여 정보를 얻는 것을 의미한다. 사용자의 반복적인 행동 분석이나, 전화사기, 이메일 피싱, 우편물 등 특별한 기술 없이도 손쉽게 사용자의 정보를 얻어내는 비기술적 침입 방법도 포함하고 있다. 예를 들어, 8월 1일 생일인 사용자 A는 현관물 비밀번호를 "0801"로 사용하고 있다며, 공격자는 사용자 A의 개인정보를 수집하고 생일이 8월 1일임을 알 수 있고, 비밀번호가 0801 일 수도 있다는 예측하는 것이다. 오늘날 인터넷을 통해 사용자의 정보 수집이 용이해지면서 사회공학적 공격은 증가하고 있다.

네트워크 공격

네트워크 공격은 송신자와 수신자가 통신하고 있는 네트워크를 공격하는 것이다. 네트워크에 전송되는 데이터를 가로채거나, 수정, 삭제할 수 있고, 서비스 거부 공격처럼 네트워크 자원을 모두 사용하여 서비스를 불가능하게 할 수 있다.

시스템 공격

시스템 공격은 시스템을 대상으로 공격하는 모든 공격으로, 대부분 시스템의 취약점을 공격하여 해당 시스템에 접속하거나, 시스템의 관리자 권한을 획득하는 것이 일반적이다. 악성코드를 통해 공격할 수도 있고, 쉘 코딩이나 버퍼 오버플로우(Buffer Overflow), 백도어 등 다양한 방법을 이용하여 공격을 할 수 있다.

인터넷 공격

인터넷 공격은 네트워크나 특정 시스템이 아닌 인터넷에서 서비스 되고 있는 웹 어플리케이션이나, 웹 서버, 웹 DB의 취약점을 이용하여 공격하는 것으로, 기업의 정보나 웹 서비스에 가입되어있는 사용자들의 정보를 획득할 수 있다. 대표적인 공격 방법에는 웹 코딩 취약점이나 SQL 인젝션(Injection) 공격이 있다.

물리 공격

물리보안은 물리적인 시설에 대한 공격을 의미한다. 예를 들어, 은행에 강도가 들어온 것은 물리적 공격에 해당한다. 물리적 공격인 물리적인 파괴 뿐 아니라, 화재나 지진 같은 자연 재해로 인한 피해도 포함될 수 있다.

3. 암호학

1) 암호학의 개념

암호학(Cryptography)은 정보를 알 수 없도록 보호하기 위한 학문으로 언어학적 및 수학적인 방법론을 바탕으로 컴퓨터, 통신 등 여러 분야에서 공동으로 연구 개발되고 있다. 초기의 암호는 오로지 정보를 알 수 없도록 하는 목적으로 사용되었지만, 오늘날 암호는 데이터의 기밀성 뿐 아니라, 무결성을 제공하기 위한 인증과 부인방지를 위한 서명 등 다양한 곳에서 활용하고 있다.

암호는 일반적으로 정보를 알 수 없도록 바꾸는 암호화 과정과 알 수 없도록 바뀐 정보를 다시 알 수 있는 정보로 바꾸는 복호화 과정이 존재한다. 그리고 이러한 과정을 수행하는 것을 암호시스템(Cryptosystem)이라 한다.

암호학에서 사용하는 중요한 용어와 그에 대한 정의는 다음과 같다.

- 평문(Plaintext 또는 Cleartext) : 암호화되어 있지 않은 원본의 데이터로, 누구나 획득하면 읽을 수 있다.
- 암호문(Ciphertext) : 평문이 암호화 알고리즘을 통해 나온 결과물로 데이터를 알 수 없다.

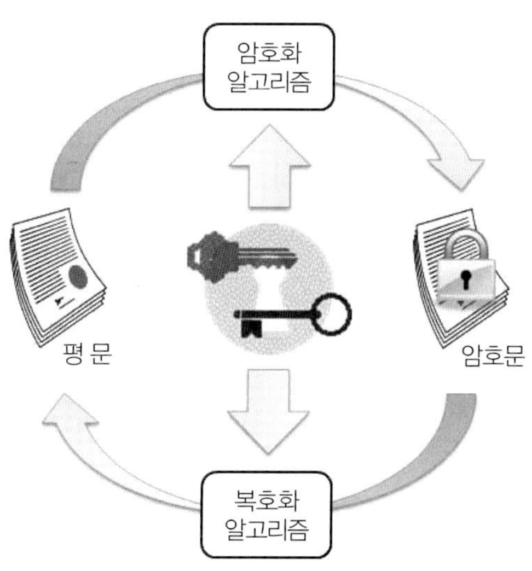

그림 11-8_ 암 · 복호화의 개념도

- 암호시스템(Cryptosystem) : 데이터에 대한 암호화와 복호화 과정을 수행하는 시스템으로 알고르즘, 키, 키 관리 기능을 모두 포함하고 있다.
- 암호화(Encryption) : 평문을 암호문으로 변경하는 과정이다.
- 복호화(Decryption) : 암호문을 평문으로 변경하는 과정이다.
- 키(Key) : 암호화나 복호화를 할 때 사용되는 핵심 값으로, 일반적으로 키가 유출되면 암호문을 평문으로 복호화 하여 데이터를 획득할 수 있다.
- 알고리즘(Algorithm) : 암호화나 복호화에서 사용되는 수학적 방식으로 암호화에 사용되면 암호화 알고리즘, 복호화에 사용되면 복호화 알고리즘 이라고 한다.

2) 암호학의 역사

(1) 고대 암호

최초의 암호는 스테가노그래피(Steganography)에 가까운 방법이다. 고대 그리스에서 노예의 머리를 깎아 통신문을 머리에 작성하고 머리카락이 길어질 때까지 기다렸다가 제 3자에게 발견되지 않게 상대방에게 노예를 보낸 후, 다시 머리를 깎아 통신문을 읽을 수 있도록 하거나, 과일즙으로 글자를 써서 전달한 후 열을 가하면 나타나도록 하는 방법도 사용했다고 한다.

Scytale 암호

스키테일(Scytale) 암호화는 가장 오래된 암호화 방식으로 약 2,500년 그리스 지역의 스파르탄에서 전쟁터에 나가 있는 군대에 비밀 메시지를 전할 때 사용되었다. 암호화 방식은 스키테일(Scytale)이라고 하는 굵기의 막대에 종이를 감은 후 왼쪽으로 메시지를 쓰고, 감겨있던 종이를 풀면 각 문자는 재패치 되어 내용을 인식하지 못하게 하는 방식이다. 이 암호를 풀기 위해에는 동일한 굵기의 막대에 종이를 감으면 된다. 여기서 막대의 굵기가 키(Key)로 사용되는 것이다.

시저(Caesar) 암호

기원전 100년 경 로마에서 활약한 줄리어스 시저가 사용한 것으로 알려진 암호화 방식이다. 알파벳의 위치를 3개씩 뒤로 이동하여 내용을 변경하는 방식이다. 예를 들어 "hello" 라는 평문을 시저암호 방식을 이용하여 암호화가면 각 문자 "h","e","l","l","o" 는 3문자씩 이동하여 "khoor"이란 암호문이 된다.

그림 11-9_ Scytale 암호화 방법

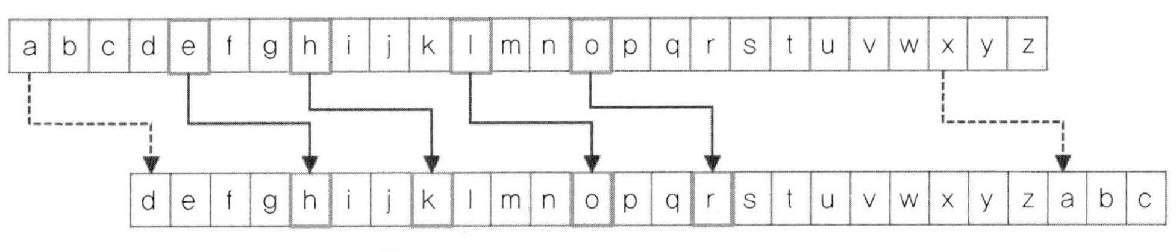

그림 11-10_ 시저 암호화 방식

(2) 근대 암호

근대 암호는 17세기 근대 수학의 발전과 세계 대전으로 인하여 다양한 암호가 발전하기 시작하였다. 비제네르(Vigenere)암호, 플레이페어(Playfair) 암호 등 암호 설계와 해독에 관한 연구가 활발히 추진되었다.

Vigenere 암호

1583년 프랑스 암호학자 비제네르(Blaise de Vigenere, 1523~1596)가 고안한 암호화 방식으로 영문자를 숫자 00~25로 바꾼 다음, 암호키의 숫자와 반복적으로 더하는 방식이다.

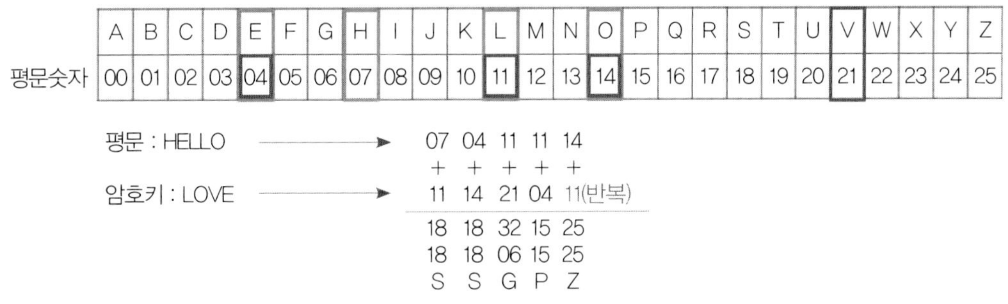

그림 11-11_ Vigenere 암호화 방식

평문 "HELLO"를 암호화키 "LOVE" 를 이용하여 암호화하면 암호문 "SSGPZ"가 생성된다.

Playfair 암호

1854년 휘트스톤(Charles Wheatstone, 1802.2~1875.10)과 플레이페어(Lord Playfair)가 만들었으나, 휘트스톤이 죽고 플레이페어가 혼자 발표하면서 자신의 이름만을 붙인 암호화 방식이다. 이 암호는 제2차 세계대전 당시 영국군이 사용하였다.

암호화 방식은 5×5 또는 6×6의 정사각형 안에 영어 알파벳을 나열한 암호판을 이용하여 암호문을 생성하는 방식이다. 암호판은 키워드의 알파벳에서 중복된 철자를 제외하고 입력한 후, 키워드에서 제외한 나머지 알파벳을 순서대로 채워서 생성한다. 단 알파벳은 총 26글자로 25개의 칸에 알파벳을 모두 입력하기 위해 I와 J는 한 문자로 취급한다. 키워드를 "I LOVE YOU"를 사용한다면 암호판은 다음과 같다.

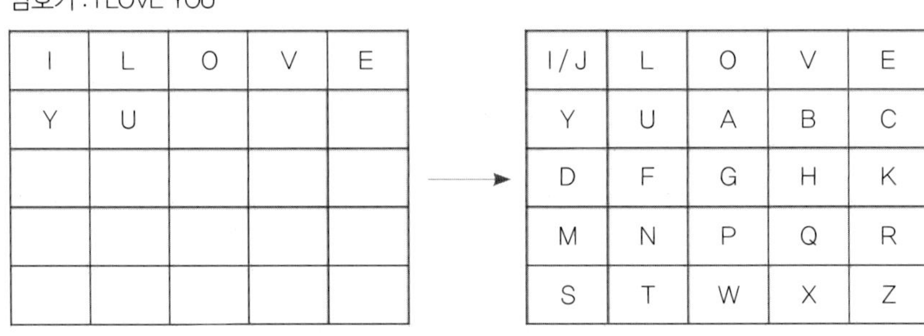
암호키 : I LOVE YOU

I	L	O	V	E
Y	U			

→

I / J	L	O	V	E
Y	U	A	B	C
D	F	G	H	K
M	N	P	Q	R
S	T	W	X	Z

그림 11-12_ Playfair 암호판 예시

암호판이 생성되면, 암호판을 이용하여 암호화나 복호화를 수행할 수 있다. 암호화를 하기 위해 평문을 두 글자씩 자르고, 한 글자만 남아 있거나, 반복되는 문자가 있는 경우 "X"를 채운다. 각각 두 글자의 위치를 비교하여 두 글자가 같은 가로 줄에 있는 경우, 오른쪽에 있는 문자를 암호문으로 작성하고, 두 글자가 같은 세로 줄에 있는 경우, 아래에 있는 문자를 암호문으로 작성한다. 그리고 두 글자가 서로 같은 줄에 없는 경우, 즉 두 글자가 사각형을 이룰 때, 각 문자의 대각선에 있는 문자들로 암호문을 작성한다. 위의 암호판을 이용하여 평문 "Hello World"를 암호화 하면 다음과 같이 "VKTVOVOAENSH"라는 암호문이 나온다.

평　문 : Hello World
→ HELXLO WORLD
→ HE　LX　LO　WO　RL　DX
암호문 : VK　TV　OV　OA　NE　SH

I/J	L	O	V	E
Y	U	A	B	C
D	F	G	H	K
M	N	P	Q	R
S	T	W	X	Z

I/J	L	O	V	E
Y	U	A	B	C
D	F	G	H	K
M	N	P	Q	R
S	T	W	X	Z

I/J	L	O	V	E
Y	U	A	B	C
D	F	G	H	K
M	N	P	Q	R
S	T	W	X	Z

그림 11-13_ Playfair 암호 방식 예시

(3) 현대 암호

근대 암호가 세계대전을 기반으로 발전하였다면, 현대암호는 1960년대 컴퓨터와 통신의 발달로 디지털 형태의 자료를 보호하고 시스템을 보안해야 하는 필요성이 증가하면서 나타났다. 1970년대 IBM의 Feistel의 개발을 시작으로, 대칭키 암호 방식의 DES와 공개키 암호 방식 RSA 등이 개발되었다.

3) 암호화의 방식

암호 방식은 입력된 데이터를 어떻게 처리하느냐에 따라 스트림(Stream) 방식과 블록(Block) 방식으로 구분하며, 평문이 어떻게 변경되느냐에 따라 대치(Substitution) 방식과 전치(Transposition) 방식으로 구분된다.

(1) 입력데이터의 처리에 따른 구분

스트림 암호 방식

스트림 암호(Stream Cipher)는 암호화와 복호화를 할 때, 평문과 키 스트림을 각각 1비트나 1문자씩 XOR 하여 생성한다. 키 스트림은 사전에 정의되어 있거나, 알고리즘을 사용하여 생성될 수 도 있다. 이 방식은 블록 암호 방식에 비해 빠르지만, 암호 강도는 약하기 때문에 실시간 전송이 중요한 음성 또는 영상 스트리밍 전송에 사용된다.

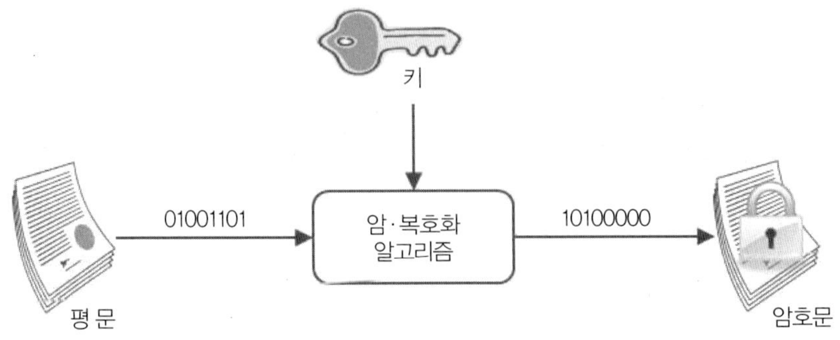

그림 11-14_ 스트림 암호 방식

블록 암호 방식

블록 암호(Block Cipher) 방식은 평문을 일정한 크기의 블록 단위로 잘라낸 후 암호화를 한다. 만약 평문을 블록단위로 분할하는데, 마지막 블록이 블록의 크기보다 적을 경우 임의의 정보인 패딩(Padding)을 추가하여 블록의 크기를 맞춰야 한다. 블록암호는 스트림 암호와 다르게 Round를 사용하여 암호화 과정을 반복적으로 수행하여 암호 강도를 높일 수 있다.

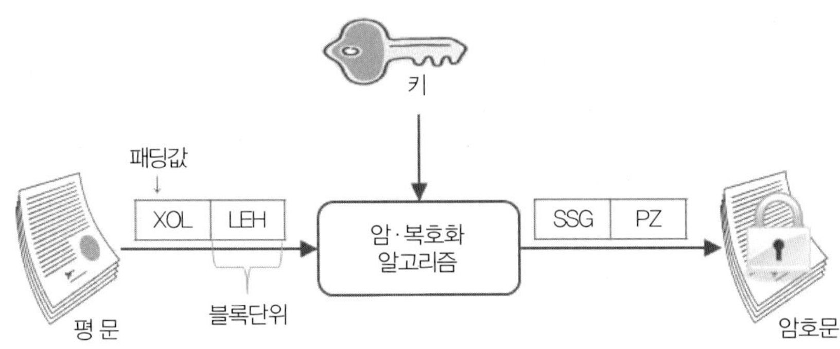

그림 11-15_ 블록 암호 방식

블록 암호 방식에는 ECB(Electric CodeBook mode), CBC(Cipher Block Chaining mode), CFB(Cipher-FeedBack mode), OFB(Output-FeedBack mode), CTR(CounTeR mode) 방식이 있다.

표 11-1_ 스트림 암호와 블록 암호의 차이점

구 분	스트림 암호	블록 암호
장 점	암호 속도가 빠르다. 에러 전파 현상이 없다.	암호 강도가 높다.
단 점	암호 강도가 낮다.	암호 속도가 느리다.
암호화 단위	비트단위	블록단위
주요 대상	음성, 비디오, 오디오 스트리밍	일반 데이터 전송, 스토리지 저장

(2) 데이터의 변경 방식에 따른 구분

대치 암호 방식

대치 암호(Substitution Cipher)는 문자를 다른 문자로 변경하는 방식이다. 대치암호는 단일 문자 암호와 다중 문자 암호로 구분된다.

단일 문자 암호(Mono-alphabetic Substitution Cipher)는 하나의 알파벳 문자를 다른 문자로 바꾸는 방식으로, 평문 A가 3문자 뒤인 D로, T가 Z로 변경되는 시저(Caesar) 암호가 대표적이다. 이 방식은 전수 조사 공격에는 강하지만 출현 빈도수에 따라 분석하는 빈도수 분석 공격에는 쉽게 깨질 수 있다.

다중 문자 암호(Poly-alphabetic Substitution Cipher)는 단일 문자 암호 방식이 특정 문자는 동일한 문자로만 변경된다는 단점을 보강하여 각 문자가 다른 대치를 가지도록 한 방식이다. 즉, 평문 "A"가 처음에는 "D"로 변경되고, 중간에서는 "S"로 변경 될 수도 있다. 대표적인 암호화 방식은 Vigenere 암호와 Playfair 암호가 있다.

전치 암호 방식

전치 암호(Transposition Chipher)는 문자를 다른 문자로 변경시키지 않고, 문자의 위치를 변경하는 방법으로, 고대 암호의 Scytale이 전치 암호에 해당한다.

키 없이 치환하는 방법은 Rail Fence 암호가 있다. 이 방식은 깊이를 설정하고 깊이에 따라 평문을 세로로 설정하고 가로로 읽어서 암호문을 만드는 방식이다.

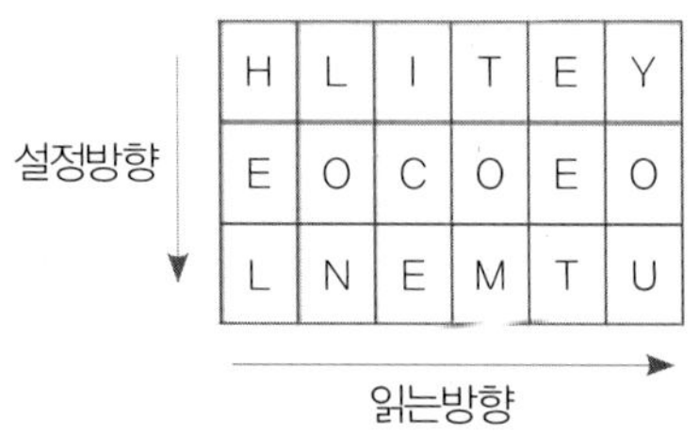

그림 11-16_ Rail Fence 암호 방식

(3) 그 외 암호 방식

일회용 패드

일회용 패드(One Time Pad)는 1917년 길버트 버넘(Vernam) 고안하여 버넘 암호(Vernam Cipher)라고도 한다. 이 방식은 무작위로 생성된 문자로 이루어진 키를 1회만 사용하고 버리는 기법으로, 매우 강력한 암호 강도를 가지고 있다. 암호화 방법은 (평문 + 키) mod 26 으로 매우 간단한 편이다.

그러나, 키는 최소한 평문과 같은 길이를 가지기 때문에 크기가 큰 평문에는 적합하지 못하며, 송신자와 수신자 사이에 키 값을 어떻게 공유할 것인지에 대한 문제가 존재한다.

워터마크

워터마크(Watermark)는 불법복제를 방지하기 위해 개발된 기술로서, 그 유래는 고대 이집트 파피루스를 만드는 과정에서 섬유질을 물에 풀었다가 물을 빼는 과정에서 자연 발생한 고유 무늬를 말한다. 현재 흔이 볼 수 있는 방법은 지폐에 불빛을 비춰보여야만 드러나는 초상화 그림이 있다.

컴퓨터 환경에서는 텍스트나 이미지, 비디오, 오디오 등 디지털 데이터에 사람이 인식하지 못하도록 특정 부호를 삽입하는 디지털 워터마크(digital watermark)가 사용되고 있다. 이 방식은 판매자의 정보 같은 것을 삽입하여 원본 데이터의 출처를 확인하여 저작권이나 소유권을 보호할 수 있다.

원본 이미지 워터마크가 삽입된 이미지

그림 11-17_ 워터마크 예

원본 이미지
(51,697byte)

스테가노그래피가 삽입된 이미지
(190,325byte)

그림 11-18_ 스테가노그래피를 삽입한 이미지 예

스테가노그래피

스테가노그래피(Steganography)는 워터마크의 일종으로 전달하려는 정보를 이미지나 MP3 같은 파일에 숨기는 기술이다. 매우 미세한 부분에 변화를 주기 때문에 일반적으로 인간이 인지하지 못하지만, 원본 데이터의 크기에 변화가 생긴다는 특징이 있다.

4) 암호 알고리즘

암호 알고리즘은 사용하는 키의 종류에 따라 대칭키 알고리즘과 비대칭키 알고리즘으로 구분된다.

(1) 대칭키 알고리즘

대칭키 알고리즘(Symmetric-key algorithm) 또는 비밀키 알고리즘(Secret Key Encryption)은 암호화와 복호화에 사용하는 키가 동일한 알고리즘이다.

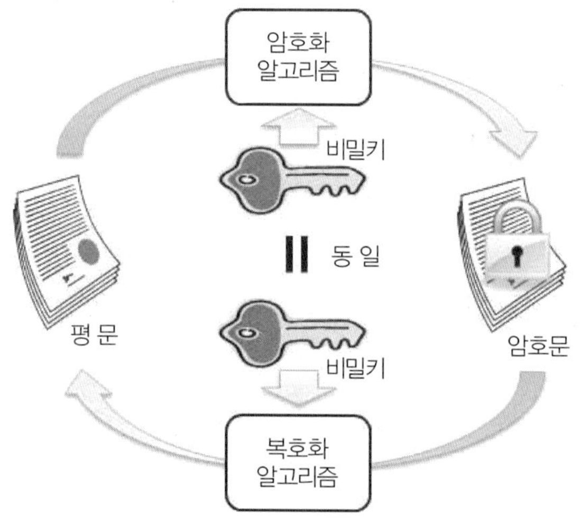

그림 11-19_ 대칭키 알고리즘의 개념

비대칭키 알고리즘에 비해 상대적으로 처리속도가 빠른 장점이 있는 반면, 사전에 비밀키를 다른 사용자에게 노출되지 않고 송신자와 수신자가 공유하기 위해서 키 교환 방법이 중요하다. 대칭키 알고리즘으로 1명의 사용자가 10명과 통신하기 위해서는 1명은 9개, 통신망에서는 45개의 비밀키를 가지고 있어야 하며, 1만 명과 통신하기 위해서는 1명당 9,999개, 통신망에서는 약 5천만개의 키가 필요하다. 즉 n명의 사용자와 통신하기 위해서는 각자 n-1개의 키가 필요하며 통신망에서는 전체 n(n-1)/2개의 키를 소유하고 있어야 한다. 이렇게 키가 많기 때문에 키 관리 방법도 중요하다.

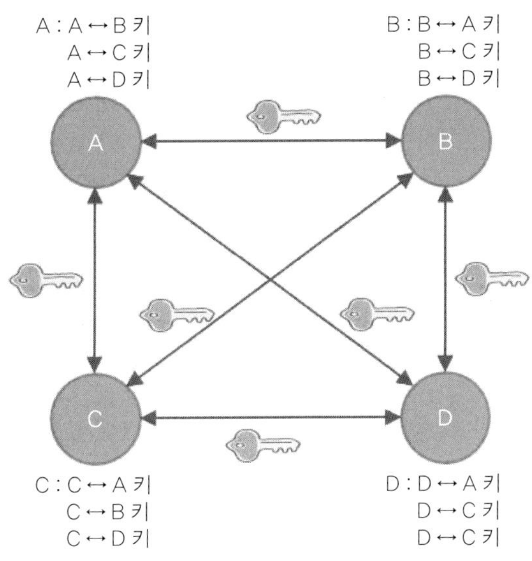

그림 11-20_ 대칭키 알고리즘의 키 개수 예시

DES

DES(Data Encryption Standard)는 대표적인 대칭키 알고리즘으로 1975년 3월 미국 NBS (National Bureau of Standards, 현재 NIST)에서 국가 표준으로 공표하였다.

DES는 64비트의 평문 블록과 비밀키를 이용하여 암호화를 수행하여 64비트의 암호문을 만들어 낸다. 복호화를 할 때에도 암호화시 사용한 키와 동일한 키를 이용한다. 비밀키는 64비트로 구성되어 있으나, 그 중 8비트는 검사용 비트로 실제 사용하는 비트는 56비트이다. 암·복호화 방식에는 두 개의 치환 박스와 Round 함수를 16번 수행하도록 구성되어 있다.

DES는 비밀키의 길이가 56비트로 짧은 단점 때문에 전자 프론티어 재단(EFF)에서 문자별 대입 공격으로 56시간 안에 암호를 해독하였고, 1999년에는 22시간 15분 만에 암호가 해독되었다. 미국 정부는 이에 1998년 11월부터 DES 사용을 중단하였다.

3-DES

3-DES(Triple-DES)는 1978년 IBM에서 DES를 세 번 반복해서 사용하는 방식을 발표한 것 TDES라고도 불린다. 3-DES는 두 개의 키(112비트)를 갖는 것과 세 개의 키(168비트)를 갖는 것으로 구분되며, DES에 비해 암호 강도가 높다.

AES

DES의 취약점이 발견되면서 1997년 NIST에서 DES를 대체할 차세대 블록 암호 알고리즘인 AES(Advanced Encryption Standard Algorithm)를 공모하였고, 2000년 10월 리즈멘(Rijmen)과 대먼(Daemen)이 만든 Rijndael 알고리즘이 최종 AES로 선정되었다. 이 알고리즘은 암·복호화에 사용하는 키 길이와 평문의 블록 길이를 128비트, 196비트, 256비트 중 선택할 수 있도록 다양한 크기를 지원하였으며, 하드웨어와 소프트웨어 어디서든 구현하기 쉬운 유연성을 가지고 있으며, 계산 효율성(Computation)이 좋고, 저장공간을 적게 차지한다는 장점이 있다. AES의 암호화 방식은 10, 12, 14 라운드를 사용하며, 각 라운드는 Non-Feistel 구조를 갖는다.

SEED

SEED는 1999년 2월에 국내 한국정보보호진흥원에서 개발한 128비트 또는 195비트의 블록 암호 알고리즘이다. 이 알고리즘은 국내 민간 부분인 인터넷, 전자상거래, 무선 통신 등에서 사용되고 있다. 전체 구조는 Feistel 구조로 이루어져 있으며, 총 16라운드를 사용하고 있다.

(2) 비대칭키 알고리즘

비대칭키 알고리즘(Asymmetric-key algorithm)은 암호화할 때 사용하는 키와 복호화 할 때 사용하는 키가 서로 다른 키로서, 공개키 알고리즘(Public Key algorithm)이라고도 한다. 대칭키 알고리즘에 비해 처리속도가 느린 반면, 암호 강도가 높고, 키 교환이 편리하여 키 교환 알고리즘에 주로 사용된다. 비대칭키 알고리즘은 누구나 확인할 수 있는 공개키과 자신만 가지고 있는 비밀키(개인키라고도 함)를 가지고 있다.

비대칭키 알고리즘으로 기밀성을 보장하기 위해서는 평문을 수신자의 공개키로 암호화하여 전송하고, 수신자는 암호문을 자신의 비밀키로 복호화 한다.

비대칭키 알고리즘을 이용하면, 메시지에 대한 부인방지 기능을 제공할 수 있다. 기밀성 제공과는 반대로 송신자의 개인키로 평문을 암호화하여 전송하면 수신자는 송신자의 공개키로만 복호화 할 수 있기 때문에 송신자가 보낸 것임을 확인할 수 있다.

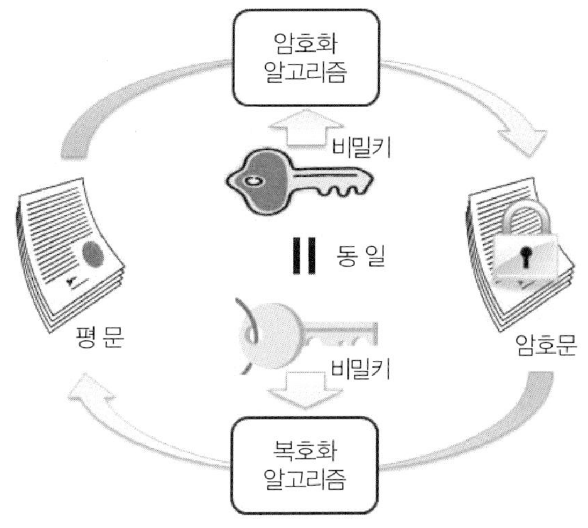

그림 11-21_ 비대칭키 알고리즘의 개념

또한, 공개키 알고리즘은 아무리 많은 사람이 통신을 한다하더라도 자신은 개인키만 가지고 있고, 공개키는 외부에 공개하고 있으면 되기 때문에, n명이 통신하기 위해서는 2n개의 키가 필요하다. 이는 대칭키 알고리즘에 비해 매우 적은 숫자로 키 관리가 편리하다는 장점을 가진다.

RSA

RSA는 1977년 로널드 라이베스트(Ron Rivest), 아디 샤미르(Adi Shamir), 레오널드 애들먼(Leonard Adleman)의 수학자에 의해 개발된 알고리즘으로 이들 3명의 이름 앞글자를 딴 것이다. 이 알고리즘은 암호화뿐 아니라 전자서명이 최초의 비대칭키 알고리즘으로, 큰 숫자의 소인수분해가 어렵다는 것을 기반으로 두고 있다.

(3) 해시 알고리즘

해시 알고리즘(Hash algorithm)은 대칭키 알고리즘이나 비대칭키 알고리즘처럼 데이터의 기밀성을 제공하기 위한 알고리즘이 아닌 데이터의 무결성을 확인하기 위한 알고리즘이다. 해시함수(Hash Funtion)이라고도 하며, 임의 길이의 데이터를 입력 받아 고정된 짧은 길이의 출력을 생성한다. 생성된 출력문인 해시 값을 이용하여 원본 데이터로 복구 할 수 없으며, 이러한 방식을 일방향 함수(One-way Function)이라고 한다.

대표적인 해시 알고리즘으로는 MD5와 SHA-I, SHA-256 등이 있다.

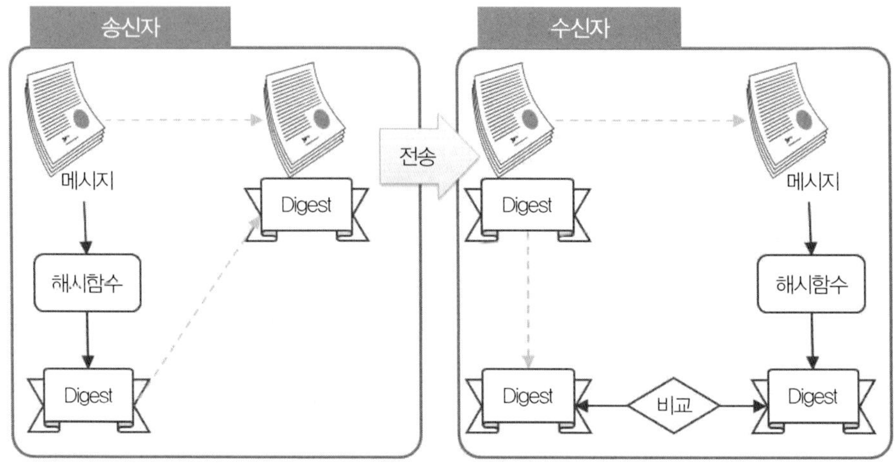

그림 11-22_ 해시함수의 개념

5) PKI와 디지털 서명

(1) PKI

PKI(public key infrastructure)는 인터넷과 같이 안전이 보장되지 않은 곳에서 사용자들이, 문서, 메일, 전자상거래 등을 안전하게 하기 위해 제3의 신뢰할 수 있는 기관을 두어 확인 및 증명을 하도록 하는 구조로 공개키 알고리즘을 기반으로 하고 있다.

PKI를 구성하는 요소들은 인증기관, 등록기관, 인증서, 디렉터리, 사용자가 있다.

표 11-2_ PKI의 구성요소

구성요소	역 할
인증기관 (CA: Certification Authority)	- 인증서의 발급, 폐기, 정지, 갱신, 재발급을 담당하는 기관 - 인증서 정보가 담긴 데이터베이스 관리 - 인증기관을 확인하는 Root CA가 있음
등록기관 (RA: Registration Authority)	- 인증서의 등록과 초기 인증인 사용자 신원 확인 수행
인증서(Certificate)	- 공개키나 공개키의 정보를 포함하는 전자문서
디렉터리(Directory)	- CA의 인증서, 가입자의 인증서, CRL(Certification Revocation List; 인증서 폐지 목록)를 저장 - X.500 국제 표준보다는 일반적으로 LDAP을 이용하여 서비스 제공
사용자(User)	- 인증서를 신청하고 사용하는 주체 - 인증서의 저장, 관리 및 암·복호화 기능을 함께 가짐

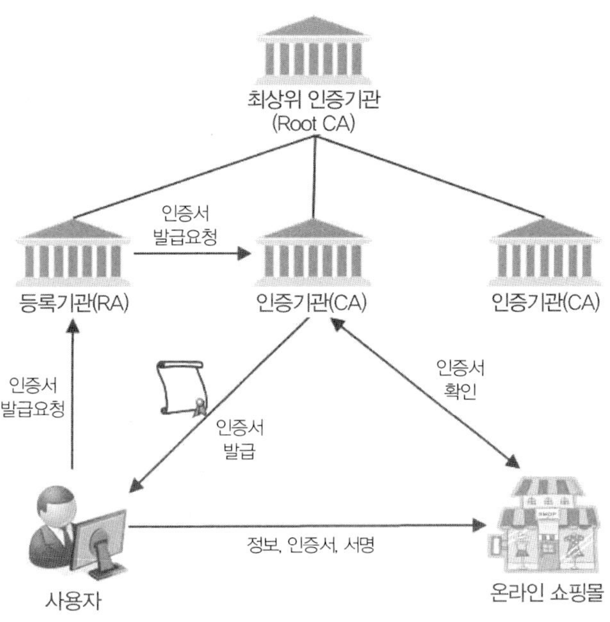

그림 11-23_ PKI 구성도

(2) 디지털 서명

디지털서명(digital signature)은 공개키 시스템에서 전자문서를 작성한 사용자의 신원을 확인하거나, 전자문서가 변경되었는지 여부를 판단할 수 있도록 전자서명 키로 전자문서에 대한 작성자의 고유정보에 서명하는 기술을 말한다.

전자 서명은 다음과 같은 특징을 갖는다.

- 서명자만 서명값을 생성할 수 있다.(위조불가)
- 서명자는 서명한 사실을 부인할 수 없다.(부인방지)
- 서명한 내용이 변경되었을 경우 서명값이 변경되기 때문에 내용이 변경된 사실을 알 수 있다.(변경불가)
- 서명은 서명한 사용자를 식별할 수 있다.(사용자 인증)

서명을 위한 절차는 다음과 같다. 메시지의 변경 여부를 확인하기 위해 해시함수를 이용하여 메시지에 대한 해쉬값을 구한 후, 해쉬값을 서명하려는 사용자의 개인키로 암호화하여 전송하는 방식이다. 수신자는 서명한 자의 공개키로만 서명값을 복호화할 수 있으며, 복호화된 서명값은 비교를 통해 내용이 변경되었는지를 확인할 수 있다.

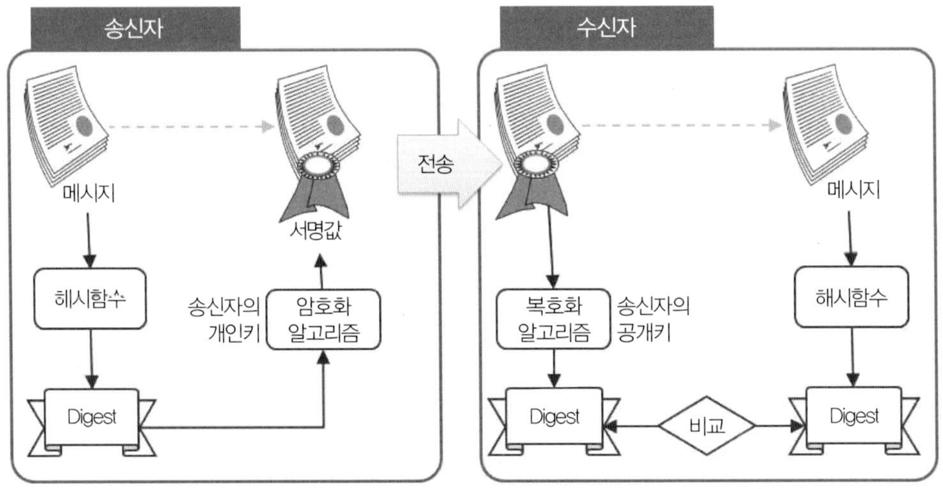

그림 11-24_ 전자서명 절차

4. 응용프로그램 보안

응용프로그램 보안은 컴퓨터에서 동작하는 모든 소프트웨어에서 발견되는 취약점이다. 대부분 개발 시 문제나, 개발하는 사람의 숙련도에 따라 취약점이 발생할 수 있다. 이러한 취약점에 대한 보안 업데이트가 나오지 않은 시점에서 공격하는 것을 제로데이(Zero-Day) 공격이라고 한다.

1) 버퍼 오버플로우 공격

소프트웨어 개발 및 프로그래밍 시 발생하는 가장 일반적인 문제로서, 프로그램에서 자신이 정이한 버퍼의 길이보다 많은 양의 데이터로 버퍼를 채워 관리자의 권한을 획득하는 공격 기법이다.

버퍼는 하나의 변수에도 함수를 호출하는 변수와 인수를 호출하는 변수, 반환 주소(Return Address)가 생성된다. 만약 264byte의 변수를 생성하였고 이를 이용하여 공격한다면, 변수에 264byte보다 더 긴 메시지를 입력하여 RET까지 값이 채워지도록 함으로써, RET의 위치를 파악하고 그 곳에 공격 코드를 삽입하여 공격자가 원하는 명령을 수행하도록 하는 공격 방식이다.

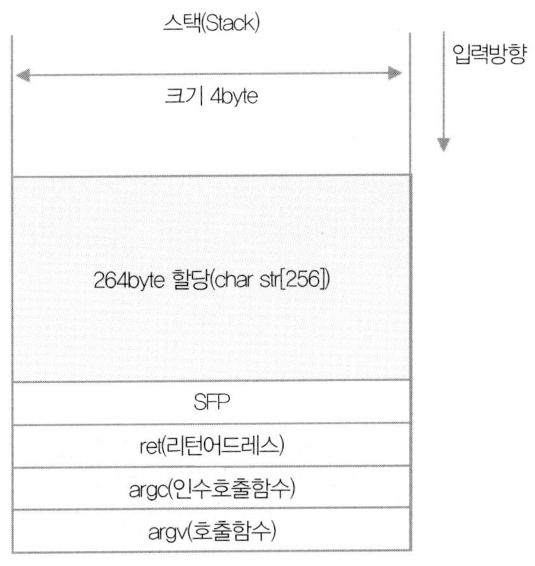

그림 11-25_ 버퍼의 기본 구조

ID ' OR 1 = 1 --

Password 1234

SELECT * FROM *user* WHERE ID = ' ' *OR 1 = 1 --'* AND
PASSWORD = ' *1' or ' 1 = 1'*

그림 11-26_ SQL Injection 공격 예시

2) SQL Injection 공격

응용프로그램 상의 취약점을 의도적으로 이용하는 공격으로, 입력창에 SQL로 해설될 수 있는 공격 코드를 입력하여 SQL이 실행하게 함으로서 인증을 우회하거나, 데이터베이스를 비정상적으로 조작하는 방법이다. 이 공격은 입력창이 SQL문에 대한 필터링을 하지 않을 때 가능하다.

예를 들어, 로그인 입력창에서 ID를 입력하는 부분에 " ' OR 1=1 "를 입력하고 Password를 입력하는 부분에 " 1' or ' 1=1 " 라는 값을 입력한다면 SQL문이 실행되면서 인증을 우회할 수 있다.

3) 악성코드

최근 가장 큰 보안 위협으로 대두되는 것 중 하나가 악성 코드이다. 악성코드는 유형에 따라 바이러스, 웜, 드로이, 좀비, 스파이웨어/애드웨어 등으로 구분된다. 악성코드로부터 보호하기 위해서는 의심되는 파일을 클릭하거나 실행하지 말아야 하며, 안티바이러스 프로그램을 사용하고 사용하는 응용프로그램과 안티바이러스 프로그램들을 주기적으로 업데이트하여 최신 버전을 유지하는 것이 좋다.

바이러스

바이러스(Virus)는 컴퓨터가 악의적인 행위를 하거나 정상적인 행위를 방해하도록 설계된 작은 소프트웨어이다. 컴퓨터에 있는 데이터를 손상시키거나 삭제할 수 있으며 일단 감염되면 컴퓨터 내에 다른 파일까지 급속도로 감염된다. 파일 감염자, 부트 섹터 감염자, 시스템 감염자, 이메일 바이러스, 스크립트 바이러스 등 종류도 다양하다.

웜

웜(Worm)은 스스로 자신을 복제하여 증식하고, 네트워크를 통해 전파할 수 있는 악성 프로그램이다. 바이러스와 다르게 감염 대상이 없는 독자적인 프로그램으로, 정상적인 프로그램의 동작에는 영향을 주지 않지만, 시스템 과부하를 일으킨다.

트로이

트로이(Trojan)는 악성코드의 일종으로 정상적인 일을 수행하는 것처럼 위장하면서 다른 악의적인 일을 수행하는 프로그램으로 "트로이 목마"라고도 한다. 이 프로그램은 바이러스나 웜과 달리 다른 프로그램이나 PC를 통해 점염되지는 않지만, 유용한 프로그램인 것처럼 위장하여 사용자들로 하여금 거부감 없이 설치를 유도하여 감염시킨다.

좀 비

DDoS 공격을 위해 악성코드나 바이러스에 감염된 PC를 말한다. DDoS 공격은 좀비 PC를 이용하여 공격대상을 공격하게 된다.

스파이웨어/애드웨어

스파이웨어와 애드웨어(Adware)는 모두 사용자의 적절한 동의 없이 설치되어 사용자의 통제 권한을 침해하는 프로그램이다. 스파이웨어는 설치 후 중요한 개인정보를 빼내는 프로그램이며, 애드웨어는 설치 후 자동적으로 광고가 표시되는 프로그램을 의미한다.

4) 감사, 보증 메커니즘

응용프로그램을 보호하기 위해서는 프로그램에 대한 인증을 시행하고, 많은 사람들이 사용하여 최종적으로 승인하는 활동을 해야 한다. 또한 내부와 외부 환경 변화에 의해 내용이 변경될 때에는 변경관리와 구성관리를 시행하여 응용프로그램의 무결성을 보장하는 것이 좋다.

표 11-3_ 응용프로그램 보안을 위한 메커니즘

보안 메커니즘	요구사항
인증 (Certification)	- 정보 시스템의 보안 준수 사항을 기술적으로 평가 한다. - 시스템이 기능적 요구사항을 만족하는지 사용자나 관리자가 평가한다.
승인 (Accreditation)	- 인증 정보를 검토하여 정보시스템이 운영되도록 임원진이 공식적으로 승인한다.
변경 관리 (Change Management)	- 변경사항이 발생하였을 때 이를 효과적으로 관리하는 것을 말한다. - 변경사항이 보안 정책을 위반하는 것인 확인한다. - 변경 관리는 공식화된 사이클(공식 요청, 요구사항에 대한 영향과 자원 산정, 승인, 구현 및 테스트, 설치)을 적용해야 하며, 제출, 승인, 테스트, 기록에 대한 절차를 가져야 한다.
구성 관리 (Configuration Management)	- 소프트웨어의 코드 뿐 아니라, 매뉴얼, 업무절차 등에 대한 구성도 효과적으로 관리해야 한다. - 프로그램과 문서들에 대한 변경을 모니터링하고 관리해야 한다. - 모든 컴포넌트들에 대해 무결성과 가용성을 보장해야 한다.

5. 통신 및 네트워크 보안

네트워크 보안 기술은 네트워크에 대한 침해와 비정상적인 행위로 네트워크가 마비 현상을 방지하고 응용 서비스의 연속성을 제공하는 수단을 말한다. 네트워크에 대한 침해는 TCP/IP의 취약점을 공격하거나 전송 선로를 모니터링하여 데이터를 가로채는 공격이 일반적이다.

1) 네트워크 공격

SYN flooding 공격

SYN flooding 공격은 TCP의 취약점을 이용한 공격으로 일종의 DoS(서비스 거부공격)이다. TCP는 신뢰성 있는 연결을 담당하여, 통신이 이루어지기 전에 "3-Way Handshaking"이라는 동작이 선행된다.

송신자가 접속을 요청하는 SYN 패킷을 보내면, 수신자는 그에 대한 SYN&ACK 패킷을 발송한다. 송신자는 다시 ACK 패킷으로 응답하고, 본격적으로 데이터를 교환하게 된다. 그런데, 악의적인 공격자가 SYN 패킷을 보내고 수신자로부터 받은 SYN&ACK 패킷에 ACK 패킷을 전송하지 않는다면 수신자는 ACK 패킷을 받기위해 일정시간 대기하게 되며, 일정시간 동안 이전에 받은 SYN 패킷을 메모리 공간에 저장하고 있게 된다. 이러한 방법을 빠르게 반복하면 수신자는 ACK 패킷을 받지 못한 상태로 모든 메모리 공간에 SYN 패킷을 보관하게 되어 정상적인 사용자가 접속을 할 수 없게 되는 것이다.

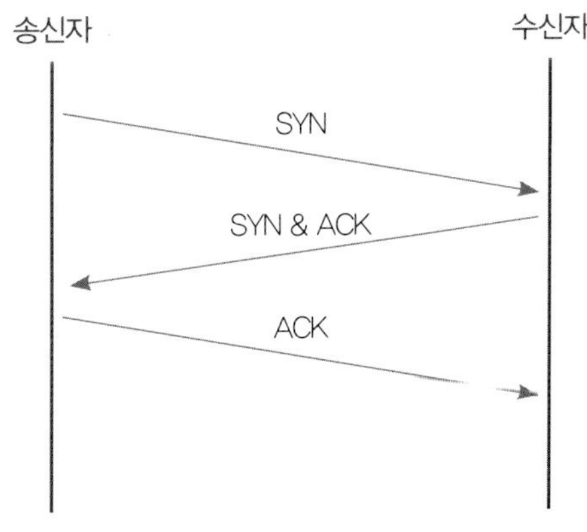

그림 11-27_ 3-Way Handshaking 동작

Spoofing

스푸핑(Spoofing)은 "속이기"라는 뜻 TCP/IP의 구조적 결함을 이용한 공격이다. IP 스푸핑, DNS 스푸핑, ARP 스푸핑이 대표적이다.

IP 스푸핑은 공격자가 IP를 속여서 컴퓨터를 무력화 시키는 공격으로, 공격자가 발신자의 IP를 공격 대상의 IP로 변경하여 보내면 공격대상은 그에 내한을 받게 되며, 이를 반복하면 공격대상의 자원을 모두 소모하게 할 수 있다.

ARP 통신 시 MAC 주소를 속여 패킷을 획득하는 공격이다. 공격대상은 사용자A와 통신을 하기 위해 A의 IP를 이용하여 MAC주소를 얻기 위해 ARP 요청 패킷을 보내게 되는데, 공격자는 중간에서 이 패킷을 획득하여 자신의 MAC 주소로 ARP 응답 패킷을 공격대상에게 전송하여 공격 방식이다. 공격자는 공격대상과 사용자A 사이에 전송되는 모든 데이터를 획득할 수 있게 된다.

DNS 스푸핑은 DNS 주소에 해당하는 IP를 변경하는 하여 악의적인 곳에 접속하도록 유도 하는 것이 DNS 스푸핑이다. 우리가 인터넷을 하기 위해 "www.a.com"을 입력하면 DNS 서버에 "www.a.com"의 IP 주소가 어떻게 되는지 요청하게 된다. 이 때, 공격자가 패킷을 취득하여 자신이 생성한 악의적인 웹페이지의 IP주소를 변경하여 응답하면, 사용자는 악의적인 사이트로 접속하게 되는 방법이다.

Smurf 공격

스머프 공격은 ICMP 패킷을 이용하여 공격 대상을 마비시키는 공격이다. 공격자가 ICMP의 Echo 패킷을 보낼 때, 발신지 주소를 공격 대상의 시스템 주소로 설정하고, 수신지 주소는 브로트 캐스트(Broadcast) 주소로 지정하여 공격하는 방식이다. ICMP Echo 패킷을 받은 호스트들는 그에 대한 응답 메시지인 ICMP Reply 패킷을 공격대상인 수신자에게 전송하게 된다. 수신자는 수많은 패킷들을 한 번에 받게 되어 시스템이 과부하 상태가 된다.

Land 공격

Land의 사전적 의미는 "(나쁜 상태에)빠지게 하다"라는 뜻으로, Land 공격은 말 그대로 시스템을 나쁜 상태에 빠지게 하는 공격이다.

공격을 하는 방법은 패킷을 전송할 때 송신자의 주소와 수신자의 주소를 모두 공격대상의 주소로 변경하는 것이다. 즉, 송신자의 주소와 수신자의 주소가 동일한 값을 가지게 되어 루프 상태에 빠지게 만드는 공격이다.

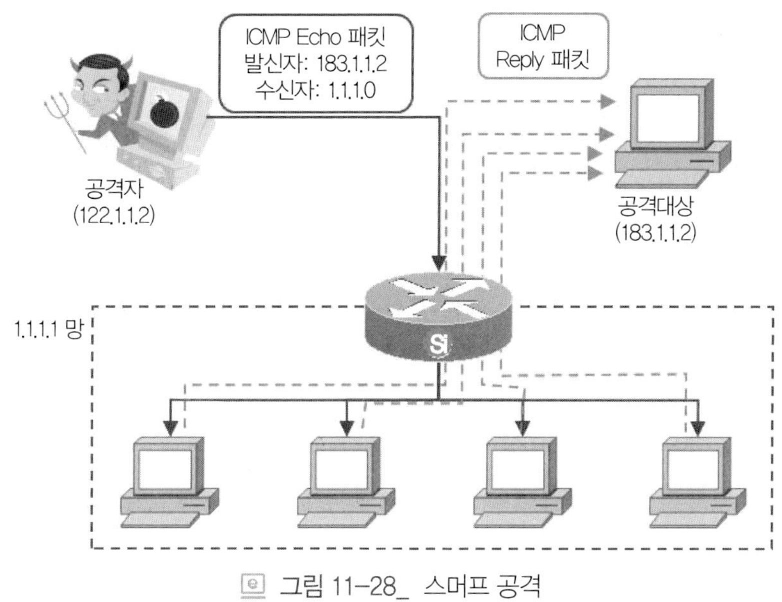

그림 11-28_ 스머프 공격

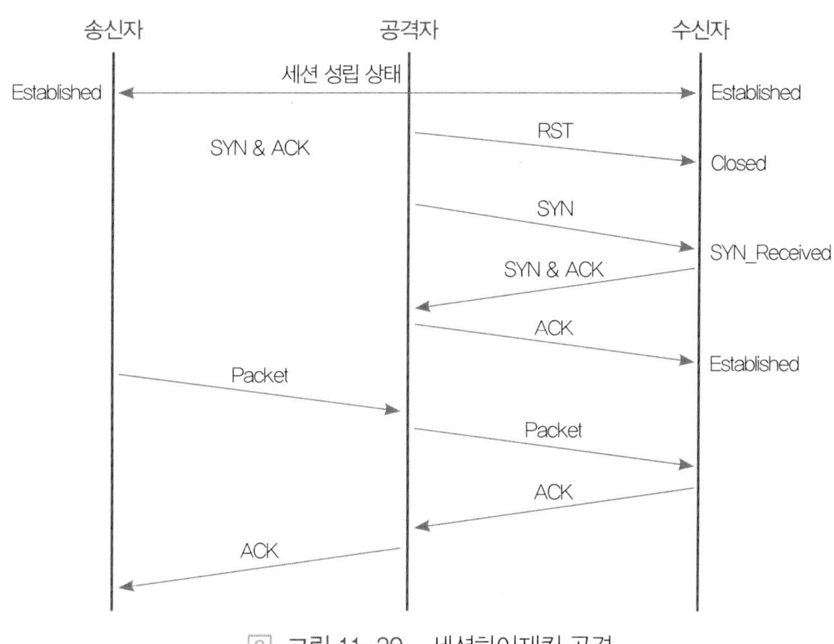

그림 11-29_ 세션하이재킹 공격

하이재킹 공격

하이재킹(Hijacking)은 송신사와 수신사가 통신할 때 전송되는 패킷들을 가로채어 원하는 작업을 수행하는 것을 말한다. 세션하이재킹 공격이 대표적이다.

세션하이재킹은 송수신자 사이에 활성화 상태인 세션(Session)을 가로채는 방법으로, TCP의 시퀀스 넘버에 대한 문제점을 이용한 공격 방법이다. 송신자와 수신자가 TCP를 이용해 통신하고 있을 때 공격자는 RST 패킷을 보내 일시적으로 송·수신자의 세션을 끊고 시퀀스 넘버를 새로 생성하여 공격자와 세션을 다시 맺음으로서, 회피하는 공격 방법이다.

DoS 공격

서비스 거부 공격(DoS, Denial Of Service)는 정상적인 서비스를 하지 못하도록 대량의 데이터를 공격 대상에게 보내 공격 대상의 자원을 고갈시켜 성능을 급격히 저하시키는 공격 수법이다. 일반적으로 서비스 거부 공격은 공격자가 여러대의 PC를 감염 시키고, 감염된 PC에 명령을 내려 공격하도록 하는 계층 구조를 가지고 있어 실제 공격자를 역추적하기 어렵게 만들며, 이렇게 여러 곳에 분산되어 공격하는 것은 분산 서비스 거부 공격 (DDoS, Distributed Denial Of Service)라고 한다.

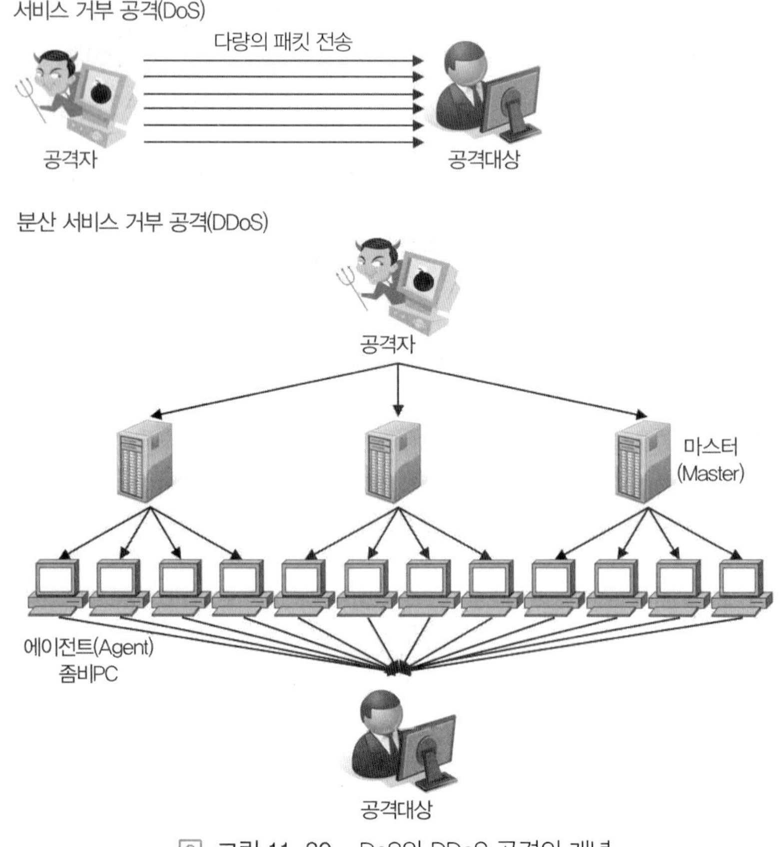

그림 11-30_ DoS와 DDoS 공격의 개념

2) 네트워크 보안

IPSec

IPSec(Internet Protocol Security)은 네트워크 계층의 IP 패킷을 보호하기 위해 IETF(Internet Engineering Task Force)에 의해 설계된 인터넷 표준 방식이다. IPSec은 두 장비 간에 보안 네트워크와 전자터널의 개발을 위해 표준 플랫폼을 제공하고, 전송모드와 터널모드로 운용된다.

전송 모드(Transport mode)는 전송 계층에서 네트워크 계층으로 전달되는 것을 보호하는 것으로, IP헤더는 보호하지 않는다. 보통 종단 대 종단에서 데이터 보호를 필요로 할 때 사용된다. 터널 모드(Tunnel mode)는 네트워크 계층의 전체 패킷을 보호한다. 즉 전송계층에서 전달된 데이터 뿐 아니라 IP 헤더도 보호 하는 것이다. 보통 종단 대 라우터, 라우터 대 라우터의 통신에서 사용된다.

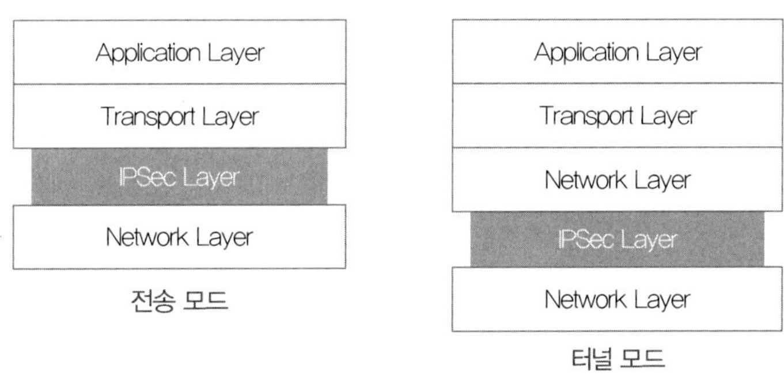

그림 11-31_ IPSec의 전송모드와 터널모드

IPSec은 인증과 암호화를 제공하기 위해 인증 헤더(AH : Authentic-ation Header)와 캡슐 보안 페이로드(ESP : Encapsulating Security Pay-laod) 프로토콜을 구성하고 있다. 인증헤더는 무결성과 데이터의 발신지를 인증하고, 캡슐 보안 페이로드는 무결성과 데이터의 발신지 인증 뿐 아니라 프라이버시 즉 데이터의 비밀성도 제공하고 있다.

SSL/TLS

SSL(Secure Sockets Layer)은 TCP/IP를 사용하는 두 개의 통신 어플리케이션 간의 프라이버시와 무결성, 인증을 제공하는 보안 프로토콜로 넷스케이프사에서 개발하였다. SSL은 응용 계층과 TCP/IP 사이에서 동작하도록 설계되었으며, 통신하는 송·수신자 간에 안전한 채널을 형성해 주는 역할을 수행한다. TLS(Transport Layer Security)는 SSL을 IETF에서 표준화한 프로토콜이다.

VPN

가상사설망(VPN, Virtual Private Network)은 인터넷 등 공중 네트워크망을 터널링(Tunneling) 기법을 사용하여 사나의 사설 네트워크인 전용 회선처럼 사용하는 것이다.

기업들은 정보의 개방성과 확장성, 해킹으로 인한 정보 유출, 변조, 도용 등으로부터 보안을 위해 사설망을 이용하고 있으나, 넓은 지역에 퍼져있는 모든 지점들과 이동하며 근무하는 직원들 사이에 사설망을 구축하기에는 비용적인 문제가 발생하여, 전국적으로 구축되어 있는 공중망을 사설망처럼 사용하게 되었다.

VPN을 이용하면 장비 구입이나 관리 및 통신에 들어가는 비용이 절감되고, 기업 네트워크의 확장성과 유연성을 가질 수 있다. 그러나 속도와 성능, 서비스 품질이 우려 된다는 단점이 있다.

그림 11-32_ VPN 개념

이메일 보안

전자우편(이메일)의 내용을 제3자가 알 수 없도록 보안하는 프로그램들은 PGP, S/MIME가 있다.

PGP(Pretty Good Privacy)는 1991년 필 짐머맨(Phil Zimmermann)이 개발한 것으로 전자우편의 내용을 암호 알고리즘을 이용하여 암호화하는 것이다. 전자우편의 프라이버시와 무결성, 인증을 제공한다.

S/MIME(Secure Multipurpose Internet Mail Extension) RSA 암호화 시스템을 사용하여 전자우편을 안전하게 전송하는 방식으로 현재 전자메일 서비스나 프로그램을 지원하는 많은 곳에서 S/MIME을 지원하고 있다. S/MIME는 프라이버시와 무결성, 인증 등을 제공한다.

6. 시스템 보안

컴퓨터나 단말기에 대한 불법 침입, 부정 접속, 위장 등의 공격에 대한 데이터의 삭제 및 손실을 방어하기 위한 일련의 모든 행위는 시스템 보안에 속한다. 즉, 시스템 보안은 해킹, 바이러스 같은 공격에 대해 보안 서비스를 제공해 주며, 보안 대상에 따라 서버 시스템 보안과 클라이언트 시스템 보안으로 구분할 수 있다.

1) 방화벽

방화벽(Firewell)은 원래 건물에 화재가 발생하였을 때, 화재로부터 아직 피해를 입지 않은 다른 구역을 보호하기 위해 차단막을 내리는 것으로 유래되었다.

컴퓨터 시스템에서 방화벽은 인터넷을 통해 들어오는 정보를 확인한 후, 악의적인 정보나 침입으로부터 보호하기 위한 침입 차단 시스템이다. 방화벽은 내부 네트워크와 외부 네트워크 사이에 위치하여 내부 네트워크를 보호하는 역할을 한다.

방화벽은 하드웨어나 소프트웨어 기반으로 구성될 수 있다. 대부분의 개인용 컴퓨터 운영 체제는 소프트웨어 기반의 방화벽이 포함하고 있다.

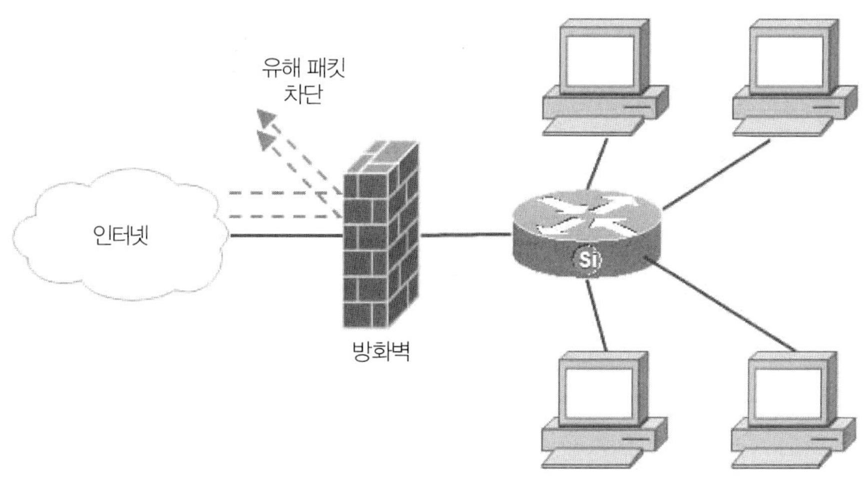

그림 11-33_ 방화벽의 구조

2) 침입 탐지 시스템

침입은 비인가된 사용자가 자원의 부적절하거나, 인증절차 없이 사용하여 무결성(integrity), 기밀성(confidentiality), 가용성(availability)을 저해하는 일련의 행동들과 보안 정책을 위반하는 행위를 말하며, 이러한 침입을 실시간으로 탐지하는 시스템을 침입 탐지 시스템(IDS : Intrusion Detection System)이라 한다.

외부 침입 뿐아니라, 방화벽이 탐지할 수 없었던 내부에서 발생하는 악의적인 행위도 탐지하지만, 방화벽과 다르게 악의적인 행위를 탐지만 하여 관리자에게 통보 해 줄 뿐 스스로 차단하지는 않는다.

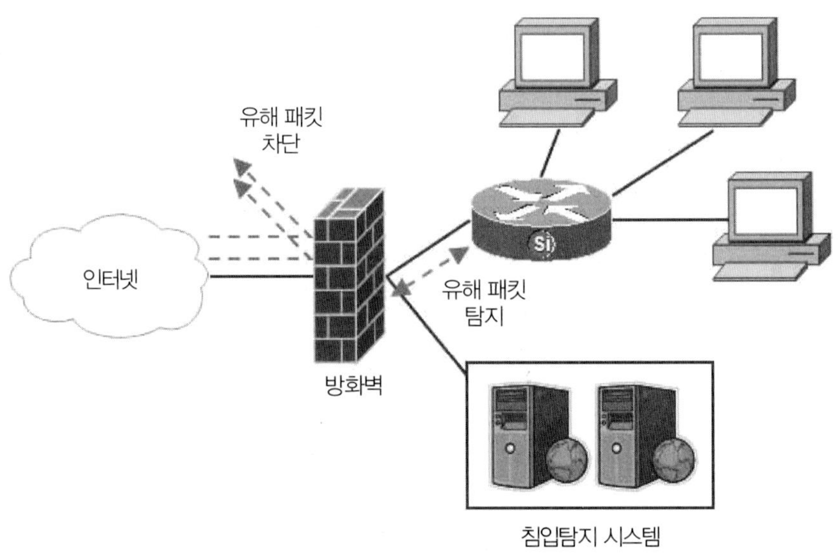

그림 11-34_ 침입 탐지 시스템의 구조

침입 탐지 시스템은 탐지하는 방법에 따라 악용 탐지 시스템과 비정상 탐지 시스템으로 구분될 수 있으며, 탐지하는 데이터의 위치에 따라 네트워크 기반 시스템과 호스트 기반 시스템으로 구분 될 수 있다.

표 11-4_ 침입탐지시스템의 분류

구 분		설 명
탐지 방법에 따른 분류	악용 탐지 시스템 (misuse detection system)	- 일반적으로 악의적으로 알려져 행위를 저장하고, 저장된 데이터와 비교하여 감시하는 탐지 방법 - 알려진 공격만 탐지 할 수 있기 때문에, 새로운 공격에 취약
	비정상 탐지 시스템 (anomaly based intrusion detection system)	- 일반적인 동작과 다른 것을 탐지하는 시스템 - 일반적인 행위를 식별하기 위해 평소 행위를 분석하고 학습해야 함 - 정상정인 행위가 악위적인 행위로 판단 될 수 있음
탐지 데이터 위치에 따른 분류	네트워크 기반 시스템	- 네트워크 트래픽을 확인 - 여러 호스트들을 모니터하여 침입을 식별 - 예를 들어 갑자기 트래픽이 증가한 호스트의 경우 악의정인 행위를 하는 것으로 판단함
	호스트 기반 시스템	- 호스트에 직접설치 됨 - 호스트에서 로그, 파일 시스템 등의 수정여부, 호스트의 동작과 상태 등을 분석하여 침입을 식별

3) 침입 방지 시스템

침입 방지 시스템(IPS, Intrusion Prevention System)은 잠재적인 위협을 예방하기 위한 시스템으로, 침입 탐지 시스템과 마찬가지로 네트워크 트래픽을 감시하고 대응한다. 단, 방화벽이나 침입 탐지 시스템처럼 수동적인 방어 개념이 아닌 자동적인 방어 개념이 추가된 것으로, 큰 의미에선 방화벽이나 침입 탐지 시스템의 기능을 포함하고 있다.

7. 개인정보 보안

최근 국내의 많은 해킹 사건들로 인하여 많은 개인정보들이 누출되었고, 이로 인해 개인정보를 보호해야 한다는 중요성이 부각되었다. 대부분의 사람들이 개인정보를 보호해야 한다는 인식을 갖게 되었다. 이 장에서는 개인정보는 무엇이며, 개인정보를 왜 보호해야 하는지에 대해 설명한다.

1) 개인정보의 개요

대부분 국내에서 개인정보가 무엇이냐고 묻는다면, 성명과 주민등록번호 정도만 생각한다. 그러나 실제 개인정보는 매우 광범위 하며, 그 범위가 어디까지 인지는 명확하지 못하다. 다만, 개인정보라는 것을 법적으로 "살아 있는 개인에 관한 정보 중에 성명, 주민등록번호 및 영상 등 개인을 알아볼 수 있는 정보"라고 정의하고 있다.

즉, 개인 정보는 다음 표와 같은 것들이 될 수 있다.

표 11-5_ 개인정보의 종류

유형 구분	개인정보 항목
일반정보	이름, 주민등록번호, 주소, 전화번호(집, 휴대폰), 생년월일, 운전면허번호, 출생지, 본적지, 성별, 국적, 여권번호 등
가족정보	가족구성원의 이름, 출생지, 생년월일, 주민등록번호, 직업, 전화번호, 거주지
교육 및 훈련정보	출석사항, 최종학력, 학교성적, 기술 자격증 및 전문 면허증, 이수한 교육 프로그램, 동아리활동, 상벌사항 등
병역정보	군번, 계급, 제대유형, 주특기, 근무부대, 입대 및 제대일자 등
부동산정보	소유주택, 토지, 자동차, 기타소유차량, 상점 및 건물 등
소득정보	현재급여, 봉급경력, 보너스, 기타소득의 원천, 이자소득, 사업소득 등
기타 수익정보	보험(건강, 생명 등) 가입현황, 투자프로그램, 퇴직프로그램, 휴가, 병가, 등
신용정보	신용등급, 현재 사잔 현황, 대부잔액 및 지불상황, 저당, 신용카드, 지불연기 및 미납의 수, 임금압류 통보에 대한 기록
고용정보	현재의 고용주, 회사주소, 상급자의 이름, 직무수행평가기록, 훈련기록, 출석기록, 상벌기록, 직무태도평가 기록 등
법적정보	전과기록, 교통 위반기록, 벌금 기록, 파산 및 담보기록, 구속기록, 이혼기록, 납세기록

의료정보	가족병력기록(유전병력), 과거의 의료기록, 정신질환기록, 신체장애, 혈액형, IQ, 약물테스트, 알레르기테스트 등 각종 신체테스트 정보
조직정보	노조가입, 종교단체가입, 정당가입, 클럽회원
통신정보	전자우편(E-mail), 전화통화내용, 로그파일(Log file), 쿠키(Cookies), 단문메시지(SMS) 정보 등
위치정보	GPS나 휴대폰, 네비게이션 등에 의한 개인의 위치정보
신체정보	지문, 홍채, DNA, 신장, 신체사이즈 등
습관 및 취미정보	흡연, 음주량, 선호하는 스포츠나 오락, 음식 등, 여가활동, 비디오 대여기록, 도박성향

이러한 개인정보는 전자상거래, 고객관리, 금융거래 등 사회의 구성과 유지, 발전을 위한 필수적인 요소로 사용되고 있으며, 기업에서도 개인정보는 수익을 창출할 수 있는 자산적 가치로서 높게 평가되고 있다.

CHAPTER

12 컴퓨터 미래

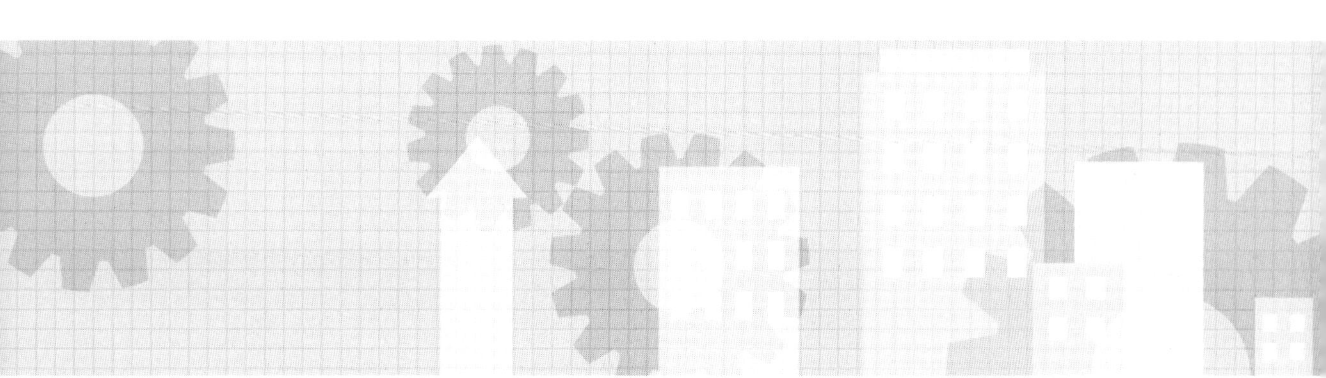

CHAPTER 12_ 컴퓨터 미래

1. 6T의 개념

6T는 인류의 미래를 주도할 유망 첨단기술 산업들을 지칭하는 말로 정보통신 분야의 IT(Information Technology: 정보기술), 생명공학 분야의 BT(Biology Technology: 생명공학기술), 초정밀 원자세계 분야의 NT(Nano Technology: 나노기술), 환경공학 분야의 ET(Environment Technology: 환경공학기술), 우주항공 분야의 ST(Space Technology: 우주항공기술), 문화기술 분야의 CT(Culture Technology: 문화콘텐츠기술)이 있다. 우리나라는 정부 차원에서 6T에 많은 관심과 투자를 하고 있다.

1) **정보기술**(IT, Information Technology)

정보기술(IT)은 정보를 생성, 도출, 가공, 전송, 저장하는 모든 유통과정에서 사용하는 기술을 말한다. IT는 반도체와 소프트웨어, 전자통신, 인터넷, 유비쿼터스 등의 고부가가치 산업에 응용되고 있는 필수적인 기술로서 부가가치와 사회적, 경제적으로 파급효과가 매우 높아 산업적으로 중요한 기술로 이용되고 있다. 우리나라의 IT 기술 수준은 SRAM, TFT-LCD, CDMA, LTE 등 국가 연구개발 사업을 통해 첨단 분야에서 세계 최고의 국제경쟁력을 갖춘 기술을 다수 확보하고 있다. IT기술은 향후 10년간 세계시장을 주도할 것으로 예상되며, 이에 따라 경쟁력 유지와 원천 기술 확보 등 IT 기술을 자립하기 위한 노력이 필요하다.

2) 생명공학기술(BT, Biotechnology Technology)

생명공학기술(BT)는 21세기를 대표하는 기술로 생명현상을 일으키는 생물체나 생체유래 물질 또는 생물학적 시스템을 이용하여 유용한 제품을 제조하거나 공정을 개선하기 위한 기술을 말한다. 여기에는 줄기세포를 이용한 질병치료, 식물을 이용한 바이오에너지 생산, 유전자 변형을 이용한 GMO(Genetically Modified Organism), 게놈프로젝트(HGP, human genome project)와 같이 우리 삶에 직결되는 많은 기술들이 포함되어 있습니다.

현재보다 미래에 더욱 각광 받을 것으로 기대되는 BT기술은 사회가 급속도로 발전되면서 무병장수와 식량문제의 해결 등 삶의 질 향상에 필수적인 기술로서 고부가가치의 새로운 산업을 창출의 원동력이 될 가능성을 가지고 있다. 이에 따라 Platform 기술에 중점을 두고 벤처기업의 역량 강화를 통한 기술개발의 필요성이 제기된다.

3) 나노기술(NT, Nano Technology)

나노(Nano)라는 것은 10^{-9}(10억분의 1)을 나타내는 아주 작은 단위이다. 나노기술(NT)은 물질을 원자나 분자 크기의 수준(10~9mm)에서 조작하고 분석하여 이를 제어할 수 있는 기술을 말한다.

MRI(자기공명 단층 촬영)나 CT(컴퓨터 단층 촬영)와 같이 의학에서 이용되는 것은 물론 반도체나 첨단기술과 융합되어 제품의 성능을 높이고, 새로운 영역을 창출하는 등 정보기술(IT), 생명공학기술(BT), 환경공학기술(ET)과 함께 21세기의 새로운 산업 혁명을 주도할 핵심기술로 인정받고 있다.

4) 문화기술(CT, Culture Technology)

문화기술(CT) 또는 문화콘텐츠기술이라고도 불리며, CT는 디지털 미디어에 기반을 둔 첨단 문화예술산업을 발전시키기 위한 기술을 말한다. 화재로 소실된 숭례문의 복원이나 최근 구전민요 '아리랑'의 유네스코 무형문화재 등록도 문화기술의 한 맥락으로 볼 수 있다. 최근 인터넷의 활성화와 디지털 기술의 발전으로 디지털 콘텐츠의 수요가 급증하면서 CT 기술이 고부가가치 산업으로 성장할 가능성이 제기된다. 문화예술산업을 발전시키는 데 필수적인 기술로 기술·지식 집약적 산업 특성 때문에 우리 민족의 창의력을 극대화할 수 있는 기술로 전망 되고 있다.

5) 환경공학기술(ET, Environment technology)

환경공학기술(ET)은 환경오염을 예방하거나, 망가진 환경을 복원하는 기술로 환경기술, 청정기술, 에너지 기술 및 해양환경기술 등을 포함한다. 오늘날 커다란 문제로 제기되고 있는 지구온난화 문제나, 하천복원, 환경오염 제거 등이 ET기술에 포함된다.

사람들은 점점 더 쾌적한 삶에 대한 욕구가 증가와 환경문제의 경우 개별 국가에 머무는 문제가 아니라 인접국가에 미치는 영향 등을 고려할 때 환경기준의 실정을 동한 새로운 무역규제의 등장과 같은 환경관련 수요가 증대하고 있다. 최근의 뉴라운드(New Rounds)에서 환경문제가 심도 있게 논의되고, 환경문제 해결방안 모색을 위해 그린라운드(Green Round)가 현실화 될 것으로 예상되는 등 향후 환경기술은 급격하게 발전될 전망이다. 이에 따라 ET기술은 투자의 확대와 함께 제도·정책적인 지원, R&D 기반 확충이 필요하다.

6) 우주항공기술(ST, Space Technology)

우주항공기술(ST)은 인공위성, 미사일 발사체, 항공기, 첨단 전투기 등의 개발과 관련된 복합기술이다. 최근 발사에 실패한 "나로호" 같은 인공위성 발사나 우주기지 건설 등에 이용되는 기술들이 여기에 포함이 된다.

ST기술은 전자, 반도체, 컴퓨터, 소재 등 첨단기술을 기반으로 하는 기술로서, 이 분야의 기술개발 결과는 타 분야에 미치는 파급효과가 큰 종합기술로 인정받고 있기 때문에 국내의 관련된 기술 분야의 수준을 높이는 데 기여할 수 있다. 그러나 선진국의 기술 장벽이 높아 산업화와 관련된 신기술 개발 육성의 필요성이 매우 크다.

7) 융합기술(FT, Fusion Technology/Conversion Technology)

융합기술은 6T의 개별 요소로 들어가는 기술은 아니지만, 개별 기술의 한계를 극복하고 시너지 효과를 얻기 위해 정보기술(IT), 생명공학기술(BT), 나노기술(NT) 등 6T의 기술들을 결합하여 생산성을 높임은 물론 미래의 삶의 질 향상에 영향을 주어 부가가치를 창출하는 신기술을 말한다.

융합기술에 따른 새로운 패러다임의 등장은 정계, 학계, 산업계, 연구계 등 다양한 분야의 관계자와 전문가들의 전략적 협력과 제휴를 더욱 강화시키고 있으며, 성장동력산업 기술분야의 발전을 위해 산업부문별 기술혁신의 활용방안이 중요한 문제로 제기되고 있다.

2. 인공지능

1) 인공지능의 개념

인공지능(AI, Artificial Intelligence)은 “인공”과 “지능” 두 단어의 결합니다. 우선 인공의 사전적 의미는 “사람의 힘으로 만든 것”으로, 특정 형태의 시스템이라고 보면 된다. 지능은 사전적 의미로는 “두뇌의 작용” 또는 “문제해결 및 인지적 반응을 나타내는 개체의 총체적 능력”이라 한다. 지능에 대해 좀더 자세히 하면 배워서 습득하는 지식 뿐 아니라, 경험을 통해 터득하는 지혜나 자아, 심리 등을 포함할 수 있다.

실제 인공지능에 대한 대표적인 정의는 사람마다 조금씩 차이를 가지고 있다. 초기 인공지능에 대한 정의는 Dartmouth Conference에서 존 매카시(John McCarthy, 1927. 9~2011. 10)가 제안한 것으로 “기계를 인간 행동의 지식에서와 같이 행동하게 만드는 것” 이다. 그 후, Rich는 “현재 인간이 더 잘하는 것을 컴퓨터가 할 수 있도록 하는 방법에 관한 연구”라고 정의하였고, 카네기멜론 대학의 Mark Fox는 “근본적으로 인간 마음의 원리”라고 정의 하였다.

오늘날 인공지능을 “인간의 지능적 행위를 하도록 만든 시스템”이라고만 정의하지 않는다. 인공지능의 정의는 강인공지능과 약인공지능으로 구분하고 있다.

강한 인공지능(Strong AI)는 인간이 수행하는 지능적인 일을 수행하는 컴퓨터 기반의 인공적 지능을 만들어 내는 것이다. 즉 어떤 문제에 대해 실제로 스스로 인식하고, 생각하여 해결하도록 하는 것이다. 강한 인공지능에는 인간처럼 스스로 생각하고 행동하는 인간형 인공지능과 인간과 다른 형태로 지각과 사고를 가진 비인간형 인공지능을 모두 포함한다.

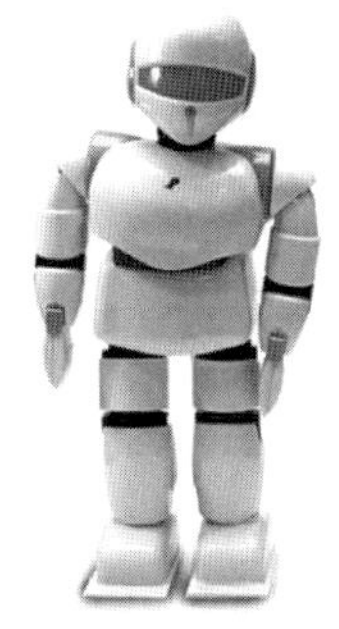

그림 12-1_ 인공지능 로봇들

약한 인공지능(Weak AI)는 지능의 유무와는 별개로 인간의 행위를 모방하여 일을 수행하는 컴퓨터 기반의 인공지능을 만들어 내는 것이다. 즉, 청소로봇처럼 미리 정의된 규칙의 모음을 이용하여 흉내 내는 프로그램이라고 보면 된다.

2) 인공지능의 역사

AI의 태동(1943~1959)

일반적으로 처음 인공지능으로 인식되는 최초의 작업은 1943년 뇌에 있어서 뉴런의 기능과 작용에 대한 연구와 명제 논리, 튜링 테스트 연구를 기반으로 출판된 "A Logical Calculus of the Ideas Immanent in Nervous Activity"로 여겨진다. 이 책은 Warren McCulloch와 Walter Pitts에 의해서 작성되었으며, 인공 뉴런 모델과 어떤 계산 가능 함수도 뉴런으로 연결된 네트워크로 계산할 수 있으며, 학습(Learn) 할 수 있다는 개념을 제안하였다. 이는 인간의 사고 과정을 최초로 연결망을 통해 모델화 했다는 점에서 인공지능역사상 의미가 매우 크다고 볼 수 있다.

이후 1949년 Donald Hebbian이 뉴런 간의 연결강도를 조정하기 위한 규칙인 업데이트 룰(updating rule)은 여전히 Hebbian learning 으로 불리며 사용하고 있으며, 1950년에는 Alan Turing이 "Computing Machinery and Intelligence"에서 튜링 테스트(Turing Test)와 기계학습(Machine Learning), 유전알고리즘(Genetic Algorithm), 강화학습(Reinforcement Learning)을 제안하였다. 1951년에는 Marvin Minsky와 Dean Edmonds가 최초의 신경망 컴퓨터를 만들었으며, 1956년 여름에는 다트마우스(Dartmouth) 대학에서 수학자, 심리학자, 전기기술자, 연구자, 기업가 등이 모여 오토마타(Automata) 이론, 신경망(Neural Network), 지능(Intelligence)에 대한 연구를 하였고, 여기서 인공지능(AI, Artifitial Intelligence)이란 단어를 탄생시켰다. 이 모임는 공식적으로 '다트마우스 하기 인공지능 연구계획'이라 불리며 John McCarthy, Marvin Minsky, Claude Shannon, Nathaniel Rochester 등이 포함되어 있다.

AI의 요람시대(1960년대~1970년대 초)

인공지능 연구의 초기 몇 년 간은 제한된 방법이긴 하지만 많은 성공을 이루었다. 그 당시의 원시적인 컴퓨터와 프로그래밍 툴이 개발되면서, 단순한 산술 연산 기능만 하던 컴퓨터가 몇 년 사이에 지능적인 일들을 할 수 있게 되었고, 그 때마다 마다 사람들은 크게 놀랐다. 이러한 변화는 인공지능 연구의 성공적인 미래를 예측하게 하였다. Herbert Simon이

1957년에 "가까운 미래에 컴퓨터가 체스 챔피언이 되고, 중요한 주학 정리가 기계에 의해 증명 될 것이다."라고 하였지만, 약 40년이 지난 오늘날에서야 조금 실현되고 있다.

이 시기에는 컴퓨터에 지식을 표현하는 많은 방법이 제안되었다. 1967년에 프로덕션 시스템(production system), 1968년 의미네트워크(semantic network), 1974년 프레임이 대표적이다. 또한 MIT나 Stanford 대학에서 인공지능을 연구로 인공지능 로봇 프로젝트를 시작하였으며, 제 1회 인공지능회의가 1969년 미국 워싱턴에서 개최되었다.

그러나, 당시 컴퓨터의 성능이 좋지 못하였고, 아직 인간의 뇌에 대해 자세히 알지 못하였기 때문에 많은 실패를 하였다. 즉 사람이 생각하는 구조를 흉내 내어 인공지능을 만들려고 하였지만, 정작 사람의 뇌에서 어떻게 생각하고 추론하여 반응하는지 몰랐던 것이다.

AI의 발전기(1970년대 초~1970년대 말)

이 전 시대는 대부분 정리 증명과 인공지능 로봇 계획이 주요 관심사이었다면, 발전기에는 인간의 지식을 어떻게 표현할 것인가와 전문가 시스템이 주요 관심사이다. 이 시기에는 고급 프로그래밍 언어가 개발되면서 인공지능 연구도 많은 발전이 생겼다.

자연어 처리에 관한 연구가 급속도로 진전되어 로봇 세계에 관한 질의 응답을 자연어, 즉 영어로 하는 SHRDLU라는 프로그램이 등장하였다.

AI 침체기와 현재

인공지능의 연구는 1980년대에 들어서면서 활성화되었다. 일본에서 Prolog를 사용한 지능적 컴퓨터를 만드는 10개년 계획인 "5세대(Fifth Generation)"이 발표되었고, 이에 미국이 미국 인공지능학회(AAAI)가 설립하고 국가 경쟁력 확보를 위한 "MCC(Microelectronics and Computer Technology Corporation)"라는 연구 컨소시엄을 만들었다. 이 두 경우는 모두 인공지능 Chip 설계와 Human-Interface 연구를 포함하는 중요한 부분으로, 엄청난 연구 기금을 지원 받았다. 그러나, 몇몇 주목할 만한 결과에도 불구하고, 즉각적인 결과를 산출하는데 실패하게 되어 1980년대 후난에 연구 기금이 대폭 삭감되었고, 인공지능 연구는 침체기(AI Winter)에 빠져들었다.

이러한 상황에도 1969년 최초로 발견된 인공지능 학습법(Back propagation/Training Method)과 인공신경망 (Artificial Neural Networks)을 Bryson과 Ho가 다시 연구하기 시작하면서, 컴퓨터 과학과 심리학의 많은 알고리즘에 응용되어 신경망 연구에 큰 반향을 일으키게 된다. 이 때가 1980년대 중반이다.

1986년 미국에서 인간의 상식을 컴퓨터에 이용하기 위해, 백과사전의 항목을 데이터베이스로 구축하는 CYC 프로젝트가 수행되었고, 1988년에는 사례기반추론(Case based Reasoning) 연구가 활성화되었다.

1990년대에 들어서 분산인공지능 및 멀티에이전트 시스템 등이 주목받기 시작하였다. 또한 인공지능 시스템이 개발되어 판매되었는데, 이 제품은 자연어로 된 문서를 번역하거나, 인터넷 홈페이지를 번역하는 등 상용화된 번역 시스템이다.

인공지능 연구는 현재까지도 인공신경망(Artificial Neural Networks), 인공지능 학습방법, Fuzzy Logic, Neurofuzzy and Genetic Algorithms 등 많은 연구가 진행되고 있지만, 실용화하기엔 아직도 먼 기술이다.

표 12-1_ 인공지능의 역사

구분	연대	주요 관심사	주요내용
AI의 태동	1947년~1959년	퍼즐과 게임	- 사이버네틱스(cybernetics) 제창 (1947년) - Dartmouth 국제회의 (1956년) - 인공지능의 제창 (1956년)
AI의 요람기	1960년~1964년	탐색과 문제해결	- LISP (1960년) - GPS (1963년)
	1965년~1969년	정리 증명과 계획	- 도출 원리 (1965년) - DENDRAL (1965년) - 프로덕션 시스템 (1967년) - 의미네트워크 (1968년)
	1970년~1974년	지식 표현	- Prolog (1973년) - 프레임 (1974년) - MYCIN (1974년)
AI의 발전기	1975년~1979년	전문가 시스템	- 지식공학의 제창 (1977년) - 시스템 구축 언어와 툴 - 인공지능 산업의 활성화
AI의 침체기와 현재	1980년~현재	지식 정보 처리	- 인공지능 제품의 판매 - 신경회로망 - 유전자 알고리즘

3) 현대 인공지능의 특징

현대 인공지능은 합리론에서 경험론으로 연구 방법이 변화하였으며, 하향식(top-down)에서 상향식(bottom-up)으로 접근 방법이 변화하였다. 또한 생물체의 지능 모사 연구 하고 있다.

경험론적 연구 방법론

경험론적 연구 방법은 다양한 실험 데이터에 바탕을 두어 통계적인 근거에 의해서 원하는 행동을 안정적으로 수행하도록 하는 것으로, 가장 대표적인 분야가 기계학습이다. 예를 들어 합리론은 기계에 "문신이 있는 사람은 조폭이다"라고 입력하였다면, 문신이 있는 모든 사람은 조폭으로 인식하게 된다. 그러나 경험론은 문신이 있는 사람을 만났는데 조폭이 아닌 경우와 조폭인 경우의 통계를 내어 조폭이 아닌 비율이 높다면, 그 후 만나는 문신이 있는 사람을 만나더라도 조폭이 아닐 수 있다. 라는 인식을 할 수 있다.

상향식 접근 방법

상향식 접근방법은 인간과 같은 인공지능을 위해서는 인간과 같은 두뇌 시스템을 만들어야 한다는 것이다. 즉 하드웨어 쪽에 좀 더 중심을 둔 방식이며, 하향식 접근방법은 두뇌 내부의 규칙을 분석하고 조합하여 인공지능 시스템을 구현하는 것이다. 즉 소프트웨어에 좀 더 중심을 둔 방식입니다.

상향식 접근방법은 환경과의 상호작용을 상당히 중요시한다. 고전적인 인공지능 모델들은 심리학에 바탕을 두고 사람의 마음에 중점을 둔 나머지, 지능형 시스템의 구조와 내부 동작 원리에만 너무 집착하는 경향이 있었다. 이러한 문제를 해결하고 시스템을 좀 더 유용하게 하기 위해서는 시스템의 사용 환경을 함께 고려하는 방향을 제시하였다.

생물체의 지능 모사 연구

일반적인 지능(general intelligence)을 인공지능으로 실현하는 것은 애초에 생각했던 것보다 더 어렵기 때문에, 제한된 분야에서의 전문지식을 시스템에 대량으로 주입함으로써 지능적인 행동을 보이도록 하는 지식기반 시스템 또는 전문가 시스템이 나타났다.

전문가 시스템은 지금까지 인공지능이 산업적으로 가장 성공한 응용분야 중의 하나로서 실용적 차원에서 기여한 바가 아주 크다.

전문가 시스템은 외부로부터 제공된 지식에 철저하게 의존하고 있기 때문에 지식이 충분히 제공되지 않거나, 지식이 없는 분야 즉, 비전문 문야에 대한 질문에는 엉뚱한 의사 결정을 내릴 수도 있다.

또한, 전문 지식을 외부에서 임의로 주입하기 보다는 인간처럼 시스템이 스스로 습득하도록 하는 학습 방법을 제공하고 있다.

4) 인공지능 기법

인공지능의 문제는 매우 넓은 영역에 걸쳐있지만, 이들의 공통점은 문제가 어렵다는 점이 외에는 거의 없다. 그러나 다양한 문제의 해결하기 위해서 문제 하나하나를 세밀하게 다루기보다 일반적인 성질을 갖는 일반적인 3가지 기법이 존재한다.

그 첫 번째 기법은, 처음 30년간 인공지능 분야를 연구하여 얻은 결과 중 하나로 지능이 지식을 필요로 한다는 것이다.

지식은 그 양이 매우 방대할 뿐 아니라, 정적인 경우보다 동적인 경우가 많기 때문에 끊임없이 변하고, 미묘한 차이나 애매모호한 지식의 경우 정확하게 나타내가기 어렵다는 특징을 가지고 있다. 따라서 인공지능에서 지식을 표현되어야 하기 위해 다음과 같은 사항을 고려해하여 대처할 수 있도록 만들어야 한다.

표 12-2_ 지식표현시 고려사항

① 지식의 표기는 일반성을 가져야 한다. 즉, 각각의 개별적 지식을 분리하여 표기할 필요가 없다는 것이다. 지식을 분리하는 대신에 중요한 성질을 공유하여 하나의 표기법으로 묶는다. 만약에 공유할 만한 중요한 성질이 없다면 이를 표현하기 위하여 통상적으로 필요했던 것보다 더 많은 기억 용량을 사용하게 되고, 지식의 변화를 기록하기 위하여 더욱 많은 시간이 걸린다.

② 지식을 이해하고 있는 사람이 제공해야 한다. 비록 많은 프로그램의 데이터는 자동적으로 얻어질 수 있지만, 인공지능 분야의 여러 영역에서 프로그램이 소유하고 있는 대부분의 지식은 궁극적으로 이 지식을 이해하고 있는 사람에 의해 제공되어야 한다.

③ 지식은 쉽게 수정될 수 있어야 한다. 잘못된 지식을 고치거나, 현실 세계의 변화와 현실 세계를 보는 관점의 변화를 반영하기 위해서 쉽게 수정될 수 있어야 한다.

④ 지식은 완전성을 보장하기 못한다. 즉, 정확한 지식뿐 아니라, 지식이 정확하지 못하거나 완전하지 지식이 있을 수 있으며, 이러한 지식이라도 많은 상황에서 사용 될 수 있어야 한다.

⑤ 지식은 문제 범위를 축소한다. 일반적으로 고려되어야 하는 가능성이나 범위를 좁힘으로써 많은 양의 정보를 처리해야 하는 불리한 점을 극복할 수 있어야 한다.

두 번째 기법은 탐색이다. 적절한 탐색 방법과 이 탐색을 유도하기 위해 이용될 수 있는 직접적인 기법을 함께 사용하여 문제들을 해결해야 하고, 직접적인 기법을 이용할 수 없는 경우에도 문제를 풀 수 있는 방법을 제공한다.

마지막으로 개념적으로 분리해야 한다. 중요한 기능과 중요하지 않는 것들의 변형을 분리할 수 있는 방법을 제공한다. 이러한 분리가 이루어지지 못하면 어떠한 처리 과정도 제대로 수행되지 못하는 경우가 있다.

5) 인공지능의 연구 분야

인공지능에서 다루는 연구 분야는 아주 많으며, 서로 중복되어 있거나 연관되어 있다. 중요한 기술과 분야로는 지식표현(Knowledge representation), 게임트리(game tree), 전문가 시스템(expert system), 인공신경망(artificial neural network), 음성인식(Speech Recognition), 자연어처리(Natural Language Processing), 기계학습(machine Learning) 등이 있다.

지식표현(Knowledge representation)

지식표현(Knowledge Representation)이란, 지식(knowledge)을 컴퓨터와 사람이 동시에 이해할 수 있는 형태로 나타내는 것으로, 사람은 문자와 자연어(Natural Language)로 지식을 표현하고, 이러한 지식을 컴퓨터가 이용하기 위해서는 형식언어(Formal Language)로 기술되어야 한다.

지식을 표현하기 위해서는 합목적적, 즉 목적달성에 부합되는 구조를 가져야할 뿐만 아니라 추론의 효율성, 지식 획득의 용이성, 저장의 간결성 및 표현의 정확성, 다양성 등을 갖추어야 한다.

지식을 표현하는 방법에는 논리적 지식표현 방식(예 : 명제논리, 술어논리, Temporal Logic, Modal Logic 등), 절차적 지식표현 방식, 망을 이용한 지식표현 방식(예 : 의미망), 구조적 지식표현 방식(예 : 프레임)이 있다.

- 명제논리(Propositional Logic) : 참이나 거짓 중 하나를 값으로 가질 수 있는 명제 문장을 기반으로 추론을 수행할수 있도록 하는 형식적인 논리 체계
- 술어논리(Predicate Logic): 변수와 한정자(Quantifier)를 사용하는 명제논리이다.
- Prolog : 1972년에 프랑스의 마르세유(Marseille) 대학의 Alain Colmerauer가 발명한 논리 프로그램 언어로, 술어논리에 기반을 둔다.

- 의미망(Semantic Network) : 네트워크 표현을 기반으로 객체들 사이의 관계를 표현하는 지식 표현 기술로 개념을 나타내는 노드(vertices)와 개념들 간의 의미상의 관계를 나타내는 호(edges)로 구성되어 있다.
- 프레임(Frame) : 1974년 Marvin Minsky가 발표 방법으로, 객체에 대한 여러 개의 상황정보들을 하나의 구조화된 틀로서 표현하는 방법이며, 객체의 속성을 상속 할 수 있다는 특징을 가지고 있다. 나중에 객체지향(Object Oriented) 개념으로 발전하였다.

게임트리(game tree)

경우의 수를 탐색하는 방법으로, 게임 트리는 각각의 노드가 특정 상태를 의미하고 각 노드의 자식노드는 한 수 이후에 도달할 수 있는 다음 위치들을 의미한다. 전개형 게임 중 특히 모든 참여자가 모든 정보를 가지고 두는 게임에서 주로 쓰인다. 예를 들어, 체스나 바둑같이 매우 복잡한 게임의 경우 앞으로 진행될 몇 수에 대한 부분적인 게임 트리를 가지고 최적의 수를 찾는데 이용한다.

전문가 시스템(expert system)

인공지능 연구의 초기인 1960년대에는 다양한 문제에 적용될 수 있는 일반적인 문제 해결 방법에 관한 연구가 주를 이루었다. 그러나 이러한 방법은 실제 문제에 적용하는 과정에서 문제가 발견됨에 따라 1970년대에 지식기반의 전문가 시스템이 등장하였다.

전문가시스템(Expert System) 또는 지식기반 시스템(Knowledge-based system)은 어떤 분야의 전문가가 가지고 있는 기술과 지식을 인위적으로 컴퓨터에게 부여하여 활용할 수 있도록 지원해주는 일종의 자문형 컴퓨터 시스템이다. 즉 넓은 분야에 적용될 수 있는 지식이나 방법을 추구하는 대신 특정 분야에서 깊이 있는 전문 지식을 갖게 함으로써 그 분야에 비전문가라 할지라도 부여된 전문가의 지식을 이용하여 상호 대화를 통하여 원하는 결과를 얻을 수 있도록 도와준다.

이 시스템은 처리 과정을 지시하기 위해 규칙(rules)을 사용하기 때문에 구현과정에서 규칙기반 시스템(rule-bases system)이 사용되고, 규칙을 바탕으로 어떠한 결정을 내릴 때에는 추론엔진(inference engine)을 사용한다.

처음 전문지식을 이용하여 성공한 것은 1971년 스탠포드의 Edward A .Feigenbaum 교수이다. 이 후 1976년 의료진단 시스템을 중심으로, 현재에 이르기까지 여러 가지 전문가 시스템이 개발되었다.

인공신경망(artificial neural network)

컴퓨터는 사람이 너무 쉽게 하는 일을 못하거나 매우 어렵게 처리하는 경우가 많다. 예를들어, 글씨를 읽는다거나(character recognition), 사람을 알아본다거나(face recognition), 이야기를 듣거나(speech understanding)하는 일들이다. 그 이유는 폰노이만(John von Neumann, 1903. 12~1957. 2)의 컴퓨터 방식이 순차(sequential) 연산으로 이루어져, 기능상 한계가 생기기 때문이다.

인공 신경망은 인간의 뇌의 기능과 동작 방식을 모델화 하여 컴퓨터 시뮬레이션으로 표현하는 것을 목표한 수학모델로 단순한 연산을 수행하는 소자들을 병렬 처리 구조와 분산 처리 구조를 가지게 한 방식이다.

오늘날 인공신경망 기술은 생산공정제어, 언어인식, 생체측정, 염색체 연구, 개인 식별 등 다양한 곳에서 광범위하게 활용되고 있다.

음성인식(Speech Recognition)

음성인식(Speech Recognition) 일반적으로 마이크 같은 입력장치를 통해 음향학적 신호를 단어나 문장으로 변환하는 과정을 말한다. 최근 스마트폰에서 음성인식 서비스가 작동하면서 관심이 깊어지고 있다. 음성인식은 사용자에 따라 화자 종속 방식(Speaker Dependent System)과 화자 독립 방식(Speaker Independent System) 등으로 분류할 수 있고, 발음 방식에 따라 고립단어인식, 연결단어인식, 연속음성인식, 대화음성인식 등으로 구분된다.

음성을 통해 입력하면, 키보드처럼 훈련이 필요 없고, 빠르게 입력할 수 있다는 장점이 있다. 인식된 결과는 시스템 제어, 문장 입력 등의 목적으로 사용될 수 있다.

자연어처리(Natural Language Processing)

자연어처리(Natural Language Processing)는 인공지능 연구 초기부터 중요한 연구 대상 중 하나로, 컴퓨터를 이용하여 사람이 사용하는 언어를 해석하고 이해하게 하는 것을 말한다. 단순한 음성인식과 달리 문장이 포함하는 의미를 이해해야 한다.

자연언어를 이해하기 위해서는 현태소 분석, 구분 분석, 의미 분석 등이 필요하며, 자연언어처리를 응용한 분야로는 질의 응답 시스템, 기계 번역 등이 있다.

기계학습(machine Learning)

사람은 새로운 것을 배우고 변화하는 환경에 적응할 수 있는 학습(Learning) 능력을 가지고 있기 때문 자신의 지식을 계속 확장시켜 나갈 수 있다. 기계 학습은 궁극적으로 사람의 학습 능력처럼 컴퓨터가 학습할 수 있도록 하는 알고리즘과 기술이다. 즉, 컴퓨터가 하나의 문제를 수행한 후, 그 문제를 추론하는 과정에서 얻은 경험으로 시스템의 지식을 수정 및 보완하여, 다음에 그와 동일하거나 비슷한 문제를 수행할 때에는 처음보다 더 효율적이고 효과적으로 문제를 해결할 수 있도록 하는 것이다.

1980년대 이후 기계학습(machine learning)의 연구가 활기 있게 전개되었는데, 그 이유는 첫째, 학습절차를 잘 이해하면 전문가시스템 연구에서 구성의 자동화를 촉진시키고, 그 결과로 인공지능 연구를 급속도로 발전시킬 수 있을 것이라고 기대하기 때문이다. 둘째, 전문가 시스템들은 과학을 할 때 이론의 일반성을 결여하고 있으므로 이를 보완하기 위해서 이다. 즉, 일반성을 기계학습의 영역에서도 사용하려 하기 때문이다. 셋째, 인간의 학습절차를 모델화하기 위해서 이다. 인간의 학습절차를 이해하면 교육 개선에도 큰 도움이 될 것이다.

마지막으로 기계학습의 문제는 지식표현과 추리처럼 인식론적인 철학 문제들 뿐 아니라, 문제해결, 정리, 증명, 추리, 자연언어처리, 로봇, 기획, 게임, 패턴 인지, 전문가 시스템 등 인공지능의 모든 분야에 관련되어 있기 때문이다.

기계학습을 구현하는 방법은 인공신경망, 데이타마이닝(Data Mining), 의사결정 트리(Decision Tree), 유전알고리즘(Genetic Algorithm), 사례기반 추론(Case Based Reasoning), 패턴 인식(Pattern Recognition), 강화 학습 (Reinforcement learning) 등이 포함된다.

6) 인공지능의 응용 분야

지능형 로봇

지능형 로봇은 말 그대로 지능을 가진 로봇으로 대표적인 것은 청소하는 로봇이다. 1970년대부터 이미 사무실을 돌아다니며 심부름 등을 하는 지능형 로봇에 관한 연구가 시도되었다. 이 로봇이 사무실을 돌아다니기 위해 벽이나 책상 같은 장애물을 피할 수 있는 능력이 있어야 하며, 건물의 구조에 대한 지식을 가지고 있어야 하기 때문에 지도를 기억하거나 학습을 통해 알 수 있어야 한다.

최근 국제 인공지능 학회에서 지능형 이동 로봇 경연대회를 개최해 오고 있다. 이들은 주로 실내 건물 환경에서 주어진 심부름을 하거나 청소를 하는 작업 수행하며, 그 능력을 통해 그 지능을 테스트 받는다. 이러한 연구 결과의 응용 예로서 최근 청소로봇이 상용화되어 판매하고 있다. 이 로봇은 무선 청소기로 방의 넓이와 청소시간을 스스로 계산해 자동으로 작동하며 센서를 이용하여 장애물을 감지하기 때문에 가구 등을 피해 다니며 청소할 수 있다.

또한 사람과 닮고, 유사하게 행동할 수 있는 Humanoid 로봇에 관한 연구도 MIT 등을 중심으로 활발히 수행되고 있다.

컴퓨터 비전

시각 인식은 기계로부터 받은 디지털화된 시각 정보에 대한 컴퓨터 지능과 의사 결정의 결합으로 정의되어 왔다. 결합된 정보는 로봇의 이동이나 컨베이어(conveyor)의 속도, 생산 라인의 질과 같은 일을 수행하고 제어하기 위하여 사용된다. 컴퓨터 비전(Computer vision)의 근본적인 목적은 어떤 영상이나 장면을 생성하기 보다는 장면의 특징을 해석하고, 이해하는 것이다.

장면을 해석하는 것은 사용하는 분야에 따라 다르다는 것을 의미한다. 예를 들어 재해로 인한 곡물 피해를 확인하기 위해 인공위성에서 잡은 장면을 해석할 때에는 대략적으로 확인하는 것으로 충분할 수 있다. 그러나 로봇 시스템에서는 정확하게 조립 부품을 인식하고, 조립되고 있는 곳에 올바르게 부품이 들어가 있는지 해석하는 것이 필요하다.

기계 비전 분야의 연구를 통하여 자동화된 시스템의 능력을 향상시킬 수 있다.

지능형 컴퓨터 교육

지능형 컴퓨터 보조 교육(ICAI, Intelligent Computer Aided Instruction)은 사람을 가르칠 수 있는 시스템으로 기존 컴퓨터 보조 교육(CAI, computer-assisted instruction)의 제한적 기능을 극복하여 학습자들의 수준을 고려하여 개별화된 학습 환경을 제공해준다. 어떤 의미에서 전문가 시스템으로 보일 수 있으나, 전문가 시스템의 주요한 목적은 조언을 주는 것에 반해 지능형 컴퓨터 보조 교육을 목적은 가르치는 것이다.

ICAI는 학습자의 능력 및 진행 따른 진단 결과와 근거를 생성할 수 있어야 하며, 혼합된 학습 주도 기능을 가지고 있어야 한다. 즉 학습자가 자신의 필요에 따라 학습을 중단시키고, 그에 따른 질문을 할 수 있고, 컴퓨터는 그에 대한 응답이나 비판을 할 수 있다. 또한, 학습자의 학습진행과정을 관찰하면서 그 학습자의 문제, 필요한 학습내용, 학습전략 등을 진단하고 처방을 내릴 수 있어야 하며, 불출분한 정보로 효과적이 전략을 결정할 수 있는 추론 기능과 학습을 만족하지 못할 경우 자체 개선 기능을 가지고 있어야 한다.

ICAI는 학교에만 제한되지 않고, 실제적으로 군사 분야나 공동 분야에서 적절하게 적용되어 발견해 왔다. 오늘날 ICAI는 교육, 장애인 지원, 문제 해결, 시뮬레이션, 발견, 학습, 훈련 및 연습, 게임, 테스팅 등 여러 분야에서 사용되고 있다.

자동 프로그래밍

프로그래밍은 사람이 컴퓨터가 해야 될 일을 정의해 놓은 과정이다. 일반적으로 컴퓨터 프로그램을 개발하기 위해서는 설계에서부터 작성, 테스트, 수정, 평가 등의 과정을 거쳐야 하며, 각 과정들은 많은 시간이 필요하다.

자동 프로그래밍의 목표는 프로그래머를 지원하여 프로그래밍의 각 단계를 빠르게 처리하기 위해서 지적인 역할을 수행하는 특별한 프로그램이다. 자동 프로그래밍의 궁극적인 목적은 프로그램 개발자가 정해 준 사양에 따라 컴퓨터 시스템 자신이 프로그램을 개발하는 것이다

지능형 에이전트

에이전트 또는 소프트웨어 로봇은 가상공간 환경에서 사용자의 개입 없이 자율적 또는 능동적으로 정보를 모우거나 서비스를 수행하는 지능형 프로그램으로 정의할 수 있다. 이러한 에이전트는 공간을 돌아다니며 임무를 수행할 수 있는 "이동성(mobility)"과 경험을 통해 스스로 성능을 개선하거나 파악할 수 있는 "학습능력", 효율적인 임무 수행을 위한 "계획 능력", 다른 에이전트와의 협력 할 수 있는 "협조 능력(collaboration)" 및 협력을 위해 대화하는 "통신 능력", 변화에 적응할 수 있는 "적응 능력(adaptability)" 등을 갖추고 있는 것이 좋다.

에이전트 기술은 독립적인 하나의 기술이라기보다는 여러 가지 인공지능 기술을 통합하여 구축한 하나의 통합형 기술로서, 통일된 틀을 제공한다는 점에서 아주 유용하다. 특히 여러 에이전트가 협동하여 하나의 작업을 수행하는 다중 에이전트 환경을 복잡한 인공지능 시스템을 구축하기 위한 구조를 제공해 준다.

에이전트는 웹상에서의 수행하는 행동을 관찰하고 어떤 내용에 관심을 가지고 있는지 판단하여 사용자에게 알맞은 내용을 전달하는 학습 에이전트(learning agent), 사용자가 원하는 작업을 찾아내서 네트워크니 응용 프로그램 내에 어디에서든지 실행할 수 있도록 이동시켜주는 사용자 인터페이스 에이전트(user interface agent), 개인용 컴퓨터나 워크스테이션의 운영 체제에 상주하면서 국부적으로 실행되는 데스트탑 에이전트(desktop agent), 인

터넷 서버에 상주하면서 사용자와 직접적인 상호작용 없이 사용자를 대신해서 작업을 수행하도록 하는 인터넷 에이전트(internet agent), 상거래 과정의 일부는 에이전트가 대신하는 전자상거래 에이전트(electronic commerce agent) 등이 있다.

데이터 마이닝

정보화 사회에서 데이터와 지식의 양이 급속히 증가함에 따라 이 정보를 저장하고 검색하며 전송해야 할 필요성뿐만 아니라, 이 정보를 새로운 방식으로 사용하여 유용한 정보 활용할 필요성이 대두되게 되었다.

데이터 마이닝은 현존하는 데이터로부터 관계, 패턴, 규칙 등을 탐색하여, 지금까지 알려지지 않았던 유용한 정보나 지식을 추출하는 일련의 과정을 일컫는다.

데이터 마이닝 기술은 기업에서 의사결정의 도움을 줄 뿐 아니라, 순수 학문, 산업 공학 등 다양한 분야에 응용될 수 있다. 예를들어, 대형 마켓이나 백화점에서 데이터 마이닝 기술을 이용하여 고객의 구매 상품간의 연관성이나 경향을 분석함으로써 상품의 진열과 재고 관리를 최적화할 수 있다. 가령, 식빵을 사는 사람이 딸기잼이나 버터를 같이 사는 경향이 있어, 식빵옆에는 딸기잼을 배치하도록 하는 것이다. 또한 신용카드 회사에서 카드 사용자의 거래 행태를 분석하여, 전혀 다니지 않던 외국 지역에서 신용 카드 사용하였을 때 도용이 된 것은 아닌지 확인을 할 수 있다. 이러한 대량의 데이터로부터 유용한 지식을 추출하는 기술은 인공지능 분야의 신경망이나 기계학습 분야에서 오랫동안 연구되어온 기술 중의 하나이다.

7) 인공지능의 미래

지금까지의 인공지능 기술은 주로 문제해결에 필요한 지식을 컴퓨터에 주입하고, 이를 기반으로 추론하여 문제에 대한 답을 찾는데 관심을 집중하였다. 이러한 방법은 제한된 분야에 대한 실용적이며, 지식 기반 시스템을 쉽게 구축할 수 있는 장점이 있다. 그러나, 제한된 분야를 벗어난 문제, 즉 주입되지 않은 지식에 대한 문제가 발생한다면 성능이 급속히 저하된다는 단점이 있다.

지금까지의 인공지능 연구를 통해서 컴퓨터로 하여금 전문가 수준의 지식을 요하는 문제를 해결하도록 하는 것은 비교적 쉬우나, 어린아이 수준의 지능을 흉내내는 것은 매우 어렵다는 것을 알고 있다.

그럼에도 불구하고, 현재 인공지능의 문제를 해결하기 위해, 지금까지 "지능적인 행동을 하도록" 프로그래밍을 하던 방식에서 벗어나, "지능적인 행동이 발현되도록" 프로그래밍을 하는 방식으로의 사고의 전환하고 있다. 즉, 기계가 지식이 아닌 지능을 갖도록 하는 것이다. 이러한 연구를 위해 기계학습, 신경망 기반의 연결론적 인공지능, 유전자 알고리즘 기반의 진화론적 인공지능, 인공생명 기반의 인공지능 등이 연구 활발히 연구되고 있다.

특히, 지난 10여년간 생명 과학과 유전 공학의 급속한 발달로 인하여 점점 더 인간을 비롯한 다양한 생물체에 대한 비밀이 밝혀지고 있으며, 이러한 새로운 정보들을 이용하여 보다 고차원의 인공지능을 실현할 수 있도록 새로운 기술 개발 연구에 더욱 가속화시킬 것으로 기대하고 있다.

미래의 인공지능은 정보를 처리 방식 뿐 아니라 계산 방식이나 매체에 있어서도 변화가 예상되며, 지금처럼 소프트웨어에 의해 지능적 행동을 하도록 시도 할 뿐 아니라 하드웨어 상에서 직접 학습하여 스스로 진화 할 수 있도록 시도할 것이다. 또한, 한 걸음 더 나아가 유기체의 특성을 자연스럽게 이용한 바이오웨어(탄소, Bioware) 기반의 인공지능도 시도할 것이다. 이러한 시도들은 획기적인 컴퓨터 신기술의 창조와 새로운 응용 분야의 개척을 유도할 것이며, 혁신적인 컴퓨터 기술에 힘입어 보다 향상된 인공지능 구현 기술의 개발을 가져올 것으로 예상한다.

3. 가상현실

1) 가상현실의 정의

가상현실(VR, Virtual Reality)은 컴퓨터 등을 사용하여 만든 실제와 유사하지만 실제가 아닌 특정한 환경이나 상황 또는 그에 대한 모든 기술을 의미하는 것으로 많은 센서를 사용하여 입출력을 조절한다. 가상환경은 사용자의 오감을 자극하여 실제와 유사한 공간적 시간적 체험을 하게 함으로써, 현실과 가상의 경계를 자유롭게 드나들게 한다.

가상현실은 컴퓨터 그래픽스, 각종 디스플레이 장치, 실제 이미지 등을 활용하여 실제에 가까운 시각화를 제공하고 3차원 음향 등의 기술을 이용하여 청각을 자극한다. 또한 피부의 접촉이나 물체의 역학을 느끼게 하는 햅틱 기술, 인공향기를 이용한 후각의 자극, 사용자로 하여금 가상환경과 자연스럽게 교류가 가능하게 하는 상호작용 기술 등을 이용하여 동작한다. 이렇듯 가상현실은 인간의 감각과 상호작용을 하게 된다.

사용자가 가상환경을 이용하기 위해서는 입체 화면용 안경이나, 스테레오 헤드폰 등을 이용하여 가상정보를 제공받고 특수 장갑 등을 이용하여 가상환경에 자신의 데이터를 즉 입력값을 전송할 수 있다.

2) 가상현실의 역사

가상현실은 첨단 기술이지만, 그에 비해 꽤 오랜 역사를 가지고 있다. 가상현실의 개발을 위해 제1차 세계대전 이후에 비행 시뮬레이터(Flight Simulator)의 개발과 헐리우드(Hollywood)에서 Wide Screen 영화 제작 등 다양한 노력이 있었다.

이러한 노력을 기반으로 최초의 개발된 가상현실 시스템은 1962년 미국의 모턴 헤이리그(Morton Heilig)가 개발한 센소라마(Sensorama)라는 비디오 아케이드이다. 이 시스템은 사용자가 앉아서 디스플레이를 보면 뉴욕을 오토바이를 타고 돌아다니는 영상이 나오고, 동시에 좌석을 진동으로 하여 탑승하고 있는 느낌을 가지게 하고, 얼굴에는 선풍기 같은 것을 이용하여 바람을 일으킨다. 심지어 길가의 음식 냄새까지 풍겨 사람의 오감을 자극하였다.

몇 년 후 이반 서더랜드(Ivan Sutherland)가 로버트 스프라울(Robert Sproul)의 도움을 받아 HMD(Head Mounted Display)을 개발하였는데, 이것은 헬멧 안쪽에 모니터를 장착하여 영상을 보여주는 기능 뿐 아니라, 머리의 움직임을 추적하여 사용자가 이미지를 보는 시점을 변경 시키는 기능을 가지고 있다.

그림 12-2_ 최초의 가상현실 시스템 센소라마

또한 1965년에 이반 서더랜드는 가상의 물체를 만져보고 느낄 수 있는 기능을 추가 할 수 있을 것이라는 아이디어에서 제시하였고, 이를 기반으로 프레드릭 브룩스(Frederick P. Brooks, 1931~현재)와 그의 동료들이 로봇팔을 이용하여 3차원으로 충돌하는 힘을 확인하는 시뮬레이션 개발 하였다. 이는 오늘날의 촉감기술(햅틱기술)의 중요 부분이 되었다.

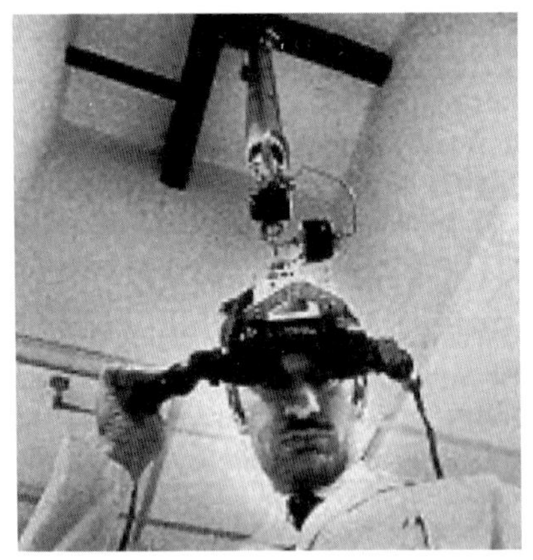

그림 12-3_ 초기의 HMD

그러나 1960년대의 컴퓨터나 각종 센서, 디스플레이의 성능으로는 실제와 비슷한 콘텐츠를 개발하기는 어려웠고, 1980년대 말에 들어서면서 가상현실이 다시 각광을 받게 되었다.

그림 12-4_ 3차원 충돌 힘 시뮬레이션

1980년대에는 미국항공우주국(NASA)에서 우주비행사의 교육을 위해 LCD 기반 HMD인 "시각적 가상환경 디스플레이 VIVED(Virtual Visual Environment Display)"를 개발하였다. 이시뮬레이션은 1990년데 VIEW(Virtual Interface Environment Workstation)로 발전하였다.

2000년대에 들어서는 다양한 형태의 디스플레이와 대형의 디스플레이가 개발되면서 협동 작업을 용이하게 하고, 수평형 디스플레이를 기반으로 한 가상현실은 건축, 의료 등과 같이 큰 테이블에서 이루어지던 작업들을 보다 쉽게 몰입하게 해준다.

3) 가상현실 시스템의 구성

대부분의 가상현실 시스템은 다음과 같이 구성되어 있다.

중앙의 컴퓨터가 1대가 될 수도 있고 여러 대가 될 수도 있으며, 사람이 입력하는 여러 형태의 데이터를 받아서 아주 빠른 속도로 가상환경내의 여러 객체들로 변경 하는 역할을 한다. 즉, 특정 순간에 사람이 어디에 있어야 하며, 향기는 언제 뿌려져야 하는지, 충격은 어느 정도로 줄 것인지를 결정한다.

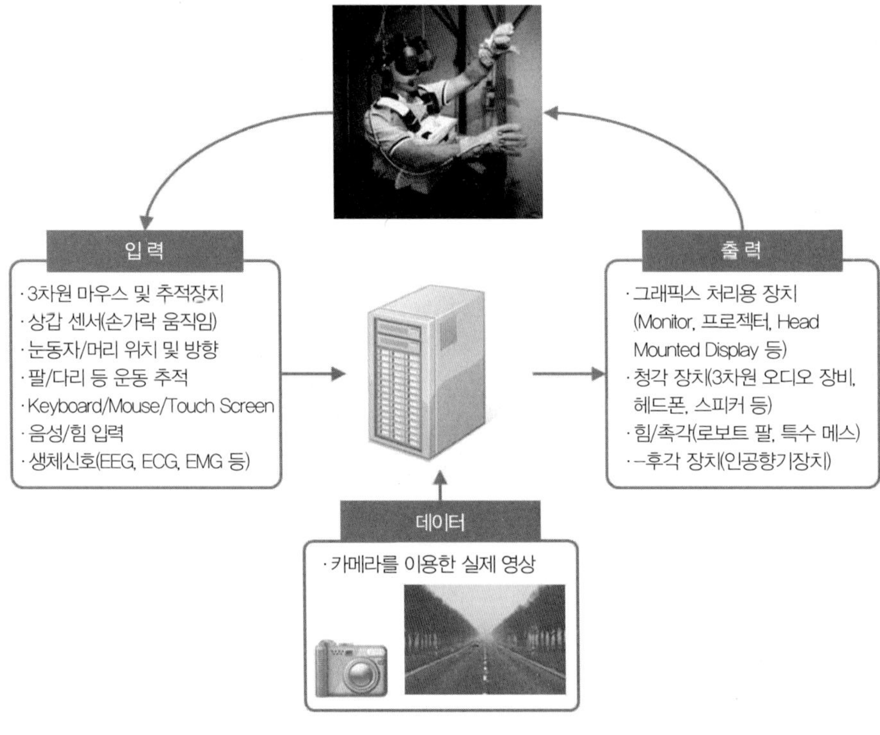

그림 12-5_ 가상현실 구성

가상현실 시스템은 다음과 같은 계산작업과 운용들이 필요하다.

① 카메라를 통해 들어오는 실제 영상에 가상으로 만든 그래픽 영상과 혼합시킨 "증강현실(Augmented Reality)" 상태로도 변경 가능하다. 이때, 그래픽영상이 실제영상 어디에 Overlay 할 것인가에 계산이 필요하다.

② 사용자의 머리 위치와 방향에 따라 센서 또는 카메라 등을 이용하여 추적하여 사람이 보는 시점에서 보이는 그래픽영상을 만들어내게 된다. 그 밖의 입력정보로는 전자글러브를 이용한 손가락의 움직임이나 제스처가 있고, 음성을 이용한 입력, 마우스의 버튼 입력 등이 있다.

③ 먼저 입력에 따라 계산을 해서 시뮬레이트 해야 한다. 예를 들어, 손가락을 이용하여 "선택" 제스처라는 입력 값이 들어오면, 이를 인식해서 손가락의 방향을 추출하고 방향에 따라 어떤 객체가 선택 되었는지 알아내고, 선택된 객체를 하이라이트 시켜야 한다. 또 비행 시뮬레이터의 경우 왼쪽으로 이동하라는 입력 값이 들어오면 비행기를 왼쪽으로 가도록 하는데 필요한 계산을 해야 한다.

④ 입력 값에 대한 계산 뿐 아니라 입력과 관계없이 특정 시간에 맞추어 구동 되어야 하는 객체의 행위도 시뮬레이트 해야 한다. 예를 들면, 1분마다 가상시계의 분침의 위치를 변경해야 한다. 그리고, 충돌과 같은 모든 가상객체가 공통으로 나타내는 물리적 현상을 모의 하는 것에 대한 시뮬레이션 계산이 필요 하다.

⑤ 계산한 결과를 토대로 시각, 후각, 촉각 등의 정보로 변경하여, 모니터, 햅틱장치, 향기장치, 오디오 장치 등을 동원하여 사람의 신경을 자극하면 된다.

⑥ 시뮬레이션들을 매우 빠르게 움직여야 한다. 예를 들면, 움직이는 가상 객체의 자연스러운 영상을 만들기 위해서 시뮬레이트 되는 객체의 위치정보가 1초에 약 20번 계산되어서 영상정보로 변환 되어야 하고, 가상 객체의 힘을 기계적인 장치를 통하여 부드럽게 나타내기 위해서는 1초에 500~1000번의 계산이 요구된다.

4) 가상현실 활용 분야

설계/건설/제품제작 분야

건물이나 제품을 제작할 때 완성 전에 가상의 모델을 구축하여 설계 상의 오류나 디자인에 대한 소비자의 반응을 미리 예측 가능하며, 소비자는 자신에 취향에 맞게 변경해 볼 수도 있다.

그림 12-6_ 가상 모델하우스

사이버 쇼핑몰

3차원 공간으로 쇼핑몰을 만들어 놓고 각종 시설물과 상품을 배치하여 사용자가 자유롭게 쇼핑 가능하도록 하는 기능으로 전자상거래 시스템과 연결되어 있다.

원격존재(Telepresence)

원자력 발전소나 제철소, 등에서 가상현실을 이용하여 사무실에서 작업장에 투입된 로봇을 원격으로 제어한다.

교육, 훈련, 엔터테인먼트

실내 운전연습기(Driving Simulator), 비행 훈련시스템(Flight Simulator), 게임 등이 있다.

그림 12-7_ 비행 훈련시스템의 내부 모습

그림 12-8_ 3차원 축구 게임(http://www.ea.com)

네트워크 통신

네트워크를 통한 가상세계를 구축하는 것으로 원거리의 사람들이 동시에 가상공간에 접속하여 대화를 하거나, 회의를 할 수 있는 환경이다. 정보를 주고 받는 분산과 공유 기능이 중요하다.

5) 가상현실이 가져올 미래

HMD 같은 전문적인 가상환경 관련 장비는 아직도 매우 고가이지만, 예를 들어 소니의 "닌텐도 Wii" 같이 일반 개인이 소유할 수 있거나, PC상에 설치할 수 있는 비전문적인 가상환경 장비의 가격 하락으로 가상환경 응용시스템이 대중화 될 것이다.

또한, 가상현실 기술을 이용한 교육, 오락, 건설, 의료, 시뮬레이션 등 기존의 응용분야 뿐 아니라, 우리가 살아가는데 필요한 의, 식, 주, 문화, 예술 등에도 접목하여 매우 광범위하게 활용될 것으로 예상한다.

가상환경을 현실세계의 정보와 결합하여 보여주는 "증강현실"이 2000년대에 스마트폰이 등장하면서부터 많이 사용되고 있다. 이러한 기술은 현실 영상 위에 가상의 정보가 중첩됨으로써 현실감이 향상시키게 되었다. 증강현실은 여러 산업과 연계를 통해 사용자의 편의성을 제고하고, 기존의 가상현실 보다 체험 및 공감이 확대되며, 안전성과 효율성 제고 측면에서도 고부가가치를 만들어낸 전망이다.

컴퓨터개론

2014년 2월 20일 초판1쇄 인쇄
2014년 2월 25일 초판1쇄 발행

저 자 유 치 형 · 김 도 연 · 유 한 나
펴낸이 임 순 재
펴낸곳 **한올출판사**
등록 제11-403호
121-849
주 소 서울시 마포구 성산동 133-3 한올빌딩 3층
전 화 (02)376-4298(대표)
팩 스 (02)302-8073
홈페이지 www.hanol.co.kr
e-메 일 hanol@hanol.co.kr
정 가 20,000원

▫ ISBN 979-11-85596-82-2